T0224729

Auf dem Weg zum Nullemissionsgebäude

Lizenz zum Wissen.

Sichern Sie sich umfassendes Technikwissen mit Sofortzugriff auf
tausende Fachbücher und Fachzeitschriften aus den Bereichen:
Automobiltechnik, Maschinenbau, Energie + Umwelt, E-Technik,
Informatik + IT und Bauwesen.

Exklusiv für Leser von Springer-Fachbüchern: Testen Sie Springer
für Professionals 30 Tage unverbindlich. Nutzen Sie dazu im
Bestellverlauf Ihren persönlichen Aktionscode C0005406 auf
www.springerprofessional.de/buchaktion/

**Jetzt
30 Tage
testen!**

Springer für Professionals.
Digitale Fachbibliothek. Themen-Scout. Knowledge-Manager.

- Zugriff auf tausende von Fachbüchern und Fachzeitschriften
- Selektion, Komprimierung und Verknüpfung relevanter Themen
  durch Fachredaktionen
- Tools zur persönlichen Wissensorganisation und Vernetzung

www.entschieden-intelligenter.de

Springer für Professionals    Springer

Manfred Schmidt

Auf dem Weg zum Nullemissionsgebäude

Grundlagen, Lösungsansätze, Beispiele

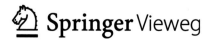

Manfred Schmidt
Dresden, Deutschland

ISBN 978-3-8348-1746-4   ISBN 978-3-8348-2193-5   (eBook)
DOI 10.1007/978-3-8348-2193-5

Die Deutsche Nationalbibliothek verzeichnet diese Publikation in der Deutschen Nationalbibliografie; detaillierte bibliograpische Daten sind im Internet über http://dnb.d-nb.de abrufbar.

Springer Vieweg
© Springer Fachmedien Wiesbaden 2013

Das Werk einschließlich aller seiner Teile ist urheberrechtlich geschützt. Jede Verwertung, die nicht ausdrücklich vom Urheberrechtsgesetz zugelassen ist, bedarf der vorherigen Zustimmung des Verlags. Das gilt insbesondere für Vervielfältigungen, Bearbeitungen, Übersetzungen, Mikroverfilmungen und die Einspeicherung und Verarbeitung in elektronischen Systemen.

Die Wiedergabe von Gebrauchsnamen, Handelsnamen, Warenbezeichnungen usw. in diesem Werk berechtigt auch ohne besondere Kennzeichnung nicht zu der Annahme, dass solche Namen im Sinne der Warenzeichen- und Markenschutz-Gesetzgebung als frei zu betrachten wären und daher von jedermann benutzt werden dürften.

Lektorat: Dr. Daniel Fröhlich, Annette Prenzer
Freies Lektorat: Dr. Grit Zacharias
Zeichnungen: Dr. Lothar Kahnt

Gedruckt auf säurefreiem und chlorfrei gebleichtem Papier

Springer Vieweg ist eine Marke von Springer DE. Springer DE ist Teil der Fachverlagsgruppe Springer Science+Business Media
www.springer-vieweg.de

Inhaltsverzeichnis

Verzeichnis der Bilder

Tabellenverzeichnis

Formelzeichenverzeichnis

A	Fläche
A_{ges}	Summe aller Außenflächen
A_G	Photovoltaik-Generatorfläche
A_H	Heizfläche im Heizkessel
A_K	Kanalquerschnittsfläche
A_R	Rohrquerschnittsfläche
B	Bedarfswert, Anergie, Windstärke
b_a	Einschaltzeit eines Heizkessels
$b_{V,a}$	Volllaststunden pro Jahr
$b_{V,H}$	Volllaststunden der Heizung
$b_{V,HK}$	Volllaststunden des Heizkessels
$b_{V,K}$	Volllaststunden der Kühlanlage
$b_{V,So}$	jährliche Sonnenschein-Volllaststunden
c_{IDA}	Raumkonzentration
c_p	Leistungsbeiwert, spezifische Wärmekapazität bei konstantem Druck
$c_{p,id}$	idealer Leistungsbeiwert
$c_{p,id,max}$	maximaler idealer Leistungsbeiwert
$c_{p,W}$	Leistungsbeiwert Widerstand nutzender Windenergieanlagen
c_{SUP}	Zuluftkonzentration
c_W	spezifische Wärmekapazität des Wassers
c_{Wi}	wirksame Anströmgeschwindigkeit
E	Exergie, Energie
E_a	Jahresenergieertrag
$\dot{E}_N$	Nutzexergiestrom
$\dot{E}_V$	Exergieverluststrom
$E_{B,a}$	jährlicher elektrischer Energiebedarf
E_{Bau}	Energie für den Bau einer Anlage
$E_{Ber.Br}$	Energie für die Bereitstellung des Brennstoffs
E_{Betr}	Energie für den Betrieb einer Anlage
$E_{Br,Pr}$	Primärenergie des Brennstoffs
E_{EE}	gesamte produzierte Endenergie

E_{Ents}	Energie für die Entsorgung der Anlage
E_F	Fermi-Energie
E_{PEV}	Primärenergieverbrauch
$E_{PV,a}$	jährliche mit PV erzeugte elektrische Energie
$E_{So,geneigt}$	eingestrahlte Solarenergie auf geneigte Flächen
$E_{th,So,glob}$	theoretisches globales Solarenergiepotenzial
$E_{th,So,DE}$	theoretisches globales Solarenergiepotenzial Deutschlands
E_{vergeg}	vergegenständlichte Energie
e	spezifische Exergie
e_a	spezifischer Jahresenergieertrag
$e_{d,glob}$	mittlere Tagessumme der spezifischen Globalstrahlungsenergie
$e_{Mon,i}$	mittlere monatliche Tagessumme der spezifischen Globalstrahlungsenergie
e_q	spezifische Exergie der Wärme
$e_{q,id}$	ideale (minimale) spezifische Exergie der Wärme
$e_{q,Ra}$	spezifische Exergie der Raumwärme
$e_{q,zu}$	spezifische zugeführte Exergie
$e_{So,a}$	spezifische jährliche Solarenergie auf einer PV-Generatorfläche
$e_{So,geneigt}$	jährlich eingestrahlte Sonnenenergie pro geneigte Fläche
e_V	spezifischer Exergieverlust
FF	Füllfaktor
f	Energieerntefaktor, Faktor
f_{el}	elektrische Wechselstromfrequenz
$f_{EE,Pr,ges}$	primärenergetisch bezogene Gesamtumwandlungszahl
f_{Pr}	primärenergetisch bezogener Energieerntefaktor
Gh_K	Kühlgradstunden
Gt_H	Heizgradtage
Gt_K	Kühlgradtage
Gt_L	Lüftungsgradtage
H	Enthalpie
H_i	Heizwert
H_s	Brennwert
h	spezifische Enthalpie, Höhe über Erdboden
h_R	Häufigkeitsverteilung nach Rayleigh
h_W	Häufigkeitsverteilung nach Weibull
I_K	Kurzschlussstromstärke
I_{max}	maximale Stromstärke
i_K	spezifische Kurzschlussstromstärke
K	kritischer Punkt einer Dampfdruckkurve
$K_{EE,a}$	Endenergiekosten pro Jahr
K_I	Investitionskosten
k	Formfaktor
$k_{a,P}$	leistungsbezogene jährliche Gesamtkosten

$k_{I,A}$	flächenbezogene Modulkosten
$k_{I,P}$	leistungsbezogene Modulkosten
n	Anzahl der Windklassen, Drehzahl einer Windenergieanlage
$n_{N,WEA}$	Nenndrehzahl einer Windenergieanlage
n_{ODA}	Außenluftwechsel
n_R	Rotordrehzahl
$n_{R,opt}$	optimale Rotordrehzahl
n_{SUP}	Zuluftwechsel
P	Leistung, Maschinenleistung einer Windenergieanlage
P_{HK}	Heizkesselleistung
P_{HWP}	Leistung der Heiz-Wärmepumpe
P_{KWP}	Leistung der Kühl-Wärmepumpe
P_{max}	maximale Leistung
P_{Mot}	Antriebsleistung des Motors
P_n	Nennwärmeleistung für Heizkessel
P_{peak}	Spitzenleistung
P_R	Nutzleistung des Rotors einer Windenergieanlage
P_{theor}	theoretische Leistung
P_{WEA}	Leistung einer Windenergieanlage
P_{Wi}	Windleistung
$P_{Wi,entz}$	dem Wind entzogene Leistung
$P_{Wi,max}$	maximale Windleistung
p	Druck, Polpaaranzahl
p_D	Wasserdampfpartialdruck
p_E	Gestehungskosten für elektrischen Strom
p_{Br}	spezifischer Brennstoffpreis
p_{Elt}	spezifischer Elektroenergiepreis
p_t	Totaldruckerhöhung
p_U	Umgebungsdruck
$Q_{HE,a}$	Jahresheizenergie
$Q_{HE,a,B}$	Jahresheizenergiebedarf
$Q_{HE,a,P,B}$	Jahresheizprimärenergiebedarf
$Q_{HE,a,V}$	Jahresheizenergieverbrauch
$Q_{HE,B}$	Heizenergiebedarf
$Q_{H,a}$	Gebäudejahresheizwärme
$Q_{KE,a}$	Gebäudejahreskühlenergie
$Q_{K,a}$	Gebäudejahreskühlwärme
$Q_{P,a,B}$	Jahresprimärenergiebedarf
q	spezifische Wärme
q_{Abg}	spezifischer Abgaswärmeverlust
q_B	Bereitschaftsverlustfaktor
$q_{m,Br}$	Brennstoffmassestrom

$q_{m,W}$	Heizwassermassestrom
$q_{m,Wi}$	Massestrom des Windes
q_{Str}	spezifischer Strahlungswärmeverlust
$q_{V,CO2}$	CO_2-Schadstoffvolumenstrom
$q_{V,ODA}$	Außenluftvolumenstrom
$q_{V,ODA,min}$	minimaler Außenluftvolumenstrom
$q_{V,S,ges}$	gesamter Schadstoffvolumenstrom
$q_{V,SUP}$	Zuluftvolumenstrom
$q_{V,W}$	Wasservolumenstrom
$q_{V,Wi}$	Volumenstrom des Windes
R_R	Rotorradius
$R_{R,m}$	mittlerer Rotorradius
r	Verdunstungsenthalpie
r_e	Erstarrungsenthalpie
S	Entropie
$\dot{S}$	Entropiestrom
$\dot{S}_{KR}$	Entropiestrom aus dem Kühlraum
$\dot{S}_U$	Entropiestrom aus der Umgebung
s	spezifische Entropie, Generatorschlupf
T	thermodynamische (absolute) Temperatur in K
T_A	Absorbertemperatur
T_{KR}	Temperatur des Kühlraums in K
$T_{m,ab}$	Mitteltemperatur der Wärmeabfuhr in K
$T_{m,zu}$	Mitteltemperatur der Wärmezufuhr in K
$T_{RH,m}$	mittlere Raumheizflächentemperatur in K
T_S	Solarstrahlungstemperatur in K
T_U	Umgebungstemperatur in K
U	innere Energie
$U_{äq,m}$	Mittlerer äquivalenter Wärmedurchgangskoeffizient
U_L	Leerlaufspannung
$U_{L,Si}$	Leerlaufspannung von Silizium
u	Umfangsgeschwindigkeit des Rotors einer Windenergieanlage
V	Volumen
$V_{Br,a}$	Brennstofflagergröße für ein Jahr
V_{Ra}	Raumluftvolumen
$V_{W,HK}$	Wasservolumen eines Heizkessels
v	spezifisches Volumen
w_{SK}	Skalierungsparameter
w_{Wi}	Windgeschwindigkeit
x_i	Raumluftwassergehalt
$x_{i,max}$	maximaler Raumluftwassergehalt
Z_H	Heiztage eines Jahres

Z_K	Kühlstunden eines Jahres
Z_L	Lüftungstage eines Jahres
z_B	Betriebskostensatz
z_{Geo}	geothermische Tiefe
$z_{Geo,min}$	minimale geothermische Tiefe
α_A	Absorptionsgrad des Absorbers
$\alpha_{A,eff}$	effektiver Absorptionsgrad des Absorbers
α_T	Absorptionsgrad der transparenten Abdeckung
β	Arbeitszahl
β_{Sys}	Systemarbeitszahl
Δp_A	Auftriebsdruckdifferenz
Δp_{dyn}	dynamischer Differenzdruck
Δp_{ges}	Gesamtdruckdifferenz
Δp_{st}	statische Druckdifferenz
Δs_{irr}	spezifische Entropieproduktion
$\Delta q_{V,W}$	Wasserverlust
Δz	Höhendifferenz
Δz_{Geo}	geothermische Höhendifferenz
$\Delta\theta$	Temperaturdifferenz
$\Delta\theta_{Geo}$	Temperaturänderung in der Erde
$\Delta\tau_L$	Lagerdauer
ε_A	Emissionsgrad des Absorbers
$\varepsilon_{A,eff}$	effektiver Emissionsgrad des Absorbers
ε_S	Emissionsgrad des Schwarzen Körpers
ε_{HWP}	Leistungszahl einer Heiz-Wärmepumpe
ε_{KHWP}	Leistungszahl einer Kompressions-Heiz-Wärmepumpe
ε_{KWP}	Leistungszahl einer Kühl-Wärmepumpe
ζ	Wärmeverhältnis einer Absorptions-Wärmepumpe
$\zeta_{AHWP,min}$	minimales Wärmeverhältnis einer Absorptions-Heiz-Wärmepumpe
η	Wirkungsgrad
η_{AM}	Wirkungsgrad einer Arbeitsmaschine
η_{EE}	Wirkungsgrad der Endenergieumwandlung
η_{Ex}	exergetischer Wirkungsgrad
η_{HK}	Heizkesselwirkungsgrad
$\eta_{HK,BW}$	Wirkungsgrad eines Brennwert-Heizkessels
η_M	Wirkungsgrad eines Photovoltaik-Moduls
η_{mech}	mechanischer Wirkungsgrad einer Windenergieanlage
η_N	Nutzungsgrad
$\eta_{N,An}$	Nutzungsgrad der Anpassung an den Nutzprozess
$\eta_{N,el}$	elektrischer Nutzungsgrad
$\eta_{N,G}$	Nutzungsgrad eines Photovoltaik-Generators
$\eta_{N,ges}$	Gesamtnutzungsgrad

$\eta_{N,HA}$	Jahresnutzungsgrad der Heizanlage
$\eta_{N,HK}$	Nutzungsgrad des Heizkessels
$\eta_{N,HK,N}$	Normnutzungsgrad eines Heizkessels
$\eta_{N,KA}$	Jahresnutzungsgrad der Kühlanlage
$\eta_{N,HK,a}$	Jahresnutzungsgrad des Heizkessels
$\eta_{N,Pr}$	primärenergetischer Nutzungsgrad
$\eta_{N,WR}$	Nutzungsgrad des Wechselrichters
η_R	Rotorwirkungsgrad
η_{SZ}	Wirkungsgrad einer Solarzelle
η_V	Verteilungswirkungsgrad
η_{WE}	Wirkungsgrad des Wärmebereitstellers
η_{WEA}	Wirkungsgrad einer Windenergieanlage
θ	Temperatur
θ_{Abg}	Abgastemperatur
θ_a	örtliche Raumlufttemperatur
θ_e	Außenlufttemperatur, Normaußentemperatur zum Berechnen der Heizlast
θ_{ETA}	Ablufttemperatur
$\theta_{e,m}$	mittlere Außenlufttemperatur
θ_F	Fluidtemperatur
θ_{Geo}	Temperatur der geothermischen Quelle
θ_{IDA}	Raumlufttemperatur
θ_i	Innenlufttemperatur
θ_{int}	Norminnentemperatur zur Berechnung der Heizlast
θ_K	Kopftemperatur
θ_{Ke}	Körperkerntemperatur
θ_{KR}	Kühlraumtemperatur
θ_L	Verbrennungslufttemperatur
θ_o	operative Raumtemperatur
$\theta_{RH,m}$	mittlere Raumheizflächentemperatur
θ_{RL}	Rücklauftemperatur des Heizwassers
θ_S	Sublimationstemperatur
θ_{SUP}	Zulufttemperatur
θ_{VL}	Vorlauftemperatur des Heizwassers
θ_W	Wandtemperatur
$\theta_{W,m}$	mittlere Wandtemperatur
λ	Wellenlänge
λ_S	Schnelllaufzahl
$\lambda_{S,opt}$	optimale Schnelllaufzahl
$\lambda_{Geo,m}$	mittlere Wärmeleitfähigkeit im Erdreich
ν	Geschwindigkeit
$\nu_{Ex,H}$	exergetischer Gütegrad einer Heizung

ν_i	Raumluftgeschwindigkeit
ν_L	Luftgeschwindigkeit
$\nu_{PV,a}$	jährlicher solarer elektrischer Energiedeckungsgrad
ν_T	Gütegrad einer Turbine
ν_V	Gütegrad eines Verdichters
ν_W	Wassergeschwindigkeit
ξ	momentane Heizzahl
ξ_H	momentane Heizzahl einer konventionellen Heizung
ξ_{KHWP}	momentane Heizzahl einer Kompressions-Heiz-Wärmepumpe
ξ_{AHWP}	momentane Heizzahl einer Absorptions-Heiz-Wärmepumpe
ρ_{Br}	Massedichte des Brennstoffs
ρ_{IDA}	Massedichte der Raumluft
ρ_L	Massedichte der Luft
ρ_{ODA}	Massedichte der Außenluft
ρ_T	Reflexionsgrad der transparenten Abdeckung
ρ_W	Massedichte des Heizwassers
ρ_{Wi}	Massedichte des Windes
τ	Zeit
τ_a	Jahresbetriebszeit
τ_T	Transmissionsgrad der transparenten Abdeckung
Φ	Wärmestrom
Φ_A	Absorberleistung
Φ_{Abg}	Abgaswärmestrom
Φ_{Abstr}	langwellig abgestrahlter Wärmestrom am Absorber
Φ_{ab}	abgeführter Wärmestrom
Φ_H	Heizwärmestrom, Heizleistung
Φ_{HK}	Heizkesselleistung
$\Phi_{HK,BW}$	Leistung eines Brennwert-Heizkessels
$\Phi_{HL,j}$	Heizlast eines Raums
Φ_{HL}	Heizlast eines Gebäudes
$\Phi_{HL,N}$	Normheizlast eines Gebäudes
Φ_K	Kühlleistung, Heizwärmestrom im Desorber (Kocher)
Φ_{KL}	Kühllast eines Gebäudes
Φ_{Konv}	Wärmeverluststrom durch Konvektion
Φ_{KR}	Kühlraumwärmestrom
Φ_N	Nutzwärmestrom eines Solarkollektors
Φ_{Pr}	Primärenergiestrom
Φ_{RH}	Leistung einer Raumheizfläche
Φ_{Refl}	reflektierter Wärmestrom am Absorber
Φ_{solar}	solarer Wärmestrom
Φ_{Str}	Strahlungswärmestrom
Φ_U	Umgebungswärmestrom

Φ_{zu}	zugeführter Wärmestrom
Φ_0	Wärmestrom von der Wärmequelle
φ_{Geo}	spezifischer Erdwärmestrom
φ_{HK}	spezifische Heizflächenbelastung
φ_i	relative Raumluftfeuchte
φ_K	Einstrahlzahl des Kopfes
φ_N	Nutzwärmestrom eines Solarkollektors
$\varphi_{N,max}$	spezifischer maximaler Nutzwärmestrom
$\varphi_{q,Str} = \varphi_{Str}$	empfangene Wärmestromdichte
$\varphi_{Str,Erde,R}$	reflektierte Strahlungsdichte
$\varphi_{Str,Erde,U}$	Eigenstrahlungsdichte
$\varphi_{Str,geneigt}$	Strahlungsdichte auf eine geneigte Fläche
$\varphi_{Str,ges}$	Gesamtstrahlungsdichte
$\varphi_{Str,ges,A}$	Gesamtstrahlungsdichte auf einen Absorber
$\varphi_{Str,ges,max}$	maximale Gesamtstrahlungsdichte
$\varphi_{Str,Glob}$	Globalstrahlungsdichte
$\varphi_{Str,Norm}$	Normalstrahlungsdichte
$\varphi_{Str,So,A}$	atmosphärische Gegenstrahlungsdichte
$\varphi_{Str,So,diff}$	diffuse Sonnenstrahlungsdichte
$\varphi_{Str,So,dir}$	direkte Sonnenstrahlungsdichte
$\varphi_{Str,So,H}$	Himmelsstrahlungsdichte
φ_{Wi}	Leistungsdichte des Windes
ω	Winkelgeschwindigkeit

Einleitung

1

Im bisherigen Verständnis in Mitteleuropa sind Gebäude im weitesten Sinne Energieverbraucher. So werden momentan in privaten Haushalten und damit in Wohngebäuden noch rund 75 % der zugeführten Endenergie für die Raumwärme, 11,5 % für die Trinkwassererwärmung und der Rest für Prozesswärme, mechanische Energie und Beleuchtung verbraucht. Hinter diesen Prozentzahlen stehen beträchtliche Energien.

Seit einigen Jahren werden Interessierte an der Gebäude-Energieversorgung mit Begriffen wie Niedrigenergiehaus, Passivhaus oder Nullenergiehaus konfrontiert, wobei sicher die Frage auftaucht, wie kann es ein Nullenergiehaus geben, wo doch zumindest zum Kochen und Duschen Energie benötigt wird. Dieser Sachverhalt macht deutlich, dass als „Energie" im Begriff Nullenergiehaus die mit konventionellen Energieträgern, wie Kohle, Öl, Gas oder Kernbrennstoff, bereitgestellte Energie gemeint ist.

Mit diesem Verständnis ist ein Nullenergiehaus ein Gebäude, dem keine konventionelle Energie zugeführt wird. Woher kommt dann aber die für den Betrieb eines jeden Gebäudes benötigte Energie? Sie kann nur aus regenerativen Energiequellen mit den heimischen Erscheinungsformen Sonnen-, Wind- und Laufwasserenergie, geothermische Tiefenenergie, Biomasseenergie und Umweltwärme stammen. Die Nutzung dieser Energien ist in der Regel frei von CO_2-Ausstoß, wenn von dem Modell ausgegangen wird, dass das bei der Konversion von Biomasse entstehende Kohlendioxid von den nachwachsenden Pflanzen wieder eingebunden wird.

Da von CO_2-freien Technologien auch keine CO_2-Emissionen entstehen können, wird in diesem Buch der irritierende Begriff Nullenergiehaus durch den Begriff Nullemissionsgebäude ersetzt, allerdings mit dem Verständnis, dass sich Emission auf den CO_2-Ausstoß bezieht.

Nullemissionsgebäude sagt zunächst nur, dass die für den Gebäudebetrieb benötigte Energie regenerativ erzeugt wurde. Sie kann vom Gebäude selbst erzeugt oder von irgendwoher in das Gebäude transportiert worden sein. Dementsprechend handelt sich um Energie generierende Gebäude, energieautarke Gebäude oder Gebäude mit Bezug der regenerativen Energie von Anlagen außerhalb der Gebäude.

M. Schmidt, *Auf dem Weg zum Nullemissionsgebäude*,
DOI: 10.1007/978-3-8348-2193-5_1, © Springer Fachmedien Wiesbaden 2013

Ein Gebäude wird in der Regel nicht gebaut, um Energie einzusparen, sondern um bestimmte Nutzungsbedingungen zu schaffen. Diese werden durch das Raumklima beschrieben. Die originäre Aufgabe bei der Konzipierung eines Gebäudes besteht darin, ein für die gewünschte Nutzung erforderliches Raumklima zu schaffen, das zugleich für das Erhalten der Gebäudesubstanz nötig ist.

Um bei Energiediskussionen nicht aneinander vorbei zu reden, sind Kenntnisse über bestimmte Begriffe im Zusammenhang mit Energie, wie Nutz-, End- und Primärenergie, Exergie und Anergie, nötig. Wenn über den Energiebedarf von Gebäuden gesprochen wird, muss auch über das Bereitstellen von Energie, die Wertigkeit von Energien und über spezifische energetische Bewertungsgrößen Klarheit herrschen.

Der Weg zu Nullemissionsgebäuden ist in kleinen Schritten mit der jeweiligen praktischen Erprobung zu gehen. So müssen die Energieversorgungsmöglichkeiten bekannt sein, die zur Verfügung stehenden regenerativen Energien ausgewählt werden. Es ist auch zu berücksichtigen, welche staatlichen Rahmenbedingungen vorhanden sind.

Für das Bereitstellen der Nutzenergie werden Energieversorgungsanlagen benötigt, die in naher Zukunft noch aus konventionellen, aber zunehmend auch schon aus regenerativen Energieanlagen bestehen. Vordergründig sollten gekoppelte Anlagen, wie elektrische Energie-Heizwärme- oder Kühlwärme-Heizwärme-Kopplungs-Anlagen, eingesetzt werden. Es gibt bei Kombinationen von konventionellen und regenerativen Anlagen solche, die zu bevorzugen sind und solche, die sich ausschließen. Das ist für die Planer von einiger Bedeutung.

Die nicht vorhandene Gleichzeitigkeit der Erzeugung regenerativer Energie und des Bedarfes an Nutzenergie ist gegenwärtig hinsichtlich der Versorgungssicherheit ein sehr intensiv diskutiertes Problem. Eine Lösungsmöglichkeit besteht im Speichern von Energie, wobei das ein Gebiet ist, das noch viel Forschungs- und Entwicklungsarbeit benötigt. Elektrische Energie, die eine äußerst hohe Wertigkeit hat, kann momentan nur sehr eingeschränkt gespeichert werden. Ist z. B. Wasserstoff ein taugliches Speichermedium? Muss sich die Siedlungsstruktur den Energieversorgungsmöglichkeiten anpassen?

Durch die vielen Bestandsgebäude wird es noch lange unterschiedliche Energieversorgungsvarianten für Gebäude geben. Um von den Pionieren einer emissionsfreien Gebäude-Energieversorgung zu lernen und zum besseren Vergleich und zum Verständnis werden Beispiele gebauter Niedrig- und Nullemissionsgebäude genannt. Dabei sind

- die Zeitbezogenheit der Anlagenvarianten zu beachten,
- die zukünftige Rolle der End- und Nutzenergieträger zu berücksichtigen,
- die zukünftige Entwicklung hinsichtlich sinnvoller Varianten abzuschätzen und
- der zeitliche Rahmen einer grundlegenden Veränderung in der Gebäudeenergieversorgung zu spannen.

Die betriebswirtschaftliche Bewertung spielt zukünftig nicht mehr die alles dominierende Rolle, wenn ein Wandel in den Energiebereitstellungssystemen notwendig wird, auch weil volkswirtschaftlichen Prämissen eine größere Bedeutung zukommt. Wegen der sich rasch ändernden wirtschaftlichen Bedingungen werden wirtschaftliche Belange nur am Rande behandelt.

Energiediskussionen sind meist sehr polemisch und zeitweise auch ideologisch bestimmt. Der Autor war oft Zeuge besserwisserischer Zurechtweisungen und hofft, dass mit diesem Buch eine Diskussionsgrundlage vorhanden ist, die objektiven Überprüfungen standhalten kann.

Eine Bemerkung noch zur Angabe von Normen im folgenden Text: Hinter der Zahlenangabe der Norm stehen in Klammern zwei Zahlen. Die erste Zahl gibt den Erscheinungsmonat, die zweite Zahl das Erscheinungsjahr der Norm an. Zum beispiel bedeutet (07.11), dass die Norm im Juli 2011 erschienen ist.

Raumklima

2.1 Zusammenhang von Raumklima und Energieeffizienz

Die klimatechnische Aufgabenstellung für Gebäude besteht darin, in dessen Räumen ein gewünschtes, benötigtes oder gefordertes Raumklima mit größtmöglicher Energieeffizienz zu schaffen und einzuhalten.

Ein *gewünschtes* Raumklima ist subjektiv und gehört zu einem Raumnutzer, der sich raumklimatisch ausgefallene Wünsche leisten kann, die über das Normative hinausgehen. Es ist ein nur sehr selten eintretender Sonderfall.

Benötigt wird ein Raumklima zum Durchführen spezieller Technologien, z. B. zur Chipproduktion in reinen Räumen oder bei der Herstellung von Arzneimitteln. Ohne ein entsprechendes Raumklima ist die erfolgreiche Produktion nicht möglich, wobei die Luftreinheit im Vordergrund steht.

Um Schäden an Gebäuden und Beeinträchtigungen der Gesundheit und des Wohlbefindens der Raumnutzer, seien es Menschen oder auch Tiere, zu vermeiden, muss ein bestimmtes Raumklima *gefordert* werden. Diese Raumklimaanforderungen sind in der Regel in Verordnungen, technischen Richtlinien oder Normen festgehalten, die den Stand der Technik repräsentieren.

Das Raumklima soll im Sinne der Nachhaltigkeit wesentlich durch die Gebäudegestaltung und so wenig wie nötig durch Technische Gebäudeausrüstung erreicht werden. Es gilt: Je geringer die Aufwendungen für die Technische Gebäudeausrüstung sein müssen, umso energetisch und damit kostengünstiger ist der Gebäudebetrieb. Es muss aber klar sein, dass es nicht das wichtigste ist, die Kosten für den Gebäudebetrieb zu senken, wie es gelegentlich den Anschein hat, sondern das benötigte oder geforderte Raumklima so effizient wie möglich herzustellen und aufrecht zu erhalten.

Das Raumklima ist eine komplexe Größe. Mit ihm werden

- thermische,
- lufthygienische,

M. Schmidt, *Auf dem Weg zum Nullemissionsgebäude*, 5
DOI: 10.1007/978-3-8348-2193-5_2, © Springer Fachmedien Wiesbaden 2013

- raumströmungstechnische,
- akustische und
- optische

Belange beschrieben. Es muss quantifiziert werden können, um nachweisbar und überprüfbar zu sein. Dafür sind messbare Raumklimakomponenten und geeignete Messverfahren zu vereinbaren. Diese Raumklimakomponenten sind gleichzeitig Bemessungs- und Garantiegrößen. Die Werte für die Raumklimakomponenten sind sowohl im Hinblick auf die Raumnutzung als auch auf den Bestandsschutz der Raumumfassung festzulegen. Die Messverfahren für Garantiewerte müssen für die Messung vor Ort einfach, aber aussagefähig sein, z. B. die Temperaturmessung mit dem Globusthermometer. Durch die Komplexität, die durch die aufgelisteten, sehr unterschiedlichen Belange deutlich wird, ist es schwierig, die richtige Korrelation der Raumklimakomponenten herzustellen.

Für die in diesem Buch zu treffenden Aussagen über Gebäude stehen die thermischen und lufthygienischen Raumklimakomponenten im Vordergrund.

2.2   Raumklima und Behaglichkeit

Folgende Nutzungsbereiche mit dem zugehörigen Raumklima können mindestens identifiziert werden:

• Aufenthaltsräume für Menschen	⇒ Komfortklima,
• Ställe zur Tierhaltung	⇒ Stallklima,
• Lager für verderbliche Lebensmittel	⇒ Kaltlagerraumklima,
• Produktionsräume	⇒ Industrieklima,
• Prüf- und Laborräume	⇒ Laborklima.

Komfortklima herrscht dann, wenn sich Menschen in Aufenthaltsräumen thermisch behaglich fühlen. Das gilt für Wohnungen, Büros, Fahrzeugkabinen, Schalterhallen von Bahnhöfen und Flughäfen, Konzert- und Theatersäle, Kunsthallen u. a. Auf das Komfortklima wird beispielhaft in den folgenden Ausführungen näher eingegangen.

Stallklima spielt bei der Massentierhaltung und in speziellen Räumen mit Sondertierhaltung eine Rolle, z. B. in Behausungen zoologischer Gärten, wo sich Tiere (Betrachtete) und Betrachter in unterschiedlichen raumklimatischen Verhältnissen gegenüberstehen. Es zeigte sich bei Untersuchungen einer Berliner Hochschule im Berliner Zoo, dass Bedingungen für das Raumklima für die Tierhaltung nur unzureichend bekannt sind, wobei sich in vielen Tierhäusern das Raumklima im Tierbereich und im Betrachterbereich stark unterscheiden kann. Es fehlen für solche Räume auch meist die Bemessungsgrundlagen für Einrichtungen zum Herstellen des geforderten Raumklimas.

Kaltlagerraumklima muss in Kühl- und Gefrierhäusern sowie in Transportern von Kaltlagergütern herrschen. Während in Gefrierhäusern, in denen sich z. B Konserven oder gefrorene Schlachtprodukte befinden, die Temperatur im Raum entscheidend ist und bis zu −20 °C betragen kann, werden in Kühlhäusern Produkte gelagert, die noch atmen und damit zumindest Feuchtigkeit abgeben. Deshalb müssen dort sowohl die Temperatur als auch die relative Luftfeuchte in engen Grenzen eingehalten werden. Zu diesen Räumen zählen auch Reiferäume, in denen Bananen, die grün geerntet werden, bei 11 °C bis zur Reife gelagert werden.

Unter *Industrieklima* wird das zur Produktion bestimmter Produkte benötigte Raumklima subsumiert, das sehr unterschiedlich sein kann. Die Anwendungsfälle für Industrieklima haben sich in den vergangenen Jahren verändert. Mussten vor 40 Jahren noch Rechnerräume klimatisiert werden, kann heute jeder ganzjährig Computer betreiben, ohne den Raum, in dem der Computer steht, klimatisieren zu müssen. Andererseits haben sich die Raumklimabedingungen für Reinräume zur Chipherstellung und in der Pharmaindustrie drastisch verschärft, wobei es vor allem um Staub- und Keimfreiheit der Luft im Produktionsraum geht.

Dem Industrieklima nicht ganz unähnlich sind Prüf- und Laborräume, für die ein *Laborklima* benötigt wird, das entsprechend der zu prüfenden Güter sehr unterschiedlich einstellbar sein muss. Für das Untersuchen kleinerer Proben wird das Prüfraumklima in Klimakammern realisiert.

Beispiel Komfortklima

Komfortklima herrscht, wenn sich Menschen thermisch behaglich fühlen. Thermische Behaglichkeit ist ein Gefühlszustand, der Zufriedenheit mit dem thermischen Zustand der Umgebung ausdrückt.

Die Grundbedingung für thermische Behaglichkeit ist eine ausgeglichene Energiebilanz des Menschen:

$$\text{Energieproduktion} = \text{Energieabgabe}.$$

Sie gilt als notwendige Bedingung, weil bei unausgeglichener Energiebilanz über einen längeren Zeitraum ein Weiterleben nicht möglich ist. Entweder der Mensch stirbt an Hitzschlag oder er erfriert. Der Polarforscher Robert F. Scott erfror auf dem Rückweg vom Südpol, weil er seinem Körper die seiner Leistung, der tiefen Temperaturen und der großen Höhe äquivalente Energie nicht zuführen konnte, was nicht allein durch Lebensmittelknappheit bedingt war.

Die *Energieproduktion* wird durch Nahrungsaufnahme, also Biomassezufuhr, möglich. Für die folgenden Aussagen wird davon ausgegangen, dass die zur Energieproduktion nötige Nahrungsaufnahme immer im genügenden Umfang stattfindet, was nicht überall auf der Erde selbstverständlich und damit ein ethisches Problem ist.

Die *Energieabgabe* ist von der körperlichen Tätigkeit abhängig. Bei einer Tätigkeit im Sitzen, wie Lesen und Schreiben, kann die Gesamtwärmeabgabe durch Strahlung, Leitung, Konvektion und Verdunstung bei einer Empfindungstemperatur von 22 °C ca. 120 W/Pers betragen und bei schwerer körperlicher Tätigkeit auf über 270 W/Pers steigen. Menschen sind immer „Heizkörper", die in einem Raum die Heizleistung verringern und die Kühlleistung erhöhen.

Die ausgeglichene Energiebilanz des Menschen führt als notwendige Bedingung noch nicht zwangsläufig zur thermischen Behaglichkeit. Dafür sind weitere (hinreichende) Bedingungen nötig. Der gesunde Mensch kann allerdings Einflüsse, die die Behaglichkeit beeinträchtigen, durch Thermoregulation kompensieren.

Die Anpassung des Menschen erfolgt durch reflektorisch bedingte Reaktionen mittels

- chemischer und
- physikalischer Thermoregulation.

Durch *chemische Thermoregulation* wird die Energieproduktion beeinflusst. Zum Beispiel erfolgt bei Absinken der Bluttemperatur durch Steigerung der Stoffwechselvorgänge eine Nachproduktion von Körperwärme. Dafür müssen im Körper entsprechende Energiespeicher vorhanden sein.

Durch *physikalische Thermoregulation* wird die Energieabgabe beeinflusst:

- Regelung der Hautdurchblutung durch Verändern der Wärmeübertragungsfläche, z. B. durch Erweitern der Blutgefäße, sowie der Blutgeschwindigkeit, z. B. durch Erschließen neuer Gefäße.
- Regelung der Wasserverdunstung auf der Hautoberfläche, z. B. durch Erhöhen der Schweißabsonderung. Durch erhöhte Schweißabsonderung kann mehr Wasser verdunsten, wobei die Verdunstungswärme von der Hautoberfläche geliefert wird, die sich dabei abkühlt.
- Muskelzittern zur Wärmeproduktion.

Neben der reflektorisch bedingten Anpassung kann die Energieabgabe auch durch bewusstes menschliches Einwirken beeinflusst werden, z. B. durch Verändern

- des Wärmeleitwiderstandes der Körperhülle, Tab. 2.1,
- der Größe der unbedeckten Körperoberfläche.

In Tab. 2.1 ist der Wärmedurchlasswiderstand der Bekleidung nach DIN 33403-3 (04.01), [1], dort als „Isolationswert" bezeichnet, aufgeführt. Neben dem Wärmedurchlasswiderstand in der Einheit $(m^2\,K)/W$ ist in einer dritten Spalte für den Wärmedurchlasswiderstand die Einheit clo angegeben. Sie ist die Kurzform für closing unit. Für einen leichten Straßenanzug einschließlich kurzer Unterwäsche, geschlossenem Oberhemd, leichter Jacke, langer Hose, Socken und Schuhe wurde clo $= 1$ gesetzt, was $0,155\,(m^2\,K)/W$ entspricht.

Die bisherigen Aussagen zur thermischen Behaglichkeit sind von subjektivem Empfinden geprägt, die noch durch den Zusatz ergänzt werden können, dass thermische Behaglichkeit empfunden wird, wenn eine ausgeglichene Energiebilanz ohne oder mit nur geringer Thermoregulation erreicht wird oder, noch anders gesagt:

Tab. 2.1 Wärmedurchlasswiderstand (Isolationswert) der Bekleidung entsprechend [1]

Bekleidung	„Isolationswert"	
	(m² K)/W	clo
Unbekleidet	0	0
leichte Sommerkleidung – offenes kurzes Oberhemd, lange leichte Hose, leichte Socken, Schuhe	0,078	0,5
Leichte Arbeitskleidung – kurze Unterhose, offenes Arbeitshemd oder leichte Jacke, Arbeitshose, Wollsocken, Schuhe	0,093	0,6
Leichte Außensportkleidung – kurzes Unterzeug, Trainingsjacke, Trainingshose, Turnschuhe	0,140	0,9
Regenschutzkleidung, 2-teiliger Anzug (Polyurethan) – Oberhemd, kurze Unterwäsche, Socken, Schuhe	0,140	0,9
Leichter Straßenanzug – kurze Unterwäsche, geschlossenes Oberhemd, leichte Jacke, lange Hose, Socken, Schuhe	0,155	1,0
Freizeitkleidung – kurze Unterwäsche, Oberhemd, Pullover, feste Jacke u. Hose, Socken, Schuhe	0,186	1,2
Fester Straßenanzug – lange Unterwäsche, geschlossenes langes Oberhemd, feste Jacke u. Hose, Weste aus Tuch oder Wolle, Wollsocken, Schuhe	0,233	1,5

Das wärmephysiologische Bedürfnis des Menschen verlangt nach thermisch behaglichen klimatischen Bedingungen im Raum, um eine Körperkerntemperatur θ_{Ke} von

$$\theta_{Ke} = 36{,}7 - 37{,}2\,°C$$

ohne besondere Regelung aufrechtzuerhalten.

Das ist natürlich nicht ganz befriedigend, und so wurden in der DIN EN ISO 7730, [2], Aussagen zur quantitativen Bestimmung der thermischen Behaglichkeit mittels PMV-Faktor und PPD-Index gemacht.

PMV bedeutet **P**redicted **M**ean **V**ote (vorausgesagtes mittleres Votum), das mit einer in der DIN EN ISO 7730 angegebenen Gleichung berechnet wird, in der die folgenden Größen, die sich auf eine Person beziehen, enthalten sind:

- spezifischer Energieumsatz in W/m²,
- wirksame spezifische mechanische Leistung in W/m²,
- Wärmedurchlasswiderstand der Bekleidung in (m² K)/W, Tab. 2.1,
- Bekleidungsflächenfaktor,
- Wasserdampfpartialdruck in Pa,
- Raumluft- und mittlere Strahlungstemperatur in °C,
- relative Raumluftgeschwindigkeit in m/s,
- konvektiver Wärmeübergangskoeffizient in W/(m² K) und
- Oberflächentemperatur der Bekleidung in °C.

Die an erster und zweiter Stelle genannten spezifischen Größen beziehen sich auf die Fläche des unbekleideten menschlichen Körpers. Quantitative Werte für diese Größen sind auch in DIN EN ISO 7730 angegeben.

Die Berechnung der Gleichung führt auf einen Zahlenwert, der als eine bestimmte Empfindung gedeutet werden kann, Tab. 2.2.

PPD bedeutet **P**redicted **P**ercentage of **D**issatisfied (vorausgesagter Prozentsatz an Unzufriedenen). Der PPD-Index gibt die Prozentzahl der Personen an, die mit den Raumklimabedingungen nicht zufrieden sind.

Um herauszufinden, wie viele Personen mit welchem PMV-Faktor unzufrieden sind, müssen Probanden befragt werden, deren Zusammensetzung möglichst einem Querschnitt durch die Bevölkerung entsprechen sollte. Ein Ergebnis ist in Abb. 2.1 dargestellt.

Mit Abb. 2.1 wird bestätigt, dass auch bei neutralem Empfinden noch mindestens 5 % der Befragten unzufrieden sind. Es muss deshalb eine Obergrenze für den Prozentsatz Unzufriedener festgelegt werden, für die noch von behaglich gesprochen werden kann. Je größer er ist, umso mehr Unzufriedene gibt es, aber umso einfacher und damit billiger wird die Haustechnik, um das damit verbundene Raumklima einzuhalten. In Abb. 2.1 ist der vertretbare Prozentsatz Unzufriedener mit 10 % festgelegt, was mittleren Anforderungen entspricht.

Die Erwartungshaltungen zum Raumklima sind nach DIN EN 15251 (08.07) [3] in Kategorien eingeteilt, Tab. 2.3.

Tab. 2.2 PMV-Faktor und zugehörige Empfindung

PMV-Faktor	Empfindung
+3	zu warm
+2	warm
+1	etwas warm
0	neutral
−1	etwas kühl
−2	kühl
−3	kalt

Abb. 2.1 Beispiel zur Kennzeichnung eines Bereichs thermischer Behaglichkeit

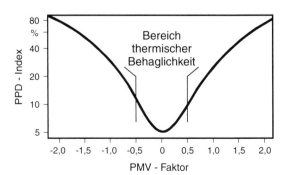

Tab. 2.3 Kategorien für Raumklima im Komfortbereich entsprechend [3]

Kategorie	Beschreibung
I	Hohes Maß an Erwartungen; empfohlen für Räume, in denen sich sehr empfindliche und anfällige Personen mit besonderen Bedürfnissen aufhalten (Behinderte, Kranke, sehr kleine Kinder, Ältere)
II	Normales Maß an Erwartungen; empfohlen für neue und renovierte Gebäude
III	Annehmbares, moderates Maß an Erwartungen; kann bei bestehenden Gebäuden angewendet werden
IV	Werte außerhalb der oben genannten Kategorien; diese Kategorie sollte nur für einen begrenzten Teil des Jahres angewendet werden

Tabelle 2.3 zeigt, dass der in der Norm wiedergegebene Stand der Technik im Jahre 2007 nicht nur von *einem* möglichen Raumklima für den Komfortbereich ausgeht. Der Nutzer kann entscheiden, welche Raumklimabedingungen er sich zumutet. In der Regel wird momentan die Kategorie II bevorzugt, die dem in Abb. 2.1 dargestellten Bereich thermischer Behaglichkeit entspricht. Während die Kategorie I zwischen den PMV-Faktoren −0,3 und +0,3 liegt, gilt für Kategorie III der Bereich von −0,7 bis +0,7. Als Folgerung ergibt sich: Auch mit der Wahl der Kategorie für das Raumklima kann die benötigte Gebäudeenergie, wenn auch nur in engen Grenzen, beeinflusst werden.

2.3 Thermische Raumklimakomponenten

Die thermischen Raumklimakomponenten beschreiben die thermischen Belange des Raumklimas. Sie treffen Aussagen zur

- örtlichen Raumlufttemperatur θ_a und
- mittleren Temperatur der Raumumschließungsflächen

$$\theta_{W,m} = \frac{\sum A_j \cdot \theta_{W,j}}{\sum A_j} \tag{2.1}$$

mit

A   Raumumschließungsfläche,
$\theta_{W,m}$ mittlere raumseitige Wandtemperatur,
j   Laufgröße von 1 bis n.

- Luftbewegung im Raum mit den Größen

Luftgeschwindigkeit im Raum v_i
Zuluftwechsel im Raum

$$n_{SUP} = \frac{q_{V,SUP}}{V_{Ra}} \tag{2.2}$$

mit

$q_{V,SUP}$ Zuluftvolumenstrom,
V_{Ra} Raumvolumen.

- Feuchtegehalt im Raum mit den Größen

  Relative Raumluftfeuchte φ_i
  Wasserdampfgehalt der Raumluft x_i
  Wasserdampf-Partialdruck der Raumluft p_D

Die *örtliche Raumlufttemperatur* ist die von der Strahlung unbeeinflusste, aber von der Luftbewegung im Raum und vom Messort abhängige Lufttemperatur im Raum. Sie ist eine mögliche Größe zum Fixieren eines Luftzustandes. Der Luftzustand kann sehr anschaulich in einem h,x-Diagramm dargestellt werden, Abb. 2.2.

Bei einem h,x-Diagramm müsste als Ordinate die Enthalpie h erwartet werden. Es handelt sich aber um ein schiefwinkliges Diagramm, in dem die Werte der schrägen parallelen Linien der spezifischen Enthalpie an der Kurve $\varphi = 100\,\%$ abgelesen werden können. Die Temperaturlinien, deren Werte an der Ordinate abgelesen werden können, sind nicht parallel, wie es am oberen Rand des Diagramms, das mit einer waagerechten Linie abgeschlossen ist, deutlich zu erkennen ist. Das Diagramm ist so angelegt, dass die Temperaturlinie 0 °C waagerecht ist.

Die *örtliche Raumlufttemperatur* θ_a ist mit der an der Ordinate des h,x-Diagramms dargestellten Lufttemperatur t identisch.

Zu beachten ist, dass ein h,x-Diagramm nur für **einen** Gesamtdruck, in Abb. 2.2. für 1 bar oder 0,1 MPa, gilt. Dieser Druck ist ein für Mitteleuropa ohne die Bergregionen über 1.000 m geltender mittlerer Umgebungsdruck.

Die *mittlere Temperatur* der *Raumumschließungsflächen* $\theta_{W,m}$ ist das gewogene Mittel der Summe aller Produkte aus Wandfläche A_j und zugehöriger Wandtemperatur $\theta_{W,j}$. Die Zahl der Summanden richtet sich nach der Zahl der Wände mit unterschiedlicher Wandtemperatur. Zumindest Außenwand, Fenster, Heizflächen, falls vorhanden, und Innenwände einschließlich Decke und Fußboden werden unterschiedliche Wandtemperatur haben. Diese Temperatur wirkt als Strahlungstemperatur.

Die örtliche Raumlufttemperatur und die Temperatur der Raumumschließungsflächen werden vom Raumnutzer nicht getrennt empfunden. Deshalb wurde aus beiden in DIN EN ISO 7730 [2] die *operative Raumtemperatur* θ_o definiert:

$$\theta_o = 0{,}5\,(\theta_a + \theta_r) \tag{2.3}$$

mit

θ_a örtliche Raumlufttemperatur,
$\theta_r = \Sigma\,\varphi_K\,\theta_K$ örtliche Strahlungstemperatur,
φ_K Einstrahlzahl zwischen Raumpunkt, z. B. menschlicher Kopf, und Fläche K,
θ_K Temperatur der Fläche K

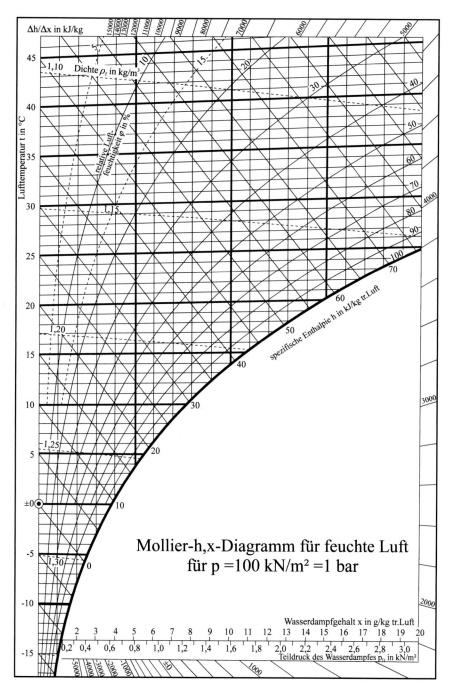

Abb. 2.2 Das Mollier-h,x-Diagramm für feuchte Luft

Mit Gl. (2.3) werden die Strahlungsbedingungen im Raum exakt wiedergegeben. Die Ermittlung der Einstrahlzahl ist allerdings nicht ganz trivial. Sie gibt den Anteil der Strahlung an, der von einer Strahlungsquelle in den Halbraum gestrahlt wird und auf einen Strahlungsempfänger, z. B. den menschlichen Kopf, trifft. Wenn die Gesamtstrahlung gleich 1 gesetzt wird, kann die Einstrahlzahl des Kopfes als ein kleiner Körper im gesamten Halbraum nur ein Bruchteil davon, z. B. 0,01, sein.

Für Luftgeschwindigkeiten $v_i < 0,2$ m/s, was im Gebäudebereich fast durchweg gilt, und bei Unterschieden zwischen der örtlichen Raumlufttemperatur und der mittleren Strahlungstemperatur von $\theta_a - \theta_r < 4$ K, was unbedingt angestrebt werden sollte, kann die örtliche Strahlungstemperatur durch die mittlere Temperatur der Raumumschließungsflächen entsprechend Gl. (2.1) ersetzt werden, womit für die operative Raumtemperatur gilt:

$$\theta_o = 0{,}5 \left(\theta_a + \theta_{W,m} \right) \tag{2.4}$$

Diese vereinfachte Gleichung wird für die weitere Benutzung empfohlen.
Die als behaglich geltende operative Raumtemperatur sollte entsprechend [3]

- im Winterbetrieb bei $21 \leq \theta_o/°C \leq 24$, Bemessungswert $\theta_o = 21\ °C$,
- im Sommerbetrieb bei $23 \leq \theta_o/°C \leq 26$, Bemessungswert $\theta_o = 26\ °C$,

liegen. Die vorgeschlagenen Bemessungswerte liegen jeweils an den Bereichsgrenzen, was durch energetische Überlegungen zu begründen ist.

Für die *Luftbewegung* im Raum liefern sowohl die Luftgeschwindigkeit und als auch der Zuluftwechsel entsprechend Gl. (2.2) Zahlenwerte. Für die *Luftgeschwindigkeit* wurden in [4] die in Tab. 2.4 wiedergegebenen Werte für unterschiedliche örtliche Raumlufttemperaturen für den üblichen Bereich und den Bemessungswert genannt. Es bestätigt sich die oben gemachte Aussage, dass die als behaglich geltenden Raumluftgeschwindigkeiten tatsächlich sehr kleine Werte haben, deren Messung nicht ganz trivial ist und die deshalb meist nicht als Garantiewerte gefordert werden.

Tab. 2.4 Lokale Raumluftgeschwindigkeit in Abhängigkeit von der örtlichen Raumlufttemperatur entsprechend [4]

Örtliche Raumluft-temperatur θ_a in °C	Lokale Raumluftgeschwindigkeit v_i in m/s	
	Üblicher Bereich	Bemessungswert
20	0,10–0,16	0,13
21	0,10–0,17	0,14
22	0,11–0,18	0,15
24	0,13–0,21	0,17
26	0,15–0,26	0,20

Der *Zuluftwechsel* n_{SUP}, berechnet mit dem Zuluftvolumenstrom $q_{V,SUP}$, Gl. (2.2), sollte zum Erzeugen einer stabilen Raumdurchströmung (Minimalwert) und zum Vermeiden von Zugerscheinungen (Maximalwert) im Bereich

$$3 \leq n_{SUP}/h^{-1} \leq 8.$$

liegen. Mit ihm wird die mit der Zuluftzufuhr erzielte Luftbewegung beschrieben. Die Raumdurchströmung muss so ausgebildet sein, dass die Temperaturänderung in Raumhöhe 2 K/m nicht überschreitet.

Mit dem Zuluftwechsel wird nichts über die hygienische Qualität der zugeführten Luft, ob es sich um Umluft, Mischluft aus Um- und Außenluft oder Außenluft handelt, ausgesagt. Dafür wird der noch zu erläuternde Außenluftwechsel benötigt.

Der *Feuchtegehalt* im Raum hat geringen Einfluss auf die thermische Behaglichkeit. Durch die meist positive Differenz zwischen Wasserdampf-Sättigungspartialdruck auf der Körperoberfläche und dem Wasserdampf-Partialdruck der Umgebungsluft kann in einem relativ großen Temperaturbereich die Wärmeabfuhr durch Verdunstung von der Körperoberfläche an die fast immer ungesättigte Umgebungsluft problemlos erfolgen.

So wird für die *relative Feuchte* in [5] für die Kategorie II ein behaglicher Bereich von

$$30 \leq \varphi_i/\% \leq 65$$

und für den Wasserdampfgehalt ein maximaler Wert von

$$x_{i,max} = 11{,}5 \, \text{g/kg tr. Luft}$$

angegeben.

Geringe Raumluftfeuchte im Sommer bei hohen Temperaturen ist günstig für die Entwärmung durch Wasserdampfabgabe, aber Werte $\varphi_i < 50 \, \%$ beeinträchtigen die Atemwege. In [3] wird empfohlen, als Bemessungswert im Sommer von einem Wert von $\varphi_i = 60 \, \%$ auszugehen. Zu einer behaglichen Raumlufttemperatur von 22 °C und einer relativen Raumluftfeuchte von 60 % gehören, wenn das h,x-Diagramm, Abb. 2.2, zum Auffinden der Werte genutzt wird, ein *Wasserdampfgehalt* der Raumluft von $x_i = 10 \, \text{g/kg}$ trockene Luft und ein *Wasserdampfpartialdruck* der Raumluft – in Abb. 2.2 mit dem deutschen Begriff Teildruck bezeichnet – von $p_D = 1{,}58 \, \text{kN/m}^2 = 1580 \, \text{Pa}$. Der Wasserdampfgehalt der Raumluft von $x_i = 10 \, \text{g/kg}$ trockene Luft liegt damit unter dem oben angegebenen maximalen Wert.

2.4   Lufthygienische Raumklimakomponenten

Dazu gehören

- CO_2-Konzentration,
- Gehalt bzw. Konzentration an Geruchs- und giftigen Stoffen,
- Staubgehalt.

Die *CO$_2$-Konzentration* ist bisher die ausschlaggebende hygienische Raumklimakomponente für Räume mit Komfortklima.

Zunehmend spielen *Geruchsstoffe* für das Wohlbefinden von Personen in klimatisierten Räumen eine Rolle. Deren Quantifizierung erfolgt mit Werten der Geruchsbelastung mit der Einheit olf (olfaction – riechen). Wegen noch nicht völlig ausgereifter Messmethoden zum Erfassen der Geruchsbelastung ist sie in der gegenwärtigen Normung nicht enthalten. *Giftige Stoffe* treten im Rahmen von Komfortklimabedingungen kaum auf.

Der *Staubgehalt* ist sehr von den Nutzungsbedingungen abhängig und wird hier für den Gebäudebereich als nicht besonders relevant nicht weiter behandelt.

Das Überschreiten der Grenzwerte lufthygienischer Raumklimakomponenten wird – mit absteigender Priorität – verhindert durch:

- Beseitigen oder Mindern der Emissionsquellen,
- Ersatz der Raumluft durch Außenluft $\Rightarrow$ „Lufterneuerung",
- Reinigen der Raumluft im Umluftbetrieb.

Im Komfortklimabereich entfällt der erste Punkt, denn die CO$_2$-Produktion, die durch die Atemtätigkeit der Menschen entsteht, kann nicht vermindert werden. Auch das Reinigen der Umluft von CO$_2$-Belastungen ist technisch noch nicht möglich. So dominiert die Lufterneuerung. Als deren Größen sind zu bestimmen:

- Mindestaußenluftvolumenstrom $\quad q_{V,ODA}.\text{min}$
- Mindestaustauschluftrate oder

$$\text{Außenluftwechsel} \qquad n_{ODA} = \frac{q_{V,ODA}}{V_{Ra}} \qquad\qquad (2.5)$$

Der Mindestaußenluftvolumenstrom hängt von der Raumnutzung und der Außenluftqualität ab, wie es in Gl. (2.6) unschwer zu erkennen ist:

$$q_{V,ODA,\text{min}} = \frac{q_{V,S,ges}}{c_{IDA} - c_{SUP}} \qquad\qquad (2.6)$$

Es bedeuten

$q_{V,S,ges}$ gesamter Schadstoffstrom, z. B. CO$_2$-Anteil in der Atemluft,

c_{IDA} oberer Schadstoffgrenzwert bzw. zugelassene maximale Schadstoffkonzentration im Raum, z. B. CO$_2$-Grenzwert,

c_{SUP} Schadstoffkonzentration in der dem Raum zugeführten Zuluft.

Um z. B. den CO$_2$-Schadstoffstrom bei Komfortklima zu bestimmen, muss der CO$_2$-Ausstoß einer Person in Abhängigkeit von der körperlichen Belastung bekannt sein. Dafür können die Werte der Tab. 2.5 benutzt werden.

Tab. 2.5 Von erwachsenen Menschen abgegebener CO_2-Volumenstrom q_{V,CO_2} (Kinder 70 … 80 % davon)

Tätigkeit	q_{V,CO_2} in m^3/(h Pers)
Grundumsatz	0,010 … 0,012
Sitzende Tätigkeit	0,012 … 0,015
Leichte Büroarbeit	0,019 … 0,024
Mittelschwere Arbeit, Gymnastik	0,033 … 0,043
Tanzen, Tennis	0,055 … 0,070

Tab. 2.6 Beschreibung und CO_2-Konzentrationserhöhungen gegenüber der Außenluft-CO_2-Konzentration der unterschiedlichen Raumluftqualitätskategorien entsprechend [3]

Kategorie	Konzentrationserhöhung in ppm
I	350
II	500
III	800
IV	>800

Tab. 2.7 Beispiele für CO_2-Konzentrationen in der Außenluft entsprechend [4]

Beschreibung des Ortes	CO_2-Konzentration in ppm
Ländliche Gebiete; keine bedeutenden Emissionsquellen	350
Kleine Städte	375
Verschmutzte Stadtzentren	400

Tab. 2.8 Außenluftvolumenstrom je Person entsprechend [6]

Kategorie	Außenluftvolumenstrom je Person in l/(s Pers), in Klammern in m^3/(h Pers)			
	Nichtraucher-Bereich		Raucher-Bereich	
	Üblicher Bereich	Bemessungswert	Üblicher Bereich	Bemessungswert
IDA 1	>15	20 (72)	>30	40 (144)
IDA 2	10–15	12,5 (45)	20–30	25 (90)
IDA 3	6–10	8 (28,8)	12–20	16 (57,6)
IDA 4	<6	5 (18)	<12	10 (36)

Die Schadstoffkonzentration der Zuluft ist im Falle der CO_2-Belastung von der Kategorie der Raumluftqualität, die erreicht werden soll, und der CO_2-Beladung der Außenluft abhängig. In [3] werden Konzentrationserhöhungen von CO_2 in den Räumen über der Konzentration in der Außenluft angegeben, Tab. 2.6

Um zu den absoluten Zahlen zu kommen, werden die CO_2-Konzentrationen der Außenluft benötigt. Sie sind in [4] enthalten, Tab. 2.7.

Der Mindestaußenluftvolumenstrom kann auch aus den Normen entnommen werden, z. B. aus Tabelle A.11 in [6], hier Tab. 2.8. In dieser Norm sind im Gegensatz zu [3] die Raumkategorien nicht in römischen Ziffern, sondern nach dem Vorsatz IDA für Innenraumluft mit arabischen Ziffern gekennzeichnet. Die Bedeutung der einzelnen Raumkategorien unterscheidet sich aber nicht von den mit römischen Ziffern angegebenen.

2.5   Zusammenfassung

Das Schaffen und Einhalten eines bestimmten Raumklimas soll so energieeffizient wie möglich erfolgen.

Das Raumklima im Gebäudebereich wird durch thermische und lufthygienische Raumklimakomponenten beschrieben, die sowohl Bemessungs- als auch Garantiegrößen für das Raumklima sind.

Gemessen werden

- operative Raumtemperatur mit dem Globusthermometer,
- Wandtemperatur mit Widerstandsthermometer, z. B. Pt 100,
- relative Luftfeuchte mit Psychrometer, z. B. Aspirationspsychrometer, Geräte mit Halbleiterfühler oder Thermistoren, Hygrometer,
- Raumluftgeschwindigkeit mit thermischem Anemometer,
- Außenluftwechsel mithilfe von Spurengasen (tracer gas) mit IR-Analysatoren,
- CO_2-Gehalt mittels Infrarot-Spektroskopie.

Das Raumklima kann durch autogene (freie) und energogene (erzwungene) Klimatisierung beeinflusst werden. Freie Klimatisierung mit entsprechender Gebäudegestaltung, die ohne zusätzlichen Energiebedarf auskommt, ist zu präferieren. Mit erzwungener Klimatisierung kann ein fixiertes Raumklima garantiert werden. Das ist mit Material- und Energieaufwand verbunden.

2.6   Fragen zur Vertiefung

- In welcher Verbindung stehen Energieeffizienz und Raumklima?
- Welche Raumklimakomponenten sind im Zusammenhang mit Energieeffizienz wichtig?
- Was wird mit dem Zuluft- und was mit dem Außenluftwechsel (Definition) beschrieben?
- Wozu wird der PMV-Faktor benötigt?
- Welche Raumklimakomponenten bilden die operative Raumtemperatur?
- Mit welchen Größen wird ein hygienisch benötigter Außenluftvolumenstrom berechnet?
- Mit welchem Messgerät wird die operative Raumtemperatur gemessen?
- Erläutern Sie das Messprinzip eines Psychrometers.

Literatur

1. DIN 33403-3 (04.01): Klima am Arbeitsplatz und in der Arbeitsumgebung; Beurteilung des Klimas im Warm- und Hitzebereich auf der Grundlage ausgewählter Klimasummenmaße.
2. DIN EN ISO 7730 (06.07): Ergonomie der thermischen Umgebung – Analytische Bestimmung und Interpretation der thermischen Behaglichkeit durch Berechnung des PMV- und des PPD-Indexes und Kriterien der lokalen thermischen Behaglichkeit.
3. DIN EN 15251 (08.07): Eingangsparameter für das Raumklima zur Auslegung und Bewertung der Energieeffizienz von Gebäuden – Raumluftqualität, Temperatur, Licht und Akustik.
4. Normentwurf DIN EN 13779 (07.05): Lüftung von Nichtwohngebäuden – Allgemeine Grundlagen und Anforderungen an Lüftungs- und Klimaanlagen.
5. Entwurf VDI 4706, Blatt 1 (08.09): Kriterien für das Innenraumklima (VDI-Lüftungsregeln).
6. DIN EN 13779 (09.07): Lüftung von Nichtwohngebäuden – Allgemeine Grundlagen und Anforderungen für Lüftungs- und Klimaanlagen und Raumkühlsysteme.

Gebäudebetrieb

3

3.1 Begrifflichkeiten

In Gebäuden müssen

- das Raumklima hergestellt und aufrechterhalten,
- sanitäre Anforderungen garantiert und
- technologische Prozesse ermöglicht werden.

Gleichzeitig muss die Gebäudesubstanz erhalten werden. Das Raumklima, zu dem thermische und lufthygienische Raumklimakomponenten gehören, wurde in Kap. 2 erörtert.

Für die meisten dieser Prozesse wird Energie benötigt. Sie wird als *Nutzenergie* bezeichnet, unmittelbar vor Ort eingesetzt und kann vom Gebäudebetreiber oder durch Energiedienstleister bereitgestellt werden. Diese Nutzenergien sind

- thermische Energie als Heiz- bzw. Kühlwärme,
- Licht und
- mechanische Energie („Kraft").

Nutzenergie wird in der Regel mit Energieanwendungsanlagen aus *Endenergie* bereitgestellt. Beispiele für Endenergie sind

- Nah- und Fernwärme,
- elektrische Energie,
- Energie des Gases,
- Energie des Heizöls,
- Energie der Steinkohle, der Braunkohle, der Braunkohlenbriketts,
- Energie der Biomasse beim Nutzer, z. B. Pellets, Biogas, Rapsöl.

M. Schmidt, *Auf dem Weg zum Nullemissionsgebäude*,
DOI: 10.1007/978-3-8348-2193-5_3, © Springer Fachmedien Wiesbaden 2013

Die Beispiele lassen erkennen, dass Endenergie an Endenergieträger gebunden ist, die der Nutzer kaufen kann. Das trifft allerdings nicht auf das Generieren von thermischer Energie mit solarthermischen Wandlern (Solarabsorber, Solarkollektoren) zu, weil hier die Energie der Sonnenstrahlung kostenfrei zur Verfügung steht.

In der Aufzählung der Beispiele für die Endenergie ist auf Anhieb nur ein regenerativer Energieträger, die Biomasse, zu erkennen. Andererseits gibt es auch nur einen Endenergieträger, der ausschließlich nichtregenerativ ist: die Kohle. Alle anderen Endenergien können regenerative Bestandteile enthalten. So z. B. bei der solaren Nahwärme oder bei der Fernwärmebereitstellung mit Heizkessel, in denen Biomasse mit verbrannt wird. Die elektrische Energie kann zum Teil aus Windenergie oder photovoltaisch erzeugt und in ein Gasnetz kann Biogas eingespeist worden sein. Das Heizöl kann flüssige Biomasseenergieprodukte enthalten.

Den Nutzer interessiert entsprechend den einleitenden Bemerkungen in erster Linie die Nutzenergie für den energetischen Gebäudebetrieb und dann die Endenergie. Sie muss gekauft werden und verursacht dem Nutzer Kosten.

Ein Teil der in den Beispielen genannten Endenergien sind das Ergebnis einer Energieumwandlung. Am Anfang der Energieumwandlungskette steht Energie, die im bisherigen Sprachgebrauch *Primärenergie* genannt wird. Diese Primär- oder auch Rohenergie ist damit die Energie, die noch keiner Umwandlung oder Umformung unterworfen wurde. Beispiele für Primärenergie im konventionellen Verständnis sind

- Energie der geförderten Kohle,
- Energie des geförderten Erdöls,
- Energie des geförderten Erdgases,
- Energie des Kernspaltmaterials.

Auch Energien aus regenerativen Energiequellen (EREQ), wie die direkten Erscheinungsformen

- Sonnenstrahlungsenergie,
- geothermische Tiefenenergie einer angebohrten geothermischen Lagerstätte,
- Gezeitenenergie

und die indirekten Erscheinungsformen der Energie, wie

- Biomasseenergie nach der Ernte der Biomasse,
- thermische Umweltenergie
- Windenergie,
- Laufwasserenergie („Wasserkraft") und Gletschereisenergie,
- Wellenenergie und
- Meeresströmungsenergie,

sind primäre Energien, aber nicht entsprechend dem Verständnis der konventionellen Primärenergie.

Die Primärenergie ist in der konventionellen Energiewirtschaft eine hervorragend geeignete thermodynamische Bezugsgröße bei energetischen Vergleichen. Darauf wird bei der Behandlung der energetischen Bewertungsgrößen noch eingegangen. Dieses Verständnis konventioneller Primärenergie lässt sich aber nicht ohne weiteres auf Energien aus regenerativen Energiequellen übertragen, zumal der Bezug auf eine irgendwie definierte Primärenergie zu keinem sinnvollen energetischen Vergleich führt. Das wird sehr schnell mit nachfolgender Erklärung deutlich.

Die primäre Energie bei der elektrischen Energieerzeugung mit Windenergieanlagen ist die durch Sonneneinstrahlung generierte indirekte Erscheinungsform Energie des Windes, die aus physikalischen Gründen nur bis maximal rund 60 % genutzt werden kann. Die praktizierte Umrechnung der mit Windenergie erzeugten elektrischen Energie auf Primärenergie mit einem Faktor, z. B. 2,6, wie es bei Kohlekraftwerken sinnvoll ist, hat keinerlei physikalische Begründung. Die Windenergie als die bei dieser Umwandlung primäre Energie ist vorhanden und wird immer wieder nachgeliefert, unabhängig davon, ob sie in elektrische Energie umgewandelt wird oder nicht. In ähnlicher Form lässt sich das bei photovoltaisch erzeugter elektrischer Energie diskutieren.

Es gilt also: Die in regenerative Energieanlagen eintretende primäre Energie ist vorhanden, unabhängig davon, ob sie zum Generieren von Endenergie dient oder nicht. Wegen des Charakters der Energien aus regenerativen Energiequellen wird die primäre Energie durch Energieumwandlung nicht verbraucht wie endliche konventionelle Ressourcen. Es ist deshalb nicht zu begründen, warum die aus Energien aus regenerativen Energiequellen gewonnene Energie auf diese Weise in die Statistik des Weltprimärenergieverbrauchs eingerechnet wird, mit der ja auch ein Hinweis auf die Reichweite der konventionellen Energieressourcen gegeben wird. Im Zusammenhang mit Energien aus regenerativen Energiequellen sollte kein Unterschied zwischen Primärenergie oder besser primärer Energie und der mit regenerativen Energieanlagen gewonnenen Endenergie gemacht werden.

Ein weiterer Wandel des Bedeutungsinhalts Primärenergie war jüngst zu konstatieren. In der Energieeinsparverordnung (EnEV) wird eine primärenergetische Bewertung vorgenommen in dem Sinne, dass die eingesetzte Endenergie mit Primärenergiefaktoren in Primärenergie umgerechnet wird. Diese Faktoren können zwar wissenschaftlich begründet werden, sind aber auch politisch beeinflusst. Die mit Primärenergiefaktoren berechnete Primärenergie hat weniger eine energetische, sondern eine ökologische Aussage. Beim Vergleich von Heizanlagen, die einerseits mit Erdgas und zum anderen mit Holzpellets betrieben werden, schneiden die Pelletanlagen nach dem Vorgehen in der EnEV primärenergetisch wesentlich besser als die gasbeheizten Anlagen ab, auch wenn die eingesetzte Endenergie in beiden Fällen annähernd gleich ist: Pellets haben einen wesentlich geringeren Primärenergiefaktor als Erdgas, weil Biomasseverbrennung quasi als CO_2-freie regenerative Umwandlungstechnologie betrachtet wird.

Fast alle Gebäude haben gegenwärtig immer noch einen Energiebedarf bzw. verbrauchen Energie. Der *Energiebedarf* ist so definiert, dass er eine sich auf Zukünftiges beziehende Rechengröße ist, also der vorausberechnete Bedarf an Energie. Er dient zur energetischen Bewertung von Objekten im Planungsstadium und auch als Vergleichsgröße für einen später gemessenen Energieverbrauch.

Im Unterschied zum Energiebedarf ist der *Energieverbrauch* als der messtechnisch erfassbare tatsächliche Verbrauch der Energie vor Ort definiert und bezieht sich auf vergangenes Geschehen. Er ist sowohl von der Nutzungstechnologie als auch von den Nutzergewohnheiten abhängig. Der Vergleich von Energieverbräuchen darf nur für genau definierte Bedingungen erfolgen.

Streng genommen kann nur der Energiebedarf berechnet werden. Es gibt allerdings auch Rechenprogramme für den Energieverbrauch, in denen mit statistischen Werten bzw. Kenngrößen gearbeitet wird. Das führt zu statistischen Mittelwerten, die allerdings auch so falsch oder richtig sein können wie die sehr subjektiv geprägten gemessenen Verbrauchswerte. Ein berechneter Energieverbrauch sollte immer als berechnet gekennzeichnet sein.

Zur Angabe von Energien gehört immer der Zeitraum, in dem der Energiebedarf entsteht bzw. die Energie verbraucht wird. Das können Heiz- oder Kühlperiode, Beleuchtungszeit, Produktionszeit, Kochzeit usw. sein. Von *Jahresenergiebedarf* und *Jahresenergieverbrauch* wird bei einem Bilanzzeitraum „Jahr" gesprochen, angegeben z. B. in der Einheit kWh/a. Die Zeitgrößen Stunde h und Jahr a in der Einheit kWh/a sollten nicht gekürzt werden. Durch Kürzen entstünde die Größe Leistung, was aber den physikalischen Aussagewert verfälschte, da es sich eben nicht um eine Leistung als momentaner Wert, sondern um eine Energie für einen Zeitraum handelt.

Für den Anwendungsfall Raumkonditionierung wird mit den Begriffen Heizwärme und Heizenergie bzw. Kühlwärme und Kühlenergie gearbeitet. Der Begriff Kühlwärme als Pedant zu Heizwärme ist allerdings bis heute nicht üblich. Es wird damit die Wärme mit einer Temperatur unter der Umgebungstemperatur gemeint, die für eine Raumkühlung erforderlich ist. Bisher wird dafür noch immer der physikalisch falsche Begriff „Kälte" verwendet.

Physikalisch besteht kein Unterschied zwischen den Begriffen Heizwärme und Heizenergie, ist doch Energie der Oberbegriff, zu dem auch die Wärme gehört. In der Gebäudeenergieversorgung hat es sich eingebürgert, mit *Heizwärme* die Energie zu bezeichnen, die den zu beheizenden Räumen eines Gebäudes zugeführt wird, um dessen Wärmeverluste zu kompensieren. Sie ist damit Nutzenergie. *Heizenergie* ist die Energie, die dem Heizwärmebereitsteller (Energieanwendungsanlage) eines Gebäudes (Heizkessel, Wärmepumpe, Hausanschlussstation, Blockheizkraftwerk, Wärmeübertrager einer für Nah- oder Fernwärme) zugeführt wird. Sie ist Endenergie, die vom Nutzer gekauft wird.

Ebenso verhält es sich für den Kühlfall mit den Begriffen Kühlwärme und Kühlenergie. Der Leser wird mit dem Begriff Kühlenergie keine Probleme haben. Sie ist die Endenergie, die für den Kühlfall bzw. die Kühlung aufzubringen ist. Und die Kühlung erfolgt nach der Umwandlung dieser Endenergie in die Nutzenergie Wärme („Kälte"), deren Temperatur allerdings unterhalb der Raumlufttemperatur liegt.

Im Weiteren wird der zur Heizwärme analoge Begriff Kühlwärme und nicht „Kälte" verwendet.

Es ist sinnvoll, vom Bilanzzeitraum Jahr auszugehen. Die *Jahresheiz-* bzw. *-kühlenergie* ist abhängig von

- Nutzung und Nutzer (technologisch bedingter Energieeintrag, Wärmeabgabe durch Nutzer),
- Umgebung bzw. Außenraum des Gebäudes,
- wärmetechnischer Gestaltung des Bauwerks und seiner azimutalen Ausrichtung wegen möglicher passiver und aktiver solarer Gewinne,
- Effizienz der Anlagen der technischen Gebäudeausrüstung.

Ist die Jahresheiz- bzw. -kühlenergie, $Q_{HE,a}$ bzw. $Q_{KE,a}$, bekannt, können die Brennstofflagergröße für ein Jahr $V_{Br,a}$ für Lagerenergien, zu denen auch Biomasse gehört, und die jährlichen Endenergiekosten (Brennstoffe, elektrische Energie) $K_{EE,a}$ berechnet werden. In der Regel ist im Ablauf der Gebäudeplanung explizit nicht zuerst die Jahresenergie, sondern sind zunächst Jahresheiz- bzw. -kühlwärme, $Q_{H,a}$ bzw. $Q_{K,a}$, bekannt, aus der mit dem Jahresnutzungsgrad der Heiz- oder Kühlanlage, $\eta_{N,HA}$ oder $\eta_{N,KA}$, die Jahresenergie für die Heizung mit

$$Q_{HE,a} = \frac{Q_{H,a}}{\eta_{N,HA}} \qquad (3.1)$$

und die Jahresenergie für die Kühlung mit

$$Q_{KE,a} = \frac{Q_{K,a}}{\eta_{N,KA}} \qquad (3.2)$$

berechnet werden kann.

Die Größe des *Brennstofflagers* für die Lagerenergien Kohle, Flüssiggas, Biomasse oder Heizöl für den Betrieb eines Jahres $V_{Br,a}$ wird für die Heizung berechnet mit

$$V_{Br,a} = \frac{Q_{H,a} \, \Delta\tau_L}{H_s \, \eta_{N,HA} \, \rho_{Br}} \qquad (3.3)$$

mit

$Q_{H,a}$	Gebäudejahresheizwärme,
$\Delta\tau_L$	Lagerdauer,
H_s	Brennwert des Brennstoffs, Tab. 3.2,
$\eta_{N,HA}$	Jahresnutzungsgrad der Heizanlage,
ρ_{Br}	Massedichte des Brennstoffs

und für die Kühlung mit

$$V_{Br,a} = \frac{Q_{K,a} \, \Delta\tau_L}{H_s \, \eta_{N,KA} \, \rho_{Br}} \qquad (3.4)$$

mit

$Q_{K,a}$ Gebäudejahreskühlwärme,

$\eta_{N,KA}$ Jahresnutzungsgrad der Kühlanlage.

Für das Betreiben der Kühlanlage wird allerdings kaum Lagerenergie eingesetzt werden, da sie in der Regel mit einem elektrisch angetriebenen Verdichter ausgerüstet ist, deren Antriebsenergie nur schwer lagerbar ist.

Die Endenergiekosten eines Jahres $K_{EE,a}$ werden für die Heizung mit Gleichung

$$K_{EE,a} = \frac{Q_{H,a}\, p_{Br}}{H_s\, \eta_{N,HA}} \tag{3.5}$$

und für die Kühlung mit

$$K_{EE,a} = \frac{Q_{K,a}\, p_{Br}}{H_s\, \eta_{N,KA}} \tag{3.6}$$

berechnet, mit

p_{Br} spezifischer Brennstoffpreis.

Für Kühlanlagen mit elektrischem Antrieb des Verdichters gilt

$$K_{EE,a} = \frac{Q_{K,a}\, p_{Elt}}{\eta_{N,KA}}, \tag{3.7}$$

wenn der spezifische Elektroenergiepreis p_{Elt} in €/kWh angegeben ist.

Verfahren zur Berechnung der Jahresheizwärme mit dem Heizperioden- oder Monatsbilanzverfahren

Zur Berechnung der *Jahresheizwärme* kann das *Heizperioden-* oder *Monatsbilanzverfahren* entsprechend der Energieeinsparverordnung (EnEV) benutzt werden. Hierbei ist zu berücksichtigen, dass der berechnete Wert in der Regel nicht für den konkreten Ort des betrachteten Gebäudes, sondern für einen Referenzstandort gilt und bei Bedarf eine Außenklimakorrektur erfolgen muss.

Neben dieser genormten Berechnung können für Überschlagsrechnungen der Jahresheizwärme mehrere Näherungsverfahren benutzt werden. Es werden hier drei solche Verfahren vorgestellt.

Verfahren mit Norm-Heizlast des Gebäudes und Volllaststunden

$$Q_{H,a} = \Phi_{HL}\, b_{V,H} \tag{3.8}$$

mit

Φ_{HL} Norm-Heizlast eines Gebäudes nach DIN EN 12831 (08.03), [1],

$b_{V,H}$ Volllaststunden der Heizanlage, zwischen 1.600 h/a und 2200 h/a

Verfahren mit Norm-Heizlast des Gebäudes und Heizgradtage

$$Q_{H,a} = \frac{\Phi_{HL}}{\theta_{int} - \theta_e}\, Gt_H\, 24\ h/d \tag{3.9}$$

mit

θ_{int} Norm-Innentemperatur,

θ_e Norm-Außentemperatur,

Gt_H Heizgradtage entsprechend DIN V 4108-6 (06.03), [2].

Heizgradtagüberschlagsverfahren

$$Q_{H,a} = \left(U_{\ddot{a}\,q,m}A_{ges} + 0{,}34\,n_{ODA}V_{Ra}\right)\,Gt_H\,0{,}024 \qquad (3.10)$$

mit

$U_{\ddot{a}q,m}$ mittlerer äquivalenter Wärmedurchgangskoeffizient der Gebäudehülle,

A_{ges} Summe aller Außenflächen,

n_{ODA} Außenluftwechsel $\left(\approx 0{,}5h^{-1}\right)$,

V_{Ra} Raumvolumen

Auch die Jahreskühlwärme kann mit Näherungsgleichungen berechnet werden, die analog wie für die Jahresheizwärme aufgebaut sind:

Verfahren mit Kühllast des Gebäudes und Volllaststunden

$$Q_{K,a} = \Phi_{KL}\,b_{V,K} \qquad (3.11)$$

mit

Φ_{KL} Kühllast eines Gebäudes nach VDI-Richtlinie 2078, [3],

$b_{V,K}$ Volllaststunden der Kühlanlage.

Verfahren mit Kühllast des Gebäudes und Kühlgradtage

$$Q_{K,a} = \frac{\Phi_{KL}}{\theta_i - \theta_e}\,Gt_K\,24\,h/d \qquad (3.12)$$

mit

θ_i Bemessungs-Innentemperatur,

θ_e Bemessungs-Außentemperatur,

Gt_K Kühlgradtage.

Die in den Gl. (3.8) und (3.9) eingeführte Norm-Heizlast des Gebäudes und die in den Gl. (3.11) und (3.12) eingeführte Kühllast des Gebäudes sind die Lastgrößen, die für das Bemessen der klimatechnischen Anlagen benötigt werden. Die Normheizlast eines Raumes wird für das Bemessen der Raumheizflächen, die Norm-Gebäudeheizlast für das Bemessen des Wärmebereitstellers benötigt. Analoges gilt auch für die Kühllast.

Die Heiz- und Kühllasten entsprechen Leistungen und sind zu unterscheiden von den Jahresheiz- und -kühlenergien bzw. Jahresheiz- und -kühlwärmen. So sind *Gebäudeheizlast* und *Gebäudekühllast* die Wärmeströme, die durch Transmissions- und Lüftungswärmeströme, im Innern entstehende Wärmeströme sowie evtl. durch Aufheizung und Abkühlung entstehen und durch die Klimaanlage zu kompensieren sind. Heiz- und

Kühllast bestehen damit aus Anteilen, die durch Wärmeflüsse über die Gebäudeumfassung und durch innere Wärmeflüsse, die aus der Gebäudenutzung resultieren, entstehen und einem Anteil, der für die Lüftung des Gebäudes benötigt wird.

Obwohl ein Nullemissionsgebäude nicht per Definition ein Gebäude mit einer Heiz- und Kühllast gleich Null sein muss, so sind doch kleine Lasten sehr wichtig, weil sie eine geringe Energie zum Gebäudebetrieb nach sich ziehen.

Gebäudelüftung heißt in erster Linie Zufuhr von Außenluft entsprechend den in den lufthygienischen Raumklimakomponenten festgelegten Forderungen. Hier gibt es wenig Beeinflussungsspielraum. Die Wärmeflüsse, die im Innern entstehen und die besonders für den Kühllastfall von Bedeutung sind, lassen sich im Komfortklimabereich nur sehr eingeschränkt reduzieren, bei der Industrieklimatisierung nur durch einen Technologiewechsel verringern. Großes Einsparpotenzial besteht beim Transmissionswärmestrom, der durch die Konstruktion des Gebäudes bestimmt wird.

In den Gl. (3.8) und (3.11) steht die Größe Volllaststunden. Sie werden gebildet als Quotient aus der in einem bestimmten Zeitraum bereitgestellten (gewonnenen, erzeugten, verteilten oder verbrauchten) Energie und der von der betrachteten Anlage (Einrichtung, Gerät) erreichten Höchstleistung bzw. Bemessungsleistung. Der Zeitraum ist meist ein Jahr. Die Berechnungsgleichung lautet

$$b_{V,a} = \frac{\text{Jahresenergie}}{\text{Auslegungsleistung}} \tag{3.13}$$

mit der Einheit Stunden pro Jahr (h/a). Ihr maximaler Wert beträgt $b_{V.a,max} = 8760$ h/a, der in der Praxis von keiner Anlage erreichbar ist. Prinzipiell sollten viele Volllaststunden angestrebt werden, damit sich die Investitionssumme bei der Abschreibung auf viele Stunden verteilt, um den Preis für eine Energieeinheit zu reduzieren.

Die Volllaststunden sind zwar nur eine Rechengröße, aber eine hervorragende Beurteilungsgröße energiewirtschaftlicher Prozesse.

Was wird mit dieser Rechengröße ausgesagt? Es wird die Zeitdauer angegeben, in der eine Energieumwandlungsanlage mit voller Leistung laufen müsste, um die erwartete Jahresenergie zu produzieren. Je größer diese Zeitdauer ist, umso besser wird die Anlage ausgenutzt und läuft nahe ihrer Bemessungsleistung und umso weniger Investitionskosten fließen in eine Einheit des Endprodukts, z. B. in eine kWh der produzierten Wärme.

Leider können nicht in allen Energieumwandlungsanlagen die Volllaststunden wie gewünscht eingestellt werden. Ein Grundlast-Kraftwerk mit dem Energieträger Kohle oder Uran kann, solange die Energieträger noch verfügbar sind und die Energieabnahme gesichert ist, fast das gesamt Jahr mit voller Leistung fahren und sich dem Maximalwert 8760 h/a annähern.

Bei Heiz- und Kühlanlagen sieht das völlig anders aus. Es stehen Energieumwandlungsanlagen zur Verfügung, die für die maximal zu erwartende Heiz- und Kühllast bemessen sind. Diese zugehörige Leistung wird nur im Bemessungsfall abgefordert, der nur relativ selten oder in manchen Jahren auch gar nicht eintritt. Würden solche

Anlagen mit voller Leistung durchlaufen, hätte die Heizanlage in ca. 1.600–2.200 h und die Kühlanlage in weniger als 1.000 h ihre Jahresheiz- bzw. -kühlwärme produziert. Die Volllaststunden könnten nur erhöht werden, wenn bei vorausgesetzter gleich bleibender Jahresenergie die Bemessungsleistung verringert wird. Aber dann bestünde die Gefahr, dass bei einer größeren als der Bemessungsleistung die geforderten Raumklimaparameter nicht eingehalten werden könnten.

Wieder anders sieht es in Heiz- oder Blockheizkraftwerken aus, in denen die Koppelprodukte Wärme und elektrische Energie hergestellt werden. Da sie nur optimal betrieben werden können, wenn beide Koppelprodukte gleichzeitig verlangt werden, was nur gelegentlich eintritt, gibt es Zeiten – vor allem wenn keine Heizwärme benötigt wird – dass sich die Vollaststunden verringern und gleichzeitig ihr Betrieb zu geringen Nutzungsgraden führt.

Es können sich dann Vollaststunden von nur etwas mehr als 4.500 h/a ergeben. Wegen der höheren Investitionen gegenüber einfachen Heizanlagen sollten die Vollaststunden von Heiz- oder Blockheizkraftwerken >5.000 h/a sein. Das wird erreicht, wenn Blockheizkraftwerke nicht für die maximal nötige Leistung, sondern eine geringe Leistung bemessen werden und sie beispielsweise im Grundleistungsbetrieb eingesetzt werden.

Anderen Einschränkungen unterliegen Anlagen, die mit Energien aus regenerativen Energiequellen betrieben werden. Windenergie-, Wasserenergie- und Solaranlagen können nur Energie liefern, wenn die für sie benötigten meteorologischen Bedingungen herrschen. Die Vollaststunden sind damit nicht vom Nutzer beeinflussbar. Sie betragen bei Windenergieanlagen ca. 1.600 h/a–2.500 h/a, bei Laufwasserenergieanlagen (Wasserkraftwerken) ca. 4.500 h/a und bei Solaranlagen <1.000 h/a. Im entsprechenden Maße werden die eingesetzten Investitionsmittel refinanziert. Diese oberen Grenzen sind somit durch Wetter und Klima vorgegeben und ändern sich nur bei einem Klimawechsel.

In den Gl. (3.9) und (3.12) wird die Berechnung der Jahresheiz- und -kühlwärme mit der Gradtagzahl durchgeführt. Was wird mit der Gradtagzahl ausgedrückt?

Bei Energiebedarfsberechnungen für Heizen, Kühlen und Lüften werden Differenzen von inneren Sollgrößen und zeitabhängigen Außenluftzustandsgrößen benötigt. Die Differenzbildung geschieht für einen bestimmten Zeitabschnitt, z. B. Jahr, Heizperiode, Kühlperiode oder Lüftungsdauer. Der Bedarfswert Energie, hier allgemein mit B bezeichnet, wird ermittelt:

$$B = \int_{\tau_1}^{\tau_2} K(\tau)\left[Y_i - Y_{e,m}(\tau)\right]d\tau \qquad (3.14)$$

mit

$K(\tau)$ Wert, der die thermische Last eines Gebäudes in der betrachteten Zeitdauer charakterisiert

Y_i innere Sollgröße,

$Y_{e,m}(\tau)$ äußere gemittelte zeitabhängige Zustandsgröße.

Werden die zeitabhängigen Größen K(τ) und $Y_{e,m}(\tau)$ als mittlere Größen im betrachteten Zeitabschnitt $\tau_2 - \tau_1 = \Delta\tau$ definiert, dann lässt sich Gl. (3.14) leicht integrieren:

$$B = K\left(Y_i - Y_{e,m}\right)\Delta\tau. \tag{3.15}$$

Für die Heizwärme als Beispiel ergibt sich damit

$$Q_H = \dot{q}\left(\theta_i - \theta_{e,m}\right)Z_H = \frac{\Phi_{HL}}{\theta_{int} - \theta_e}\left(\theta_i - \theta_{e,m}\right)Z_H \tag{3.16}$$

Beim Vergleich mit Gl. (3.9) wird deren Ursprung deutlich und auch, dass das Produkt aus Temperaturdifferenz und Zeitdauer die Heizgradtage sind:

$$Gt_H = \left(\theta_i - \theta_{e,m}^H\right)Z_H \approx \left(20\,^\circ C - \theta_{e,m}^H\right)Z_H \tag{3.17}$$

mit

Z_H Zahl der Heiztage eines Jahres,
θ_i Norminnentemperatur, hier zweckmäßig angenommen mit 20 °C,
$\theta_{e,m}^H$ Mitteltemperatur der Außenluft aller Heiztage.

Der Zeiger H an der mittleren Außentemperatur weist auf die Heizperiode hin.

In Abb. 3.1 wird am Beispiel der Heizgradtage gezeigt, wie sie grafisch veranschaulicht werden können.

Die Heizgradtage mit der Einheit (K d)/a entsprechen den beiden Flächen A_1 und A_2 in Abb. 3.1. Die Fläche A_2 ist entweder die Rechteckfläche oder die Fläche oberhalb der Außentemperaturkurve. Die Heiztage sind die Tage mit einer mittleren Außenlufttemperatur, die unter der Heizgrenztemperatur liegt. Sie können an den Schnittpunkten der Heizgrenztemperatur mit der Außenlufttemperaturkurve an der Abszisse abgelesen werden.

In der Wirklichkeit ist der Außentemperaturverlauf nicht eine solche schöne Sinuskurve, da es auch im November oder im März Tage geben kann, bei denen die Außenlufttemperatur über der Heizgrenztemperatur liegt.

Abb. 3.1 Bildung der Heizgradtage für eine ununterbrochene Heizperiode vom 01.09. bis 31.05. als Beispiel

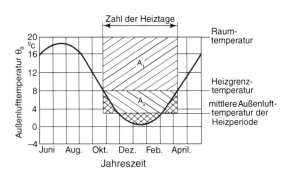

Die *Heizgrenztemperatur* ist die Temperatur, bei deren Unterschreiten geheizt werden sollte. Sie charakterisiert in einer ununterbrochenen Heizperiode Anfang und Ende der Heizzeit. Ihr Wert hängt von der Speicherfähigkeit, dem Fremdwärmeanfall und den Wärmedämmeigenschaften eines Gebäudes ab. Die Zeit mit Außenlufttemperaturen kleiner als die Heizgrenztemperatur wird als Heizperiode bezeichnet. In Abb. 3.1 sind eine Heizgrenztemperatur von 8 °C und eine Raumtemperatur von 20 °C eingezeichnet, was bei sehr gut wärmegedämmten Gebäuden in Zukunft wahrscheinlich noch unterschritten wird.

Ein Gebäude, das z. B. in Dresden theoretisch nicht geheizt werden müsste, hätte eine Heizgrenztemperatur, die der Außentemperatur für die Berechnung der Heizlast entspricht, nämlich −14 °C.

In sehr restriktiv verwalteten Städten werden noch immer entsprechend des Datums, das sich aus dem Schnittpunkt von Heizgrenz- und Außenlufttemperatur im Herbst und im Frühjahr für den Anfang und das Ende der Heizperiode ergibt, diese Tage als entsprechende Stichtage für Beginn und Ende der Heizperiode verordnet.

In [2] sind Heizgradtage für das gesamte Jahr für unterschiedliche Heizgrenztemperaturen für je eine Stadt in den 15 Klimazonen in Deutschland angegeben. In Tab. 3.1 sind beispielhaft zwei Heizgrenztemperaturen aufgeführt. Die Zahlen gelten für eine mittlere Gebäudeinnentemperatur von 19 °C.

Da die Variable zum Bestimmen der Heizgradtage die Heizgrenztemperatur ist, kommt ihr beim Reduzieren der Jahresheizenergie große Bedeutung zu. Je besser der

Tab. 3.1 Heiztage Z_H und Heizgradtage Gt_H entsprechend [2]

Heizgrenztemperatur	12 °C		10 °C	
Standort	Z_H in d	Gt_H in (K d)/a	Z_H in d	Gt_H in (K d)/a
Norderney	230,5	3176	198,3	2923
Hannover	229,4	3314	197,4	3063
Warnemünde	234,4	3430	205,8	3202
Potsdam	227	3434	198,2	3210
Dresden	224,4	3352	194,7	3120
Erfurt	240,4	3688	209,2	3443
Köln	218,8	3020	185,8	2762
Kassel	227,3	3317	196,8	3076
Chemnitz	243,5	3714	210,0	3449
Hof	269,6	4294	234,7	4021
Würzburg	222,8	3312	193,1	3079
Frankfurt/M.	215,2	3107	187,8	2892
Freiburg	199,6	2796	169,3	2560
München	240,1	3699	207,9	3446
Garmisch-Partenkirchen	259	4136	226,2	3878

Wärmedämmstandard des Gebäudes ist, umso geringer sind die Heizgrenztemperatur und damit die Zahl der Heiztage bzw. die Heizgradtage. Eine Verschlechterung kann eintreten, wenn es nicht gelingt, die gesamte Fremdwärme aufzunehmen. Das kann passieren, wenn bei einer trägen Fußbodenheizung die Fußbodentemperatur so hoch ist, dass nur ein Teil der eingestrahlten Sonnenenergie vom Fußboden aufgenommen werden kann.

Für die Lüftungsgradtage wird eine zu Gl. (3.16) analoge Gleichung gebildet, wobei als innere Sollgröße die Zulufttemperatur θ_{SUP} eingeführt wird:

$$Gt_L = \left(\theta_{SUP} - \theta_{e,m}^L\right) Z_L \qquad (3.18)$$

mit

θ_{SUP} Zulufttemperatur,
$\theta_{e,m}^L$ Mitteltemperatur der Außenluft aller Lüftungstage,
Z_L Zahl der Lüftungstage eines Jahres.

Für die Kühlgradtage, bei denen die Zulufttemperatur kleiner als die mittlere Außentemperatur ist, werden die beiden Temperaturen in der Klammer in Gl. (3.18) vertauscht.

Im Kühl- und Lüftungsbereich wird oft mit Kühl- und Lüftungsgradstunden gerechnet. Die Gleichung lautet dann, z. B. für Kühlgradstunden,

$$Gh_K = \left(\theta_{e,m}^K - \theta_{SUP}\right) Z_K \qquad (3.19)$$

mit

Z_K Zahl der Kühlstunden eines Jahres,
$\theta_{e,m}^K$ Mitteltemperatur der Außenluft aller Kühlstunden

Zum Bewerten und Vergleichen der Energieeffizienz von Gebäuden dienen der normierte Jahresheizenergiebedarf und -verbrauch bzw. der normierte Jahresheizwärmebedarf und -verbrauch. Normiert heißt hier bezogen, z. B. auf die beheizte Gebäudefläche mit der Einheit kWh/(m² a) oder das beheizte Raumvolumen mit der Einheit kWh/(m³ a).

In den Gl. (3.3)–(3.6) ist der Brennwert enthalten. Er hat Bedeutung, wenn Endenergieträger mit chemisch gebundener Energie genutzt werden, deren Energie mit dem Brennwert charakterisiert werden kann. Traditionell wird auch noch mit dem Heizwert gerechnet. Es sind beides spezifische energetische Größen, die auf die Masse oder das Volumen bezogen sind. Die Einführung des Heizwertes hat den Grund, dass nicht die Energie des Brennstoffs, sondern seine freigesetzte Energie nach der Verbrennung, wie sie sich im Rauchgas wiederfindet und im Energieanwendungsprozess genutzt wird, für wärmetechnische Prozesse von Bedeutung war. Der Unterschied zwischen Heizwert und Brennwert ist deshalb nur zu verstehen, wenn der Verbrennungsvorgang und die Ausnutzung der bei der Verbrennung entstandenen thermischen Energie der Rauchgase betrachtet werden.

Vor der Verbrennung haben der Brennstoff und die in ihm enthaltene chemisch gebundene Energie in der Regel Umgebungstemperatur. Die bei der Verbrennung entstehende thermische Energie ist dann völlig ausgenutzt, wenn die Rauchgase bis auf Umgebungstemperatur abgekühlt werden und damit ihre gesamte Exergie abgegeben haben. Das ist aber in realen Prozessen kaum möglich und war bisher aus Gründen des Korrosionsschutzes der Umwandlungsapparate nicht erwünscht. So kam es in den meisten technischen Anwendungen nicht zu einer so weitgehenden Abkühlung des Rauchgases, dass auch die volle Kondensation des im Rauchgas enthaltenen Wasserdampfs, der bei der Verbrennung der Wasserstoffbestandteile im Brennstoff, vor allem bei Erdgas, entsteht, erfolgte und damit die gesamte Brennstoffenergie ausgenutzt wird.

So ist der Umstand, ob Kondensation des Wasserdampfs im Umwandlungsapparat stattfindet oder nicht, das Unterscheidungskriterium von Heizwert und Brennwert. Die Definitionen lauten:

Der *Heizwert* ist die Energie, die bei der vollständigen Verbrennung einer Brennstoffmenge als thermische Energie frei wird, wenn der bei der Verbrennung entstandene Wasserdampf nicht kondensiert und damit dessen Kondensationsenthalpie nicht genutzt werden kann.

Der *Brennwert* ist die Energie, die bei der vollständigen Verbrennung einer Brennstoffmenge als thermische Energie frei wird, wenn der bei der Verbrennung entstandene Wasserdampf kondensiert ist und die Kondensationsenthalpie genutzt wird. Er entspricht der Energie des Brennstoffs.

Diese Betrachtungsweise mit den angegebenen Definitionen verschleiert die physikalische Aussage dieser Energiegrößen, indem sie mit der Nutzung der Energie nach dem Verbrennungsprozess erklärt werden. Zur Charakterisierung der Energie eines Brennstoffs dient ausschließlich der spezifische Brennwert. Er ist die im Energieträger Brennstoff enthaltene Energie. Der Heizwert ist damit eine Hilfsgröße, die etwas über die genutzte Energie bzw. Prozessgestaltung nach dem Verbrennungsvorgang aussagt. Für die Gl. (3.3)–(3.6) bedeutet das, dass der Jahresnutzungsgrad auf den Brennwert zu beziehen ist.

Zunehmend wird allerdings der Brennwert und damit ein beträchtliches Energiepotenzial, das bisher verschenkt wurde, genutzt.

Die freigesetzte Energie des Brennstoffs und der Unterschied zwischen Brenn- und Heizwert je nach Wasserstoffgehalt des Brennstoffs ist Tab. 3.2 zu entnehmen.

Das Verhältnis von Brenn- und Heizwert zeigt, dass es bei Koks und Steinkohle nicht sehr viel Zweck hat, unbedingt den Brennwerteffekt ausnutzen zu wollen. Im Gegensatz dazu ist die Brennwertnutzung bei Erdgas schon von Bedeutung, denn die Energieausnutzung kann gegenüber der Heizwertnutzung um maximal 11 % steigen. Große Bedeutung hat die Brennwertnutzung auch bei der Holzpelletverbrennung, wie das Verhältnis von Brennwert und Heizwert in der letzten Spalte von Tab. 3.2 ausweist.

Bei aller Diskussion zur Brennwertnutzung ist nicht zu vergessen, dass ein Teil der Brennstoffenergie auch dazu benötigt wird, die Rauchgase entsprechend aus dem Verbrennungsraum abzuführen.

Tab. 3.2 Heiz- und Brennwerte wichtiger Brennstoffe

Brennstoff	Heizwert H_i		Brennwert H_s		H_s/H_i
	kWh/m³	kWh/kg	kWh/m³	kWh/kg	
Erdgas LL	8,8	–	9,8	–	1,11
Erdgas E	10,4	–	11,5	–	1,11
Heizöl EL	10.000	11,8	10.600	12,5	1,06
Braunkohlebriketts	–	5,3	–	5,6	1,06
Koks	–	8,2	–	8,3	1,01
Holzpellets	–	4,3	–	4,9	1,14
Steinkohle	–	9,0	–	9,2	1,02
Wasserstoff (25 °C)	2,75	33,3	3,25	39,4	1,18

Tab. 3.3 CO_2-Ausstoß verschiedener Brennstoffe pro kWh Heizwert

Brennstoff	Rohbraunkohle (RBK)	Steinkohle	Heizöl EL	Erdgas
kg CO_2/kWh	0,40	0,33	0,26	0,20
$\frac{\text{kg } CO_2/\text{kWh}}{\text{kg } CO_{2,RBK}/\text{kWh}}$	1	0,83	0,65	0,5

Schließlich ist auf dem Weg zur CO_2-Reduktion bei der Nutzung von konventionellen Brennstoffen auch die Kenntnis über den CO_2-Ausstoß pro erzeugter kWh Energie in dem Sinne wichtig, dass möglichst Brennstoffe mit dem geringsten CO_2-Ausstoß eingesetzt werden, Tab. 3.3.

Es ist beachtenswert, dass bei Erdgaseinsatz gegenüber Rohbraunkohle bei gleicher produzierter Energie nur die Hälfte an CO_2 entsteht.

3.2　Bewertung der Energie

Fachgerechte Entscheidungen bei Energieeinsparmaßnahmen zu treffen, erfordern energietechnische und thermodynamische Kenntnisse, zumindest grundlegendes Verständnis für die Möglichkeiten zur Energiebereitstellung, Energieverteilung und Energieanwendung sowie zur Berechnung energetischer Prozesse. In diesem Kapitel werden einige Grundkenntnisse dargelegt.

Die Bewertung von Energien kann quantitativ und qualitativ erfolgen, wobei die quantitative Bewertung meist im Vordergrund steht. Das quantitative Bewerten von Energien fußt auf dem allgemeinen physikalischen Gesetz von der Erhaltung der Energie, das eine energetische Bilanzierung darstellt, die eine grundsätzliche Methode bei energetischen Untersuchungen ist. Es ist deshalb wichtig, Energiebilanzen aufstellen und mit ihnen umgehen zu können. Die Bilanzierung erfordert die eindeutige Charakterisierung des Bilanzgebietes, in dem sich der Untersuchungsgegenstand befindet, und der Wechselwirkungen dieses Bilanzgebietes über die Bilanzgrenzen mit seiner Umgebung.

Als Bilanzgebiete kommen bei thermodynamischen Untersuchungen

- offene Systeme mit Masse- und Energiedurchfluss, z. B. Verdichter, Turbine, Wärmeübertrager als Verdampfer, Kondensator, Raumheizfläche,
- geschlossene Systeme, nur Energiedurchfluss, z. B. Flüssigkeitskörper eines Heizkörper-
  regelventils,
- abgeschlossene Systeme ohne Masse- und Energiedurchfluss

infrage. Die hier interessierenden technischen Systeme sind fast ausschließlich offene
Systeme, wie an den Beispielen zu erkennen ist.

In der Thermodynamik ist das Gesetz von der Erhaltung der Energie so wichtig, dass
es als 1. Hauptsatz der Thermodynamik bezeichnet wird.

Wenn es ein physikalisches Grundgesetz zur Erhaltung der Energie gibt, kann die
Energie nicht erzeugt werden und nicht verloren gehen. Demnach sind die Begriffe
Energieerzeugung und Energieverlust, die überall gebraucht werden, im streng physikalischen Sinne falsch. Der Begriff Energieerzeugung scheint den Wunsch zu implizie-
ren, der Endlichkeit der konventionellen Energievorräte zu entrinnen. Im Folgenden
wird weitgehend der Begriff Energieerzeugung durch Energiebereitstellung ersetzt. Im
Zusammenhang mit Energien aus regenerativen Energiequellen, deren Quellen quasi-
unendlich sind und die die Erdoberfläche erreichen, ob sie genutzt werden oder nicht,
kann von Energieerzeugung gesprochen werden.

Obwohl mit dem quantitativen Bewerten (Bilanzierung) sehr viele technische
Probleme gelöst werden können, erschließt sich damit aber nicht die Komplexität der
energetischen Bewertung. Nachteile sind:

- Qualitätsunterschiede verschiedener an einem Prozess beteiligter Energien bleiben
  unberücksichtigt. Elektrische und thermische Energie können zwar quantitativ gleich
  sein, sie sind aber nicht gleichwertig in ihrer Verwendbarkeit.
- Verluste bei der Energieumwandlung sind nicht genau lokalisierbar, denn das
  Bilanzgebiet ist eine Black Box.

Bei der energetischen Entscheidung über den Einsatz unterschiedlicher End- und Nutzenergien und damit auch über die Energieanwendungsanlagen muss die Qualität bzw.
Wertigkeit der Energie berücksichtigt werden. Diese Aufgabe kann mit dem 2. Hauptsatz
der Thermodynamik gelöst werden, der über die Umwandelbarkeit von Energien und über
die Richtung der natürlich ablaufenden Prozesse die folgenden fundamentalen Aussagen
liefert:

- Alle natürlichen Prozesse sind verlustbehaftet (irreversibel). Um wieder zum
  Ausgangszustand zurückzukommen, also den Prozess umzukehren, ist ein zusätzli-
  cher Energieaufwand nötig.
- Reversible Prozesse sind ideale, verlustlos ablaufende Modellprozesse. Sie dienen als
  Grenzfälle und Maßstab bei der Bewertung realer Prozesse.

- Die Größe zum Quantifizieren der Verluste ist die Entropieproduktion, die den Verlusten proportional ist.
- Nicht alle Energien lassen sich in alle anderen Energien umwandeln. Die Umwandelbarkeit und damit Qualität der Energien ist unterschiedlich.

Im dritten Spiegelstrich ist von Entropieproduktion die Rede. Die Definitionsgleichung der spezifischen Entropie in differentieller Form lautet:

$$ds = \frac{dh - vdp}{T} = \frac{dq}{T} \tag{3.20}$$

mit

s	spezifische Entropie
h	spezifische Enthalpie
v	spezifisches Volumen
q	spezifische Wärme
p	Druck
T	absolute Temperatur in Kelvin.

Interessant ist der Term hinter dem 2. Gleichheitszeichen in Gl. (3.20). Mit ihm ist es möglich, die wichtige Energieform Wärme in einem Diagramm als Fläche darzustellen, dessen Ordinate die absolute Temperatur und dessen Abszisse die spezifische Entropie s ist. Auf das T,s-Diagramm wird noch näher eingegangen.

Ein Entropiestrom kann einem System zugeführt, oder von ihm abgeführt werden. Da bei einem Prozess mindestens zwei Systeme oder ein System mit seiner Umgebung in Wechselwirkung stehen, wird ein Gesamtsystem definiert, das beide Systeme bzw. das System und die Umgebung zusammenfasst und das mit einer adiabaten (wärmedichten) Systemhülle versehen wird. In diesem Gesamtsystem kann die Entropie entweder gleich bleiben – dann könnte von einem reversiblen Vorgang gesprochen werden, der aber nicht real ist – oder nur zunehmen. Diese Entropiezunahme wird als Entropieproduktion ΔS_{irr} bezeichnet.

Am Beispiel der Wärmeübertragung soll das Vorgehen verdeutlicht werden: An der Wärmeübertragung sind der Körper 1 mit der höheren Temperatur T_1 und der Körper 2 mit der geringeren Temperatur T_2, an den Wärme übertragen wird, beteiligt. Beide Körper werden zu einem adiabaten Gesamtsystem zusammengefasst, also einem erweiterten System, über dessen Grenzen keine Wärme übertragen wird, was eine idealisierte aber vertretbare Annahme ist. Die Entropieproduktion ΔS_{irr} wird als Summe der einzelnen Entropieströme gebildet, denn vom Körper 1 wird mit dem Wärmestrom ein Entropiestrom abgegeben und vom Körper 2 mit dem Wärmestrom ein Entropiestrom aufgenommen.

Während in einem adiabaten Gesamtsystem vom Körper 2 der gleiche Wärmestrom Φ aufgenommen wird, der vom Körper 1 abgegeben wurde, nämlich

$$\Phi_1 = \Phi_2 = \Phi, \tag{3.21}$$

sind die Entropieströme unterschiedlich, wie aus der integrierten Gl. (3.20) für stationäre Bedingungen

$$\dot{S} = \frac{\Phi}{T} \tag{3.22}$$

hervorgeht, denn die Temperaturen der Körper 1 und 2 sind mit $T_1 > T_2$ unterschiedlich.

Nun kann der entstehende Strom der Entropieproduktion $\Delta\dot{S}_{irr}$ berechnet werden:

$$\Delta\dot{S}_{irr} = \dot{S}_1 + \dot{S}_2 = -\frac{\Phi_1}{T_1} + \frac{\Phi_2}{T_2} = \Phi\left(\frac{1}{T_2} - \frac{1}{T_1}\right), \tag{3.23}$$

wobei die Vorzeichenregel gilt: Der einem System zugeführte Wärmestrom ist positiv, der von einem System abgegebene Wärmestrom ist negativ.

Die Entropieproduktion wird mit einem Beispiel berechnet. Wenn in einen Kühlraum mit der Temperatur $\theta_{KR} = -30\,°C$ aus der Umgebung mit $\theta_U = 20\,°C$ ein Wärmestrom $\Phi = 7\,kW$ hineingelangt, entsteht in dem adiabaten Gesamtsystem „Kühlraum (KR) + Umgebung (U)" folgende Entropieproduktion:

$$\Delta\dot{S}_{irr} = \dot{S}_{KR} + \dot{S}_U = \frac{\Phi_{KR}}{T_{KR}} - \frac{\Phi_U}{T_U} = \Phi\left(\frac{1}{T_{KR}} - \frac{1}{T_U}\right),$$

$$\underline{\Delta\dot{S}_{irr} = 7\,kW\left(\frac{1}{243} - \frac{1}{293}\right)\frac{1}{K} = 4,9\,W/K}$$

wenn entsprechend Gl. (3.21) gilt:

$$\Phi_{KR} = \Phi_U = \Phi.$$

Damit wird ein erster Eindruck zum Verlust bei einem Wärmeübertragungsvorgang vermittelt, der allerdings wegen der unanschaulichen Größe Entropie mit der unüblichen Einheit W/K nicht ganz befriedigt. Es wird noch darauf zurückgekommen.

Bei der Charakterisierung des 2. Hauptsatzes der Thermodynamik weiter oben wurde eine Aussage zur Umwandelbarkeit der Energien getroffen. Um diese qualitative Eigenschaft der Energie einer Berechnung zugänglich zu machen, wurden die Größen Exergie und Anergie eingeführt. Zu deren Verständnis dient folgende verbale Beschreibung:

Der unbeschränkt umwandelbare bzw. zu einer Arbeit fähige Teil der Energie wird *Exergie*, der nicht umwandelbare bzw. der keine Arbeitsfähigkeit besitzende Teil der Energie wird *Anergie* genannt. Während ein Energieverlust streng physikalisch nicht möglich ist, ist die Bezeichnung Exergieverlust (Verlust an Arbeitsfähigkeit) korrekt.

Die Definitionsgleichung der Exergie verbindet Größen des 1. und 2. Hauptsatzes der Thermodynamik:

$$de = dh - T_U\,ds \tag{3.24}$$

mit

e   spezifische Exergie

T_U Umgebungstemperatur als thermodynamische oder absolute Temperatur.

Eine Schwierigkeit bei Berechnungen mit der Exergie kann darin bestehen, dass der Umgebungszustand eine Rolle spielt, der immer unterschiedlich sein kann. Die physikalische Bedeutung, z. B. der Umgebungstemperatur, besteht darin, dass thermische Energie im Umgebungszustand keinerlei Arbeitsfähigkeit, aber sowohl oberhalb als auch unterhalb der Umgebungstemperatur, z. B. als Heizwärme oder Kühlwärme, Arbeitsfähigkeit besitzt.

Das kann mit der Exergie der Wärme

$$de_q = \frac{T - T_U}{T}\, dq. \tag{3.25}$$

berechnet werden. Ist die konkrete Temperatur T, mit der die Wärme vorliegt, sehr groß, dann geht der Quotient der Temperaturen gegen 1 und die Wärme besteht fast ausschließlich aus Exergie oder Arbeitsfähigkeit. Im anderen Grenzfall, wenn sich die Temperatur der Wärme der Umgebungstemperatur annähert, geht der Temperaturquotient gegen Null und die Wärme hat keine Arbeitsfähigkeit mehr, besteht also ausschließlich aus Anergie, da auch hier der Satz von der Erhaltung der Energie gilt und die Summe aus Exergie und Anergie konstant sein muss.

Weiter oben wurde die unanschauliche Größe Entropieproduktion berechnet. Durch Einführen der Exergie kann mit der spezifischen Entropieproduktion Δs_{irr} der spezifische *Exergieverlust* berechnet werden:

$$e_V = T_U \Delta s_{irr}. \tag{3.26}$$

Der Exergieverlust entspricht der Energie, die nötig ist, um einen verlustbehafteten (irreversiblen) Vorgang wieder rückgängig zu machen.

Für das Beispiel des Kühlraums bedeutet das:
Die aufzuwendende Leistung P, um trotz der Wärmeverlustströme die Kühlraumtemperatur ständig aufrechtzuerhalten, entspricht mindestens dem Exergieverluststrom $\dot{E}_V$

$$P = \dot{E}_V = \Delta\dot{S}_{irr} T_U = 4{,}9\ W\,/\,K \cdot 293\ K = 1435{,}7\ W.$$

Entsprechend ihrem Exergieanteil und damit ihres Umwandlungspotenzials lassen sich Energien drei Gruppen zuordnen:

1. Unbeschränkt umwandelbare Energien: Sie bestehen ausschließlich aus Exergie.
    Beispiele: Nutzarbeit, kinetische, potenzielle, elektrische und chemisch gebundene Energie.

2. Eingeschränkt umwandelbare Energien: Sie sind eine Mischung aus Exergie und Anergie.
    Beispiele: Thermische Energien, deren Temperatur T ungleich der Umgebungstemperatur T_U ist, also $T > T_U > T$, wie innere Energie U, Enthalpie H, Wärme Q.

3. Nichtumwandelbare Energien: Sie bestehen ausschließlich aus Anergie.
   Beispiele: Thermische Energien bei $T = T_U$, Verdrängungsarbeit gegen den Umgebungsdruck p_U.

Bei den eingeschränkt umwandelbaren thermischen Energien hängt der Exergieanteil im Umgebungsdruckbereich fast ausschließlich von ihrer Temperatur ab.

Eine qualitative Angabe zur Wärme muss immer deren Temperaturangabe mit beinhalten. Obwohl Anergie (thermische Energie bei Umgebungszustand) qualitativ wertlos ist, hat sie eine Quantität, die durch Zumischen von Exergie zu einer Nutzenergie wird, wie das am Wärmepumpenprozess noch erläutert wird.

Unter Verwendung der Begriffe Exergie und Anergie können die Hauptsätze der Thermodynamik auch wie folgt formuliert werden:

1. Hauptsatz: In einem abgeschlossenen System bleibt die Summe aus Exergie E und Anergie B konstant:

$$E + B = \text{konstant} \tag{3.27}$$

2. Hauptsatz: In einem abgeschlossenen System wird bei irreversiblen Prozessen ein Teil der Exergie in Anergie umgewandelt. Bei reversiblen (idealen) Prozessen bliebe die Exergie erhalten. Anergie kann nicht von selbst (ohne äußere Energiezufuhr) in Exergie umgewandelt werden.

3.3 Spezifische energetische Bewertungsgrößen

Zum Bewerten und Vergleichen energetischer Prozesse eignen sich spezifische energetische Bewertungsgrößen. Bei ihnen spielt die absolute Größe des Untersuchungsgegenstands keine Rolle. Solche Bewertungsgrößen sind Energieumwandlungsgrade, die Aufwandszahl u. a.

Energieumwandlungsgrade sind ganz allgemein als Verhältnis von energetischem Nutzen zu energetischem Aufwand definiert. Dazu gehören

- Wirkungsgrad,
- Nutzungsgrad, Jahresnutzungsgrad,
- Leistungszahl,
- Wärmeverhältnis,
- Arbeitszahl,
- Heizzahl,
- Gütegrad,
- Energie-Erntefaktor,
- Gesamtumwandlungszahl.

Die Aufwandszahl ist im Gegensatz zu den Energieumwandlungsgraden als Aufwand zu Nutzen definiert. Sie wurde mit der Energieeinsparverordnung eingeführt, um die Aufwendungen stärker hervorzuheben.

Der *Wirkungsgrad* η ist das Verhältnis von nutzbar abgegebener zur zugeführten Leistung und beschreibt einen Augenblickszustand. Anstelle von Leistung können auch Energiestrom oder Exergiestrom stehen. Er ist bei richtiger Definition immer kleiner als 1. Wirkungsgradangaben gelten in der Regel für die Nennleistung.

Beispiele für Wirkungsgrade:

Heizkesselwirkungsgrad

$$\eta_{HK} = \frac{\text{Heizkesselleistung}}{\text{Brennstoffenergiestrom}} = \frac{P_{HK}}{q_{m,Br}\,H_i} \tag{3.28}$$

mit

$q_{m,Br}$ Brennstoffmassestrom in kg/h
H_i Heizwert des Brennstoffs in kWh/kg.

Die Bezeichnung Brennstoffenergiestrom im Nenner von Gl. (3.28) ist nicht exakt. Sie müsste thermischer Energiestrom nach einer Verbrennung ohne Wasserdampfkondensation heißen, wenn die weiter oben gemachten Aussagen ernst genommen werden.

Der Heizkesselwirkungsgrad ist traditionell und also immer noch auf den Heizwert bezogen. Das führt zu der Situation, dass sich bei Brennwertnutzung ein Wirkungsgrad größer als 1 ergeben kann. Bei Gasbrennwertnutzung könnte sich im idealen Fall ohne Verluste wegen des Verhältnisses von $H_s/H_i = 1{,}11$, siehe Tab. 3.2, ein maximaler Wirkungsgrad von $\eta_{HK,max} = 1{,}11$ ergeben.

Exergetischer Wirkungsgrad

$$\eta_{Ex} = \frac{\dot{E}_N}{\dot{E}_N + \dot{E}_V} \tag{3.29}$$

mit

$\dot{E}_N$ Nutzexergiestrom,
$\dot{E}_V$ Exergieverluststrom.

Zur Veranschaulichung des exergetischen Wirkungsgrads wird ein zu beheizender Raum betrachtet, der über eine Raumheizfläche im Fall 1 mit einer mittleren Raumheizflächentemperatur von $\theta_{RH,m,1} = 60\ °C$ und im Fall 2 mit $\theta_{RH,m,2} = 30\ °C$ mit einem Wärmestrom von $\Phi_{RH} = 1.000\ W$ versorgt wird, um im Bemessungsfall bei einer Außentemperatur von $\theta_e = -14\ °C$ eine operative Raumtemperatur von $\theta_o = 20\ °C$ aufrechtzuerhalten.

Für die Berechnung des exergetischen Wirkungsgrads mit Gl. (3.29) werden der Nutzexergiestrom entsprechend Gl. (3.25) und der Exergieverluststrom entsprechend Gl. (3.26) benötigt.

Für den Nutzexergiestrom ergibt sich

$$\dot{E}_N = \frac{T_{RH,m} - T_U}{T_{RH;m}} \Phi_{RH}$$

und damit im Fall 1

$$\dot{E}_{N,1} = \frac{T_{RH,m,1} - T_U}{T_{RH;m,1}} \Phi_{RH} = \frac{(333 - 259)\,K}{333\,K} 1.000\,W = 222\,W$$

und im Fall 2

$$\dot{E}_{N,2} = \frac{(303 - 259)\,K}{303\,K} 1.000\,W = 145\,W.$$

Für den Exergieverluststrom gilt

$$\dot{E}_V = \Delta\dot{S}_{irr}\,T_U = \Phi_{RH}\left(\frac{1}{T_o} - \frac{1}{T_{RH,m}}\right)T_U.$$

Damit ergibt sich für den Fall 1

$$\dot{E}_{V,1} = \Phi_{RH}\left(\frac{1}{T_o} - \frac{1}{T_{RH,m,1}}\right)T_U = 1.000\,W\left(\frac{1}{293} - \frac{1}{333}\right)259\,K = 106\,W$$

und für den Fall 2

$$\dot{E}_{V,2} = \Phi_{RH}\left(\frac{1}{T_o} - \frac{1}{T_{RH,m,2}}\right)T_U = 1.000\,W\left(\frac{1}{293} - \frac{1}{303}\right)259\,K = 29\,W.$$

Damit können die exergetischen Wirkungsgrade berechnet werden:

$$\eta_{Ex,1} = \frac{\dot{E}_{N,1}}{\dot{E}_{N,1} + \dot{E}_{V,1}} = \frac{222}{222 + 106} = 0{,}68$$

und

$$\eta_{Ex,2} = \frac{145}{145 + 29} = 0{,}83.$$

Das Ergebnis lautet also, dass bei Verringern der mittleren Heizflächentemperatur der zuzuführende Wärmestrom eine geringere Exergie hat und damit der exergetische Wirkungsgrad der Raumbeheizung steigt, weil sich die Verluste verringern. Für eine technische Aufgabe, bei der in einem Raum eine Temperatur von 20 °C aufrechtzuerhalten ist, reicht theoretisch ein Wärmestrom aus, der eine nur wenig höhere als diese Temperatur hat. Natürlich muss sich bei gleicher Heizleistung mit sinkender mittlerer Heizflächentemperatur die Heizfläche vergrößern, aber das kann auch ein Vorteil sein, da damit die Behaglichkeit im Raum steigt.

Das Beispiel zeigt auch, dass für solche niedertemperierten Prozesse, wie die Raumheizung, der zuzuführende Exergiestrom so klein wie möglich zu halten ist, also Heizmedien verwendet werden sollten, die bereits exergetisch abgewertet sind. Ein Gasheizkessel, in dem Endenergie mit einer Exergie von 100 % eingesetzt wird, gehört nicht zu diesen Exergie sparenden Einrichtungen.

Thermischer Wirkungsgrad eines Dampfkraftprozesses

$$\eta_{th} = \frac{\text{Kreiprozessleistung}}{\text{zugeführter Wärmestrom}} = \frac{P}{\Phi_{zu}} = \frac{T_{m,zu} - T_{m,ab}}{T_{m,zu}} \tag{3.30}$$

mit

$T_{m,zu}$ Mitteltemperatur der Wärmezufuhr
$T_{m,ab}$ Mitteltemperatur der Wärmeabfuhr.

Bei einem rechtsläufigen thermodynamischen Kreisprozess, wie dem Dampfkraftprozess, muss sowohl Wärme zu- als auch abgeführt werden.

Der thermische Wirkungsgrad hat neben der allgemeinen noch eine spezielle Aussage. Mit dem ersten Teil der Gleichung wird ausgedrückt, wie viel der zugeführten Wärme in Arbeit (elektrische Energie) umwandelbar ist. Es wird nur der Teil sein, der dem Exergieanteil der Wärme entspricht, und er wird umso größer sein, je höher die Temperatur der Wärme ist. Alle Bestrebungen zum Verbessern des Kraftwerkswirkungsgrades zielen darauf ab, diese Temperatur zu erhöhen, was aber durch die Temperaturfestigkeit der Werkstoffe begrenzt ist. Der thermische Wirkungsgrad ist damit kein „echter" Wirkungsgrad, denn er kann unter irdischen Bedingungen niemals 1 sein, sondern sein maximaler Wert wird durch den Carnot-Wirkungsgrad begrenzt, der bei gegenwärtiger Prozessführung kleiner als 80 % ist.

Wer das verbal nicht nachvollziehen kann, richte sein Augenmerk auf den hinteren Teil von Gl. (3.30). Die Mitteltemperatur der Wärmezufuhr liegt bei Dampfkraftprozessen gegenwärtig maximal bei ca. 600 °C, die der Wärmeabfuhr minimal bei Umgebungstemperatur T_U. Wird für letztere $T_U = 20$ °C eingesetzt, ergibt sich ein thermischer Wirkungsgrad von 66 %. Das heißt, 66 % der Wärme sind bei diesen maximalen Bedingungen in elektrischer Energie umwandelbar. Der thermische Wirkungsgrad könnte sich nur bei unendlich hoher Temperatur der Wärmezufuhr dem Wert von 100 % annähern.

Der *Nutzungsgrad* η_N ist das Verhältnis der in einem bestimmten Zeitraum abgegebenen Energie zur gesamten zugeführten Energie in diesem Zeitraum. Es handelt sich damit um die energetische Beurteilung von Prozessen, die in einem bestimmten Zeitraum durchgeführt werden. Ist der Zeitraum ein ganzes Jahr, wird vom Jahresnutzungsgrad gesprochen. Nutzungsgrade sind bei richtiger Definition immer kleiner als 1.

Der Nutzungsgrad ist eine praxisgerechtere Beurteilungsgröße als der Wirkungsgrad, da mit ihm auch die Zeiten erfasst sind, in denen der Heizkessel nicht mit voller Leistung arbeitet oder nur in Bereitschaft steht.

Beispiel für einen Nutzungsgrad:

Jahresnutzungsgrad eines Heizkessels

$$\eta_{N,HK,a} = \frac{\eta_{HK}}{(\frac{b_a}{b_{V,HK}} - 1)q_B + 1} \tag{3.31}$$

mit

η_{HK}	Heizkesselwirkungsgrad,
b_a	Jahreseinschaltzeit des Heizkessels, meist >6000 h/a,
$b_{V,HK}$	Volllaststunden des Heizkessels, zwischen (1600 … 2200) h/a,
q_B	Bereitschaftsverlustfaktor, für moderne Heizkessel <0,01.

Normnutzungsgrad eines Heizkessels

Er wird aus Messungen des Wirkungsgrades für fünf unterschiedliche Leistungen des Heizkessels ermittelt. Die Mess- und Rechenprozedur ist genormt und damit herstellerunabhängig. Er dient offiziell zum Vergleich von Heizkesseln.

Obwohl die Unterscheidung von Wirkungsgrad und Nutzungsgrad zur Beurteilung von Energieumwandlungsprozessen sehr wichtig ist, wird mit ihnen in der Praxis ziemlich unscharf umgegangen. So wird z. B. der hohe Wirkungsgrad bei der Kraft-Wärme-Kopplung hervorgehoben, der aber nur im Volllleistungsbetrieb gilt, und nicht der wesentlich niedrigere Nutzungsgrad erwähnt, der sich einstellt, wenn im Sommer das Koppelprodukt Wärme nicht benötigt wird und sie deshalb „weggeworfen" werden muss.

Die *Leistungszahl* ε ist die Bewertungsgröße eines Kompressions-Wärmepumpenprozesses. Er ist ein linksläufiger Kreisprozess, bei dem Arbeit in Wärme umgewandelt wird. Damit ist die Mitteltemperatur der abgeführten Wärme $T_{m,ab}$ höher als die der zugeführten Wärme $T_{m,zu}$:

$$T_{m,ab} > T_{m,zu}$$

Beispiele für Leistungszahlen:

Leistungszahl einer Kühl-Wärmepumpe (Kältemaschine)

Bei der Kühl-Wärmepumpe ist der Nutzen die bereitgestellte Kühlleistung. Für die Kompressions-Kühl-Wärmepumpe gilt

$$\varepsilon_{KKWP} = \frac{\text{Kühlleistung}}{\text{zugeführte Antriebsleistung}} = \frac{\Phi_K}{P_{KKWP}} = \frac{T_{m,zu}}{T_{m,ab} - T_{m,zu}} \tag{3.32}$$

Die Leistungszahl einer Kompressions-Kühl-Wärmepumpe kann größer oder kleiner als 1 sein. Je geringer die Temperatur des Kältestroms ist, umso kleiner wird die Leistungszahl.

Leistungszahl einer Heiz-Wärmepumpe

Bei der Heiz-Wärmepumpe ist der Nutzen der bereitgestellte Heizwärmestrom. Für die Kompressions-Heiz-Wärmepumpe gilt

$$\varepsilon_{KHWP} = \frac{\text{abgegebener Heizwärmestrom}}{\text{zugeführte Antriebsleistung}} = \frac{\Phi_H}{P_{KHWP}} = \frac{T_{m,ab}}{T_{m,ab} - T_{m,zu}}. \tag{3.33}$$

Bei einer Heiz-Wärmepumpe ist, wie eindeutig aus Gl. (3.33) hervorgeht, in der der höchste Wert im Zähler steht, die Leistungszahl immer größer als 1. Das macht die Heiz-Wärmepumpe so interessant, da der Nutzen größer als der Aufwand zu sein scheint. Wie kann so etwas sein? Das liegt an der exergetischen Definition und an der kalorischen Berechnung, worauf zurückgekommen wird. Der Leser kann schon einmal nach den Gründen suchen.

Die Leistungszahl als die Bewertungsgröße für den inneren thermodynamischen Prozess lässt sich, wie in den Gl. (3.32) und (3.33) geschehen, auch als das Verhältnis von Temperaturen beschreiben. Sie wird umso größer, je enger die beiden Mitteltemperaturen zusammenrücken, und hängt damit immer vom konkreten Nutzprozess ab. Das ist bei der Prozessgestaltung und bei Herstellerangaben zu berücksichtigen.

Das *Wärmeverhältnis* ς ist die zur Leistungszahl analoge Größe bei einer Sorptions-Heiz-Wärmepumpe

Beispiel für ein Wärmeverhältnis:

Wärmeverhältnis für eine Absorptions-Heiz-Wärmepumpe
Es entspricht dem Verhältnis der Nutzwärmeströme aus Kondensator und Absorber und dem Heizwärmestrom, der dem Desorber zuzuführen ist:

$$\varsigma_{AHWP} = \frac{\text{Heizwärmestrom aus Kondensator und Absorber}}{\text{zuzuführender Wärmestrom im Desorber}} . \tag{3.34}$$

Für das Verständnis dieser Größe sind Kenntnisse zu Sorptionsprozessen nötig, in denen eine thermische Verdichtung erfolgt, also mit thermischer Energie eine Heiz- oder Kühlleistung hervorgebracht wird. Sorptions-Heiz-Wärmepumpen sind noch wenig üblich, während die sorptive Kühlenergie-Bereitstellung, vor allem auch mit solarthermischem Energieeintrag, eine sehr interessante Option ist: Kann doch Kühlwärme mit Heizwärme bereitgestellt werden. Darauf muss noch eingegangen werden. Das Wärmeverhältnis kann größer oder kleiner als 1 sein.

Die *Arbeitszahl* β einer Heiz-Wärmepumpe ist das Verhältnis der in einem Zeitraum abgegebenen Heizwärme zu der insgesamt zugeführten Antriebsenergie in diesem Zeitraum. Sie ist damit ein Pendant zum Nutzungsgrad.

Beispiel für eine Arbeitszahl

Arbeitszahl für eine Kompressions-Heiz-Wärmepumpe
Mit ihr wird der Gesamtprozess der Wärmebereitstellung beurteilt, also auch die Energieströme der Hilfsprozesse:

$$\beta_{KHWP} = \frac{\text{abgegebene Heizwärme}}{\text{Antriebsenergie für den Verdichter und die Pumpen}} . \tag{3.35}$$

Bei einem ungünstigen Temperaturverhältnis und einem ausgedehnten Leitungssystem, das eine große Pumpenleistung erfordert, kann sich auch bei einer Heiz-Wärmepumpe für die Arbeitszahl – im Gegensatz zur Leistungszahl – ein Wert nahe 1 oder vielleicht sogar darunter ergeben.

Heizzahlen eignen sich sehr gut zum Vergleich unterschiedlichster Heizprozesse, da sie auf die Primärenergie bezogen sind. Auch hier gibt es analog zu dem Paar Wirkungsgrad/Nutzungsgrad die momentane Heizzahl, mit der Leistungen verglichen werden, und die integrale Heizzahl, die Energien in Zeitperioden vergleicht.

Beispiele für momentane Heizzahlen:

Momentane Heizzahlen unterschiedlicher Wärmebereitstellungsprozesse
Die momentane Heizzahl ist das Verhältnis von abgebbarem Heizwärmestrom zum zugeführten Primärenergiestrom:

$$\xi = \frac{\text{abgebbarer Heizwärmestrom}}{\text{zugeführter Primärenergiestrom}} = \frac{\Phi_H}{\Phi_{Pr}}. \tag{3.36}$$

Momentane Heizzahlen, abgeleitet aus Gl. (3.36), sind:

Konventionelle Heizung

$$\xi_H = \eta_{EE}\,\eta_{WE}\,\eta_V \tag{3.37}$$

mit

η_{EE} Wirkungsgrad der Endenergiebereitstellung,
η_{WE} Wirkungsgrad des Wärmebereitstellers,
η_V Verteilungswirkungsgrad.

Durch den Primärenergiebezug wird die gesamte Umwandlungskette von der Primär- bis zur Nutzenergie betrachtet. Mit dem Wirkungsgrad der Endenergiebereitstellung wird der Wirkungsgrad der Energieumwandlung von der Primär- zur Endenergie beschrieben. Der Wirkungsgrad des Wärmebereitstellers (Wärmeerzeugers) bewertet die Umwandlung von der Endenergie in die Nutzenergie. Der Verteilungswirkungsgrad hat bei Systemen mit Wasser und Luft als Wärmeträger Bedeutung.

Kompressions-Heiz-Wärmepumpe

$$\xi_{KHWP} = \eta_{EE}\,\varepsilon_{KHWP}\,\eta_V \tag{3.38}$$

mit

ξ_{KHWP} Heizzahl der Kompressions-Heiz-Wärmepumpe
ε_{KHWP} Leistungszahl der Kompressions-Heiz-Wärmepumpe.

Bei der Kompressions-Heiz-Wärmepumpe tritt an die Stelle des Wirkungsgrades des Wärmebereitstellers die Leistungszahl der Heiz-Wärmepumpe ε_{KHWP}.

Absorptions-Heiz-Wärmepumpe

$$\xi_{AHWP} = \eta_{EE}\,\varsigma_{AHWP}\,\eta_{WE}\,\eta_V \tag{3.39}$$

mit

ξ_{AHWP} Heizzahl der Absorptions-Heiz-Wärmepumpe
ζ_{KHWP} Wärmeverhältnis der Absorptions-Heiz-Wärmepumpe

Heizzahlen verschiedener konventioneller Heizungen sind in Tab. 3.4 in der dritten Zahlenspalte zusammengestellt. Die verwendeten Umwandlungswirkungsgrade entsprechen modernen Anlagen. Der Verteilungswirkungsgrad ist vereinfachend gleich 1 gesetzt. Die Transportverluste bei der Fernwärme und die Verluste im elektrischen Netz, die jeweils bis zu 10 % betragen können, sind bei diesen Heizzahlen nicht berücksichtigt.

Soll die Konkurrenzfähigkeit von Heiz-Wärmepumpen gegenüber konventionellen Heizungen überprüft werden, kann mittels der Heizzahlen die dafür nötige minimale Leistungszahl oder das minimale Wärmeverhältnis bestimmt werden (letzte beide Spalten der Tab. 3.4). Die Werte wurden berechnet für eine elektrisch angetriebene Kompressions-Heiz-Wärmepumpe mit elektrischer Energie aus einem modernen Braunkohlenkraftwerk und für eine erdgasbeheizte Absorptions-Heiz-Wärmepumpe. Damit eine Kompressions-Heiz-Wärmepumpe gegenüber einem Erdgas-Heizkessel energetisch konkurrenzfähig wird, muss sie entsprechend der Beispielrechnung in Tab. 3.4 mindestens eine Leistungszahl von 2,15 haben.

Die Heizzahlen liegen für Kompressions-Heiz-Wärmepumpen mit elektrisch angetriebenem Verdichter bei 0,8, mit Dieselmotorantrieb, bei dem die Abgas- und Kühlwärme des Dieselmotors vor Ort genutzt werden kann, bei 1,5. Die Heiz-Wärmepumpe mit Dieselmotorantrieb hat wegen der zusätzlichen Nutzung der Motor- und Abgasabwärme den besten Primärenergieausnutzungsgrad.

Der *Gütegrad* v ist das Verhältnis eines theoretischen Vergleichswerts bei reversibler Prozessführung zum Messwert im stationären realen Betriebszustand einer Maschine oder Anlage oder auch umgekehrt. Da der Gütegrad immer kleiner als 1 sein muss, hängt die Verhältnisbildung davon ab, ob es sich um eine Kraftmaschine oder eine Arbeitsmaschine handelt.

Beispiele für Gütegrade:

Tab. 3.4 Umwandlungswirkungsgrade und Heizzahlen verschiedener konventioneller Heizungen, minimale Leistungszahl $\varepsilon_{KHWP,min}$ und minimales Wärmeverhältnis $\zeta_{AHWP,min}$ von Heiz-Wärmepumpen für energetische Gleichwertigkeit mit konventionellen Heizungen

Heizwärmebereitsteller	η_{EE}	η_{WE}	ξ_H	$\varepsilon_{KHWP,min}$	$\zeta_{AHWP,min}$
Elektrische Direktheizung [a]	0,41	1,00	0,41	1,00	0,46
Braunkohlebrikett-Ofenheizung	0,86	0,56	0,48	1,17	0,55
Heizöl-Heizkessel	0,84	0.92	0,77	1,88	0,88
Erdgas-Heizkessel	0,95	0,93	0,88	2,15	1,00
Fernwärme aus Heizwerk mit Rohbraunkohle	0,92	0,70	0,64	1,56	0,73

[a] Elektrische Energieerzeugung im modernen Braunkohlekraftwerk

Gütegrad einer Turbine, eines Konverters, eines Rotors (Kraftmaschine)

$$\nu_T = \frac{\text{tatsächliche Turbinenleistung}}{\text{reversible (ideale) Turbinenleistung}} \qquad (3.40)$$

Eine Turbine ist eine Kraftmaschine, mit der eine Leistung an der Turbinenwelle abgegeben wird. Da sie verlustbehaftet arbeitet, ist die tatsächliche Leistung kleiner als die ideal mögliche. Der Gütegrad der Turbine ist mit dieser Verhältnisbildung kleiner als 1.

Gütegrad eines Verdichters (Arbeitsmaschine)

$$\nu_V = \frac{\text{reversible (ideale) Verdichterleistung}}{\text{tatsächliche Verdichterleistung}} \qquad (3.41)$$

Der Verdichter ist eine Arbeitsmaschine, dem wegen der inneren Verluste eine größere Leistung zugeführt werden muss, als es im idealen Falle notwendig wäre. Damit der Gütegrad kleiner als 1 wird, steht hier die ideale Verdichterleistung im Zähler.

Exergetischer Gütegrad einer Heizung

Dass Heizprozesse exergetisch und damit auch primärenergetisch umso besser sind, je kleiner die Temperatur der zuzuführenden Wärme T_{zu} ist, wurde bereits im Zusammenhang mit dem exergetischen Wirkungsgrad nachgewiesen. In einem weiteren Beispiel wird das mit dem exergetischen Gütegrad einer Heizung vertieft, der definiert ist:

$$\nu_{Ex,H} = \frac{\text{reversibel (ideal) benötigte Exergie}}{\text{tatsächlich zugeführte Exergie}} = \frac{e_{q,id}}{e_{q,zu}}. \qquad (3.42)$$

Die reversibel benötigte Exergie als minimaler Wert $e_{q,min} = e_{q,id}$ entspricht der Exergie der thermischen Energie im Raum $e_{q,Ra}$, bezogen auf den Umgebungszustand U:

$$e_{q,id} = e_{q,Ra} = \frac{T_o - T_U}{T_o} \, q \qquad (3.43)$$

mit

T_o operative Raumtemperatur in K,
T_U Umgebungstemperatur in K,
q spezifische Wärme.

Die tatsächlich zugeführte Exergie ist

$$e_{q,zu} = \frac{T_{zu} - T_U}{T_{zu}} \, q \qquad (3.44)$$

mit

T_{zu} mittlere Heizflächentemperatur bzw. Heizlufttemperatur in K.

Daraus ergibt sich der exergetische Gütegrad zu

$$\nu_{Ex,H} = \frac{(T_o - T_U)\, T_{zu}}{T_o\, (T_{zu} - T_U)} \tag{3,45}$$

mit den Grenzfällen

$$T_{zu} = T_o : \nu_{Ex,H,max} = 1$$

$$T_{zu} \to \infty : \nu_{Ex,H,min} = \frac{(T_o - T_U)}{T_o} = 0{,}027 \ldots 0{,}116,$$

wenn bei einer operativen Raumtemperatur von $\theta_o = 20$ °C einmal für die Umgebungstemperatur eine Heizgrenztemperatur von 12 °C und zum anderen eine tiefste Bemessungstemperatur von -14 °C angesetzt wird.

Im Falle der tiefsten Bemessungstemperatur ergibt sich für den exergetischen Gütegrad für den Grenzfall einer unendlich großen zugeführten Temperatur der minimale exergetische Gütegrad 0,116. Auch mit diesem Beispiel wird die Aussage im Zusammenhang mit dem exergetischen Wirkungsgrad einer Heizung bestätigt: Je geringer die zugeführte Temperatur ist, umso größer wird der exergetische Gütegrad.

Energie-Erntefaktor

Er ist das Verhältnis der gesamten von einer Energieumwandlungsanlage während ihrer Lebensdauer produzierten Endenergie E_{EE} zur vergegenständlichten Energie E_{vergeg}, [4]:

$$f = \frac{\text{gesamte produziere Endenergie}}{\text{vergegenständlichte Energie}} = \frac{E_{EE}}{E_{vergeg}}. \tag{3.46}$$

Für die vergegenständlichte Energie E_{vergeg}, mit der die Energie gemeint ist, die bei Herstellung, Betrieb, Abriss und Entsorgung der Anlagen sowie bei der Bereitstellung des Brennstoffs verbraucht wurde, kann geschrieben werden

$$E_{vergeg} = E_{Bau} + E_{Betr} + E_{Ber,Br} + E_{Ents} \tag{3.47}$$

mit

f	Energie-Erntefaktor
E_{EE}	gesamte produzierte Endenergie
E_{vergeg}	vergegenständlichte Energie
E_{Bau}	Energie für den Bau der Anlage,
E_{Betr}	Energie für den Betrieb der Anlage,
$E_{Ber,Br}$	Energie für die Bereitstellung des Brennstoffs,
E_{Ents}	Energie für Abriss und die Entsorgung der Anlage.

Das Quantifizieren des Energie-Erntefaktors setzt ein genaues Erfassen der vergegenständlichten Energie voraus, was nicht immer ganz einfach ist. Mit dem Energie-Erntefaktor wird eine energetische Aussage für die gesamte Lebensdauer einer Anlage getroffen. Der Energieeinsatz, z. B. durch Brennstoffe, wird nicht berücksichtigt, wodurch Energieumwandlungstechnologien, die keine Brennstoffe benötigen, benachteiligt sind.

Der Energie-Erntefaktor muss sinnvollerweise größer als 1 sein, weil sonst mehr vergegenständlichte Energie eingesetzt wurde, als in der Betriebszeit der Anlage an Endenergie gewonnen wird. Die Werte liegen bei konventionellen Kraftwerken bei 10, wobei, um das nochmals deutlich zu machen, die Brennstoffenergie nicht berücksichtigt ist. Für Windenergieanlagen und Wasserkraftwerken können sich Werte von über 20 ergeben, was bedeutet, dass sie in ihrer Betriebszeit mehr als das 20-fache an Endenergie abgeben, als sie als vergegenständlichte Energie verbraucht haben. Bei Wasserkraftwerken rührt das daher, dass sie, obwohl viel Energie „vergegenständlicht" wurde, eine sehr lange Betriebszeit haben. Bei Photovoltaikanlagen werden momentan Werte von 3 bis 5 angegeben.

Mit einem Beispiel soll die Aussage des Energie-Erntefaktors verdeutlicht werden. Für eine Windenergieanlage (WEA) mit einer Nennleistung von $P_{WEA} = 600$ kW wurde eine Gesamtenergiebilanz erstellt. Es ergab sich:

- Energie für Herstellung und Montage $E_{Bau} = 2,4$ TJ,
- Energie für Betrieb und Wartung $E_{Betr} = 0,8$ TJ und
- Energie für Entsorgung $E_{Ents} = 0,5$ TJ.

Wie groß ist bei einer Betriebsdauer von $\tau_B = 25$ a und bei Vollaststunden von $b_V = 2000$ h/a der Energieerntefaktor?

Der Energieerntefaktor entsprechend Gl. (3.46)

$$f = \frac{E_{EE}}{E_{vergeg}}$$

wird aus der gewonnenen Nutzenergie

$$E_{EE} = P_{WEA}\, b_V\, \tau_B$$

und der zur Bereitstellung des Brennstoffs, zum Bau sowie für Betrieb und Entsorgung der Energieerzeugungsanlage benötigten Energie entsprechend Gl. (3.47)

$$E_{vergeg} = E_{Bau} + E_{Betr} + E_{Ber,Br} + E_{Ents}$$

bestimmt, wobei für Windenergieanlagen $E_{Ber,Br} = 0$ zu setzen ist, da kein Brennstoff aufbereitet werden muss.

Damit beträgt der Energieerntefaktor der Windenergieanlage

$$f = \frac{P_{WEA}\, b_V\, \tau_B}{E_{Bau} + E_{Betr} + E_{Ents}} = \frac{600\,\text{kW}\,2\,000\,\text{h/a}\,25\,\text{a}\,3\,600\,\text{s/h}}{(2,4 + 0,8 + 0,5)\,\text{TJ}\,\text{Ws/J}} = 29,2.$$

Gesamtumwandlungszahl

Ein objektiverer Vergleich von regenerativen und nichtregenerativen Energieumwandlungsanlagen ergibt sich, wenn der Brennstoffverbrauch mit berücksichtigt wird.

Das geschieht mit der *Gesamtumwandlungszahl* $f_{EE,Pr,ges}$, [4], die auf Primärenergie bezogen ist und auch wie der Energie-Erntefaktor für die Betriebszeit einer Energieumwandlungsanlage gilt:

$$f_{EE,Pr,ges} = \frac{E_{EE}}{E_{vergeg,Pr} + E_{Br,Pr}} \tag{3.48}$$

mit

$E_{Br,Pr}$ mit dem Brennstoff zugeführte Primärenergie,

$E_{vergeg,Pr}$ auf Primärenergie bezogene vergegenständlichte Energie

Für Anlagen mit Energien aus regenerativen Energiequellen (EREQ-Anlagen) mit Wind-, Laufwasser-, Sonnen- und geothermischer Tiefenenergienutzung, aber nicht für Umweltwärmenutzung mit der Wärmepumpe, gilt, da kein Brennstoff benötigt wird:

$$E_{Br,Pr}^{EREQ} = 0. \tag{3.49}$$

Damit folgt für die Gesamtumwandlungszahl für Anlagen, die mit Energien aus regenerativen Energiequellen betrieben werden

$$f_{EE,Pr,ges}^{EREQ} = \frac{E_{EE}}{E_{vergeg,Pr}} \equiv f_{Pr}. \tag{3.50}$$

Für EREQ-Anlagen sind die Gesamtumwandlungszahl und der auf die Primärenergie bezogene Energie-Erntefaktor f_{Pr} identisch.

Für konventionelle Energieumwandlungsanlagen gilt:

$$E_{Br,Pr}^{konv} = \frac{E_{EE}}{\eta_{N,Pr}^{Br}} \tag{3.51}$$

mit

$\eta_{N,Pr}^{Br}$ Nutzungsgrad der Umwandlung der primärenergetisch bezogenen Brennstoffenergie in Endenergie

und

$$E_{vergeg,Pr} = \frac{E_{EE}}{f_{Pr}}. \tag{3.52}$$

Damit ergibt sich für die Gesamtumwandlungszahl konventioneller Energieumwandlungsanlagen

$$f_{EE,Pr,ges}^{konv} = \frac{E_{EE}}{\frac{E_{EE}}{\eta_{N,Pr}^{Br}} + \frac{E_{EE}}{f_{Pr}}} = \frac{1}{\frac{1}{\eta_{N,Pr}^{Br}} + \frac{1}{f_{Pr}}} = \frac{f_{Pr}\,\eta_{N,Pr}^{Br}}{f_{Pr} + \eta_{N,Pr}^{Br}} \tag{3.53}$$

und

$$f_{EE,Pr,ges}^{EREQ} > f_{EE,Pr,ges}^{konv}. \tag{3.54}$$

Der Vergleich von EREQ- und konventionellen Energieumwandlungsanlagen zeigt, dass der Gesamtumwandlungsgrad von EREQ-Anlagen bei gleichem primärenergetisch bezogenem Energie-Erntefaktor immer deutlich größer ist als der von konventionellen Energieumwandlungsanlagen, der immer kleiner als 1 ist.

Das wird mit einem Beispiel belegt.

Es sollen drei Windenergieanlagen (WEA), und zwar 2 Vestas V 39 mit je 500 kW Nennleistung und 1 Enercon E 40 mit 500 kW Nennleistung installiert werden. Aus dem Windgutachten für den Standort geht hervor, dass mit diesen drei Anlagen eine Jahresbruttoenergie von $E_{el} = 3.081$ MWh/a erzeugt werden kann, die als elektrische Arbeit ins Netz eingespeist wird.

Diese Windenergieanlagen sind mit einem modernen 500-MW-Braunkohlekraftwerk (BKKW) mit Entschwefelung und Entstickung zu vergleichen, für das ein Nettonutzungsgrad von $\eta_N^{BKKW} = 42\,\%$ und einem Rohbraunkohle-Heizwert von $H_{u,BK} = 2,3$ kWh/kg gilt.

Wie groß sind die Gesamtnutzungszahlen der beiden Kraftwerkstypen bei einer 25-jährigen Betriebsdauer ($\tau_B = 25$ a), wenn $\eta_N^{BKKW} \approx \eta_{N,Pr,vergeg}$ und $f^{BKKW} = 7$ gilt?

Die Gleichung für die Gesamtnutzungszahl lautet entsprechend Gl. (3.48)

$$f_{EE,Pr,ges} = \frac{E_{EE}}{E_{Br,Pr} + E_{vergeg,Pr}}$$

mit

$E_{Br,Pr}$ mit dem Brennstoff zugeführte Primärenergie

$E_{vergeg,Pr}$ auf Primärenergie bezogene vergegenständlichte Energie.

Für die Windenergieanlagen, für die kein Brennstoff benötigt wird, gilt, vergleiche Gl. (3.50)

$$f_{EE,Pr,ges}^{WEA} = \frac{E_{EE}}{0 + E_{vergeg,Pr}} = f_{Pr}^{WEA}$$

Die Gesamtnutzungszahl ist identisch mit dem auf Primärenergie bezogenen Energieerntefaktor.

Zu bestimmen ist die auf Primärenergie bezogene vergegenständlichte Energie $E_{vergeg,Pr}$. Das kann mit einem Nutzungsgrad erfolgen, der die Umwandlung von Primär- in Endenergie beschreibt:

$$\eta_{N,Pr} = \frac{E_{EE}}{E_{Pr}}.$$

Mit Bezug auf die vergegenständlichte Energie und der Äquivalenz $E_{EE} = E_{vergeg}$ und $E_{Pr} = E_{vergeg,Pr}$ folgt

$$\eta_{N,Pr,vergeg} = \frac{E_{vergeg}}{E_{vergeg,Pr}} \text{ bzw. } E_{vergeg,Pr} = \frac{E_{vergeg}}{\eta_{N,Pr,vergeg}}$$

und damit

$$f^{WEA}_{EE,Pr,ges} = \frac{E_{EE}}{\dfrac{E_{vergeg}}{\eta_{N,Pr,vergeg}}} = \frac{E_{EE}\,\eta_{N,Pr,vergeg}}{E_{vergeg}} = \frac{E_{el}\,\tau_B\,\eta_{N,Pr,vergeg}}{E_{vergeg}} = f^{WEA}\,\eta_{N,Pr,vergeg}$$

Für die vergegenständlichte Energie werden die im vorangegangenen Beispiel angegebenen Werte herangezogen.

Da es sich dort um eine 600 kW-Anlage handelt, werden, Linearität vorausgesetzt, für die Gesamtleistung von 1.500 kW die Werte mit dem Faktor

$$k = \frac{1\,500}{600} = 2,5$$

umgerechnet.

Damit ergeben sich folgende vergegenständlichte Energien:

$E_{Bau} = 6,00$ TJ,

$E_{Betr} = 2,00$ TJ und

$E_{Ents} = 1,25$ TJ.

Zu ermitteln ist nun noch der Nutzungsgrad für die Umwandlung von Primär- in Endenergie. Da diese Umwandlung in einem Braunkohlekraftwerk erfolgt, kann mit sehr guter Näherung angenommen werden:

$$\eta_{N,Pr,vergeg} = \eta_N^{BKKW} = 0,42.$$

Damit folgt

$$f^{WEA}_{EE,Pr,ges} = \frac{E_{el}\,\tau_B\,\eta_{N,Pr,vergeg}}{E_{vergeg}} = \frac{3.081 \text{ MWh/a}\ 25 \text{ a}\ 0,42}{(6,00 + 2,00 + 1,25)\ \text{TJ}} = 12,6 = f^{WEA}_{Pr}.$$

Für das Braunkohlekraftwerk (BKKW) gilt

$$f^{BKKW}_{EE,Pr,ges} = \frac{E_{EE}}{E^{BKKW}_{Br,Pr} + E_{vergeg,Pr}}.$$

Die Nutzenergie des Braunkohlekraftwerks ist die elektrische Energie, die mit dem Brennstoff erzeugt wird. Aus

$$\eta_N^{BKKW} = \frac{E_{el}}{E^{BKKW}_{Br,Pr}}$$

wird

$$E_{el} = E_{EE} = \eta_N^{BKKW}\,E^{BKKW}_{Br,Pr}$$

und

$$E_{Br,Pr}^{BKKW} = \frac{E_{EE}}{\eta_N^{BKKW}} \cdot$$

Für die vergegenständlichte primärenergetisch bezogene Energie gilt

$$f_{Pr}^{BKKW} = \frac{E_{EE}}{E_{vergeg,Pr}}$$

und damit

$$E_{vergeg,Pr} = \frac{E_{EE}}{f_{Pr}^{BKKW}} \cdot$$

Nun kann geschrieben werden:

$$f_{EE,Pr,ges}^{BKKW} = \frac{E_{EE}}{\dfrac{E_{EE}}{\eta_N^{BKKW}} + \dfrac{E_{EE}}{f_{Pr}^{BKKW}}} = \frac{1}{\dfrac{1}{\eta_N^{BKKW}} + \dfrac{1}{f_{Pr}^{BKKW}}} = \frac{\eta_N^{BKKW} f_{Pr}^{BKKW}}{f_{Pr}^{BKKW} + \eta_N^{BKKW}} \cdot$$

Diese Beziehung entspricht Gl. (3.53), wenn für das konkrete Beispiel von der Näherung $\eta_N^{BKKW} \approx \eta_{N,Pr}^{BKKW}$ ausgegangen wird. Für die weitere Rechnung wird der primärenergetisch bezogene Energieerntefaktor benötigt. Er kann aus dem bekannten einfachen Energieerntefaktor entsprechend der oben für die WEA gefundenen Beziehung mit der in der Aufgabenstellung angegebenen Näherung $\eta_N^{BKKW} \approx \eta_{N,Pr,vergeg}$ bestimmt werden:

$$f_{Pr}^{BKKW} = f^{BKKW} \eta_{N,Pr,vergeg} = f^{BKKW} \eta_N^{BKKW} \cdot$$

Damit folgt

$$f_{EE,Pr,ges}^{BKKW} = \frac{\eta_N^{BKKW} f^{BKKW} \eta_N^{BKKW}}{f^{BKKW} \eta_N^{BKKW} + \eta_N^{BKKW}}$$

und

$$f_{EE,Pr,ges}^{BKKW} = \frac{f^{BKKW} \left(\eta_N^{BKKW}\right)^2}{\eta_N^{BKKW} \left(f^{BKKW} + 1\right)} = \frac{f^{BKKW} \eta_N^{BKKW}}{f^{BKKW} + 1} = \frac{7,0 \cdot 0,42}{7,0 + 1} = 0,37.$$

Das Verhältnis der Gesamtnutzungszahlen von WEA und BKKW beträgt damit

$$n = \frac{12,6}{0,37} = 34,1!$$

3.4   Herstellen des Raumklimas

3.4.1   Anforderungen

Für das Herstellen und Einhalten der thermischen und lufthygienischen Raumklimakomponenten in Räumen sind Prozesse nötig, die im Weiteren mit dem Begriff Klimatisierung beschrieben werden. Mit Klimatisierungssystemen soll das Klima in einem Raum durch Verändern der

- Luft- und Wandtemperatur,
- Luftfeuchte,
- Luftbewegung und
- Luftzusammensetzung.

aktiv beeinflusst werden.
   Dies ist möglich mittels

- freier bzw. autogener Klimatisierung (ohne Energiezufuhr von außen),
- erzwungener bzw. energogener Klimatisierung (mit Energiezufuhr von außen).

In Abschn. 3.1 wurde darauf hingewiesen, dass für die meisten, aber eben nicht für alle Prozesse, Energie benötigt wird.
Bei *freier Klimatisierung* stellen Gebäude bzw. der zu klimatisierende Raum in Wechselwirkung mit den meteorologischen Elementen

- Außenlufttemperatur und Außenluftfeuchte,
- Windgeschwindigkeit, Windrichtung, Luftdruck und
- Sonnenstrahlung

ein Raumklima her, das das Ergebnis instationärer Vorgänge, die ohne Energiezufuhr von außen, wie Ventilator-, Verdichter- und Pumpenantriebsenergie, ablaufen, und damit nicht genau determinierbar ist.
   Bei *erzwungener Klimatisierung* wird das gewünschte/geforderte/benötigte Klima im Raum durch Heiz- und Kühlflächen sowie aufbereitete Luft herbeigeführt. Dazu ist eine Klimatisierungs- oder kurz Klimaanlage mit äußerer Energiezufuhr nötig. Mit einer Klimaanlage können alle Prozesse und Vorgänge zur Gestaltung eben dieses Raumklimas realisiert werden.
   In den jüngsten Jahrzehnten sind an das Raumklima zunehmend höhere Anforderungen hinsichtlich

- thermischer Behaglichkeit und Unbedenklichkeit für Personen,
- Zuträglichkeit für Apparate, Geräte und
- Durchführbarkeit technischer Prozesse

gestellt worden.

Zu klimatisieren sind Wirkungsbereiche

- mit Komfortanforderungen, wie Wohnungen, Büros, Theater, Kaufhäuser, Krankenhäuser, PKW, Reisezugwagen, Busse, Arbeitskabinen;
- mit Klimaanforderungen an industrielle und gewerbliche Produktionsprozesse, wie Webereien, Film- und Papierfabriken, Druckereien, Rechnerräume, Produktion von Chips (Reine Räume), pharmazeutische Produktionsstätten, Primärzonen von Kernkraftwerken;
- mit Tierhaltung, wie Hühner- oder Rinderställe;
- zur Lagerung und Konservierung von Gütern, wie Kaltlagerräume für Lebensmittel, empfindliche Güter, Lager für Museen und Bibliotheken und
- mit Labor- und Prüfraumcharakter.

Wärme wird entsprechend der genannten Bereiche für unterschiedliche Temperaturniveaus benötigt. Für Komfortbedingungen werden ca. 20 °C benötigt, bei der Kaltlagerraum-Klimatisierung werden in Gefrierlagerräumen −20 °C gefordert, Kühllagerräume verlangen Temperaturen knapp über dem Gefrierpunkt bis +10 °C.

3.4.2 Ohne Energieeinsatz – Freie Lüftungssysteme

Im Hinblick auf Energieeinsparung ist zu prüfen, inwieweit für ein Gebäude mit freiem Lüftungssystem, das der autogenen Klimatisierung ohne äußere Energiezufuhr entspricht, das gewünschte Raumklima hergestellt werden kann.

Freie oder natürliche Lüftung hat als Triebkraft ausschließlich natürliche Druckunterschiede, die durch

- Temperatur- und damit Dichteunterschiede der Luft, in deren Folge sich ein thermischer Auftrieb ausbildet, und
- unterschiedliche Windgeschwindigkeiten durch Stau und Sog an Hindernissen für die Luftströmung, wie sie Gebäude darstellen,

entstehen.

Thermischer Auftrieb kommt zustande durch Temperaturunterschiede

- auf beiden Seiten einer Wand oder
- zwischen oben und unten in einem hohen Raum.

Eine Wand kann Örtlichkeiten innen und außen, benachbarte Räume sowie Schächte und Kanäle trennen. Bedingung für eine Auftriebsströmung zur Raumlüftung sind Öffnungen in der Gebäudehülle, damit die Luft zu- und abströmen kann.

Massedichte und Temperatur sind umgekehrt proportional: Wärmere Luft hat eine
geringere Massedichte als kältere Luft. Bei gleicher Temperatur ist die Massedichte
feuchter Luft kleiner als der trockenen Luft.

Die Auftriebsdruckdifferenz Δp_A wird aus der Massedichtedifferenz $\Delta \rho$ und der
Höhendifferenz Δz gebildet. Es gilt

$$\Delta p_A = g \left(\rho_{IDA} - \rho_{oda} \right) \Delta z \qquad (3.55)$$

mit

ρ_{IDA} Raumluft-Massedichte,
ρ_{ODA} Außenluft-Massedichte,
g   Erdbeschleunigung ($9{,}81$ m/s^2),
Δz Höhendifferenz.

Die Auftriebsdruckdifferenz kann sowohl positiv als auch negativ sein. Negative
Druckdifferenz bedeutet, dass die Außenluft-Massedichte ρ_{ODA} größer als die Raumluft-
Massedichte ρ_{IDA} ist. Damit ist die Außenluft kälter als die Raumluft, und an dieser Stelle
wird Luft abgesaugt. Bei positiver Druckdifferenz wird Luft zugeführt.

An einer Öffnung oder einer Gebäudefassade bildet sich ungefähr in der Mitte zwi-
schen oberer und unterer Öffnung oder beim geöffneten Fenster in der Mitte der
Fensteröffnung eine neutrale Fläche aus, bei der die Auftriebsdifferenz Null ist. Die
Höhenkoordinate zählt von dort aus, also nach oben positiv und nach unten negativ.

Die Strömungsverhältnisse eines geöffneten Fensters im Winter zeigt Abb. 3.2.

Die Strömungsverhältnisse eines geöffneten Fensters im Sommer zeigt Abb. 3.3

Eine intensive Lüftung durch thermischen Auftrieb kann erreicht werden, wenn
das Gebäude möglichst hoch ist und die Zu- und Abluftöffnungen vertikal weit auseinander liegen. Auch höhere Fenster erreichen einen besseren Lüftungseffekt als niedrigere. Wind bewirkt auf der angeströmten Seite (Luvseite) einen Überdruck, auf der
Abströmseite (Leeseite) einen Unterdruck.

Überall dort, wo sich die Windstrombahnen beim Umströmen eines Hindernisses
verdichten, entsteht ein größerer dynamischer, dafür aber ein geringerer auf das
Gebäude wirkender statischer Druck. Dabei überlagert der vom Wind hervorgerufene

Abb. 3.2 Strömungsverhältnisse
eines geöffneten Fensters im
Winter

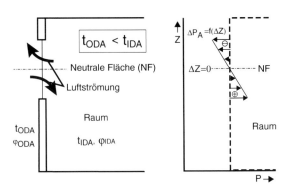

Abb. 3.3 Strömungsverhältnisse eines geöffneten Fensters im Sommer

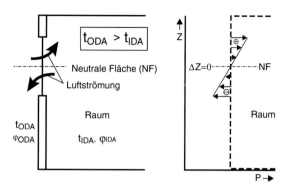

statische Druck den durch den Auftrieb generierten Druck. So wird sich im Winter auf der Luvseite die neutrale Fläche nach oben verschieben und im unteren Teil eines Gebäudes die Luftzufuhr erhöhen.

Je nach dem zu belüfteten Ort und den dortigen Massedichteverhältnissen ergeben sich folgende Arten der freien Lüftung:

- Fugen- oder Selbstlüftung,
- Fensterlüftung,
- Schachtlüftung,
- Dachaufsatzlüftung,
- Rauch- und Wärmeabzug.

Fugen- oder Selbstlüftung

Ihre Größe wird mit dem Fugendurchlasskoeffizienten angegeben. Bei bisheriger Bauausführung war die Fugenlüftung der Garant für einen gewissen Luftwechsel, fast unbeeinflussbar von den Nutzern. Er betrug 0,5 bis 1,0 h^{-1}. In der Energieeinsparverordnung wird Luftdichtigkeit für Gebäude gefordert und durch Blower-Door-Messungen überprüft. Damit ist zukünftig die Fugenlüftung weitgehend ausgeschaltet.

Fensterlüftung

Der Transport der Luft erfolgt aufgrund von Druck- und Massedichte bzw. Temperaturunterschieden zwischen der Außenluft und der Raumluft bei geöffnetem Fenster. Eine wirksame Lüftung wird bei voll geöffnetem Fenster und einer Lüftungsdauer von mindestens 15 Minuten erreicht.

Die Fensterlüftung ist eine tradierte Lüftung und stellt nach einer energetischen Bewertung der TU Dresden die wirtschaftlichste Form der freien Lüftung dar. Fenster mit Dreh- und Wendeflügeln haben gegenüber Fenstern mit Klapp- und Kippflügeln eine 5-fache Lüftungseffektivität. In Tab. 3.5 sind Werte für den ungefähren Luftwechsel bei Fensterlüftung nach Aussagen der TU Dresden angegeben.

Tab. 3.5 Luftwechsel bei Fensterlüftung

Art der Fensterlüftung	Luftwechsel in h^{-1}
Fenster und Türen zu	0–0,5
Fenster gekippt, Rollladen geschlossen	0,3–1,5
Fester gekippt, kein Rollladen (Dauerlüftung)	0,8–4,0
Fenster halb geöffnet	5,0–10
Fenster ganz geöffnet (Stoßlüftung 6 min)	0,9–1,5
Fenster und Türen ganz geöffnet, gegenüber	25–45

Schachtlüftung

Sie erfolgt über einen Lüftungsschacht mit oberem Auslass und unterer oder über der Höhe verteilter Zuströmungen und beruht auf der Auftriebswirkung und der Sogwirkung des Windes.

Zu- und Abluftschächte sollten mindestens 140 cm^2 Querschnittsfläche haben. Die Schachtlüftung ist unwirksam bei Windstille und bei höheren Temperaturen außen als innen. Die Schachtlüftung funktioniert demnach im Winter bei geheizten Gebäuden immer, im Sommer manchmal nur sehr eingeschränkt.

Dachaufsatzlüftung

Sie ist besonders wirksam bei Warmbetrieben, wo eine große innere Wärmelast vorhanden ist. Einsatzfälle sind

- Industriehallen,
- Druckereien,
- Kraftwerke,
- Stahlwerke,
- Gießereien.

Die Abluftöffnungen sind im Dachbereich angeordnet, z. B. auf der Nordseite von Sheddächern oder in aufgesetzten Schächten, Dachreitern und Dachlaternen. Um eine zu starke Auskühlung im Winter zu verhindern, können die Abluftöffnungen teilweise oder ganz geschlossen werden.

Rauch- und Wärmeabzugsanlagen (RWA)

Sie stellen eine besondere Art der Dachaufsatzlüftung dar. Ihre Aufgabe ist das Abführen von Rauch und Wärme im Brandfall. Sie können aber auch zu normaler Lüftung und als Lichtkuppeln oder Oberlichtfenster zur Tageslichtbeleuchtung verwendet werden.

Im Brandfall öffnen sie sich automatisch. Rauchabzugsanlagen sind lt. Landesbauordnung für Gebäude mit mehr als fünf Vollgeschossen an der obersten Stelle eines Treppenraumes vorgeschrieben.

3.4.3 Mit Energieeinsatz

Für alle anderen Prozesse außer der eben beschriebenen freien Lüftung wird Energie für den Gebäudebetrieb benötigt. Diese sind die bereits definierten Nutzenergien Wärme, Licht und mechanische Energie („Kraft"). Es ist wichtig zu wissen, wofür sie eingesetzt und wie sie bereitgestellt werden.

3.4.3.1 Wärme
Wärme oberhalb und unterhalb der Umgebungstemperatur – im Weiteren der allgemeinen Verständlichkeit halber als Heizwärme und Kühlwärme bezeichnet – wird in Gebäuden benötigt, wenn

- die Heizgrenztemperatur unterschritten wird und
- Trinkwasser für sanitäre Zwecke erwärmt werden muss,
- die Außentemperatur über einen erträglichen Wert, meist mehr als 26 °C, steigt und
- technologische Prozesse stattfinden sollen, die nur durch Erwärmen oder Kühlen der Prozessstoffe möglich werden.

Heizwärme kann mit Heizwärmebereitstellern, Kühlwärme mit Kühlwärmebereitstellern geliefert werden.
    Heizwärmebereitsteller sind

- Heizwerke, Heizkessel und Industrieöfen,
- Luftheizgeräte,
- Heiz-Wärmepumpen,
- Hausanschlussstationen von Nah- und Fernwärmesystemen,
- geothermische Heizzentralen,
- solarthermische Wandler.

Kühlenergiebereitsteller sind

- Nassluftkühler,
- Kühler mit Kühlwärmemischungen,
- Kühl-Wärmepumpen und
- natürliche kalte Speicher, wie kaltes Wasser im Untergrund oder Wassereis.

Mit Koppelprozessen ist die gekoppelte Produktion von Kühlwärme und Heizwärme sowie elektrischer Energie und Heizwärme möglich. Ersterer Prozess wird bisher Kälte-Wärme-Koppelprozess (KWK), exakter Kühlwärme-Heizwärme-Koppelprozess (KHK), letzterer physikalisch nicht ganz exakt Kraft-Wärme-Koppelprozess (KWK), besser elektrische Energie-Heizwärme-Koppelprozess (EHK) genannt.

KHK-Anlagen stellen entweder gleichzeitig oder wechselseitig Kühlwärme und Heizwärme bereit, was mit dem Wärmepumpenprozess möglich ist.

EHK-Anlagen sind

- Heizkraftwerke (HKW),
- Blockheizkraftwerke (BHKW),
- Brennstoffzellen (FC).

Bei der Vorauswahl einer geeigneten Anlage sollte von

- den zur Verfügung stehenden Energieträgern,
- den damit verbundenen finanziellen Konditionen,
- den Aufstellmöglichkeiten (Verschattung, Schallemission),
- einer gewünschten eigenen Elektroenergieerzeugung,
- den Wartungszyklen,
- den ökologischen Anforderungen des Kunden und
- der Emissionsbelastung der Umgebung durch Abgase

ausgegangen werden.

Um die von den Heiz- und Kühlwärmebereitstellern sowie den KHK-Anlagen bereitgestellte Heizwärme und Kühlwärme in die zu konditionierenden Räume zu bringen, sind Gebäude integrierte Heiz- und Kühlsysteme nötig.

Das einfachste Heiz- und Kühlsystem ist ein raumgebundenes Gerät, das als örtliche oder Einzelheizung bzw. -kühlung bezeichnet wird, wie

- Ofen mit Verbrennung fester und flüssiger Brennstoffe,
- Außenwandgasheizer,
- Gasstrahler,
- elektrische Direkt- oder Speicherheizung, auch elektrisch beheizte ölgefüllte Gliederheizkörper,
- Kühlgerät als Induktionsgerät, Gebläsekonvektor (Fan-Coil-Anlage), Fassadenlüftungsgerät.

Für größere Gebäude wird Heizwärme und Kühlwärme oft zentral bereitgestellt und dann im Gebäude mittels eines Heiz- bzw. Kühlmediums oder Wärmeträgers über Leitungen mit einer Zentralheizung bzw. einer Zentralkühlung an die zu konditionierenden Räume verteilt.

Vom Medium abgeleitet sind möglich:

- Warm- und Heißwasserheizung,
- Kaltwasserkühlung (Wasser-System),

- Heizung mit Heizflüssigkeit (Gemisch aus Wasser und Frostschutzmittel),
- Kühlung mit Sole (Sole-System),
- Dampfheizung mit Wasserdampf,
- Heizung und Kühlung mit Kältemittel (Kältemittel-System),
- Luftheizung oder -kühlung (Nur-Luft- oder Klimasystem).

Die hier genannten Möglichkeiten werden ausführlich in den Kap. 4–6 behandelt.

3.4.3.2 Licht

Licht wird benötigt, wenn die natürliche Beleuchtung durch die Sonne nicht ausreicht oder nicht vorhanden ist. Lichtquellen oder auch Leuchtmittel sind

- Glühlampen,
- Leuchtstofflampen,
- Metalldampflampen,
- Leuchtdioden (LED) und
- organische Leuchtdioden (OLED).

Die bisher auch aus dekorativen Gründen sehr oft zum Einsatz kommenden *Glühlampen*, die mehr Wärme als Licht erzeugen, gibt es ab 2012 in der EU nicht mehr zu kaufen.

Leuchtstofflampen haben eine hohe Lichtausbeute, gute Farbwiedergabeeigenschaft und eine lange Lebensdauer. Zum Betrieb werden ein konventionelles (induktives) Vorschaltgerät (KVG) und ein Starter benötigt, der meistens in der Lampe integriert ist. Dimmen und starterloser Betrieb ist mit elektronischen Vorschaltgeräten (EVG) möglich. Energiesparlampen sind kompakte Leuchtstofflampen, die ein integriertes EVG besitzen. Sie benötigen 80 % weniger elektrische Energie und haben eine erheblich längere Lebensdauer als Glühlampen.

Metalldampflampen sind mit einer Keramikelektrode geringer Abmessung ausgestattet, mit dem sich das Licht besonders gut bündeln lässt. Der Brenner zeichnet sich durch eine hohe Lichtausbeute und sehr gute Farbwiedergabeeigenschaft aus. Zum Betrieb sind ein konventionelles Vorschaltgerät und Zündgerät bzw. ein elektronisches Vorschaltgerät nötig.

Eine *Leuchtdiode* (Light Emitting Diode – LED) ist ein elektronisches Halbleiterbauelement. Sie wird mit 24 V Gleichspannung betrieben, hat eine große Lichtstärke und kann in vielen Farben leuchten. Ihre Anwendung nimmt ständig zu, und ihr wird die Zukunft als Leuchtmittel vorausgesagt. Das trifft auch auf die organischen Leuchtdioden (*OLED*) zu, für die noch Entwicklungsbedarf besteht.

3.4.3.3 Mechanische Energie

Mechanische Energie wird benötigt zum Antrieb von

- Pumpen für den Heizmittelkreis in Wasserheizanlagen, den Kältemittelkreis, die Trinkwasserversorgung, Abwasserhebeanlagen, Waschmaschinen usw.
- Ventilatoren in mechanischen Lüftungs- und in Klimaanlagen für den Lufttransport, in Rechnern und Druckern, in Geschirrspülern, in Haartrockengeräten, in Staubsaugern usw.

- Verdichtern in Wärmepumpen, in Druckluftanlagen,
- Türschließeinrichtungen, elektrischen Rasierapparaten

und noch vieles mehr.

Die mechanische Energie wird im Wesentlichen mittels elektrischer Energie bereitgestellt. Die elektrische Energiebereitstellung wird im Kap. 7 behandelt.

In diesem Buch ist der Fokus vor allem auf Wohngebäude und Nichtwohngebäude nach DIN EN 15251 (08.07) [5] gerichtet.

3.5   Zusammenfassung

Die Energieumwandlungskette geht von der Primär- über die End- zur Nutzenergie.

In Deutschland ist die Proportionalität zwischen steigendem Bruttoinlandprodukt und Primärenergieverbrauch seit 1980 zugunsten eines gleich bleibenden Primärenergieverbrauchs aufgehoben.

Wärmelast bzw. Kühllast und Heiz- bzw. Kühlenergie sind deutlich zu unterscheiden. Die Lasten dienen zur Bemessung der Heiz- und Kühlanlagen, die Heiz- bzw. Kühlenergie bestimmt die Energiekosten und die Brennstofflagergröße bei Lagerenergien.

Für Energienutzung muss Energie bereitgestellt werden. Die primäre Energiebereitstellung steht für den Teil der Energieumwandlungskette, bei dem mit Primärenergie Endenergie bereitgestellt wird. Der Begriff Energieerzeugung weckt falsche Erwartungen. Er sollte nur für EREQ-Anlagen genutzt werden.

Im Gebäudebereich werden elektrische Energie und Wärme benötigt. Dafür eignen sich Prozesse mit elektrischer Energie-Heizwärme-Kopplung. Koppelprozesse jeglicher Art versprechen bei gleichzeitiger Nutzung aller Koppelprodukte die günstigsten energetischen Resultate.

Die Bilanzierung von Energieströmen ist eine grundsätzliche Methode bei energetischen Untersuchungen. Um die thermodynamischen Verluste aufzuspüren, ist eine qualitative Bewertung nötig. Das leistet die exergetische Betrachtungsweise.

Bei Zielprozessen zur Abgabe von Nutzenergie ist die Exergie der zuzuführenden Energie nicht größer als benötigt zu wählen, um Primärenergie einzusparen.

Spezifische energetische Bewertungsgrößen erlauben einen Vergleich bei der Wahl unterschiedlich möglicher Energieanwendungsanlagen. Es sind die momentanen und die auf einen Zeitraum bezogenen Bewertungsgrößen klar zu unterscheiden.

Das Raumklima kann mit autogener (freier) oder energogener (erzwungener) Klimatisierung gewährleistet werden, wobei immer thermische und lufthygienische Komponenten zu berücksichtigen sind.

Die autogene Klimatisierung kann mit Fugen- oder Selbstlüftung, Fenster-, Schacht- und Dachaufsatzlüftung realisiert werden. Das sich einstellende Raumklima ist nicht genau determinierbar.

Für die energogene Klimatisierung wird äußere Energie benötigt. Es können alle Raumzustände technisch realisiert werden. Diese äußeren Energien sind die Nutzenergien Wärme, Licht und mechanische Energie („Kraft"). Es ist wichtig zu wissen, wofür sie eingesetzt und wie sie bereitgestellt werden.

3.6 Fragen zur Vertiefung

- Worin unterscheiden sich regenerative und nichtregenerative Energiequellen?
- Welche Einheiten sind in Statistiken bei der Angabe von Energiequantitäten üblich?
- In welchem Verhältnis stehen die Energiereserven der Erde zum gegenwärtigen Weltprimärenergieverbrauch und wie ist die Situation in Deutschland?
- In welchem Zusammenhang sind die Begriffe Energiebedarf und Energieverbrauch zu verwenden?
- Wie muss mit dem Begriff „Energieverlust" umgegangen werden, da der Erfahrungssatz von der Erhaltung der Energie im abgeschlossenen System bisher nicht widerlegt wurde?
- Welcher Nachteil im Sinne des physikalischen Verständnisses ist mit den Begriffen Heizwert und Brennwert verbunden? Warum spielte der Brennwert in der Vergangenheit keine dominierende Rolle?
- Welche Maßnahmen eignen sich zur Verminderung der CO_2-Emission bei der primären Energiebereitstellung?
- Wodurch sind beschränkt umwandelbare Energien charakterisiert?
- Welche Prämissen sind beim Einsatz von Energien zu beachten?
- Worin unterscheiden sich Wirkungsgrad und Nutzungsgrad?
- Warum sind Heizzahlen besonders gut zum Vergleich unterschiedlichster Heizsysteme geeignet?
- Wozu eignet sich die Ermittlung des Energie-Erntefaktors und der Gesamtumwandlungszahl?
- Wodurch ist ein adiabates System gekennzeichnet?
- Was geschieht bei einem Drosselvorgang hinsichtlich der Exergie?
- Mit welcher Maschine kann ein Kühlwärme-Heizwärme-Koppelprozess realisiert werden?
- Was ist unter einer Beleuchtung mit OLED zu verstehen? Welche Chancen hat diese Art der Beleuchtung?
- Welche Wirkungsbereiche sind zu klimatisieren?
- Welche Vor- und Nachteile hat eine energogene Klimatisierung?
- Wie funktioniert eine Fensterlüftung?
- Mit welchen Anlagen und Prozessen kann Wärme bereitgestellt werden?

Literatur

1. DIN EN 12831 (08.03): Heizungsanlagen in Gebäuden – Verfahren zur Berechnung der Norm-Heizlast.
2. DIN V 4108-6 (06.03): Wärmeschutz und Energieeinsparung in Gebäuden, Berechnung des Jahresheizwärme- und des Jahresheizenergiebedarfs.
3. VDI-Richtlinie 2078 (07.96): Berechnung der Kühllast klimatisierter Räume (VDI-Kühllastregeln).
4. Manfred Schmidt: Regenerative Energien in der Praxis, Verlag Bauwesen Berlin 2002, ISBN 3-3456-00757-6.
5. DIN EN 15251 (08.07): Eingangsparameter für das Raumklima zur Auslegung und Bewertung der Energieeffizienz von Gebäuden – Raumluftqualität, Temperatur, Licht und Akustik.

Heizwärme-Bereitstellung

4

4.1 Heizsysteme

Die Gebäudeheizung ist die am weitesten verbreitete und entsprechend des Aufwandes einfachste Form der Raumkonditionierung. Heizwärme wird zur

- Trinkwassererwärmung,
- Gebäudeheizung und für
- technologische Zwecke im Zusammenhang mit dem Gebäudebetrieb

benötigt.

4.1.1 Anforderungen

Durch Heizen wird in Räumen im Heizlastfall die nötige operative Raumtemperatur erreicht. Außerdem wird bei Temperaturerhöhung der Raumluft deren relative Feuchte verringert (nicht der Wassergehalt!). Die lufthygienische Qualität kann nur durch Außenluftzufuhr sichergestellt werden. Sie ist möglich über freie Lüftung (autogene Klimatisierung) oder mit einer mechanischen Lüftungsanlage.

An eine für einen bestimmten Nutzungsbereich geeignete Heizung werden spezielle Anforderungen gestellt. Wegen dieser sehr unterschiedlichen Anforderungen ist die Auswahl einer optimalen Heizanlage, auch für zukünftige Gebäude, falls sie überhaupt eine Heizung benötigen, nicht trivial. Im Folgenden werden Anforderungen genannt und die Eignung der vorhandenen Heizungen dafür bewertet.

Anforderung 1: Die operative Raumtemperatur soll im Aufenthaltsbereich einen vertikalen Verlauf haben, wie er für eine ideale Heizung in Abb. 4.1, Figur (a), dargestellt ist.

Erfüllung der Anforderung 1: Dem idealen Verlauf kommen am besten eine Fußbodenheizung (b) und noch ziemlich gut eine Heizung mit Gliederheizkörpern und einlagigen

M. Schmidt, *Auf dem Weg zum Nullemissionsgebäude*,
DOI: 10.1007/978-3-8348-2193-5_4, © Springer Fachmedien Wiesbaden 2013

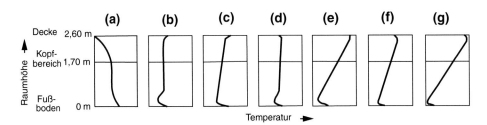

Abb. 4.1 Vertikaler Temperaturverlauf unterschiedlicher Heizungen. **a** ideale Heizung, **b** Fußbodenheizung, **c** Deckenheizung, **d** Heizung mit Gliederheizkörpern und einlagigen Plattenheizkörpern, **e** Einzelheizung, **f** Kachelofen, **g** Schwerkraftluftheizung

Plattenheizkörpern (d) nahe. Alle anderen im Abb. 4.1 angeführten Heizungen zeigen eine mit der Höhe zunehmende Temperatur. Am ungünstigsten sind bezüglich dieser Anforderung die Einzelheizung (e) und die Luftheizung als Schwerkraftheizung (g). Auch der Kachelofen (f) kann keine die Anforderung 1 erfüllenden idealen Bedingungen schaffen.

Diese Anforderung gilt nicht für hallenartige Räume außerhalb des Aufenthaltsbereichs von Menschen, wie Kirchen, Sport-, Industrie- und Lagerhallen.

Anforderung 2: Die Heizung soll als Bedarfsheizung nach ihrem Start sehr schnell zu einem raschen Anstieg der operativen Raumtemperatur führen.

Erfüllung der Anforderung 2: Sie erfüllen Heizungen mit geringer Trägheit, also mit geringer Speicherwirkung, und großer spezifischer Leistung der Raumheizflächen. Gut eignen sich freie Raumheizflächen mit einem geringen Wasservolumen und mit Einschränkung Luftheizungen. Die Fußbodenheizung und andere in den Baukörper integrierte Raumheizflächen (Decken-, Wandheizungen) können wegen ihrer konstruktionsbedingten Trägheit dieser Anforderung nicht entsprechen.

Anforderung 3: Die benötigte Außenluft soll außerhalb des Aufenthaltsbereichs thermisch „aufbereitet" werden und zugfrei, ohne störende Luftströmung, in den Aufenthaltsbereich gelangen.

Erfüllung der Anforderung 3: Sie gelingt zum Teil mit freien Raumheizflächen unter Fenstern mit Lüftungsfunktion, da die über die Fenster in den Raum gelangende Luft mit der über den Raumheizflächen aufsteigenden erwärmten Raumluft vermischt und erwärmt wird.

Anforderung 4: Durch die Wärmebereitstellung darf die hygienische Raumluftqualität nicht verschlechtert werden.

Erfüllung der Anforderung 4: Sie wird mit der Wärmebereitstellung in einem separaten Heizraum und niedertemperierten Raumheizflächen erfüllt. Bei hochtemperierten Heizflächen, wie elektrischen Strahlern und Gasstrahlern, ist Staubverschwelung zu erwarten, was dieser Anforderung entgegensteht.

Anforderung 5: Die Bauelemente der Heizanlage sollen den Ansprüchen an das Design unter Beachtung ihrer Heizaufgabe genügen und kostengünstig in Anschaffung und Betrieb sein.

Erfüllung der Anforderung 5: Der Architekt vernachlässigt manchmal bei seiner Gestaltung die Heizaufgabe, indem er die Raumheizflächen verkleidet, und der Bauherr präferiert oft zu sehr die Anschaffungskosten, vor allem dann, wenn er nicht der Betreiber der Immobilie ist.

Anforderung 6: Das Beheizen muss umweltgerecht durchgeführt werden.

Erfüllung der Anforderung 6: Der Heizenergiebedarf ist durch bauliche Maßnahmen (Gebäudeorientierung, Wärmedämmung) und optimale Abstimmung von Gebäude und Heizung absolut zu senken, und das Bereitstellen der Heizwärme muss schadstoffarm realisiert werden. Durch Restriktionen in Form von Verordnungen, wie die Energieeinsparverordnung und die Verordnung über Kleinfeuerungsanlagen in der Ersten Bundesimmissionsschutz-Verordnung (1. BImSchV), wird dieser Anforderung Nachdruck verliehen.

Die Auswahl eines für einen Nutzungsbereich geeigneten Heizsystems wird an einem etwas ausgefallenen Beispiel, einer Kirchenheizung, diskutiert. Zunächst ist zu klären, ob die Kirche auch im Winter durchgehend genutzt wird, sei es für Gottesdienste oder auch für temporäre Ausstellungen und Konzerte, oder ob die Gottesdienste im Winter im Gemeindesaal stattfinden und nur gelegentlich Konzerte, z. B. in der Weihnachtszeit, in der Kirche durchgeführt werden sollen. Außerdem sind bauphysikalische und denkmalpflegerische Aspekte zu berücksichtigen, wie vorhandener Holzschmuck, der keine großen Feuchteschwankungen verträgt, oder das Verbot zusätzlicher Einbauten.

Im Fall einer ständigen Nutzung ist eine Fußbodenheizung geeignet, die ununterbrochen in Betrieb ist und damit natürlich auch ständig Kosten verursacht. Sie ist mit freien Raumheizflächen zu kombinieren, die unter den Fenstern den Kaltlufteinfall kompensieren.

Bei gelegentlicher Nutzung ist an eine Bankheizung mit elektrischen Heizstäben oder eine Strahlungsheizung mit Ultrarotstrahlern (Dunkelstrahler) zu denken. Die Strahler können bei einem Konzert, z. B. auf den Altarraum mit dem Chor, den Solisten und das Orchester ausgerichtet werden.

Zur grafischen Darstellung von Heizanlagen werden Symbole verwendet. Sie sind in der VDI 2068 und DIN 2429-2 enthalten. Einen Auszug daraus liefert Abb. 4.2. Gebäudeheizsysteme können sein:

- Flüssigkeits-Heizsysteme
- Wasserdampf-Heizsysteme
- Luft-Heizsysteme
- Kältemittel-Heizsysteme
- elektrische Heizsysteme

4.1.2 Flüssigkeits-Heizsysteme

4.1.2.1 Übersicht
Flüssigkeiten in Heizungen sind Warm- und Heißwasser sowie Heizflüssigkeit als Gemisch aus Wasser und Frostschutzmittel.

Abb. 4.2 Symbole für
Heizanlagen (Auszug)

Benennung	Grafisches Symbol
Wasservorlauf	
Wasserdurchlauf	
Entleerungs- und Entlüftungsleitung	
Dampfleitung	
Kondensatleitung	
Pumpe	
Heizkörper	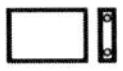
Heizkessel	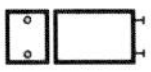
Ausdehnungsgefäß (Membran)	
Warmwasserspeicher	
Rückschlagklappe	
Drosselklappe	
Heizkörperventil	
Absperrventil	
Sicherheitsventil gewichtsbelastet	
Absperrschieber	
Sicherheitsventil federbelastet	
Regelventil	
Druckminderventil	

Die *Warmwasserheizung* hat einen hohen technischen Stand bez. der Heizwasserbereitstellung und der automatischen Regelung erreicht und dominiert momentan noch die Heizsysteme, weshalb sie in diesem Buch behandelt wird. Zunehmend werden niedertemperierte freie oder integrierte Heizflächen mit einer mittleren Heizmedientemperatur $\theta_{H,m} < 60\ °C$ eingesetzt. In fernerer Zukunft wird die Warmwasserheizung wahrscheinlich nur noch eine sehr geringe Bedeutung haben.

Die *Heißwasserheizung* kommt nur noch für Gewerbe- oder Industrieimmobilien infrage, wenn keine andere Möglichkeit einer benötigten hohen Wärmezufuhr vorhanden ist. Ihr Einsatzende ist abzusehen.

Die *Heizung mit Heizflüssigkeit* ist eine spezielle Anwendungsform für mobile Heizungen, z. B. in Fahrzeugen. Sie wird mit zunehmender elektrischer Traktion durch eine elektrische Heizung ersetzt werden.

4.1.2.2 Unterscheidungsmerkmale einer Warmwasserheizung

Definition
Eine Warmwasserheizung ist eine Sammel- bzw. Zentralheizung in einem Gebäude mit sowohl freien als auch bauteilintegrierten Raumheizflächen und Wasser als Heizmedium bzw. Wärmeträger.

Bestandteile einer Warmwasserheizung sind

- Heizwärmebereitsteller, wie Heizkessel, Solarkollektor, Heiz-Wärmepumpe,
- Raumheizflächen,
- Rohrleitungssystem zur Heizwasserverteilung vom Heizwärmebereitsteller zu den Raumheizflächen,
- Ausdehnungsgefäß zur Aufnahme der Volumenvergrößerung des Wassers bei dessen Erwärmung,
- Sicherheits- und Regeleinrichtungen.

Wasser hat eine maximale Dichte von $\rho_W = 1.000$ kg/m^3 bei $\theta = 4$ °C und die nach Ammoniak größte spezifische Wärmekapazität einer Flüssigkeit von $c_W = 4{,}186$ kJ/(kg K) bei $\theta = 20$ °C.

Weitere positive Eigenschaften einer Warmwasserheizung sind:

- hohe Betriebssicherheit und lange Lebensdauer
- problemloses Anpassen an die aktuelle Heizlast
- einfache und wirksame Regelung der Wärmeabgabe der freien Raumheizflächen mit elektronischen oder thermostatischen Raumheizflächenventilen und der bauteilintegrierten Raumheizflächen durch den Selbstregelungseffekt bei geringen Raumheizflächenübertemperaturen
- Realisieren wärmephysiologisch günstiger niedriger Raumheizflächentemperaturen

Nachteile sind:

- Einfriergefahr (Anlagenzerstörung), die bei nicht fachgerechter Montage der Regelungsmodule oder bei Ausfall der Elektroenergieversorgung besteht
- etwas längere Aufheizzeiten gegenüber Dampf- und Luftheizungen wegen der mit der großen, spezifischen Wärmekapazität des Wassers c_W verbundenen großen Wärmespeicherfähigkeit, was ungünstig für eine Bedarfsheizung ist

Die große Wärmespeicherfähigkeit führt aber auch dazu, dass die Heizwärme mit einem geringeren Massestrom des Wärmeträgers bereitgestellt werden kann, was die Durchmesser der Rohrleitungen sowie die Transportenergie und die Betriebskosten verringert.

4.1.2.3 Einteilung der Wasserheizung

Wasserheizungen können mit sechs prozessbedingten Merkmalen beschrieben werden, die zu den Bezeichnungen in den sechs Zeilen oder Stufen der Abb. 4.3 führen.

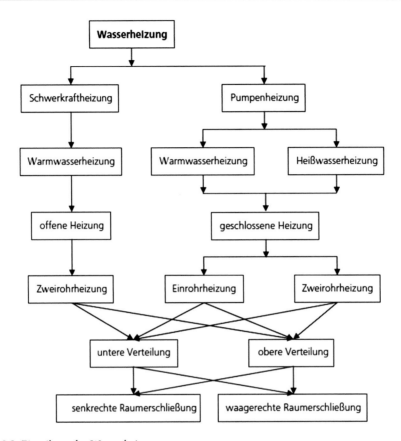

Abb. 4.3 Einteilung der Wasserheizung

Umtriebsdruck
Er bewirkt den Wasserumlauf vom Heizwärmebereitsteller zu den Raumheizflächen und
zurück. Unterschieden werden entsprechend der Erzeugung des Umtriebsdrucks:

- Schwerkraftwarmwasserheizung
- Pumpenwasserheizung

Bei der *Schwerkraftwarmwasserheizung* kommt der Wasserkreislauf infolge der Schwerkraftwirkung durch die Dichteunterschiede des im Heizwärmebereitsteller erwärmten und
in den Rohrleitungen und Raumheizflächen abgekühlten Wassers zustande. Der dabei entstehende Umtriebsdruck ist relativ gering, und so können auch nur geringe Druckverluste
kompensiert werden. Es wird allerdings keine Antriebsenergie für die Pumpen benötigt.
    Die Schwerkraftwarmwasserheizung wird wegen des Trends zu geringeren Vorlauf-
temperaturen und damit geringerem Umtriebsdruck kaum noch angewendet und deshalb nicht weiter erörtert.

Bei der *Pumpenwasserheizung* bewirkt die von einer Heizwasserumwälzpumpe erzeugte Druckdifferenz den Umtriebsdruck für den Wasserumlauf. Dadurch erhöhen sich die Freiheitsgrade bei der Gestaltung der Pumpenwasserheizung, denn der Standort des Heizwärmebereitstellers ist nun frei wählbar. Das schließt seine Integration im Nutzungsbereich, aber auch in einer Dachheizzentrale oder einem externen Aufstellraum ein. Auch die Rohrnetzgestaltung kann freizügig erfolgen. Diese Freiheitsgrade setzen gute Fachkenntnisse voraus, um die nötigen Entscheidungen auch treffen zu können.

Weitere Vorteile sind

- kleine Rohrquerschnitte und damit geringe Wärmeverluste und geringer Platzbedarf für die Rohrverlegung,
- gute zentrale und örtliche Regelung,
- schnelles Anfahren der Heizung in Verbindung mit einer Öl- oder Gasfeuerung.

Dem stehen Nachteile gegenüber:

- hoher Wartungsaufwand
- Abhängigkeit von der Stromversorgung der Heizwasserumwälzpumpe
- ständiger Verbrauch an elektrischer Energie für die Pumpen und damit ständige Betriebskosten.

Zunehmend werden regelbare Pumpen eingesetzt, mit denen der Energieverbrauch reduziert werden kann. Da die Leistung der Heizungsumwälzpumpe annähernd der dritten Potenz der Drehzahl proportional ist, führt eine Halbierung der Drehzahl auf ein Achtel der ursprünglichen Pumpenleistung.

Temperatur des Heizmediums Wasser
Unterschieden werden

- Warmwasserheizung mit einer Heizwasservorlauftemperatur $\theta_{VL} \leq 100\,°C$,
- Heißwasserheizung mit einer Heizwasservorlauftemperatur $\theta_{VL} > 100\,°C$.

Die *Warmwasserheizung* kann mit geringen Raumheizflächentemperaturen betrieben werden, was zwar zu größeren Raumheizflächen führt, wärmephysiologisch aber günstig ist. Der Architekt sollte die für Raumheizflächen verfügbare Fläche weitestgehend ausnutzen.

Die *Heißwasserheizung* ist für dieses Kapitel nicht relevant.

Art der Druckhaltung
Unterschieden werden

- offene Heizung und
- geschlossene Heizung.

Die *offene Heizung* steht an der höchsten Stelle der Anlage über das offene Ausdehnungsgefäß mit der Luftatmosphäre in direkter Verbindung. Dort herrscht der atmosphärische Druck, und damit sind die Druckverhältnisse in der Anlage festgelegt, in der sich damit kein Anlagen gefährdender Überdruck aufbauen kann. Die Heizwasservorlauftemperatur muss $\theta_{VL} < 100\ °C$ sein. Es besteht allerdings Korrosionsgefahr durch Sauerstoffaufnahme des Heizwassers im offenen Ausdehnungsgefäß, und das Heizwasser im Ausdehnungsgefäß ist vor Einfrieren zu schützen.

Bei der *geschlossenen Heizung* wird ein geschlossenes Ausdehnungsgefäß benötigt, dessen Aufstellungsort im Gebäude frei wählbar ist. Da keine direkte Verbindung zur Luftatmosphäre besteht, ist der Druck im System nicht determiniert und damit relativ frei wählbar. Zum Vermeiden von Anlagen gefährdendem Überdruck ist ein Sicherheitsventil am Heizwärmebereitsteller erforderlich. Der Sauerstoffeintrag in das geschlossene System und damit die Korrosionsgefahr sind sehr stark gemindert.

Rohrsystem zum Raumheizflächenanschluss
Unterschieden werden

- Einrohrheizung und
- Zweirohrheizung.

Bei der *Einrohrheizung* mündet der Rücklauf der Raumheizfläche in das gleiche Rohr, aus dem der Vorlauf abging. Damit können Rohrleitung und Platz für deren Verlegung eingespart werden. Beim Bemessen der Raumheizflächen ist zu berücksichtigen, dass jede im Strangverlauf folgende Raumheizfläche eine geringere Vorlauftemperatur und damit Übertemperatur hat. Gleiche Raumheizlast führt in einem solchen System zu unterschiedlich großen Raumheizflächen. Im Betrieb tritt eine gegenseitige Beeinflussung der Wärmeabgabe der Raumheizflächen ein.

Bei der *Zweirohrheizung* sind Vor- und Rücklaufleitung getrennt. Alle Raumheizflächen haben annähernd gleiche Heizwasservorlauftemperatur, und eine gegenseitige Beeinflussung des Wärmeangebots der Raumheizflächen tritt nicht ein.

Lage der waagerechten Vorlaufverteilungsleitungen
Mehrgeschossige großflächige Gebäude werden mit waagerechten Vorlaufverteilungsleitungen erschlossen. Nach der Lage dieser Leitungen werden

- untere Verteilung und
- obere Verteilung

unterschieden.

Bei der *unteren Verteilung* werden von der horizontalen Vorlaufleitung im untersten Geschoss, z. B. im Keller, mit senkrechten Steigsträngen übereinanderliegende Räume oder Raumgruppen versorgt. Die horizontale Rücklaufsammelleitung befindet sich im gleichen Geschoss wie die Vorlaufleitung. Bei der Anlagengestaltung muss an die Entlüftung gedacht werden.

Bei der *oberen Verteilung* wird mit einer Steigleitung Vorlaufwasser in das oberste Geschoss gebracht. Über eine horizontale Verteilung und daran angebundene Fallstränge werden die darunterliegenden Raumheizflächen versorgt. Die horizontale Rücklaufsammelleitung muss sich im untersten Geschoss befinden.

Raumanbindung

Unterschieden werden

- senkrechte Raumanbindung und
- waagerechte Raumanbindung.

Bei *senkrechter Raumanbindung* werden eine oder mehrere benachbarte Raumheizflächen an senkrechte Steig- oder Fallstränge angeschlossen. Es existieren damit viele senkrechte Vorlaufleitungen.

Bei *waagerechter Raumanbindung* werden von einem senkrechten Vorlaufstrang ganze in einer Ebene liegende Raumgruppen waagerecht erschlossen. Da bei dieser Anschlussart die Vorlaufleitungen unter den freien Raumheizflächen liegen, müssen bei der Inbetriebnahme der Heizanlage alle Raumheizflächen manuell entlüftet werden.

Bemerkung

Die unmissverständliche Bezeichnung von Wasserheizanlagen sollte alle sechs Unterscheidungsmerkmale beinhalten. So lautet z. B. eine entsprechende Aussage: Gegenwärtig werden geschlossene Zweirohr-Pumpen-Warmwasserheizungen mit unterer Verteilung und waagerechter Raumanbindung bevorzugt.

4.1.2.4 Gestaltung von Warmwasserheizungen

Pumpenwasserheizung

Sie wird als geschlossene Heizung ausgeführt. Die wesentlichen Bauelemente und ihre Anordnung werden am Beispiel einer geschlossenen Zweirohr-Pumpen-Warmwasserheizung mit unterer Verteilung und senkrechter Raumanbindung in Abb. 4.4 erläutert.

Der Heizwärmebereitsteller (HWB) befindet sich in Abb. 4.4 an der untersten Stelle der Heizung. Das ist für geschlossene Pumpen-Warmwasserheizungen nicht zwingend erforderlich. Die Volumenvergrößerung des Heizwassers wird von einem geschlossenen Ausdehnungsgefäß aufgenommen, das sehr oft ein Membranausdehnungsgefäß (MAG) ist, in dem eine flexible Membran das Heizwasser und die Gasfüllung, meist Stickstoff, trennt. Durch die Volumenvergrößerung des Heizwassers wird das gasgefüllte Teilvolumen im Membranausdehnungsgefäß zusammengedrückt, wodurch der Druck entsprechend $p \cdot V$ = konst. mit verringerten Volumen V wächst. Die Größe des Membranausdehnungsgefäßes wird vom maximal möglichen Enddruck bestimmt.

Auch das Membranausdehnungsgefäß kann an beliebiger Stelle im Gebäude angeordnet werden, doch zweckmäßigerweise wird es im Heizraum neben dem Heizwärmebereitsteller

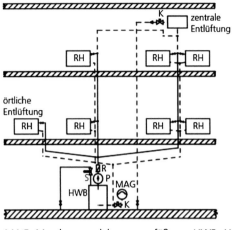

MAG   Membranausdehnungsgefäß   HWB   Heizwärmebereitsteller
P   Pumpe   S   Sicherheitsventil
RH   Raumheizflächen   R   Rückschlagklappe
K   Absperrorgan mit Entleerung

Abb. 4.4 Geschlossene Zweirohr-Pumpen-Warmwasserheizung mit unterer Verteilung und senkrechter Raumanbindung

und damit weitgehend frostfrei installiert. Es wird in den Heizwasserrücklauf über eine Sicherheitsleitung eingebunden. Das Kappenventil (K) ist immer geöffnet. Es wird nur geschlossen, wenn das Membranausdehnungsgefäß von der übrigen Heizanlage, z. B. wegen Austauschs, getrennt werden soll. Das Membranausdehnungsgefäß wird mit einem Auflastdruck geliefert, der mindestens dem Druck der im Gebäude auf ihm lastenden Wassersäule entspricht, ansonsten unter Beachtung des Sicherheitsventildrucks frei wählbar ist.

Das Sicherheitsventil (S) sorgt für den Druckabbau im Havariefall und verhindert damit eine Anlagen gefährdende Drucküberschreitung. Es wird am höchsten Punkt des Heizwärmebereitstellers oder im Vorlauf in unmittelbarer Nähe zum Heizwärmebereitsteller installiert. In Abb. 4.4 ist ein federbelastetes Sicherheitsventil dargestellt.

Die Heizwasserumwälzpumpe (P) befindet sich in Abb. 4.4 im Vorlauf. Es strömt damit zwar immer das wärmste Wasser durch die Pumpe, was deren Lebensdauer verkürzen kann, aber die Gefahr von Unterdruck im System mit Außerbetriebsetzen von Raumheizflächen besteht nicht. Die Heizwasserumwälzpumpe ist mit einer Rückschlagklappe (R) gegen Rückströmung des Heizwassers gesichert. Prinzipiell kann die Heizwasserumwälzpumpe sowohl im Vorlauf als auch im Rücklauf angeordnet werden.

Bei einer Warmwasserheizung mit unterer Verteilung ist auf die Entlüftung bei der Inbetriebnahme zu achten. In Abb. 4.4 sind zwei Möglichkeiten angedeutet: Die zentrale Entlüftung, in die der mittlere Strang über eine gekröpfte Leitung eingebunden ist, die Luft enthält und damit eine ungewollte Zirkulation verhindert, und die örtliche Entlüftung. Letztere wird heute fast ausschließlich angewendet, da die Raumheizflächen mit manuell

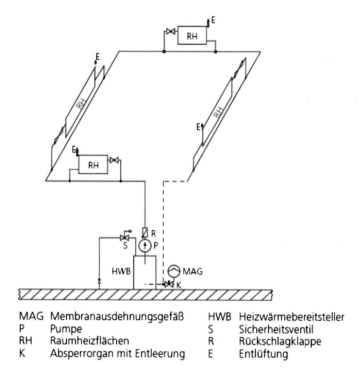

MAG	Membranausdehnungsgefäß	HWB	Heizwärmebereitsteller
P	Pumpe	S	Sicherheitsventil
RH	Raumheizflächen	R	Rückschlagklappe
K	Absperrorgan mit Entleerung	E	Entlüftung

Abb. 4.5 Geschlossene Einrohr-Pumpen-Warmwasserheizung mit waagerechter Raumanbindung

zu betätigenden Entlüftungsarmaturen geliefert werden. Das entbindet aber nicht von der personalintensiven Entlüftung bei der Füllung der Heizanlage mit Heizwasser oder auch gelegentlich bei ihrer Wiederinbetriebnahme nach der Sommerpause.

Abbildung 4.5 zeigt das Beispiel einer geschlossenen Einrohr-Pumpen-Warmwasserheizung mit waagerechter Raumanbindung. Die Heizwasserumwälzpumpe (P) ist im Vorlauf angeordnet und durch eine Rückschlagklappe (R) gesichert. Das Sicherheitsventil (S) ist gewichtsbelastet.

Dieses Heizsystem eignet sich für eingeschossige Gebäude. An die Ringleitung sind die Raumheizflächen „reitend" angeschlossen. Da die Vorlauftemperatur im Uhrzeigersinn abnimmt, müssen die Raumheizflächen im Uhrzeigersinn relativ gesehen immer größer werden. Bei der Rohrbemessung ist zu beachten, dass der Druckverlust in der Kurzschlussstrecke unter der Raumheizfläche genau so groß wie der Druckverlust der Wasserführung durch die Raumheizfläche ist, da es sich um parallele Stränge handelt, die immer den gleichen Druckverlust haben. Die Kurzschlussstrecke ist damit nur ein sehr dünnes Rohr.

Konvektions- und Strahlungsheizung

Bei der Raumheizung sollte die Wärmeabgabe in den Raum wärmephysiologisch günstig zu gleichen Anteilen konvektiv und durch Strahlung erfolgen. Es können aber auch

Effekte durch Bevorzugen einer der beiden Arten der Wärmeabgabe gewollt sein, also bewusst eine Konvektions- oder Strahlungsheizung gewünscht werden.

Konvektionsheizung bedeutet, dass die Heizleistung überwiegend mittels Luft übertragen wird. Das trifft für Konvektoren zu. Die Lufterwärmung sollte wegen des thermischen Auftriebs im Raum unten erfolgen. Die Konvektionsheizung bietet sich zur schnellen Beheizung selten genutzter Räume an, bei denen die Behaglichkeit nicht im Vordergrund steht.

Bei der *Strahlungsheizung* wird die Heizleistung überwiegend durch Wärmestrahlung von Strahlplatten und von Heizflächen in den Raumumgrenzungen abgegeben.

Von Flüssigkeitsheizungen wird die operative Raumtemperatur direkt und die relative Luftfeuchte indirekt beeinflusst. Um die lufthygienischen Raumklimakomponenten einzuhalten, ist neben dem Heizsystem eine Belüftung dringend erforderlich. Da das Lufterneuern mit Außenluft geschehen muss, kann sich im Heizfall wegen des geringen Wasserdampfgehalts der Außenluft die relative Raumluftfeuchte verringern.

4.1.2.5 Bemessen einer Pumpen-Warmwasserheizung

Ausgegangen wird von der Heizlastberechnung für alle Räume eines Gebäudes und für das Gesamtgebäude. Mit der Heizlast für den Raum ist bekannt, welcher Wärmestrom im Bemessungsfall in diesen Raum eingebracht werden muss. Dieser von den Raumheizflächen zu übertragene Wärmestrom wird aus der Enthalpieänderung des Heizwassers gespeist:

$$\Phi_{HL,i} = q_{m,W} \, c_W (\theta_{VL} - \theta_{RL}) \tag{4.1}$$

mit

$\Phi_{HL,i}$	Heizlast des Raums i,
$q_{m,W}$	Heizwassermassestrom,
c_W	spezifische Wärmekapazität des Heizwassers,
θ_{VL}	Vorlauftemperatur des Heizwassers,
θ_{RL}	Rücklauftemperatur des Heizwassers.

Damit hängt der auf die einzelnen Räume zu verteilende Heizwassermassestrom von der Temperaturdifferenz zwischen Heizwasservor- und -rücklauf ab. Diese Temperaturdifferenz ist zunächst festzulegen. Üblich sind heute Temperaturdifferenzen $\theta_{VL} - \theta_{RL} = 15$ K. Für die Auswahl der Raumheizflächen sind auch die absoluten Werte der beiden Temperaturen wichtig, da sie die Heizleistung bestimmen.

Liegt die Temperaturdifferenz fest, kann mit obiger Gleichung der Heizwassermassestrom berechnet werden, der in jeden Raum zu transportieren ist. Der Transport erfolgt in Rohrleitungen. Für einen festliegenden Heizwassermassestrom gilt: Je kleiner der Durchmesser der Heizwasserrohrleitung ist, umso größer müssen die Geschwindigkeit des Heizwassers und damit die Druckdifferenz bzw. die Pumpenleistung sein. Aus Optimierungsrechnungen und vielen gebauten Anlagen ist bekannt, dass mit einer Geschwindigkeit von ca. $v_W = 1$ m/s gerechnet werden sollte. Mit der Kontinuitätsgleichung

$$q_{m,W} = A_R \, v_W \, \rho_W \qquad\qquad (4.2)$$

mit

$q_{m,W}$	Heizwassermassestrom
A_R	Rohrquerschnittsfläche
v_W	Heizwassergeschwindigkeit
ρ_W	Massedichte des Heizwassers

kann der Heizwassermassestrom bestimmt werden, wobei die Massedichte des Heizwassers ρ_W entsprechend der mittleren Temperatur des Heizwassers einzusetzen ist.

Die Berechnung erfolgt bei mehreren parallelen Heizsträngen zunächst für den ungünstigsten Strang. Das ist bei der Pumpenwasserheizung der Strang, der zur am weitesten vom Heizwärmebereitsteller entfernten Raumheizfläche führt. Dieser Strang, der möglichst in isometrischer Form darzustellen ist, wird in Abschnitte mit gleichem Heizwassermassestrom eingeteilt. Für diese Abschnitte werden die Rohrdurchmesser bestimmt und die Druckverluste berechnet. Mit dem Gesamtdruckverlust wird die Heizungsumwälzpumpe ausgewählt.

Für die anderen parallelen Heizstränge liegt damit der zu verbrauchende Druckverlust fest. Deren Rohrdurchmesser werden dann, ausgehend von diesem Druckverlust, bemessen. Es können auch Rohrdurchmesser analog dem ungünstigsten Strang ausgewählt werden. In diesem Fall ist die nicht verbrauchte Druckdifferenz mit einer geeigneten Armatur zu drosseln.

Für jede Heizanlage stellt sich der Arbeitspunkt beim Heizwasservolumenstrom und bei der Druckdifferenz ein, für die gilt: Druckverlust gleich Umtriebsdruck.

Auch bei nicht gewissenhaft genug ausgeführter Bemessung stellt sich ein Arbeitspunkt ein. Die Heizung wird funktionieren. Es werden dann allerdings nicht genau die Heizwassermasseströme in die Raumheizflächen transportiert, die zur Abgabe der Heizleistung nötig sind. Nachträgliche Änderungen, die z. B. in einer Erhöhung der Pumpenleistung bestehen, führen meist nicht zum Ziel.

Für die Auswahl des Heizwärmebereitstellers wird die Gebäudeheizlast benötigt. Sie ist für Architekten insofern von Bedeutung, als die Gebäudeheizlast die Größe und damit den Platzbedarf für den Heizwärmebereitsteller bestimmt, für den der entsprechende Raum vorgesehen werden muss. Für Heizlast- und Rohrnetzberechnung liegen Rechenprogramme von einer Vielzahl von Anbietern vor.

4.1.3 Wasserdampf-Heizsysteme

Die *Dampfheizung mit Wasserdampf* wird in Deutschland nur noch ganz selten gebaut, und es sind auch kaum noch solche Anlagen in Betrieb. Zwar sind z. B. in den USA Dampfheizungen in Siedlungen an der Peripherie großer Städte noch im Einsatz, doch wird auch dort die Wasserdampf-Heizung bald keine Rolle mehr spielen.

4.1.4   Luft-Heizsysteme

Die Luftheizung ist in Deutschland im Gegensatz z. B. zu den skandinavischen Ländern noch nicht sehr gebräuchlich, doch wird sie im Zusammenhang mit Nullemissionsgebäuden und dem erforderlichen Einbau von Wärmerückgewinnungsanlagen zur Senkung der Lüftungswärmeverluste an Bedeutung gewinnen.

Bei ihr verbieten sich wegen des direkten Kontakts von Personen und Gegenständen im zu beheizenden Raum mit der Heizluft im Aufenthaltsbereich höhere Temperaturen als (35–40) °C.

4.1.4.1 Einteilung

Mit der Luftheizung kann neben der Temperaturerhöhung auch eine Verbesserung der hygienischen Luftqualität im Raum erreicht werden. Für die nachfolgenden Ausführungen wurden Aussagen in [1] genutzt.

Unterschieden werden können Luftheizungen entsprechend der

- Triebkraft für die Luftbewegung in
  Schwerkraft- und
  Ventilatorluftheizung;
- Lüftungsfunktion in
  Umluft-,
  Mischluft- und
  Außenluftheizungen;
- Warmlufterzeugung in
  direkt beheizte und
  indirekt beheizte (mit Zwischenwärmeübertrager) Warmlufterzeuger;
- Art der Nutzensübergabe in
  Mehrraum-Luftheizung,
  dezentrale Großraumheizgeräte und
  Luftheizungen mit indirekter Lufterwärmung.

Eine Sonderform stellt die *Strahlungsluftheizung* dar, bei der die Luft nicht in den Raum eingeblasen, sondern in geschlossenen Leitungssystemen geführt wird. Diese sind in Wand oder Boden integriert. Diese Heizung ist eine der Wasserheizung analoge Heizung, nur dass das Heizmedium nicht Wasser, sondern Luft ist. Für diese Heizung gilt die obige Aussage bezüglich der Lufterneuerung nicht.

Strahlungsluftheizungen können Fußbodenluftheizungen, auch bekannt als Hypokaustenheizung, oder Heißluftstrahlungsheizungen sein.

4.1.4.2 Mehrraum-Luftheizung

Beschreibung

Sie ist für die Beheizung von Wohnungen und Büros mit wenigen Räumen geeignet. Da sie aus einem Luft-Heizgerät und einem zur Versorgung der einzelnen Räume angeschlossenen Luftkanalsystem bestehen, wird sie entsprechend der Warmlufterzeugung auch als Ofenluftheizung bezeichnet.

Modifikationen sind

- das Einzelraumheizgerät, das in einem der zu beheizenden Räume steht und über Luftkanäle weitere Räume beheizt,
- der Warmluftautomat, der außerhalb der zu beheizenden Räume aufgestellt ist und über Luftkanäle alle zu versorgenden Räume beheizt.

Bezüglich der Triebkraft für die Luftbewegung sind beide Varianten – Schwerkraft- und Ventilatorluftheizung – möglich, was aber auf die Verlegung der Luftkanäle und die Luftkanallänge Einfluss hat.

Bei der *Schwerkraft-Variante* erfolgt die Umwälzung der Luft nur durch den Dichteunterschied zwischen warmer und zurückströmender abgekühlter Luft. Es handelt sich meist um Umluftheizungen. Da der durch die Schwerkraftwirkung erzeugte Umtriebsdruck sehr gering ist, kann wenig Druckverlust kompensiert werden. Die Luftkanäle müssen deshalb sehr kurz sein, und Luftfilter dürfen nicht eingebaut werden. Es werden meist nur Zuluftkanäle verwendet, mit denen die warme Luft von der Innenwand aus, an der das Heizgerät steht, den Räumen zugeführt wird. Die vom Heizgerät aufzuheizende Luft wird aus dem Treppenhaus entnommen, in das die Abluft aus den Räumen durch den Druckunterschied – höherer Druck in den Räumen als im Treppenhaus – selbstständig strömt. Die Heizgeräte sind Warmluftkachelöfen. Die Lufterneuerung ist nur sehr eingeschränkt möglich.

Bei der *Ventilatorluftheizung* sind durch den Ventilator größere Förderdrücke verfügbar. Damit wird auch der Einsatz von Luftfiltern möglich. Die Luftkanäle werden geschossweise horizontal verlegt. Die Zuluftdurchlässe können im Fensterbereich im Fußboden angeordnet werden, was zu einer deutlichen Verbesserung des Raumklimas führt. Die hygienische Luftqualität wird durch Außenluftbeimischung erhöht. Kontrollierte Lüftung mit Wärmerückgewinnung wird möglich.

Im Folgenden werden Mehrraum-Luftheizungen hinsichtlich ihrer

- Bestandteile,
- Vor- und Nachteile sowie
- Bemessung

näher erläutert.

Die Bestandteile und die entsprechenden Ausführungsvarianten sind in Tab. 4.1 zusammengefasst.

Die Auswahl des infrage kommenden Zuluftnetzes ist vom zur Verfügung stehenden Platzangebot in den Räumen abhängig.

Es gibt die Verlegung

- in abgehängten Decken,
- im Fußboden (Estrich),
- im Untergeschoss.

Tab. 4.1 Bestandteile und Ausführungsvarianten von Mehrraum-Luftheizungen

Bestandteil	Ausführungsvarianten
Zuluftnetz	Einkanalsystem, Abb. 4.6
	Sammelkanalsystem, Abb. 4.7
	Perimetersystem, Abb. 4.8
Lufterwärmer	Direktheizgeräte
	Speicherheizgeräte
	solare Luftkollektoren
Luftfilter	Mattenfilter
	Taschenfilter

Das *Einkanalsystem,* Abb. 4.6, hat große Leitungslängen und geringe Leitungsquerschnitte.

Die Luftströme zu den einzelnen Zuluftdurchlässen, die sich an der Raumumgrenzung befinden, können zentral in einem Luftverteilerkasten eingestellt werden. Die Geräuschübertragung zwischen den Räumen, die oft als Nachteil der Luftheizung genannt wird, ist gering. Durch den zentralen Luftverteiler kann auch ein zentraler Schalldämpfer angeordnet werden.

Das Sammelkanalsystem, Abb. 4.7, ist dort günstig einzusetzen, wo genügend Raum für den Hauptverteilkanal vorhanden ist.

Die Stichkanäle zu den Luftdurchlässen sind relativ kurz, was zu einem geringen Materialbedarf für das Kanalnetz führt. Die Kanalführung erlaubt eine gute Zugänglichkeit zur Reinigung der Kanäle. Mit einer versetzten Anordnung der Stichleitungen kann die Schallübertragung zwischen den Räumen vermindert werden.

Das Perimetersystem, Abb. 4.8, hat wegen der Ringleitung die geringsten Probleme mit dem Druckabgleich.

Die Ringleitung, die im Umkreis um den Luftverteiler liegt, hat diesem System den Namen gegeben. Perimeter stammt aus dem Griechischen und bedeutet Umkreis. Der Druck im Ringkanal soll überall ungefähr gleich groß sein. Das wird durch geringe Geschwindigkeit und damit geringe Druckverluste in den Stichleitungen erreicht. Für die Abführung der

Abb. 4.6 Einkanalsystem entsprechend [1]

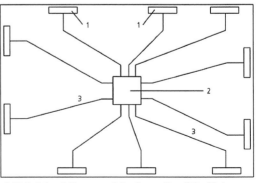

1 Zuluftdurchlässe   2 Luftverteiler 3 Luftleitung

Abb. 4.7 Sammelkanalsystem
entsprechend [1]

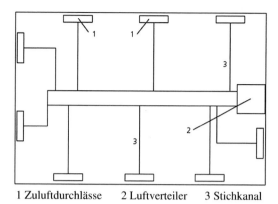

1 Zuluftdurchlässe   2 Luftverteiler   3 Stichkanal

Abb. 4.8 Perimetersystem
entsprechend [1]

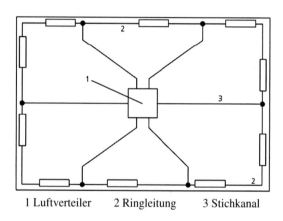

1 Luftverteiler   2 Ringleitung   3 Stichkanal

Abluft aus jedem Raum kann ein ähnliches Leitungsnetz wie bei der Zuluftzuführung aus-geführt werden. Meist erfolgt die Absaugung der Abluft aus dem Flur oder über Küche, Bad und WC, wohin sie durch Überströmöffnungen in den Türen gelangt.

Eine Mehrraum-Luftheizung mit einem elektrisch beheizten *Speicherheizgerät* als Feststoffzentralspeicher, der von Luftkanälen durchzogen ist, zeigt, Abb. 4.9.

Die im Feststoffzentralspeicher erwärmte Luft gelangt in eine Mischkammer, wo sie mit Mischluft, deren Anteil geregelt werden kann, auf die erforderliche Zulufttemperatur gebracht wird.

Generell sind Umluft-, Außenluft- und Mischluftbetrieb möglich, was mit den gestri-chelten Abluft- und Umluftleitungen angedeutet ist.

Bemessung
Das Bemessen erfolgt in folgenden Schritten:

1. Berechnen der Normheizlast Φ_{HL} der zu beheizenden Räume,
2. Festlegen von Anordnung und Anzahl der Zuluft- und Abluftdurchlässe entspre-chend der Raumnutzung,

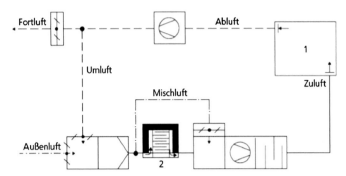

1 Raum   2 Feststoffzentralspeicher

Abb. 4.9 Warmluftheizung mit elektrisch beheiztem Feststoffzentralspeicher entsprechend [1]

3. Festlegen des Aufstellungsorts des Heizgeräts, Planen der Kanalführung und Aufteilen in Teilstrecken,
4. Berechnen der Luftmasseströme für die j Luftdurchlässe pro Raum. Die Luftheizung bewirkt eine Mischlüftung: Damit wird die Ablufttemperatur der Raumlufttemperatur gleichgesetzt.

$$q_{m,SUP,j} = \Phi_{HL,i} / j \, (h_{SUP} - h_{IDA}) \qquad (4.3)$$

mit

$q_{m,SUP,j}$ Zuluftmassestrom für den j-ten Zuluftdurchlass,
$\Phi_{HL,i}$ Heizlast für den Raum i,
j   Anzahl der Zuluftdurchlässe pro Raum,
h_{SUP} Enthalpie der Zuluft,
h_{IDA} Enthalpie der Raumluft.

Die Enthalpiedifferenz kann näherungsweise aus der Temperaturdifferenz, die meist gegeben ist und 20 K nicht überschreiten sollte, berechnet werden:

$$h_{SUP} - h_{IDA} = 1{,}005 \, kJ / (kg \, K) \, (\theta_{SUP} - \theta_{IDA}) \qquad (4.4)$$

mit

θ_{SUP} Temperatur der Zuluft und
θ_{IDA} Temperatur der Raumluft.

5. Festlegen der Kanalquerschnitte $A_{K,j}$ mit den Luftgeschwindigkeiten v_L nach Tab. 4.2 und der Gleichung

$$A_K = q_{m,SUP} / (v_L \, \rho_L) \qquad (4.5)$$

6. Berechnen des Druckabfalls in den Teilstrecken.

Tab. 4.2 Luftgeschwindigkeiten v_L zum Berechnen der Luftkanalquerschnitte

Kanalart	v_L in m/s
Hauptkanäle	5–6
Nebenkanäle	3–4
Luftdurchlass, abhängig von Luftführung	1,5–4

Die Raumheizlast liegt aus vorhergehenden Berechnungen fest. Mit dem Bemessungsschritt 5 erhält der Architekt Vorstellungen vom Platzbedarf des Luftkanals. Die Berechnung des Kanalquerschnitts erfolgt mit dem Massestrom, der durch den betrachteten Kanal strömt. Die Berechnung des Druckabfalls wird für die Auswahl des Ventilators benötigt.

4.1.4.3 Luftheizung mit indirekter Lufterwärmung

Bei dieser Variante wird die Luft vor Ort mit Wärmeübertragern, z. B. Rippenrohren und Konvektoren, erwärmt und den Räumen meist direkt zugeführt. Das Wärmeträgermedium (Heizwasser oder Wasserdampf) wird außerhalb des zu beheizenden Raums bereitgestellt. Zwischen dem Wärmebereitsteller und dem Luftheizgerät befindet sich ein Wärmeträgermedium-Verteilsystem. Diese Variante ähnelt einer Warmwasser-Zentralheizung.

Die Kombinationsmöglichkeiten von Lufterwärmung und Lüftungsfunktion bei Luftheizungen mit indirekter Lufterwärmung zeigt, Abb. 4.10.

Die indirekte Lufterwärmung bietet großen Gestaltungsspielraum:

- Auch bei größeren Gebäuden genügt ein Wärmeerzeuger, womit die Auslastung verbessert und der Nutzungsgrad in der Regel erhöht werden.
- Der Aufwand an Luftkanälen kann gesenkt werden, verbunden mit Platzersparnis und besserer Reinigungsmöglichkeit.

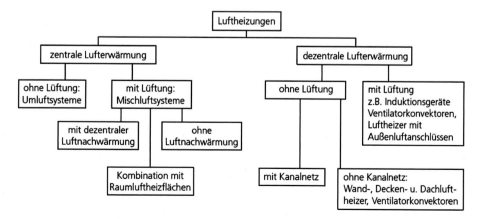

Abb. 4.10 Kombinationsmöglichkeiten von Lufterwärmung und Lüftung bei Luftheizungen mit indirekter Lufterwärmung entsprechend [1]

- Die raumweise Regelung der Heizung wird insbesondere bei dezentralen Anlagen verbessert.
- Die Lufterwärmer lassen sich auf die Bedürfnisse der Raumnutzung abstimmen.
- Die einfache Umstellung vorhandener Anlagen auf andere Wärmebereitsteller als Heizkessel, wie Blockheizkraftwerk, Wärmepumpe und solarthermische Wandler, ist möglich.

Die erweiterten Gestaltungsmöglichkeiten werden allerdings erkauft durch

- einen erhöhten Preis, da die Anlagen meist teurer als Warmwasserheizungen sind,
- eine Vielzahl von Wartungsstellen,
- zusätzliche Geräuschquellen.

Es kommt nur die maschinelle Luftförderung infrage. Dem erhöhten Einsatz von Heizenergie durch das Anheben der Raumlufttemperatur zum Ausgleich der Strahlungsdefizite stehen eine gute Anpassungsfähigkeit an den Heizlastgang und der damit verbundene wieder kleiner werdende Energieaufwand gegenüber.

Anlagen mit *zentraler Lufterwärmung* können sowohl als Umluftanlage als auch als Mischluftanlage betrieben werden. Sie haben allerdings nicht die Aufgabe, nennenswerte Stofflasten abzuführen. Bei Mischluftanlagen sollte die Abluft aus Nassräumen und aus Wohnräumen getrennt abgeführt werden.

Dezentrale Lufterwärmung erfolgt in Raumluftheizgeräten, die immer einen Lufterwärmer und Ventilator besitzen. Filter können eingebaut sein. In einfacher Ausführung arbeiten sie im Umluftbetrieb und kommen mit einem Axialventilator aus. Bei Außenanschluss ist auch Außen- oder Mischluftbetrieb möglich. Größere Geräte mit einem Luftvolumenstrom ab 2.000 m^3/h besitzen zusätzlich einen Abluftventilator.

Vorteilhaft sind die einfache und billige Regelmöglichkeit über Ein- und Ausschaltung oder polumschaltbare Motoren durch Raumthermostate.

Der maschinentechnische Teil des dezentralen Systems mit Außenluftansaugung, der Fortluftabführung und den Ventilatoren befindet sich außerhalb des zu beheizenden Raums.

Nach Anbringungsort und Einsatzgebiet werden unterschieden:

- Deckenluftheizer für Industriehallen,
- Wandluftheizer für Industriehallen,
- Heiztruhe, auch Ventilatorkonvektor oder Raumluftheizer, für den Komfortbereich.

Deckenluftheizer sind entweder unterhalb der Decke aufgehängt oder in das Dach eingesetzt. Sie können auch über einer Toröffnung zur Erzeugung eines Luftschleiers verwendet werden.

Für die Wärmeabgabe und Bemessung gelten die Aussagen wie für Luftheizungen allgemein. Die Heizmediumtemperatur darf höher sein als die für Raumheizflächen, da wegen der Verkleidung des Luftheizers keine Verletzungsgefahr besteht. Sie ist allerdings im Unterschied zur Bemessung von Raumheizflächen unabhängig von Behaglichkeitserwägungen. Beachtet werden sollten die mit der Heizmitteltemperatur steigenden Verluste der Wärmeverteilung.

Der Leistungsaufwand für die Förderung des Wärmeträgers ist bei Luft- und Wasserheizungen deutlich unterschiedlich. Das wurde bereits angedeutet und wird hier mit einem Berechnungsbeispiel nachgewiesen.

4.1.4.4 Berechnungsbeispiel

Zu vergleichen sind eine Luft- und eine Wasserheizung für eine in beiden Fällen gleiche Heizleistung von $\Phi_H = 20$ kW. Weitere gegebene und daraus berechnete Werte sind in Tab. 4.3 zusammengefasst.

Benötigte Gleichungen:
Massestrom

$$q_m = \Phi_H / \Delta\theta\, c_p, \tag{4.6}$$

Antriebsleistung des Motors

$$P_{Mot} = q_m\, p_t / \rho\, \eta_{ges} \tag{4.7}$$

Aus diesem sehr realen Beispiel ergibt sich, dass für die gleiche Heizleistung von 20 kW bei der Luftheizung eine 13,7-fach höhere Antriebsleistung als bei der Wasserheizung nötig ist.

4.1.5 Kältemittel-Heizsysteme

Bei *Kältemittel-Systemen* befindet sich das dampfförmige Kältemittel als Heizmedium im Gebäudeversorgungssystem, wo es kondensiert. Es sind geschlossene Kaltdampfheizungen, mit denen die hohen Raumheizflächen-Oberflächentemperatur, die bei Wasserdampfheizungen auftreten, vermieden werden sollen. Es wird Sattdampf erzeugt, dessen Temperatur je nach Kältemittel und Überdrücken zwischen 30 °C und 60 °C eingestellt

Tab. 4.3 Vergleich von Wasser- und Luftheizung

Kennwert	Wasser	Luft
Temperatur bei Auslegungsbedingung	$\theta_{VL} = 65$ °C	$\theta_{SUP} = 40$ °C
	$\theta_{RL} = 50$ °C	$\theta_{ETA} = \theta_{IDA} = 20$ °C
spezifische Wärmekapazität c_p in kJ/(kg K)	4,186	1,005
Massedichte ρ in kg/m³	983	1,2
Totaldruckerhöhung durch Pumpe bzw. Ventilator p_t in kPa	15	0,2
Gesamtwirkungsgrad η_{ges}	0,1	0,25
Massestrom q_m in kg/s	0,318	0,995
Volumenstrom q_V in m³/s	0,00032	0,829
theoretische Leistung P_{theor} in W	4,85	166
Antriebsleistung des Motors P_{Mot} in W	48,5	663

werden kann. Sattdampf ist der Wasserdampfzustand, bei dem der Verdampfungsvorgang abgeschlossen und gerade das letzte Wassertröpfchen verdampft ist. Würde weiter Energie zugeführt, käme es zur Überhitzung des Sattdampfs. Bei der Fortleitung des Sattdampfs erfolgt wegen der mit den Druckverlusten verbundenen Druckabsenkung eine leichte Überhitzung des Dampfs, weswegen das Entstehen von Kondensat nicht befürchtet werden muss und deshalb auch keine gesonderte Kondensatabführung aus den Verteilungsleitungen nötig ist. Abbildung 4.11 zeigt eine geschlossene Zweirohr-Kaltdampfheizung mit horizontaler Erschließung.

Es ergibt sich ein recht einfaches System, bei dem keine Kondensatstauer nötig sind und die Leitungen nicht unbedingt mit Gefälle verlegt werden müssen. Da es sich um ein geschlossenes System handelt, sind alle Kondensatleitungen mit Kondensat gefüllt. Das Problem ist die Dichtheit des Leitungssystems. Kältemittel erfordern wesentlich größere Dichtheit aller Anlagenteile als Wasser und dessen Dampf.

Die Anlagen mit vertikalen Erschließungsleitungen können mit oberer und unterer Verteilung gebaut werden.

Die Kaltdampfheizung ist eine interessante Option im Zusammenhang mit einer Heiz-Wärmepumpe. Während bei üblichen Heiz-Wärmepumpenschaltungen der Kondensator der Heiz-Wärmepumpe zum Kompaktsystem Wärmepumpe gehört und seine Kondensationswärme an das Heizmedium der Gebäudeheizanlage abgibt, kann bei einer Kaltdampfheizung die Kondensation des Kältemittels direkt vor Ort in den Raumheizflächen der zu beheizenden Räume erfolgen.

Die Kaltdampfheizung wurde allerdings bisher wegen der größeren Dichtheitsanforderungen als bei einer Wasserdampfheizung nur in wenigen Objekten eingesetzt.

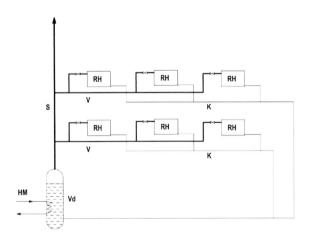

HM Heizmedium   RH Raumheizfläche   V Dampfverteilungsleitung
K Kondensatleitung   S Steigleitung   Vd Verdampfer

Abb. 4.11 Geschlossene Zweirohr-Kaltdampfheizung mit horizontaler Erschließung

4.1.6   Elektrische Heizsysteme

Bei elektrischen Heizsystemen handelt es sich in der Regel um elektrische Raumheizgeräte, die über elektrische Leitungen bzw. dem elektrischen Gebäudenetz verbunden sind. Sie können zur Direktbeheizung oder als Speicherheizung eingesetzt werden.

4.1.6.1 Elektrische Direktheizung
Elektrische Direktheizgeräte geben ihre Wärme je nach der konkreten Heizlast ab.
Bauarten sind:

- Ortsveränderliche Direktheizgeräte mit freier oder erzwungener Konvektion als Ventilatorheizer oder Konvektor mit einer Heizleistung bis 2 kW.
- Ortsfeste Strahlungsheizgeräte, wie Deckenstrahler, Großflächenstrahler, Langfeldstrahler, Sitzbankstrahler, mit einer mittleren Heizleistung von 150–250 W/m².
- Ortsfeste Konvektionsheizgeräte mit erzwungener Konvektion (Schnellheizer) und einer Heizleistung von 1–2 kW. Erwärmte Luft wird waagerecht über den Fußboden geblasen.
- Deckenheizungen, bei denen die Heizleitungen zwischen den Deckenverkleidungen eingebettet sind.
- Fußboden-Direktheizung, bei denen die vom Fußboden aufgenommene Wärme sofort als Wärmestrahlung dem Raum zugeführt wird.
- Gesteuerte Fußboden-Direktheizung, die in Spitzenzeiten für den elektrischen Energiebedarf nicht betrieben wird.

Deckenstrahler, Großflächen- und Langfeldstrahler werden meist als Infrarotstrahler betrieben und dienen der Beheizung von Aufstellräumen.

Die Infrarotstrahler sind Hochtemperaturstrahler mit hoher spezifischer Heizleistung und damit kleiner Heizfläche. Sie haben gegenüber herkömmlichen Hallenheizungen, wie Lufterhitzer oder Warmluftheizungen, den Vorteil, mit einer geringeren Hallenlufttemperatur als üblich auszukommen. Wird z. B. eine operative Raumtemperatur von 18 °C verlangt, dann ist bei Warmluftheizungen eine Lufttemperatur von 19,2 °C, bei Heizungen mit Infrarotstrahlern nur von 11,0 °C nötig.

Dank niedriger Lufttemperaturen sind vor allem die Lüftungswärmeverluste klein, was den Jahresheizenergieverbrauch verringert. Es stellt sich ein vertikaler Temperaturgradient im Aufstellungsraum ein, der gegen Null geht. In vertikaler Richtung ist damit die Hallenlufttemperatur nahezu konstant.

Beim Einsatz von Infrarotstrahlern ist eine Energieeinsparung im Vergleich mit konvektiv wirkenden Heizsystemen bis 30 % möglich. Die Wärme kommt dort an, wo sie gebraucht wird.

Infrarotstrahler werden in der Regel unter dem Dach des Aufstellraums montiert. Damit ist das System äußerst Platz sparend: Es muss kein eigener Heizraum vorgesehen werden.

Beim Betreiben der Infrarotstrahler-Heizung gilt:

- Gewünschte Raumtemperatur kann über einstellbaren Raumtemperatur-Sollwert geregelt werden.
- Nach Bedarf werden einzelne Geräte oder Gerätegruppen automatisch ein- und ausgeschaltet.
- Werden Teilbeheizung von Aufstellräumen oder unterschiedliche Temperaturzonen gewünscht, kann das mit voneinander getrennten Heizkreisen mit spezieller Steuerung erreicht werden.
- Für Einsatzfälle, bei denen die relative Feuchte eine große Rolle spielt, werden feuchteabhängige Regelungen eingebaut.

Sie können auch für spezielle Aufgaben, wie Teilraumbeheizung und Erwärmung von feuchteempfindlichen Gütern zur Tauwasservermeidung, verwendet werden.

Die elektrischen Infrarotstrahler

- erreichen Temperaturen zwischen 600 und 700 °C,
- haben einfache Energiezufuhr und
- keine Verbrennungsprodukte.

Die Strahlung erfolgt mit einer maximalen Wellenlänge von 3 µm. Der effektive Abstand vom Strahler zur beheizenden Fläche beträgt 5 m. Es sind hohe Betriebskosten zu erwarten.

4.1.6.2 Elektrische Speicherheizung

Elektrische Speicherheizungen speichern zunächst elektrische Energie in Form von Wärme und geben diese weitgehend nach Bedarf ab. Speichermaterialien sind Schamotte-, Beton- oder meist Magnesitsteine. Die Wärmeabgabe erfolgt über die Oberfläche des Speicherheizgerätes oder mittels Luftstrom, der mit einem Querstromlüfter durch das Gerät gefördert wird.

Bauarten sind

- Speicherheizgeräte mit steuerbarer Wärmeabgabe,
- Speicherheizgeräte mit nichtsteuerbarer Wärmeabgabe,
- Fußboden-Speicherheizungen.

Die elektrische Speicherheizung verkompliziert den Heizprozess. Sie wird angewendet, um durch Stromentnahme aus dem Stromversorgungsnetz in Zeiten mit geringem elektrischem Energiebedarf den Lastgang der elektrischen Energieversorgung zu vergleichmäßigen. Das kann zum Reduzieren der Energiekosten führen, da elektrische Energie in Schwachlastzeiten billiger als in Spitzenlastzeiten ist.

Da elektrische Energie eine hohe Qualität hat – sie besteht völlig aus Exergie – ist ihr Einsatz zu Heizzwecken umstritten. Wegen ihrer guten Handhabbarkeit und der immer stärkeren regenerativen Erzeugung von elektrischer Energie wird zukünftig mit einem höheren Anteil elektrischer Energie an den Heizprozessen gerechnet.

4.1.7 Gas-Heizsysteme

4.1.7.1 Unterteilung
Gas Heizsysteme sind vorteilhaft bei

- Altbausanierung,
- kurzzeitig zu beheizenden Räumen und
- Hallenheizungen.

Sie benötigen einen Gasanschluss und werden unterteilt in

- Heizstrahler (Wärmeabgabe durch Strahlung)
- Konvektionsheizgeräte (Wärmeabgabe durch Luftumwälzung).

4.1.7.2 Gas-Infrarotstrahler
Sie geben Wärme durch Strahlung hocherhitzter Platten aus Keramik oder anderem Material ab.
   Unterschieden werden

- Hellstrahler ($\theta_{Str} \approx 900$ °C) und
- Dunkelstrahler ($\theta_{Str} \approx 500$ °C).

Das Abgas wird entweder indirekt (Hellstrahler) oder über einen Abgasschornstein (meist Dunkelstrahler) abgeführt. Die Abgasabführung entscheidet auch über den Wirkungsgrad:

- Bei indirekter Abgasführung $\eta = (85...90)$ %
- Bei erzwungener Abgasführung $\eta = (65...80)$ %.

Die spezifische Heizleistung beträgt
   $\varphi_H = (50...130)$ kW/m^2 strahlende Fläche.
   Gas-Infrarotstrahler

- werden mit Erdgas beheizt,
- eignen sich zur effektiven Heizung für hohe Hallen,
- erreichen hohen Wirkungsgrad, denn die eingesetzte Endenergie wird bis auf Abgas-verluste direkt für die Raumheizung genutzt,
- sind robust und wartungsarm,
- lassen sich flexibel einsetzen.

Je nach Einsatzfall kann die Strahlung großflächig verteilt oder auf bestimmte Bereiche gerichtet werden. Gasstrahler sind für Dauerbeheizung geeignet: Sie haben weniger als halb so große Betriebskosten wie Elektrostrahler.

Die *Hellstrahler* bestehen aus Gasautomat, Injektor, Gasmischkammer, Keramik-platte, Stahlgitter und Reflektor. Die Wirkungsweise ist wie folgt:

- Im Strahler wird das Gas-Luft-Gemisch erzeugt und elektrisch gezündet.
- Das Gemisch verbrennt an der feinporigen Oberfläche einer Keramikplatte.
- Die Keramikplatte erreicht Temperatur von ca. 900 °C und wird sichtbar rot glühend.
- Von ihr geht Strahlung mit einer Wellenlänge von $\lambda \approx 2{,}5\ \mu$m aus.
- Die Keramikplatte ist von einem Reflektor, der die Strahlung in die gewünschte Richtung lenkt, umgeben.
- Der Reflektor erwärmt sich auf 300 °C und gibt damit auch Wärmestrahlung ab.
- Das Metallgitter vor der Keramikplatte erhöht als zusätzliche Strahlungsfläche die Gesamtstrahlung.

Die Hellstrahler arbeiten in der Regel als Gasgerät Art A mit offener Verbrennung ohne Abgasanlage. Die Verbrennungsluft wird dem Raum entnommen.

Möglich aber unüblich sind Hellstrahler als Gasgerät Art B mit Abgasanlage als raum-luftabhängige Feuerstätte.

Bedingungen an den Aufstellraum:

- Er muss je kW installierter Nennwärmeleistung der Strahler mindestens ein Raum-volumen von 10 m^3 haben.
- Für Aufstellung und Aufstellräume von Strahlern in nicht gewerblichen Betrieben können von Bauaufsichtsbehörden besondere Anforderungen gestellt werden, z. B. ist die Versammlungsstätten-Verordnung zu beachten.

Unzulässige Aufstellräume sind:

- Wohn- und Büroräume und Räume ähnlicher Größe (Höhe) und Nutzung,
- Räume, in denen Anforderungen an den Explosions-Schutz gestellt sind.

Die Abgase für Strahler der Art A werden *indirekt* ins Freie abgeführt, indem sie sich mit Luft im Aufstellraum vermischen und mit der Abluft den Raum verlassen.

Für die indirekte Abführung der Abgas-/Luftmischung (Abluft) gibt es drei Methoden:

- thermische Entlüftung,
- mechanische Entlüftung
- natürlicher Luftwechsel.

Die *Dunkelstrahler* sind Infrarotstrahler, die durch Verbrennen eines Gas-Luft-Gemisches thermische Energie erzeugen. Sie bestehen im Wesentlichen aus Gasautomat, Heizstrahlrohr (Strahlrohr), Ventilator, Reflektor und Abgasführung und werden üblicherweise als Strahlrohre bezeichnet.

Die Verbrennungsluft wird in der Regel aus dem Hallenbereich entnommen, und die Abgase werden über eine Abgasanlage ins Freie geführt, ohne die Raumluft mit Feuchtigkeit aus dem Verbrennungsprozess zu belasten. Die Verbrennung kann raumluftunabhängig erfolgen, womit die Luftbewegung im Aufstellraum reduziert wird.

Dunkelstrahler können unterschieden werden in

- Dunkelstrahler-Standard,
- Dunkelstrahler-Hochleistung,
- Dunkelstrahler-Mehrbrennersystem.

Der *Dunkelstrahler-Standard* entspricht dem oben beschriebenen Aufbau und erreicht Temperatur von 500 °C.

Beim *Dunkelstrahler-Hochleistung* steigt durch zusätzliche Dämmung der Gehäuseteile und eine bessere thermische Konstruktion die Temperatur bis 750 °C an.

Beim *Dunkelstrahler-Mehrbrennersystem*, auch *Multibrennersystem* genannt, werden im Rohrsystem an mehreren Stellen Gasbrenner angeordnet. Damit sind Zonenheizungen möglich. Die Abgase werden in einer gemeinsamen Abgasanlage abgeführt. Die Verbrennungsluft kann sowohl aus dem Raum entnommen als auch raumluftunabhängig im Ringraum um die Abgasleitung angesaugt werden.

Die mit Luft vermischten Verbrennungsgase erhitzen das Strahlrohr je nach Ausführung der Dunkelstrahler auf eine Temperatur von 500–750 °C. Das Strahlrohr wird als U-Rohr oder in Linearausführung angeboten. An einem Ende des Strahlrohrs ist der Gasbrenner angebracht, am anderen Ende der Saugzugventilator, der für die Zirkulation der Abgase sorgt.

Erhitzte Strahlrohre geben ihre Energie überwiegend als Strahlung im Wellenlängenbereich $>3 \, \mu m$ ab.

4.1.7.3 Gasheizgeräte

Gasheizgeräte sind Gasraumheizer mit und ohne Schornsteinanschluss.

Gasraumheizer mit Schornsteinanschluss werden jetzt meist als Konvektionsheizgeräte gebaut. 70 % der Gesamtwärmeabgabe erfolgt durch Konvektion. Die Heizleistung kann 12 kW erreichen.

Außenwand-Gasraumheizer sind schornsteinlose Gasraumheizer, die über die Außenwand mittels Doppelrohr Außenluft im Ringraum ansaugen und die Abgase im Kernrohr abführen. Die Heizleistung liegt zwischen 7 und 11 kW. Austretende Abgase können zur Belästigung bei geöffneten Fenstern bzw. im Winter durch den hohen Wasserdampfanteil im Abgas zum Vereisen der Außenscheiben führen.

LAS-Gasraumheizer haben ähnlich den Außenwand-Gasraumheizern eine geschlossene Brennkammer, sind aber mit der Außenluft über einen Luft-Abgas-Schornstein (LAS) verbunden.

4.2   Heizkessel

4.2.1   Charakterisierung der Heizkessel

Ein Heizkessel ist ein Wärmeübertrager, in dem die beim Verbrennen von Brennstoffen (Erdgas, Heizöl, Scheitholz, Holzhackschnitzel, Pellets) freigesetzte Energie an einen Wärmeträger oder ein Heizmedium (Wasser, Luft, Kältemittel, Heizflüssigkeit) übertragen wird.

Zum Charakterisieren von Heizkesseln können weitere Merkmale angeführt werden:

- Verwendeter Werkstoff der Heizflächen (Guss, Stahl, Edelstahl)
- Heizleistung
- Kesselwassertemperatur, z. B. Niedertemperatur-Heizkessel
- Abgastemperatur (ohne Kondensation des Wasserdampfes im Rauchgas; mit Kondensation des Wasserdampfes mit der Bezeichnung Brennwert-Heizkessel)
- Feuerraumdruck (Naturzug-Heizkessel mit rauchgasseitiger Öffnung zum Aufstellraum; Überdruck-Heizkessel, der rauchgasseitig gasdicht sein muss)
- Zuführung des Brennstoff-Luftgemischs (Gasfeuerung ohne Gebläse als atmosphärischer Gas-Heizkessel; Gebläse-Heizkessel)
- Bauart, z. B. Heizkessel mit Speicher für Trinkwassererwärmung.

4.2.2   Beurteilungsgrößen

4.2.2.1 Definitionen

Im Folgenden werden die für Planung und Betrieb von Heizkesseln wichtigen Beurteilungs- bzw. Kenngrößen genannt. Einige dieser Kenngrößen gelten analog auch für die noch zu besprechenden anderen Heizwärmebereitsteller.

Heizleistung Φ_{HK} oder *Nennwärmeleistung Pn des Heizkessels in kW*.

Es ist der vom Hersteller festgelegte und im Dauerbetrieb garantierte größte Wärmestrom am wasserseitigen Heizkesselaustritt. Er wird in der Regel für die Gebäudeheizung und die Trinkwassererwärmung benötigt.

Spezifische Heizflächenbelastung in kW/m²

$$\varphi_{HK} = \frac{\Phi_{HK}}{A_H} \tag{4.8}$$

mit

A_H Heizfläche im Heizkessel.

Gegenwärtig werden Werte bis 40 kW/m² erreicht.

Heizkesselwirkungsgrad

$$\eta_{HK} = \frac{\text{Heiz} - \text{bzw. Nennwärmeleistung}}{\text{zugeführter Brennstoffenergiestrom}}. \qquad (4.9)$$

Er ist ein Augenblickswert und kann für die Nennleistung, aber auch für Teilleistungen angegeben werden.

Größenordnungen des Wirkungsgrads bei Einsatz folgender Brennstoffe:

Holz und Pellets $\qquad\qquad\qquad\qquad\qquad \eta_{HK} > 90\,\%$
Erdgas und Heizöl (Niedertemperaturbereich) $\qquad \eta_{HK} > 92\,\%$
Erdgas und Heizöl (Brennwertbereich) $\qquad\qquad \eta_{HK} > 96\,\%$

Jahresnutzungsgrad des Heizkessels

$$\eta_{N,HK,a} = \frac{\text{abgegebene Nutzwärme in einem Jahr}}{\text{zugeführte Brennstoffenergie in einem Jahr}} \qquad (4.10)$$

Für die Größe des Nutzungsgrads spielt die Betriebsweise des Heizkessels eine große Rolle. Wird z. B. der Heizkessel im Sommer nur für die Trinkwassererwärmung benötigt, muss der Heizkessel nur gelegentlich angefahren werden und kühlt dann wieder aus, ohne Nutzwärme abzugeben. Damit sinkt der Nutzungsgrad. Der Jahresnutzungsgrad eines Heizkessels, ausgenommen Brennwert-Heizkessel, liegt unter dem Wirkungsgrad für die Nennwärmeleistung.

Normnutzungsgrad des Heizkessels $\eta_{N,HK,N}$ nach DIN 4702-8 [2]
Er ermöglicht den normierten Vergleich der Energieumsetzung unterschiedlicher Heizkessel und ist damit die reproduzierbare Vergleichsgröße für alle Heizkessel. Er wird aus Messwerten, die für den Wirkungsgrad gelten, berechnet. Der Messung und Berechnung liegt eine normierte Betriebsweise zugrunde, in der die Trinkwassererwärmung nicht unmittelbar berücksichtigt wird. Konkrete Werte sind den Unterlagen der Heizkesselhersteller zu entnehmen.

Wasserinhalt des Heizkessels $V_{W,HK}$ in Liter
Großer Wasserinhalt bedeutet längere Brennerlaufzeiten und Reduzierung des brennerstartbedingten Schadstoffausstoßes, aber auch größere Heizkesselmasse und Verringerung des Jahresnutzungsgrades.

4.2.2.2 Ermittlung des Heizkesselwirkungsgrades
Der Heizkesselwirkungsgrad wird heute immer noch auf den Heizwert bezogen, obwohl nur der Brennwert die spezifische Energie eines Brennstoffs angibt. Die Definition lautet

$$\eta_{HK} = \frac{\Phi_{HK}}{q_{m,Br}\,H_i} \qquad (4.11)$$

mit

Φ_{HK} Heiz- oder Nennwärmeleistung des Heizkessels bzw. der vom Heizkessel an das
        zu versorgende Heizsystem abgegebene Wärmestrom,

$q_{m,Br}$ dem Heizkessel zugeführter Brennstoffmassestrom,

H_i massebezogener Heizwert des Brennstoffs, siehe Tab. 3.2.

Die praktische Berechnung erfolgt meist mit der indirekten Methode. Das soll zunächst
für Heizkessel ohne Brennwertnutzung gezeigt werden.

Aus der Energiestrombilanz um den Heizkessel

$$\Phi_{HK} + \Phi_{Abg} + \Phi_{Str} = q_{m,Br}\, H_i \tag{4.12}$$

mit

Φ_{Abg} Wärmestrom im Abgas,

Φ_{Str} Strahlungswärmestrom vom Heizkessel an die Umgebung während der
        Betriebszeit folgt mit Gl. (4.11).

$$\eta_{HK} = \frac{q_{m,Br}\, H_i - \Phi_{Abg} - \Phi_{Str}}{q_{m,Br}\, H_i} = 1 - q_{Abg} - q_{Str}, \tag{4.13}$$

wobei

$$q_{Abg} = \frac{\Phi_{Abg}}{q_{m,Br}\, H_i} \tag{4.14}$$

der spezifische Abgasverlust und

$$q_{Str} = \frac{\Phi_{Str}}{q_{m,Br} H_i} \tag{4.15}$$

der spezifische Strahlungsverlust ist.

Für Brennwert-Heizkessel gilt

$$\Phi_{HK,BW} + \Phi_{Abg} + \Phi_{Str} = q_{m,Br}\, H_s \tag{4.16}$$

mit

H_s Brennwert, siehe Tab. 3.2

Damit gilt für den Wirkungsgrad eines Brennwertheizkessels:

$$\eta_{HK,BW} = \frac{q_{m,Br}\, H_s - \Phi_{Abg} - \Phi_{Str}}{q_{m,Br}\, H_i} = \frac{H_s}{H_i} - q_{Abg} - q_{Str}. \tag{4.17}$$

Wenn das Verhältnis von Brenn- und Heizwert entsprechend groß ist, z. B. bei Erdgasverbrennung bei 1,11 liegt, kann es dazu führen, dass der Wirkungsgrad größer 1 wird. Das wird im Folgenden deutlich:

Der spezifische Abgasverlust kann mit der Überschlagsformel

$$q_{Abg} = f \frac{\theta_{Abg} - \theta_L}{CO_2} \qquad (4.18a)$$

mit

θ_{Abg} Abgastemperatur,

θ_L Verbrennungslufttemperatur,

CO_2 Volumengehalt an CO_2 im trockenen Abgas in %,

f   brennstoffabhängiger Faktor, Tab. 4.4,

bestimmt werden.

Für einen Gasbrennwert-Heizkessel mit Gebläsebrenner und eingebautem Trinkwasserspeicher sollen die Verluste überschlagsmäßig bestimmt werden. Wird eine Abgastemperatur $\theta_{Abg} = 50$ °C, eine Verbrennungslufttemperatur $\theta_L = 20$ °C und ein maximal möglicher CO_2-Gehalt im Abgas von 12 % angenommen, ergibt sich ein spezifischer Abgasverlust von $q_{Abg} = 0,016$.

Für den spezifischen Strahlungsverlust wird die Überschlagsformel

$$q_{Str} = (1,3 \ldots 1,5)\, q_B \qquad (4.18b)$$

angewendet mit

q_B Bereitschaftsverlustfaktor.

Der Bereitschaftsverlustfaktor q_B gilt für die Strahlungsverluste während der Stillstandszeit des Heizkessels, wenn der Brenner abgeschaltet ist und keine Heizleistung verlangt wird. Seine Ermittlung erfolgt während einer 72-stündigen Versuchsdauer. $q_B = 0,01$ bedeutet: Der Brenner muss 36 s/h laufen, um die Bereitschaftsverluste zu kompensieren. In dieser Zeit wird keine Heizleistung an das Gebäude geliefert. Der Bereitschaftsverlustfaktor ist abhängig von Strahlungsverlusten und der Heizkesseldurchströmung während des Stillstands. Beispiele für Zahlenwerte:

Heizkessel (HK) bis 1,2 MW Heizleistung $q_B \approx 0,005$

HK bis 50 kW Heizleistung mit atmosphärischem Brenner und Abgasklappe
    $q_B \approx 0,008$

HK bis 50 kW Heizleistung mit atmosphärischem Brenner, ohne Abgasklappe
    $q_B \approx 0,014$

Tab. 4.4 Brennstoffabhängiger Faktor zum Berechnen des spezifischen Abgasverlustes

Brennstoff	Heizöl	Flüssiggas	Erdgas, Brenner mit Gebläse	ohne Gebläse
f	0,0059	0,005	0,0046	0,0042

HK bis 50 kW Heizleistung mit Gebläsebrenner und Trinkwasserspeicher $q_B \approx 0{,}015$.

Richtwerte für q_{Str} sind

$q_{Str} \approx (0{,}01 \ldots 0{,}02)$ für moderne Kleinheizkessel,

$q_{Str} < 0{,}01$ für moderne Mittel- und Großheizkessel.

Wird für den spezifischen Strahlungsverlust der ungünstige Wert von 0,02 angenommen, ergibt sich für den Beispiel-Heizkessel ein Wirkungsgrad entsprechend Gl. (4.17) von

$$\eta_{HK,BW} = \frac{H_s}{H_i} - q_{Abg} - q_{Str} = 1{,}11 - 0{,}016 - 0{,}02 = 107{,}4\,\%.$$

4.2.3 Gasgefeuerter Heizkessel

Der Einsatz eines Gas-Heizkessels ist an die Bedingung geknüpft, dass entweder eine Erdgasleitung in Objektnähe vorhanden ist oder die Bereitschaft zur Flüssiggasnutzung besteht. Das teurere Flüssiggas kommt meist nur temporär als Brennstoff infrage, bis eine Erdgasleitung verlegt ist, oder zukünftig Biogas angeboten wird. Der Brennstoff Gas hat den Vorteil, dass er rückstandsfrei verbrennt und in seinem Rauchgas kaum schwefelhaltige Bestandteile vorhanden sind. Leitungsgebundes Gas steht in den Leitungen unter Überdruck und gelangt ohne Gebläse in den Brenner. Der Gasdruck nimmt mit der Geschosshöhe zu: Dachheizzentralen eignen sich deshalb sehr gut für Gasfeuerungen, zumal dann nur eine kurze Abgasanlage benötigt wird.

Die Kondensation des im Rauchgas enthaltenen Wasserdampfes beginnt bei Gasfeuerungen ab einer Temperatur von ca. 59 °C. Aus diesem Grund und wegen des kaum vorhandenen Schwefeloxids eignen sie sich sehr gut für die Brennwertnutzung. Gasbrennwert-Heizkessel sind deshalb schon lange auf dem Markt. Das entstehende Kondensat ist mit Kohlendioxid versetztes Wasser, das ohne Bedenken in die Kanalisation eingeleitet werden kann. Durch bestimmte Brennerkonstruktionen ist es gelungen, das Entstehen von Stickstoffoxid beim Verbrennungsvorgang weitgehend zu unterbinden.

Was spricht gegen Gasheizkessel? Der Nutzer ist auf die kontinuierliche Lieferung des Erd- und Biogases angewiesen. Flüssiggas als Lagerenergie kann bevorratet werden. Unsachgemäßer Umgang mit Gas kann zu Explosionen führen, was aber durch die Sicherheitstechnik so gut wie ausgeschlossen ist. Der auf ein Energieäquivalent bezogene Erdgaspreis liegt meist über dem für Heizöl. Beispiele für Gasheizkessel, auch mit Einbausituation, zeigen die Abb. 4.12 und 4.13.

4.2.4 Ölgefeuerter Heizkessel

Ein Öl-Heizkessel kann überall dort eingesetzt werden, wo Platz für einen Öltank und in geringer Entfernung eine Zufahrt vorhanden ist, auf der ein Heizöl-Tankwagen fahren kann. Auch Heizöl verbrennt nahezu rückstandsfrei, allerdings sind je nach Herkunft des Heizöls, das auch Bioöl sein kann, unterschiedlich hohe Schwefelbestandteile enthalten.

Abb. 4.12 Einbausituation für einen Heizkessel rechts zwischen den Schränken, *Quelle* Weishaupt

Abb. 4.13 Niedertemperatur-
Gas-Heizkessel mit
atmosphärischem
Vormischbrenner, Nenn-
Heizleistung: 11–60 kW, *Quelle*
Viessmann

Da die schweflige Säure, die im Rauchgas eines Brennstoff mit Schwefelanteil entsteht, zur Heizkesselkorrosion führt, wurden noch vor wenigen Jahren Öl-Heizkessel mit so hohen Abgastemperaturen gefahren, dass es nicht zur Unterschreitung des Schwefel-säuretaupunktes kommt. Zum Schutz des Heizkessels vor Korrosion wurden die schwe-felhaltigen Abgase in die Umgebung abgeführt!

Die Attraktivität des Öl-Heizkessels wird nun durch schwefelarmes Heizöl erhöht, aus dem der Schwefel vor dem Verbrennungsvorgang entfernt wurde.

Da das Heizöl im Heizöltank drucklos gelagert wird, ist für den Öltransport vom Heizöltank zum Heizkesselbrenner Energie für die Ölförderpumpe aufzuwenden.

Die Kondensation des im Rauchgas enthaltenen Wasserdampfs beginnt bei Ölfeue-rungen erst bei ca. 51 °C. Das ist eine Temperatur, mit der Vorlauftemperaturen des Heizmediums von maximal etwas mehr als 40 °C erreicht werden können. Diese geringe Temperatur und die schweflige Säure im Kondensat, das damit nicht ohne Vorbehandlung in die Kanalisation abgeleitet werden kann, hatten eine Brennwert-nutzung mit Öl-Heizkesseln lange nicht attraktiv erscheinen lassen. Nun wer-den von fast allen Heizkessel-Herstellern auch Ölbrennwert-Heizkessel angeboten, wobei der Brennwerteffekt nicht durch das Erwärmen des Heizmediums, sondern durch Vorwärmen der Verbrennungsluft in einer Nachschaltheizfläche erreicht wird, Abb. 4.14. Die Nachschaltheizfläche ist ein zusätzlicher Wärmeübertrager, der entwe-der schon im Heizkessel vorgesehen ist oder diesem beigestellt wird. Da in der Nach-schaltheizfläche die Kondensation der flüssigen Abgasbestandteile erfolgt, muss sie besonders korrosionsbeständig sein. Und auch hier kann das Kondensat nicht ohne Vorbehandlung in die Kanalisation eingeleitet werden.

Abb. 4.14 Ölbrennwert-Heizkessel mit Nachschaltheizfläche im Leistungsbereich von 15–30 kW, *Quelle* Weishaupt

Was spricht noch für Ölheizkessel? Die Versorgungssicherheit vor Ort ist groß, da sich der Öltank in unmittelbarer Heizkesselnähe befindet. Der Preis für ein Energieäquivalent ist meist geringer als für Erdgas. Außerdem kann die Heizöllieferung dann veranlasst werden, wenn der Preis gering ist, falls der Heizöltank groß genug ist.

4.2.5 Festbrennstoff-Heizkessel

Unter dieser Bezeichnung werden alle Heizkessel zusammengefasst, die Kohle, Koks, Stückholz, Holzhackschnitzel, Stroh und andere feste Biomasse verbrennen. Kohle und Koks spielen heute keine Rolle mehr. Die anderen Brennstoffe erfreuen sich zunehmender Beliebtheit, da sie aus regenerativer Biomasse bestehen und unter dem Gesichtspunkt, dass das bei der Verbrennung frei werdende Kohlendioxid wieder von den heranwachsenden Pflanzen gebunden wird, die Biomasseverbrennung als CO_2-freie Technologie gelten kann. Diese Heizkessel arbeiten aber nicht alle automatisch, und auch die Wärmefreisetzung erfolgt nicht bei allen Heizkesseln kontinuierlich im gewünschten Umfang. Es sind dann zusätzliche thermische Speicher erforderlich, was z. B. bei der Kombination mit einer Solaranlage vorteilhaft sein kann. Außerdem werden Lagerkapazitäten für den Brennstoff benötigt.

Der Betreiber eines Stückholz-Heizkessels hat ständigen Kontakt mit seinem Wärmebereitsteller, da dieser mit Holz bestückt, das Stückholz aufbereitet und der feste Rückstand (Asche) entfernt werden muss. Das sollte bei einer Entscheidung für einen solchen Heizkessel bedacht werden. Es wird Lagerkapazität für das Scheitholz, das evtl. noch trocknen muss, und die entstehende Asche benötigt. Abbildung 4.15 zeigt einen Scheitholz-Heizkessel.

4.2.6 Pellet-Heizkessel

Dieser Heizkessel ist auch ein Festbrennstoff-Heizkessel, doch wegen der besonderen Form des Brennstoffs, zu Pellets verpressten Sägespänen, und seiner quasiautomatischen Beschickung wird er gesondert aufgeführt. Die Pellets sind runde Stäbchen mit ca. 7 mm Durchmesser und 2–4 cm Länge und so für eine kontinuierliche Brennstoffzufuhr geeignet, Abb. 4.16.

Pellets werden nach [3] ohne Zugabe von Bindemitteln gepresst, da das im Holz enthaltene Harz die Presslinge zusammenhält. Beim Pressvorgang wird gleichzeitig auch die Feuchte auf einen Wert von 8–10 % reduziert, was den Brennwert erhöht. Der Aschegehalt ist geringer als 0,5 %. Die Massedichte liegt bei ca. 650 kg/m^3 und ist damit etwa doppelt so groß wie bei Stückholz. Durch die große Massedichte verringert sich das Lagervolumen der Pellets im Vergleich zum Stückholz für die gleiche Energieeinheit auf die Hälfte. Die automatische Beschickung ermöglicht es, die Leistungsregelung über die Brennstoffmenge und nicht über die zugeführte Verbrennungsluft zu regeln, womit der

Abb. 4.15 Heizkessel für
Scheitholz, Nenn-Heizleistung
20 kW, *Quelle* Viessmann

Abb. 4.16 Pellets, *Quelle* www.
wagner-solar.com

Wirkungsgrad im Teilleistungsbereich annähernd gleich hoch wie bei voller Leistung bleibt. Der automatische Betrieb erhöht den Heizkomfort wesentlich. Der Pellet-Heizkessel kommt damit der Betriebsweise eines Gas- oder Öl-Heizkessels sehr nahe.

Zum Pellet-Heizkessel gehört günstigstenfalls ein nebenstehender Vorratsbehälter, Abb. 4.17, in der Regel aber ein Schneckenfördersystem für die Pellets, Abb. 4.18. Dieser Platz muss im Heizraum vorgehalten werden.

Pellet-Heizkessel erfreuen sich großer Beliebtheit, denn bei Berechnungen im Zusammenhang mit der Energieeinsparverordnung führt die Pelletnutzung zu sehr günstigen Primärenergiebedarfswerten. Die Brennstoffkosten sind noch vergleichsweise niedrig. Das kann sich mit zunehmendem Einsatz solcher Heizkessel ändern, weil dann der Brennstoff knapp und damit teurer werden wird.

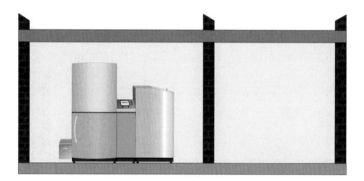

Abb. 4.17 Automatische Pelletzufuhr aus nebenstehendem Vorratsbehälter, *Quelle* www.wagner-solar.com

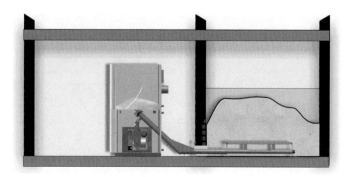

Abb. 4.18 Heizkessel für Holzpellets mit automatisch arbeitendem Schneckenfördersystem mit Knickschnecke, *Quelle* www.wagner-solar.com

4.3   Luftheizgeräte

Direktluftheizgeräte werden mit Öl oder Gas, selten elektrisch befeuert. Sie sind prinzipiell wie Warmwasserheizkessel aufgebaut und bestehen aus der Brennkammer und nachgeschalteten Heizflächen. Diese Heizflächen sind meist Rohre mit den Varianten:

- innen heißes Rauchgas, außen die zu erwärmende Luft
- innen strömt die Luft, außen das Rauchgas.

Abb. 4.19 Direktluftheizgerät
mit Gasfeuerung, sog.
„Warmlufterzeuger"
entsprechend [1]

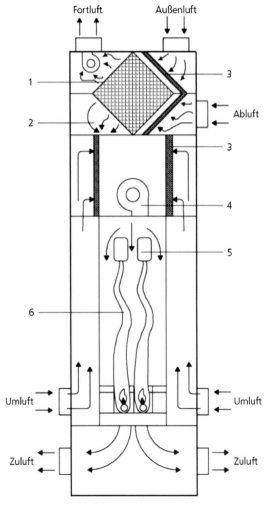

1 Wärmerückgewinner   4 Ventilator
2 vorgewärmteAußenluft   5 Abgasrohr
3 Filter   6 gasbeheizte gewellte Blechtaschen

Zu beachten ist im Unterschied zur Wasserheizung, dass auf beiden Seiten der Heizflächen wegen des gleichen Mediums auch gleiche Wärmeübergangsbedingungen herrschen, also z. B. keine berippten Rohre eingesetzt werden müssen. Abbildung 4.19 zeigt ein Direktluftheizgerät mit Gasfeuerung, das auch als Warmlufterzeuger bezeichnet wird.

Im Gerät ist entsprechend Abb. 4.19 im oberen Teil eine Wärmerückgewinnung vorgesehen. Die Abluft aus den Räumen strömt, wie oben rechts im Bild gezeigt, durch den Wärmerückgewinner und verlässt als Fortluft das Gerät. Die Außenluft, rechts oben angedeutet, strömt in entgegengesetzter Richtung durch den Wärmerückgewinner und wärmt sich dabei auf. Im darunterliegenden Raum, in dem der Ventilator eingezeichnet ist, kann sich die Außenluft mit der gefilterten Umluft mischen, bevor sie dann in den gasbeheizten gewellten Blechtaschen auf die nötige Zulufttemperatur erwärmt wird. Zum Verständnis sei gesagt, dass die thermische Qualität von Um- und Abluft gleich der der Raumluft ist.

Ein weiteres Beispiel für ein Direktluftheizgerät, das für die Versorgung von mehreren Räumen geeignet ist, zeigt Abb. 4.20.

In dieses Gerät ist eine Luft-Luft-Wärmepumpe integriert, deren Wärmequelle die bereits im Wärmerückgewinner abgekühlte Abluft ist. Es handelt sich bei diesem Gerät um eine zweifache Wärmerückgewinnung, wobei auf der Verdampferseite der Wärmepumpe eine Teilkondensation der Luftfeuchte erreicht werden soll.

Als *Speicherheizgeräte* werden Warmluftkachelöfen angeboten, mit denen vor allem Festbrennstoff, z. B. Holz, verfeuert wird.

Dezentrale Großraum-Luftheizgeräte werden in Großräumen, Lagerhallen, Industriehallen, eingesetzt. Im Unterschied zu kleinen Räumen in einem kompakten Gebäude

- werden sie meist von mehrere äußeren, d. h. kälteren Umfassungsflächen umgeben,
- werden sie anders als in kleinen Räumen genutzt,
- haben sie wegen des größeren Abstands zur Außenwand und wegen möglicher Fenster eine erschwerte Außenluftversorgung.

Der Aufenthaltsbereich für die in solchen Hallen tätigen Mitarbeiter ist meist deutlich kleiner, vor allem niedriger als der Großraum. Da auch Großräume unter die Bestimmungen der EnEV fallen, sind sie luftdicht zu bauen.

Abb. 4.20 Mehrraum-Druckluft-Heizgerät mit Wärmerückgewinner, bestehend aus Plattenwärmeübertrager und Wärmepumpe entsprechend [1]

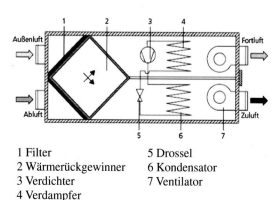

1 Filter	5 Drossel
2 Wärmerückgewinner	6 Kondensator
3 Verdichter	7 Ventilator
4 Verdampfer	

In Verbindung mit der Arbeitsstättenrichtlinie und der Gefahrstoffverordnung sind auch Großräume ausreichend zu belüften. Das ist nur mit maschinellen Lüftungsanlagen zu erreichen.

Sofern im Großraum keine raumerfüllende Mischströmung, z. B. durch Luftzufuhr im Deckenbereich, besteht, bildet sich immer auch ohne nutzungsbedingte Wärmequelle im Raum unter der Decke eine Warmluftschicht aus.

Der Aufenthaltsbereich des Großraums sollte gezielt belüftet und die sich darüber befindende Warmluftschicht stabil gehalten werden. Dieses Konzept ist im Heizfall nur mit einer kombinierten Lüftungs- und Heizanlage zu realisieren. Das schließt eine alleinige Warmluftheizung wegen der zum Kompensieren der Heizlast erforderlichen höheren Zulufttemperaturen aus.

Bei einer kombinierten Anlage sollte die Lüftungsanlage nur die Lüftungsheizlast, die Warmwasserheizung die Transmissionsheizlast decken. Die Zulufttemperatur muss damit Im Heizlastfall nicht über der Raumlufttemperatur liegen.

Die hier zu besprechenden Geräte unterscheiden sich von Geräten für kleine Räume durch konstruktiv bedingte Besonderheiten, die ihren Einsatz in kleinen Räumen wegen der dort geringen Deckenhöhe und wegen der hohen Betriebstemperaturen nicht zulassen. Sie sind nicht an ein Kanalnetz angeschlossen.

Wegen der hohen Leistungen, die diese Geräte haben müssen, werden Gasgebläsebrenner oder bei ölgefeuerten Geräten Zerstäubungsbrenner eingesetzt. Es gibt auf dem Boden aufgestellte Geräte, Standluftheizer, Abb. 4.21, und solche für Wand-und Deckenmontage. Die zu erwärmende Luft wird üblicherweise im unteren Teil des Luftheizers angesaugt und seitlich oben ausgeblasen.

Luftheizer können auch auf dem Hallendach montiert werden. Über kurze Stutzen wird Umluft aus dem darunterliegenden Hallenraum angesaugt, mit Außenluft gemischt und über Kanalstutzen in die Halle geblasen. Im Großraum aufgestellte Luftheizer müssen an einen Schornstein angeschlossen sein, um die bei der Verbrennung entstehenden Abgase abzuführen. Als Besonderheit gibt es auch Geräte, die ihre Rauchgase, mit Außenluft gemischt, in den Großraum einblasen.

Für die Bemessung ist wegen der Gesamtbeheizung der Hallen mit diesem Gerät die Normheizlast nach [5] maßgebend.

Großraum-Luftheizer führen zwar zur billigsten Hallenheizung, sind aber mit folgenden Nachteilen behaftet:

- Die erstrebenswerte Kombination von Lüftungs- und Heizanlage ist nicht verwirklicht.
- Wegen der Gesamtraumbeheizung ist der Energiebedarf überhöht, denn die alleinige Luftheizung bedingt wegen der kalten Wände höhere Lufttemperaturen.
- Durch hohe Austrittsgeschwindigkeiten und große Strahlweiten der Luft ist der thermische Komfort reduziert.

Abb. 4.21 Standluftheizer
entsprechend [1]

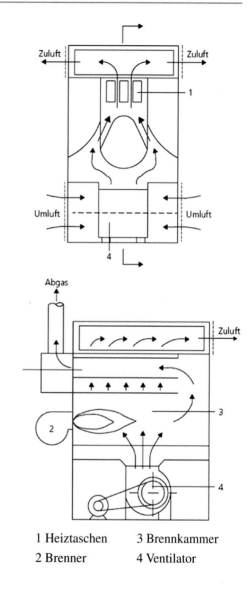

1 Heiztaschen   3 Brennkammer

2 Brenner   4 Ventilator

- Zugerscheinungen durch freie Lüftung und Fallluft an den kalten Umfassungsflächen treten auf.
- Es fehlt die Möglichkeit des Strahlungsausgleichs.

Zu den hier beschriebenen Nachteilen der Großraumluftheizer kommen noch die erhöhten Energiekosten hinzu.

Auch solare Luftflachkollektoren eignen sich zur Erwärmung von Luft. Beispiele für solche Kollektoren sind in Abschn. 4.7 „Solarthermische Wandler" dargestellt.

4.4   Heiz-Wärmepumpe

Die Heiz-Wärmepumpe ist eine thermodynamische Heizmaschine, mit der ein linksläufiger (entgegen dem Uhrzeigersinn) thermodynamischer Kreisprozess, der Wärmepumpenprozess, durchgeführt wird.

4.4.1   Heiz-Wärmepumpenprozess

Energieumwandlungsprinzip
Der Wärmepumpenprozess ist der Vergleichsprozess für eine Heiz- oder Kühl-Wärmepumpe (Kältemaschine). Das Energieumwandlungsprinzip gilt für beide Maschinen.

Im Verständnis des Lesers tiefer verankert ist wahrscheinlich der rechtsläufige (im Uhrzeigersinn) thermodynamische Kreisprozess, bei dem Wärme in Arbeit umgewandelt wird und der in jedem Wärmekraftwerk (Erzeugung elektrischer Energie) und Automotor (Ottoprozess und Dieselprozess zum Bereitstellen mechanischer Energie) abläuft und als Wärmekraftmaschinenprozess bezeichnet wird.

Der Unterschied zwischen einem rechtsläufigen thermodynamischen Kreisprozess, dem Wärmekraftmaschinenprozess, und einem linksläufigen thermodynamischen Kreisprozess, dem Wärmepumpenprozess, wird mit Abb. 4.21 erklärt.

Beim Wärmekraftmaschinenprozess, ausgezogene Linien auf der linken Seite von Abb. 4.22, wird, oben im Bild, von einem hochwertigen Wärmestrom Φ_{zu} mit einer Temperatur T_{zu}, die beträchtlich über der Umgebungstemperatur T_U liegt, der arbeitsfähige Teil der Energie, die Exergie E, separiert (Exergieseparation) und z. B. als elektrischer Energiestrom (Leistung) nach außen abgegeben und in ein Elektroenergieversorgungsnetz eingespeist. Abgegeben wird außerdem, unten links in Abb. 4.22, der Wärmestrom Φ_{ab}, der bei $T_{ab} = T_U$ keine Arbeitsfähigkeit besitzt, also nur aus Anergie B besteht.

Beim   Wärmepumpenprozess,   erläutert   wird   das   anhand   eines   Heiz-Wärmepumpenprozesses, gestrichelte Linien rechts in Abb. 4.22, wird, unten im Bild, Umweltwärme mit Umgebungstemperatur T_U zugeführt. Diese Energie wird mit Exergie vermischt, um einen Wärmestrom mit einer Temperatur T_{ab} zu erhalten, mit dem Heizaufgaben realisiert werden können. Für den Wärmepumpenprozess wird immer hochwertige Energie als Exergiebeimischung benötigt.

Heiz-Wärmepumpenprozess als Zielprozess
Energieeffizientes Ziel beim Heiz-Wärmepumpenprozess muss es sein, die Nutzwärme mit so wenig wie nötig Exergie bzw. Primärenergie und so viel wie möglich Umweltwärme oder Fortenergie aus anderen Prozessen bereitzustellen. In Abb. 4.23 wird davon ausgegangen, dass einem Zielprozess, hier dem Heiz-Wärmepumpenprozess, die zuzuführende Energie (Zuenergie) mit einer solchen Quantität und vor allem Qualität zugeführt wird, die gerade noch zum Bereitstellen der Nutzenergie, hier Heizwärme, z. B. zur Gebäudeheizung oder Trinkwassererwärmung, ausreicht. Je mehr Umweltwärme

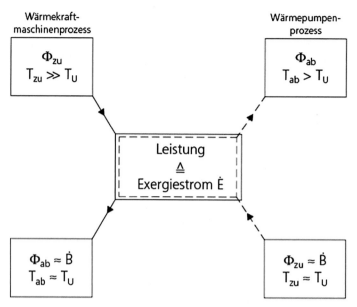

| $\dot{B}$ | Anergiestrom | T_{ab} | Temperatur des abgeführten Wärmestroms in K |

$\dot{B}$ Anergiestrom T_{ab} Temperatur des abgeführten Wärmestroms in K
$\dot{E}$ Exergiestrom T_{zu} Temperatur des zugeführten Wärmestroms in K
Φ_{zu} zugeführter Wärmestrom, T_U Umgebungstemperatur in K
Φ_{ab} abgeführter Wärmestrom,

Abb. 4.22 Gegenüberstellung von Wärmekraftmaschinen- und Wärmepumpenprozess

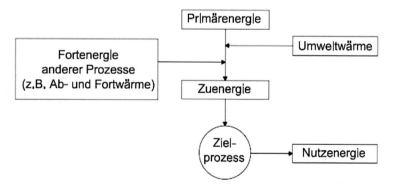

Abb. 4.23 Heiz-Wärmepumpenprozess als Zielprozess zur Abgabe von Nutzenergie (Heizwärme)

und Fortenergie aus anderen Prozessen in die Zuenergie einfließt, umso weniger Primärenergie muss eingesetzt werden. Diese quantitative Aussage ist natürlich nur unter Beachtung der real benötigten Heizwärme zu treffen.

Für den Heiz-Wärmepumpenprozess als Zielprozess eignen sich thermodynamische Kaltdampfprozesse mit mechanischer und thermischer Verdichtung. Bisher ist vor allem die Kompressions- oder Verdichter-Heiz-Wärmepumpe eingeführt, bei der das Kreisprozess-Arbeitsmedium an der entsprechenden Stelle mechanisch, z. B. mit einem elektrisch angetriebenen Verdichter, verdichtet wird.

4.4.2 Kompressions-Heiz-Wärmepumpe

Wirkungsweise
Für die mechanische Verdichtung wird der Verdichter mit einem elektrischen Motor oder einer Wärmekraftmaschine, z. B. einem Gas-, Diesel- oder Stirlingmotor bzw. einer Gas- oder Dampfturbine, angetrieben, was meist in der Bezeichnung der Heiz-Wärmepumpe mit genannt wird. So gibt es z. B. elektrische, Gasmotor- oder Gasturbinen-Kompressions-Heiz-Wärmepumpen.

Wegen der einfachen Handhabung wird meist der elektrische Motor bevorzugt, für den nur der Anschluss an ein elektrisches Netz vorhanden sein muss. Für den Heiz-Wärmepumpenbetrieb energetisch günstiger ist der Antrieb mit einer Wärmekraftmaschine, weil deren Abgasenergiestrom für die Heizaufgabe mit genutzt werden kann. Allerdings vergrößert sich dadurch der Anlagenaufwand, da evtl. Treibstoff gelagert und eine Abgasleitung vorgesehen werden muss. Deswegen dominieren die elektrisch angetriebenen Kompressions-Heiz-Wärmepumpen.

Die Wirkungsweise einer Kompressions-Heiz-Wärmepumpe (KHWP) zeigt Abb. 4.24, bei dem die vertikale gestrichelte Linie in der Mitte des Bildes den Bereich mit niedriger Temperatur und niedrigem Druck des Kältemittels, rechts von dieser Linie, vom Bereich mit höherer Temperatur und höherem Druck, links von dieser Linie, trennt.

Der Prozess ist so dargestellt, dass rein optisch der linksläufige Kreisprozess erkennbar ist, indem der Fluss des Kältemittels entgegen dem Uhrzeigersinn stattfindet, was mittels der Zahlen von 1 bis 4 nachvollzogen werden kann.

Der Kompressions-Heiz-Wärmepumpenprozess wird entsprechend Abb. 4.24 mit vier Teilprozessen realisiert:

- Zuführen von Wärme aus einer Wärmequelle, ganz rechts im Bild, die, außer wenn es sich um Abwärme handelt, meist Umgebungstemperatur hat, an das Arbeitsmedium im Verdampfer, meist ein Kältemittel, das bei niedrigem Druck verdampft.
- Verdichten des Arbeitsmediums mit einem mechanischen Verdichter, wobei sich mit dem Druck auch die Temperatur des Arbeitsmediums erhöht. Dazu ist hochwertige Energie, elektrische oder Treibstoffenergie, nötig. Die Temperatur des Arbeitsmediums muss nach dem Verdichten so hoch sein, dass eine Wärmeübertragung an das Heizmedium des Nutzprozesses möglich wird.
- Kondensieren des Arbeitsmediums im Kondensator und Abführen der nach dem Verdichten höher temperierten Wärme vom Arbeitsmedium an das Heizmedium des

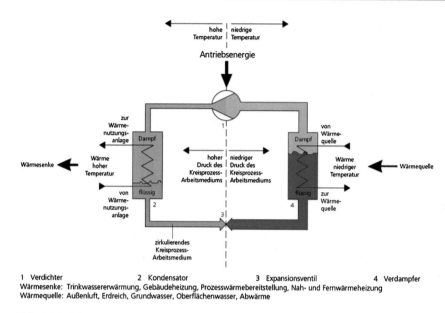

1 Verdichter   2 Kondensator   3 Expansionsventil   4 Verdampfer
Wärmesenke: Trinkwassererwärmung, Gebäudeheizung, Prozesswärmebereitstellung, Nah- und Fernwärmeheizung
Wärmequelle: Außenluft, Erdreich, Grundwasser, Oberflächenwasser, Abwärme

Abb. 4.24 Schema eines Kompressions-Heiz-Wärmepumpenprozesses

Nutzprozesses (Heizprozess), z. B. Heizungswasser oder Luft. Bei diesem Prozess-schritt wird der Nutzen generiert.

- Entspannen des Arbeitsmediums in einem Expansionsventil – bei sehr großen Anlagen wäre auch eine Entspannungsturbine denkbar – zum Schließen des Kreisprozesses als Voraussetzung für den weiteren Umlauf. Beim Entspannen oder besser Drosseln im Expansionsventil wird die durch den höheren Druck und die höhere Temperatur vor dem Expansionsventil vorhandene Arbeitsfähigkeit vernichtet.

Mit den in Abb. 4.24 erkennbaren Energien – zugeführte Wärme niedriger Temperatur und zugeführte Antriebsenergie sowie abgeführte Wärme hoher Temperatur – müsste die Energiebilanz gebildet werden. Da die Wärme niedriger Temperatur kaum oder keine Arbeitsfähigkeit hat, also Anergie und energetisch wertlos ist, wird sie in der Energiebilanz, die hier einer Exergiebilanz entspricht, nicht berücksichtigt, was zu einem Nutzen-Aufwandsverhältnis größer 1 führt und nicht Fachkundige staunen bzw. skeptisch werden lässt.

Die in Abb. 4.24 genannten Wärmequellen haben unterschiedliche energetische Qualität. Günstig sind solche Wärmequellen, deren Temperatur während des Heiz-Wärmepumpeneinsatzes – und das wird meist das gesamte Jahr bzw. die Heizperiode sein – annähernd gleich bleibt. Diese Forderung erfüllen die Wärmequellen Erdreich, Grundwasser und Abwärme. Außenluft ist zwar unbeschränkt vorhanden, doch in Zeiten des größten Heizleistungsbedarfs ist die Temperatur am geringsten. Oberflächenwasser hat keine so große jährliche Temperaturschwankung wie die Außenluft. Seen sind günstig, weil durch die Anomalie des Wassers, das bei 4 °C am schwersten ist, auf dem Grund stehender Gewässer immer eine annähernd gleich bleibende Temperatur von 4 °C zu erwarten ist.

Zur Kurzbezeichnung von Heiz-Wärmepumpen können Buchstabenkombinationen verwendet werden. Der erste Buchstabe bezeichnet die Wärmequelle, der zweite die Wärmesenke bzw. den Nutzprozess. So kann es LL-HWP, LW-HWP, WL-HWP, WW-HWP, EW-HWP, SW-HWP und so weiter geben. L steht für Luft, W für Wasser, E für Erdreich, S für Sole. Eine WW-HWP ist damit eine Heiz-Wärmepumpe, deren Wärmequellenmedium Wasser und deren Medium in der Heizanlage ebenfalls Wasser ist.

Bei der Kondensation des Kältemittels im Kondensator, der in einer konventionellen Heizanlage dem Heizkessel bzw. dem Wärmeerzeuger einer Luftheizung mit indirekter Lufterwärmung oder einem dezentralen Luftheizer entspricht, wird Wärme frei, die einer Wärmenutzungsanlage (Wärmesenke) zugeführt wird. Das kann entsprechend Abb. 4.24 eine Anlage zur Trinkwassererwärmung, Gebäudeheizung, Prozesswärmebereitstellung, Nah- und Fernwärmeversorgung sein.

Die einsetzbaren Arbeitsmedien und die mögliche Druckdifferenz, die der Verdichter erzeugen kann, führen zu Temperaturen auf der Kondensatorseite von maximal 60 °C. Die Raum-Heizflächen müssen diesen relativ geringen Temperaturen entsprechend bemessen werden.

Im T,s-Diagramm, in dem die Flächen Wärmen entsprechen, lassen sich Nutzen und Aufwand des Prozesses grafisch veranschaulichen, Abb. 4.25.

In Abb. 4.25 sind die spezifischen Energien dargestellt, mit denen ein energetischer Vergleich unterschiedlich großer Anlagen möglich ist. Die Ellipse mit dem „w" in der Mitte stellt die zugeführte spezifische Kreisprozessarbeit, den Aufwand entsprechend der oben beschriebenen exergetischen Vorgehensweise, dar. Die zugeführte spezifische Wärme wird mit der Fläche unterhalb der unteren Ellipsenbegrenzung veranschaulicht. Sie ist als Anergie wertlos. Die Gesamtfläche ist die abgeführte spezifische Wärme, der spezifische Nutzen. Das Bild zeigt deutlich, dass der Nutzen immer größer als der Aufwand, lt. Definition die spezifische Kreisprozessarbeit, ist.

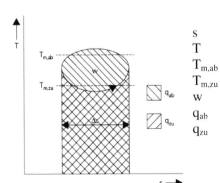

s	spezifische Entropie in kWh/(kg K)
T	absolute Temperatur in K
$T_{m,ab}$	Mitteltemperatur der Wärmeabfuhr in K
$T_{m,zu}$	Mitteltemperatur der Wärmezufuhr in K
w	zugeführte spezifische Kreisprozessarbeit
q_{ab}	abgegebene spezifische Wärme
q_{zu}	zugeführte spezifische Wärme

Abb. 4.25 Kompressions-Heiz-Wärmepumpenprozess im T,s-Diagramm

Bewertung und Berechnung

Bei der Bewertung des Prozesses interessieren der gewinnbare Heizwärmestrom und der Energienutzungsgrad. Der Energienutzungsgrad der Kompressions-Heiz-Wärmepumpe wird als Leistungszahl ε_{KHWP} bezeichnet, Gl. (3.33).

Um die Leistungszahl zu diskutieren, wird im Hinblick auf Abb. 4.25 geschrieben

$$\varepsilon_{KHWP} = \frac{\Phi_H}{P} = \frac{q_{ab}}{w} = \frac{q_{ab}}{q_{ab} - q_{zu}} = \frac{T_{m,ab}\,\Delta s}{\left(T_{m,ab} - T_{m,zu}\right)\Delta s} = \frac{1}{1 - \frac{T_{m,zu}}{T_{m,ab}}} \quad (4.19)$$

mit

Φ_H	vom Kondensator abgegebener Wärmestrom (Heizwärmestrom),
P	Antriebsleistung,
q_{ab}	abgegebene spezifische Wärme,
w	zugeführte spezifische Kreisprozessarbeit,
q_{zu}	zugeführte spezifische Wärme,
$T_{m,ab}$	Mitteltemperatur der Wärmeabfuhr in K,
$T_{m,zu}$	Mitteltemperatur der Wärmezufuhr in K,
s	spezifische Entropie.

Das Ergebnis am Gleichungsende ist für Grenzfallbetrachtungen geeignet. Ist die Differenz der Temperaturen zwischen der abgeführten und der zugeführten Wärme sehr groß, stellt sich der untere Grenzwert für ε_{KHWP} ein:

$$T_{m,ab} \gg T_{m,zu} \Rightarrow \frac{T_{m,zu}}{T_{m,ab}} \to 0 \text{ und } \varepsilon_{KHWP} \approx 1. \quad (4.20)$$

Sind beide Temperaturen gleich groß, was physikalisch natürlich unsinnig ist, ergibt sich ein unendlich großes ε_{KHWP}:

$$T_{m,ab} = T_{m,zu} \Rightarrow \frac{T_{m,zu}}{T_{m,ab}} \to 1 \text{ und } \varepsilon_{KHWP} \to \infty. \quad (4.21)$$

Als Fazit ergibt sich daraus: Die Leistungszahl wird umso größer, je näher die Mitteltemperaturen der Wärmeabfuhr vom Arbeitsmedium und der Wärmezufuhr an das Arbeitsmedium zusammenliegen. Das ist bei der Gestaltung von KWP-Heizprozessen ganz entscheidend.

Die Berechnung des Kompressions-Heiz-Wärmepumpenprozesses für einen einstufigen KHWP-Prozess wird im Hinblick auf das Schaltbild, Abb. 4.26, und das thermodynamische Zustandsdiagramm, Abb. 4.27, durchgeführt.

Als thermodynamisches Zustandsdiagramm wird ein log p,h-Diagramm mit dem logarithmisch aufgetragenen Druck p als Ordinate und der Enthalpie h als Abszisse verwendet.

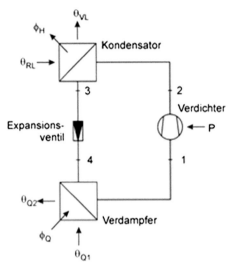

Φ_H Heizwärmestrom,
Φ_Q Wärmestrom von der Wärmequelle,
P Verdichterantriebsleistung,
θ_{Q2} Temperatur des Wärmequellenstroms
    nach der Abkühlung im Verdampfer,

θ_{RL} Rücklauftemperatur einer Wasserheizung,
θ_{VL} Vorlauftemperatur einer Wasserheizung
θ_{Q1} Temperatur des Wärmestroms von der Wärmequelle,

Abb. 4.26 Schaltbild eines einstufigen Kompressions-Heiz-Wärmepumpenprozesses

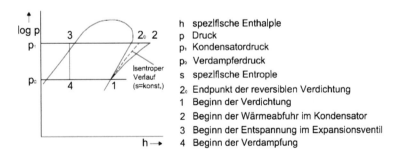

Abb. 4.27 Einstufiger Kompressions-Heiz-Wärmepumpenprozess im log p,h-Diagramm

Als Nutzen des Prozesses ist im Schaltbild der Heizwärmestrom Φ_H dargestellt, der durch die Temperaturerhöhung des Heizmediums zustande kommt und der Heizleistung des Kondensators entspricht:

$$\Phi_H = q_{m,AM} (h_2 - h_3) \tag{4.22}$$

mit

$q_{m,AM}$ Massestrom des Arbeitsmediums.

Als Verdichterantriebsleistung ergibt sich.

$$P = q_{m,AM} \, (h_2 - h_1) \, .$$

(4.23)

Damit wird die Leistungszahl

$$\varepsilon_{KHWP} = \frac{\Phi_H}{P} = \frac{h_2 - h_3}{h_2 - h_1} \, .$$

(4.24)

In Abb. 4.27 ist der einstufige Prozess mit realer Verdichtung und den Eckzustandswerten 1-2-3-4-1 aufgetragen. Eine reversible Verdichtung liefe von 1 nach 2_0. Die Verdichtung beginnt mit trocken gesättigtem Kältemitteldampf am Zustandspunkt 1 und führt ins Überhitzungsgebiet. Die Wärmeabfuhr aus dem Kondensator beginnt im Zustandspunkt 2 und endet bei 3, wo das Arbeitsmedium leicht unterkühlt als Flüssigkeit vorliegt. Es ist deutlich aus Abb. 4.27 abzulesen, dass in Gl. (4.24) die Differenz der Enthalpien über dem Bruchstrich größer als die unter dem Bruchstrich ist. Auch damit lässt sich verdeutlichen, dass die Leistungszahl einer Heiz-Wärmepumpe als Bewertungsgröße für den thermodynamischen Kreisprozess immer größer als 1 ist.

Vom Wärmequellenmedium (Grundwasser, Außenluft, Erdwärme) muss Wärme an das Arbeitsmedium übertragen werden. Das geschieht im Verdampfer, bei dem Wärme nur übertragen werden kann, wenn die Temperatur des Wärmequellenmediums im Mittel größer als die des Arbeitsmediums ist.

Beim Wärmeübertragungsvorgang im Kondensator, der dem Heizwärmebereitsteller entspricht, muss die Arbeitsmediumtemperatur im Mittel größer als die Temperatur des Heizmediums des Nutzprozesses sein, um die Kondensationswärme an den Nutzprozess übertragen zu können.

Zum besseren Verständnis dient folgendes Beispiel:

Mit einer Kompressions-Heiz-Wärmepumpe in einer Warmwasserheizung wird das Heizmedium Wasser auf eine Vorlauftemperatur $\theta_{VL} = 50$ °C erwärmt. Die minimale Temperaturdifferenz im Kondensator soll $\theta_{m,ab} - \theta_{VL} = 10$ K und im Verdampfer $\theta_{Q2} - \theta_{m.zu} = 5$ K betragen, wobei angenommen wird, dass sich das Wärmequellenmedium im Verdampfer um 5 K abkühlt.

Wie groß sind die Leistungszahlen ε_{KHWP} des inneren Wärmepumpen-Prozesses für den Bemessungsfall mit den Mitteltemperaturen der Wärmezu- und -abfuhr bei der Nutzung folgender Wärmequellen:

Außenluft ($\theta_e = -16$ °C),
Oberflächenwasser ($\theta_{OW} = 0$ °C),
Grundwasser ($\theta_{GW} = 8$ °C),
Erdwärme in 0,5 m Tiefe ($\theta_{Erd,0,5} = -3$ °C),

Erdwärme in 50 m Tiefe ($\theta_{Erd,50} = 12\ °C$),

Abluft ($\theta_{ETA} = 20\ °C$) und

Abwasser ($\theta_{AW} = 30\ °C$).

Wie ändert sich bei den unterschiedlichen Wärmequellen bei einer Heizleistung von $\Phi_H = 10$ kW die elektrische Antriebsleistung P_{el}?

Im Kondensator wird die Heizwärme bereitgestellt. Bei einer gewünschten Heizmedientemperatur von $\theta_{VL} = 50\ °C$ muss die Kondensationstemperatur des Arbeitsmediums im KHWP-Prozess entsprechend der obigen Angabe $\theta_{m,ab} = 60\ °C$ sein.

Im Verdampfer gilt: $\theta_{m,zu} = \theta_{Q2} - 5\ K = \theta_{Q1} - 5\ K - 5\ K = \theta_{Q1} - 10\ K$. Die Erläuterung ist mit dem Temperatur-Heizflächen-Schaubild von Kondensator und Verdampfer möglich.

Als Berechnungsgleichungen gelten

für die Leistungszahl

$$\varepsilon_{KHWP} = \frac{\text{Nutzen}}{\text{Aufwand}} = \frac{\Phi_H}{P_{el}} = \frac{T_{m,ab}}{T_{m,ab} - T_{m,zu}}$$

und für die elektrische Antriebsleistung

$$P_{el} = \frac{\Phi_H}{\varepsilon_{KHWP}}.$$

Die Ergebnisse sind in Tab. 4.5 zusammengestellt.

Die Ergebnisse stellen die idealen Werte von Leistungszahl und elektrischer Antriebsleistung dar. Die realen Leistungszahlen werden kleiner, und die Leistungen damit größer sein.

Tab. 4.5 Ergebnisse der Beispielberechnung

Wärmequelle	Leistungszahl	elektrische Antriebsleistung (kW)
Außenluft ($\theta_e = -16\ °C$)	$\varepsilon_{HWP} = \frac{333\ K}{(333-247)\ K} = 3{,}87$	$P_{el} = \frac{10\ kW}{3{,}87} = 2{,}58$
Oberflächenwasser ($\theta_{OW} = 0\ °C$)	$\varepsilon_{HWP} = \frac{333\ K}{(333-263)\ K} = 4{,}76$	$P_{el} = \frac{10\ kW}{4{,}76} = 2{,}10$
Grundwasser ($\theta_{GW} = 8\ °C$)	$\varepsilon_{HWP} = \frac{333\ K}{(333-271)\ K} = 5{,}37$	$P_{el} = \frac{10\ kW}{5{,}37} = 1{,}86$
Erdwärme, 0,5 m ($\theta_{Erd,0,5} = -3\ °C$)	$\varepsilon_{HWP} = \frac{333\ K}{(333-260)\ K} = 4{,}56$	$P_{el} = \frac{10\ kW}{4{,}56} = 2{,}19$
Erdwärme, 50 m ($\theta_{Erd} = 12\ °C$)	$\varepsilon_{HWP} = \frac{333\ K}{(333-275)\ K} = 5{,}74$	$P_{el} = \frac{10\ kW}{5{,}74} = 1{,}74$
Abluft ($\theta_{ETA} = 20\ °C$)	$\varepsilon_{HWP} = \frac{333\ K}{(333-283)\ K} = 6{,}66$	$P_{el} = \frac{10\ kW}{6{,}66} = 1{,}50$
Abwasser ($\theta_{AW} = 30\ °C$)	$\varepsilon_{HWP} = \frac{333\ K}{(333-293)\ K} = 8{,}33$	$P_{el} = \frac{10\ kW}{8{,}33} = 1{,}20$

Sinn macht der Kompressions-Heiz-Wärmepumpenprozess dann, wenn zwischen den Temperaturen des Heizmediumvorlaufs und des Wärmequellenmediums eine Differenz von mindestens 15 K besteht. Dieser Fall ist dann gegeben, wenn die Wärmequelle Abluft mit $\theta_{ETA} = 20\ °C$ und die Heizmedium-Vorlauftemperatur $\theta_{VL} = 40\ °C$ zugrunde gelegt wird. Zur Verdeutlichung der Temperaturverhältnisse wird auf das Temperatur-Heizflächenschaubild in [16, S. 185] verwiesen. Wird außerdem im Verdampfer und Kondensator von einer minimalen mittleren Temperaturdifferenz zwischen Heiz- und Kühlmedium von mindestens 5 K ausgegangen, beträgt der minimale Unterschied zwischen den Mitteltemperaturen der Wärmezu- und der Wärmeabfuhr 25 K. Mit diesen Bedingungen ergibt sich eine maximale Leistungszahl von $\varepsilon_{KHWP} = 12{,}7$.

Die Kompressions-Heiz-Wärmepumpe ist eine interessante Option für Heizprozesse. Bei einer elektrisch angetriebenen Kompressions-Heiz-Wärmepumpe und ihrer energetischen Bewertung spielt eine große Rolle, wie die elektrische Energie für den Verdichterantrieb generiert wurde. Bei einer elektrischen Energie-Bereitstellung mit einem Photovoltaik-, Wind-, Kern- und Laufwasserkraftwerk, mit deren primärer Energie keine Heizprozesse durchgeführt werden können, ist die Kompressions-Heiz-Wärmepumpe energetisch unschlagbar, da sie in dem Falle mit einer elektrischen Direktheizung, deren Verhältnis von Nutzen zu Aufwand maximal gleich 1 sein kann, konkurriert und wegen $\varepsilon_{KHWP} > 1$ dieser immer überlegen ist.

Wurde die elektrische Energie mittels Brennstoffen generiert, die auch direkt zu Heizzwecken eingesetzt werden können, sind bei der Beurteilung die jeweiligen Energieumwandlungs-Nutzungsgrade von Bedeutung. Beim Brennstoff Gas können ca. 45 % seiner Energie im Kraftwerk in elektrischen Strom und mindestens 90 % im Heizkessel in Heizwärme umgewandelt werden. In diesem Fall ist die Heiz-Wärmepumpe erst dann energetisch sinnvoll, wenn mit ihr eine Leistungszahl $\varepsilon_{KHWP} > 2$ erreicht werden kann.

Beispiele für Heiz-Wärmepumpen

Die Heiz-Wärmepumpe kann ein kompaktes Gerät sein, in dem alle Baugruppen (Verdampfer, Verdichter, Kondensator, Expansionsventil) vereint sind, oder ein Splitgerät, bei dem zumindest der Verdampfer extern angeordnet ist. Bei einem kompakten Gerät müssen das Wärmequellenmedium und die Verdichterantriebsenergie an das Gerät herangeführt werden. Das Heizmedium wird vom Gerät an das zu beheizende Objekt abgegeben.

Abbildung 4.28 zeigt eine Heiz-Wärmepumpe, die wahlweise mit den Wärmequellen Erdreich und Wasser betrieben werden kann und zur Gebäudeheizung und Trinkwassererwärmung dient.

Die Heiz-Wärmepumpe in Abb. 4.29 wird mit den Wärmequellen Luft/Abluft oder Erdwärme betrieben. In sie ist der Trinkwasserspeicher mit einem Fassungsvermögen von 300 l integriert. Sie wird auch als Entfeuchtungs-Wärmepumpe eingesetzt, dann allerdings ohne Trinkwasserspeicher.

Eine Entfeuchtungs-Wärmepumpe ist eine Kompressions-Heiz-Wärmepumpe, deren Wärmequelle die zu entfeuchtende Raumluft ist. Der Raumluft wird am Verdampfer so viel Wärme entzogen, dass sie unter den Taupunkt abkühlt, wodurch der Wasserdampf

Abb. 4.28 Kompressions-
Heiz-Wärmepumpe
mit den Wärmequellen
Erdreich und Wasser zur
Trinkwassererwärmung und
zum Kühlen, *Quelle* Ochsner

in der Luft kondensiert und als Wasser abfließt. Die entfeuchtete Luft kann über den Kondensator geleitet und dabei wieder erwärmt werden. Es handelt sich also um eine LL-KHWP mit Entfeuchtung und Erwärmung der Luft. Entfeuchtungs-Wärmepumpen haben gegenüber Trocknungsanlagen, die mit elektrischer Energie betrieben werden, den Vorteil, dass die energiereiche feuchte Luft nicht abgeführt werden muss, was ansonsten zu Energieverlusten führt.

Eine Luft/Wasser-Kompressions-Heiz-Wärmepumpe zeigt Abb. 4.30. Es handelt sich um ein Kompaktgerät mit der Wärmequelle Luft. Das Heizmedium ist Wasser, das zur Gebäudeheizung und Trinkwassererwärmung verwendet wird. Diese Kompressions-Heiz-Wärmepumpe eignet sich auch zum Kühlen.

Seit dem Jahr 2011 dominieren für die Gebäudeheizung und Trinkwassererwärmung wieder Kompressions-Heiz-Wärmepumpen, die als Wärmequelle Außenluft nutzen, nachdem noch bis in jüngster Zeit Erdreich der Favorit für die Wärmequelle war. Die Luft-Wasser-Kompressions-Heiz-Wärmepumpe ist zwar energetisch ungünstig, aber einfach in der Anlagengestaltung. Bei den Erdreich-Wasser-Kompressions-Heiz-Wärmepumpen muss der Verdampfer entweder als Flächenkollektor ab einem Meter Tiefe in das Erdreich verlegt oder, wenn die Fläche am Objekt nicht ausreicht, müssen Sonden in Bohrlöcher eingebracht werden, wobei ab 100 m Bohrlochtiefe eine bergbaurechtliche Genehmigung erforderlich wird. Die Länge der Sonden und damit die Bohrlochtiefe hängt davon ab, wie

Abb. 4.29 Kompressions-Heiz-Wärmepumpe mit den Wärmequellen Luft/Abluft oder Erdwärme mit integriertem Wasserspeicher, *Quelle* Ochsner

Abb. 4.30 Luft/Wasser-Kompressions-Heiz-Wärmepumpe, geeignet auch zum Kühlen, *Quelle* Ochsner

viel Wärmeübertragerfläche zur Aufnahme der Erdwärme benötigt wird und wie viele Bohrungen möglich sind. Bei Erdreich-Kompressions-Heiz-Wärmepumpen wird auch von der Nutzung oberflächennaher Geothermie gesprochen.

Wärmepumpen-Heizprozesse

Wärmepumpen-Gebäudeheizungen können, auf den Heizvorgang bezogen,

- monovalent und
- bivalent

betrieben werden.

Bei einer monovalenten Wärmepumpenheizung, Abb. 4.31, ist die Kompressions-Heiz-Wärmepumpe der alleinige Wärmeerzeuger. Sie muss deshalb für die Gesamtheizlast des zu beheizenden Objekts bemessen sein. Mit dem Speicher können entweder Spitzenzeiten bei der elektrischen Energieversorgung (elektrische Energie zu Lastspitzenzeiten ist teuer!) oder Kurzzeitausfälle der Kompressions-Heiz-Wärmepumpe überbrückt werden. Für eine monovalente Wärmepumpenheizung eignen sich Wärmequellen, deren Temperatur auch im kältesten Winter nicht merklich absinkt, also Abluft, Erdreich und Grundwasser. Sie ist die Anlage mit den geringsten Investitionskosten im Heizwärmebereitstellungsbereich, aber nicht in der Wärmequellenerschließung.

Die bivalente Wärmepumpenheizung besteht aus einer Kompressions-Heiz-Wärmepumpe und einem konventionellen Wärmebereitsteller, meist ein Heizkessel. Die Kopplung zwischen beiden kann entweder

- bivalent-alternativ sein, wenn immer nur eine der beiden Anlagen arbeitet, Abb. 4.32, oder
- bivalent-parallel, wenn ab einer Umschalttemperatur (Umschaltpunkt UP) beide Anlagen gleichzeitig in Betrieb sind und der Heizkessel die Winterspitzen der Heizlast abdeckt, Abb. 4.33.

Abb. 4.31 Monovalente
Wärmepumpenheizung

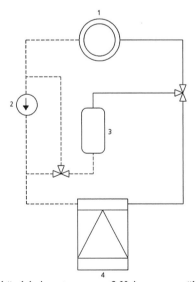

1 Gebäudeheizsystem,   2 Heizungsumwälzpumpe,
3 Wärmespeicher,   4 Heiz-Wärmepumpe

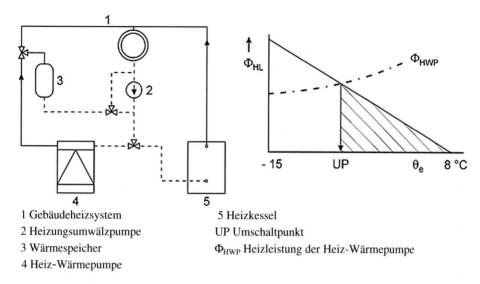

1 Gebäudeheizsystem
2 Heizungsumwälzpumpe
3 Wärmespeicher
4 Heiz-Wärmepumpe

5 Heizkessel
UP Umschaltpunkt
Φ_{HWP} Heizleistung der Heiz-Wärmepumpe

Abb. 4.32 Schaltbild einer bivalent-alternativen Wärmepumpenheizung

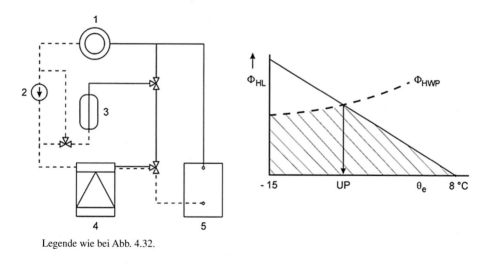

Legende wie bei Abb. 4.32.

Abb. 4.33 Schaltbild einer bivalent-parallelen Wärmepumpenheizung

In den Diagrammen neben den Schaltbildern der Abb. 4.32 und 4.33 ist die Gebäudeheizlast Φ_{HL} in Abhängigkeit von der Außenlufttemperatur θ_e dargestellt: Mit steigender Außenlufttemperatur sinkt die Heizlast. Die Heizleistung der Heiz-Wärmepumpe Φ_{HWP} ist je nach Wärmequelle mehr oder weniger von der Außenlufttemperatur abhängig mit der Tendenz, dass die Heizleistung mit steigender Außenlufttemperatur ansteigt. Bei Außenluft als Wärmequelle ist dieser Anstieg steil, bei Erdreich ganz gering. Für die Beispiele in den Abb. 4.32 und 4.33 ist die Heiz-Wärmepumpe nicht für die Kompensation der Gesamtheizlast bemessen, was an der Ordinate abzulesen ist.

Wenn vom Beginn der Heizperiode ausgegangen wird und im weiteren Verlauf die Außenlufttemperatur absinkt, werden bei einer bestimmten Außenlufttemperatur die Heizlast mit der Heizleistung der Heiz-Wärmepumpe übereinstimmen. Bis zu dieser Temperatur, von höheren Außenlufttemperaturen kommend, reicht die Heiz-Wärmepumpe allein für die Kompensation der Heizlast aus. Ab dieser Temperatur muss der Heizkessel eingeschaltet werden. Diese Stelle ist mit UP (Umschaltpunkt) gekennzeichnet. Die schraffierte Fläche im Diagramm stellt den Leistungsanteil der Heiz-Wärmepumpe dar.

Beim bivalent-alternativen Betrieb, Abb. 4.32, wird ab dem Umschaltpunkt UP nur noch der Heizkessel betrieben. Der Heizkessel muss für die Gesamtheizlast bemessen werden. Der Leistungsanteil der Heiz-Wärmepumpe ist im Vergleich mit bivalent-parallelem Betrieb gering.

Bei der bivalent-parallelen Betriebsweise wird die Heiz-Wärmepumpe auch nach dem Umschaltpunkt UP weiter betrieben. Zunehmend, mit tiefer werdender Außenlufttemperatur, wird der Heizkessel an der Kompensation der Gebäudeheizlast beteiligt. Der Leistungsanteil der Heiz-Wärmepumpe ist deutlich größer als bei bivalent-alternativem Betrieb, erkennbar an der größeren schraffierten Fläche. Der Heizkessel wird zu einem Spitzenheizkessel mit einer Heizleistung, die geringer als die Gebäudeheizlast ist.

Die bivalent-parallele ist der bivalent-alternativen Betriebsweise vorzuziehen, da sie deutliche Vorteile hat. Zunehmend wird aber versucht, mit monovalenten Wärmepumpenheizungen auszukommen, um den Heizkessel einzusparen. Dafür eignet sich vor allem die Wärmequelle Erdreich mit seiner fast konstanten Temperatur über das gesamte Jahr und nicht die Außenluft.

Ein Mittel zur Verbesserung der Betriebswirtschaftlichkeit von Wärmepumpenheizungen ist die Versorgung einer Vielzahl von Heiz-Wärmepumpen mit einer gemeinsamen Wärmequelle, in die sowohl Umwelt- und Abwärme eingespeist als auch Wärme von dezentral installierte Wärmepumpen entnommen werden kann. Für dieses Verfahren existiert der Begriff „Kalte Fernwärme". Sie ist allerdings recht selten anzutreffen.

Die Wärmepumpenheizung benötigt nicht nur Energie für den internen Wärmepumpenprozess, sondern auch für die Förderung des Wärmequellenmediums, also für die Pumpen. Für diese Bewertung wird die Arbeitszahl benutzt, Gl. (3.35). Wenn die Arbeitszahl bei sehr ungünstigen Verhältnissen kleiner als 1 wird, sollte auf den Wärmepumpeneinsatz verzichtet werden.

Ein Vergleich unterschiedlicher Heizsysteme (elektrische Direktheizung, Wärmepumpenheizung, konventionelle Heizung) ist mit der primärenergetisch bezogenen momentanen Heizzahl ξ möglich, Gl. (3.36).

Die Berechnung der momentanen Heizzahl für die Wärmepumpenheizung soll an der Energieumwandlungskette einer elektrisch angetriebenen Kompressions-Heiz-Wärmepumpe erläutert werden, Abb. 4.34.

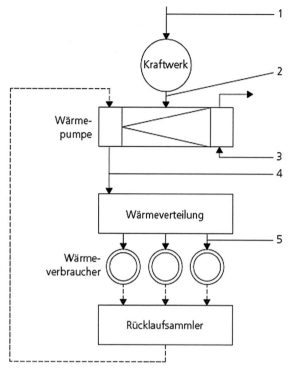

1 Primärenergiestrom $\dot{E}_{Pr}$

2 elektrische Leistung P

3 Wärmestrom von der Wärmquelle Φ_Q

4 Heizleistung des Kondensators der Heiz-Wärmepumpe Φ_H

5 Wärmeströme an die dezentralen Heizwärmeverbraucher

Abb. 4.34 Energieumwandlungskette einer Wärmepumpenheizung mit elektrisch angetriebener Kompressions-Heiz-Wärmepumpe

Dem Kraftwerk wird der Primärenergiestrom $\dot{E}_{Pr}$ (1) zugeführt und mit dem Wirkungsgrad der Endenergiebereitstellung η_{EE} in den elektrischen Energiestrom P (2) umgewandelt, mit der der Verdichter der Heiz-Wärmepumpe angetrieben wird. Am Verdampfer der Heiz-Wärmepumpe wird der Wärmestrom von der Wärmequelle (3) zugeführt. Dieser Wärmestrom besteht weitgehend aus Anergie. Die Heiz-Wärmepumpe gibt am Kondensator die Heizleitung Φ_H (4) entsprechend ihrer Leistungszahl ε_{HWP} ab. Über die Wärmeverteilung mit dem Verteilungswirkungsgrad η_V wird die Heizleistung an die Wärmeverbraucher im Gebäude abgegeben (5).

Das führt auf die Beziehung für die momentane Heizzahl ξ_{KHWP}, wie sie für eine Kompressions-Heiz-Wärmepumpe mit Gl. (3.38) angegeben wird.

Beispiele von Wärmepumpenheizungen

Nachfolgend werden Warmwasser-Gebäudeheizungen mit Heiz-Wärmepumpen dargestellt, die unterschiedliche Wärmequellenanlagen haben, um die verschiedenen Systeme zu demonstrieren.

Die Erdwärme als Wärmequelle wird entweder mit Erdwärmesonden, Abb. 4.35, oder mit Erdwärmekollektoren, Abb. 4.36, aufgenommen.

Für eine Luft-Wasser-Wärmepumpe wird als Wärmequelle Luft genutzt. Günstig ist Abluft, da sie immer eine annähernd gleich bleibende hohe Temperatur hat. Außenluft hat bei größtem Heizleistungsbedarf im Winter die geringste energetische Qualität. Damit sind geringe Leistungszahlen zu erwarten, siehe Tab. 4.5. Ein Beispiel mit Außenluft als Wärmequelle zeigt Abb. 4.37.

Ähnlich günstig wie Erdwärme ist die Wärmequelle Grundwasser, das über das Jahr eine fast gleich bleibende Temperatur von 8–10 °C hat, Abb. 4.38.

Benötigt werden eine Genehmigung der unteren Wasserbehörde und zwei Brunnen: Förder- und Schluckbrunnen. Vor der Installation ist eine Wasseranalyse zu erstellen, da ein zu hoher Eisengehalt im Grundwasser zur Verockerung des Schluckbrunnens führt.

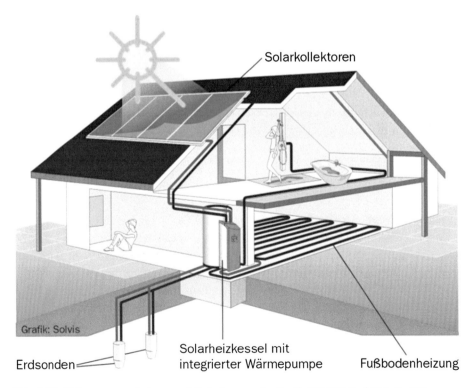

Abb. 4.35 Wärmepumpenheizung mit Erdwärmesonde, *Quelle* SOLVIS GmbH & Co KG

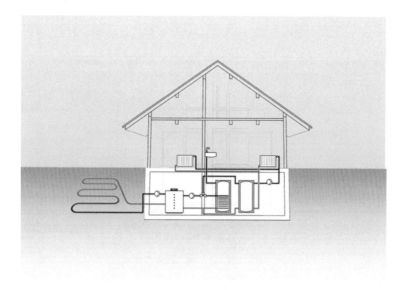

Abb. 4.36 Wärmepumpenheizung mit Erdwärmekollektoren, *Quelle* Viessmann

Abb. 4.37 Wärmepumpenheizung
mit Wärmequelle Außenluft, *Quelle*
Weishaupt

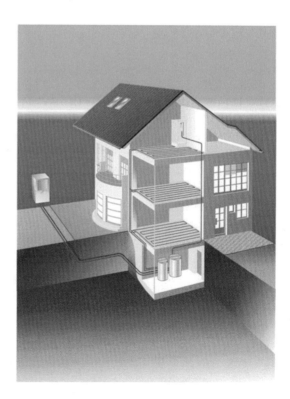

Abb. 4.38 Wärmepumpenheizung
mit Wärmequelle Grundwasser,
Quelle Weishaupt

4.4.3   Sorptions- Heiz-Wärmepumpe

Im Unterschied zur Kompressions-Heiz-Wärmepumpe arbeitet die Sorptions-Heiz-Wärmepumpe mit thermischer Verdichtung. In Abb. 4.39 ist der Absorptionsprozess dargestellt.

Der Unterschied zwischen Kompressions- und Sorptions-Heiz-Wärmepumpe wird deutlich beim Vergleich der Abb. 4.26 und 4.39. Sie sind formal gleich aufgebaut, und die linke Seite der Bilder ist auch völlig gleich. Auf der rechten Seite ist anstelle des mechanischen Verdichters in Abb. 4.26 bei der Absorptions-Heiz-Wärmepumpe im Abb. 4.39 ein rechtsläufiger Kreisprozess (Wärmekraftmaschinenprozess) zu sehen. Dieser Prozess ist bei der Kompressions-Heiz-Wärmepumpe in ein Kraftwerk ausgelagert, und dessen Produkt, die elektrische Energie, wird dem mechanischen Verdichter zugeführt.

Zur Kopplung des rechtsläufigen Kreisprozesses (thermische Verdichtung) mit dem übrigen linksläufigen Kreisprozess dient dessen Arbeitsmedium, in der Regel ein Kältemittel. Dieses Kältemittel ist der eine Bestandteil eines Arbeitsstoffpaares aus Kälte- und Lösungsmittel, meist Ammoniak/Wasser oder Wasser/Lithiumbromid, das im thermischen Verdichter umläuft. Bei der Benennung des Arbeitsstoffpaares ist der erste Begriff das Kältemittel. Für die beiden genannten Arbeitsstoffpaare ist damit Wasser einmal Lösungsmittel für Ammoniak und einmal Kältemittel mit dem Lösungsmittel Lithiumbromid.

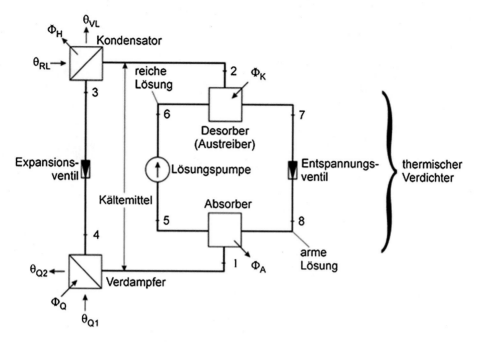

Abb. 4.39 Schaltbild einer Absorptions-Heiz-Wärmepumpe

Die thermische Verdichtung funktioniert folgendermaßen: Aus dem Absorber tritt eine an Kältemittel reiche Lösung, in Abb. 4.39 als reiche Lösung bezeichnet, aus (5) und wird mit der Lösungspumpe über eine Leitung (6) zum Desorber gepumpt. Der Desorber wird auch Austreiber oder Kocher genannt. Im Desorber wird durch Zufuhr eines Wärmestroms Φ_K ein Teil des Kältemittels aus der reichen Lösung ausgetrieben und gelangt in den Kondensator. Die entstandene an Kältemittel arme Lösung wird über die Leitung (7) über das Expansionsventil auf den Absorberdruck entspannt und in den Absorber eingeleitet, wo das aus dem Verdampfer kommende Kältemittel vom Lösungsmittel unter Abgabe eines Wärmestroms Φ_A absorbiert wird, womit der Prozess wieder von vorn beginnen kann.

Die spezifische Bewertungsgröße wurde bereits als Gl. (3.34) eingeführt. Sie wird hier nochmals hingeschrieben, weil nun mit der Kenntnis des Absorptionsprozesses auch die Gleichung plausibel wird:

$$\varsigma_{\text{AHWP}} = \frac{\text{Heizwärmestrom aus Kondensator und Absorber}}{\text{zuzuführender Wärmestrom im Desorber}} = \frac{\Phi_H + \Phi_A}{\Phi_K}$$

(4.25)

Die Abb. 4.39 macht es deutlich: Aus dem Kondensator und dem Absorber werden die beiden Wärmeströme Φ_H und Φ_A als Nutzwärmestrom abgegeben, dem Desorber

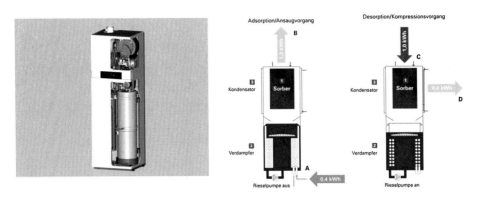

Abb. 4.40 Adsorptions-Heiz-Wärmepumpe VITOSORB 200-F, *Quelle* Viessmann

wird als Aufwand der Wärmestrom Φ_K zugeführt. Auch hier wird der Anergiestrom aus der Wärmequelle Φ_Q nicht mit bilanziert.

In der Praxiseinführung befindet sich eine Adsorptions-Heiz-Wärmepumpe, Abb. 4.40. Sie arbeitet entsprechend dem geschlossenen Adsorptionsprozess periodisch mit dem Adsorbens Zeolith und dem Kältemittel Wasser, hat eine Nenn-Heizleistung von 10 kW und ein Wärmeverhältnis von 1,2.

Die Serienentwicklung wurde 2012 gestartet, die Markteinführung ist für 2013 mit Erdsonden und Solarkollektoren als Wärmequellen geplant. In Abb. 4.40 sind links das geöffnete Gerät mit dem integrierten Gas-Brennwertgerät und rechts die Schemata des Adsorptionsprozesses mit Zeolith dargestellt. Im linken Schema wird mit Wärme von der Wärmequelle das Kältemittel verdampft, das in den Adsorber strömt, wo es vom Zeolith adsorbiert wird und die Adsorptionswärme abgibt. In der zweiten Periode im rechten Schema wird dem vorherigen Adsorber, der nun zum Desorber wird, Heizwärme zugeführt, mit der das Kältemittel ausgetrieben wird, das nun wieder in den Verdampfer strömt, was mit Wärmeabgabe verbunden ist. Aus 1 kWh Antriebsenergie werden 1,4 kWh Heizwärme.

4.5   Hausanschlussstation

4.5.1   Aufbau

Eine Hausanschlussstation als eine Wärmeübergabestelle in einem Gebäude wird benötig, wenn die Heizenergie aus einem Nah- oder Fernwärmesystem kommt. Heizenergieträger sind Wasser oder Wasserdampf unter höherem als dem Umgebungsdruck. In der Hausanschlussstation (HAST) wird die Heizenergie aus dem Nah- oder Fernwärmenetz (Primärnetz) auf das Heizmedium im Gebäudeheizsystem und der Trinkwassererwärmungsanlage (Sekundärnetz) übertragen. Es werden direkte und indirekte Hausanschlussstationen unterschieden.

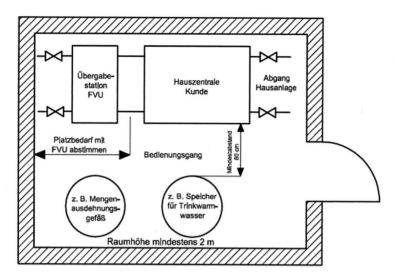

Abb. 4.41 Platzbedarf einer Hausanschlussstation und weiterer Anlagenteile entsprechend [6]

Bei der *direkten* Hausanschlussstation fließt das Heizenergiemedium des Primär-
netzes auch durch die Heizanlage des Abnehmers. Die Hausanschlussstation besteht ausschließlich aus Armaturen. Als Wärmeträgermedium kommt hier nur Wasser infrage.
Die Gebäudeheizung einschließlich der Trinkwassererwärmung ist Teil des Nah- oder
Fernwärmenetzes.

Bei der *indirekten* Hausanschlussstation wird zusätzlich ein Wärmeübertrager benötigt, der das Primär- vom Sekundärnetz stofflich trennt. Dieser Wärmeübertrager hat
die gleiche Funktion wie ein Heizkessel. Die in der Hausanschlussstation verwendeten
Wärmeübertrager sind sehr kompakt und benötigen damit relativ wenig Platz. Die indirekte Hausanschlussstation wird auch Wärmeübertragerstation (WÜST) genannt.

Für die Hausanschlussstation ist gemäß § 11 AVBFernwärmeV [4] unentgeltlich ein
nur für befugtes Personal betretbarer Raum im Keller oder im Erdgeschoss des Gebäudes
zur Verfügung zu stellen, Abb. 4.41. Der Raum für die Hausanschlussstation muss der
DIN 18012 (05.08) [6] entsprechen.

4.5.2 Versorgung aus Nah- und Fernwärmesystemen

4.5.2.1 Definitionen

Bei *Nah-* und *Fernwärmeheizungen* findet Wärmebereitstellung und Wärmenutzung an
räumlich entfernten Orten statt, zwischen denen Versorgungsleitungen das Wärmeträgermedium transportieren. Für den an Nah- oder Fernwärme angeschlossenen Nutzer
ist das Wärmeträgermedium des Nah- oder Fernwärmenetzes der Endenergieträger, dessen Energie er für seine Heizaufgaben von einem Lieferer oder Versorger kauft, genauso,
wie er Erdgas, Heizöl, Pellets, Kohle oder elektrische Energie von ihm bezieht und kauft.

Der Nah- und Fernwärmeversorger stellt die Wärmeträgermedien mit Verfahren bereit, bei deren Mehrzahl auch Schadstoffe freigesetzt werden. Das geschieht am Ort der Nah- und Fernwärmebereitstellung und nicht in unmittelbarer Nutzernähe, wirkt sich somit nicht auf die Schadstoffbilanz um das zu versorgende Gebäude aus.

Die Wärmeträger kann der Versorger mit einem Wärmebereitsteller, z. B. Großheizkessel, Solarkollektorfeld, oder mit einem elektrische Energie-Heizwärme-Kopplungsprozess, z. B. in einem Heizkraftwerk, oder durch Auskopplung von Wärme aus einem Kraftwerk, bereitstellen.

Die *elektrische Energie-Heizwärme-Kopplung* hat energetische Vorteile, denn bei ihr wird zum einen hochwertige elektrische Energie erzeugt, zum anderen kann die Abwärme aus diesem Prozess, die ansonsten bei ausschließlicher elektrischer Energieerzeugung an die Umgebung abgegeben wird, als Nah- oder Fernwärme weiter genutzt werden. Koppelprozesse, bei denen die beiden Koppelprodukte, in diesem Fall elektrische Energie und Heizwärme, gleichzeitig genutzt werden können, sind energetisch günstig und deshalb anzustreben.

Im vorangehenden Text wurden die beiden Begriffe Nah- und Fernwärme immer als Begriffspaar verwendet, da zwischen ihnen keine grundsätzlichen Unterschiede bestehen. Es gibt deshalb auch keine Definition, mit der eine eindeutige Unterscheidung getroffen wird.

Mit *Nahwärme* wird in der Regel die Wärmeversorgung beschrieben, die im Vergleich zur Fernwärme nur über verhältnismäßig kurze Strecken führt. Der Begriff wurde mit der Einführung der *solaren Nahwärme* aktuell, die in der EREQ-Branche ein gebräuchlicher Begriff ist.

4.5.2.2 Optionen der Nahwärmeversorgung

Nahwärme wird in kleinen Umwandlungseinheiten bereitgestellt, und die Wärmeträger werden mit relativ geringen Temperaturen transportiert, um auch verhältnismäßig niederwertige Abwärme aus Heizkraftwerken, Energie aus thermischen Solaranlagen oder geothermischen Anlagen verwerten zu können. Für die forciertere thermische Nutzung der Energien aus regenerativen Energiequellen spielt der Ausbau der Nahwärme eine große Rolle.

Typische Nahwärmeanlagen haben thermische Leistungen im Bereich zwischen 100 kW und einigen MW und bedienen Wohn- und Gewerbegebiete oder kleine Siedlungen. Sie sind ausgestattet mit zentraler Wärmebereitstellung, einem Wärmeverteilungsnetz und Haus- bzw. Gebäudeanschlussstationen [7]. In Nahwärmesystemen lassen sich auch Langzeitwärmespeicher einsetzen, was bei einer einzelnen Gebäudeheizung nicht sinnvoll ist.

Nahwärmeversorgung ist in energetischer Hinsicht zu empfehlen, wenn der Umweltvorteil regenerativer Energieumwandlungstechnologien und auch die elektrische Energie-Heizwärme-Kopplung mit großen Blockheizkraftwerken (BHKW) genutzt werden soll. Da deren Einsatz einen Mindestwärmebedarf erfordert, der oft über den eines einzelnen Gebäudes hinausgeht, eignen sich Blockheizkraftwerke auch für kleine

Versorgungsgebiete. Nahwärmenetze können damit eine Voraussetzung für einen effektiven BHKW-Betrieb sein.

Die Nahwärmeversorgung ist gegenüber der dezentralen Heizung flexibler und zukunftsorientierter. Mit der geschaffenen Versorgungsinfrastruktur ist ein Energieträgerwechsel bei der Wärmeerzeugung, z. B. von Heizöl zu Biomasse oder Solarenergie, relativ einfach möglich.

Mit Nahwärmenetzen wird eine Nutzung von Energien aus regenerativen Energiequellen, wie

- Holz-Hackschnitzel,
- Reststroh,
- Biogas aus der Verwertung von landwirtschaftlichen Abfällen und der biogenen Nassmüllfraktion,
- Holzgas und seine Nutzung in Blockheizkraftwerken,
- geothermische Tiefenenergie zur Heizung mittels geothermischer Heizzentralen,
- Sonnenenergie zur solarthermischen Nutzung in Großkollektoranlagen mit saisonalem Speicher,

mancherorts überhaupt erst möglich.

4.5.2.3 Optionen der Fernwärmeversorgung

Fernwärme ist leitungsgebundene thermische Energie zur Versorgung von privaten, gewerblichen oder industriellen Wärmeverbrauchern in einem großen Versorgungsgebiet über die Heizenergieträger Wasser oder Wasserdampf [8]. Sie wird in einem System genutzt, das aus zentralen Anlagen zur Fernwärmebereitstellung, dem Wärmeverteilungsnetz und den dezentralen Verbrauchern besteht, Abb. 4.42.

Die Wärmeversorgung beginnt an den Erzeugungsanlagen, wobei von Anlage (1) die Grundlast und von Anlage (2) die Spitzenlast übernommen wird. Eine solche Aufteilung ist nicht in jedem Netz vorhanden, und beide Anlagen können auch parallel betrieben werden.

In das Netz sind Wärmeübergabestellen (3) eingebaut, an denen eine juristisch eindeutig definierte Wärmeübergabe erfolgt. Nach den Wärmeerzeugungsanlagen wird an diesen Stellen die Wärmeübergabe von den Erzeugungsanlagen an das Verteilungsnetz erfasst. Dieses sich unmittelbar an die Erzeugungsanlagen anschließende Verteilungsnetz wird als Primärnetz bezeichnet. Es kann ein Wasser- oder ein Dampfnetz sein. Bei sehr weit ausgedehnten Primärnetzen und damit großen Transportwegen kann eine Druckerhöhungsstation (9) nötig werden.

Vom Primärnetz werden mittels weiterer Übergabestationen (3) die Abnehmeranlagen (4) versorgt. Zu den Abnehmeranlagen gehören die *Hausanschlussstationen* oder auch *Wärmeübertragerstationen*.

Generell befinden sich zwischen der Übergabestelle und den Abnehmern (5) mit indirektem Fernwärmeanschluss und 6) mit direktem Fernwärmeanschluss Abnehmerstationen (7 oder 8).

Abb. 4.42 Gesamtsystem der
Fernwärmeversorgung

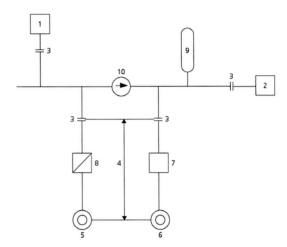

1 Erzeugungsanlage für Grundlast
2 Bereitstellungsanlage für Spitzenlast
3 juristische Stellen der Wärmeübergabe
4 Abnehmeranlagen
5 Abnehmer mit indirektem Anschluss
6 Abnehmer mit direktem Anschluss
7 Hausanschlussstation HAST
8 Wärmeübertragerstation WÜST
9 Wärmespeicher
10 Druckerhöhungsstation

Um Lastspitzen abzubauen, werden in den Fernwärmenetzen Wärmespeicher (9) genutzt. Sie können sich irgendwo im Primärnetz, unmittelbar bei den Erzeugungsanlagen (1 und 2), oder auch im Sekundärnetz befinden.

Bereitstellungsanlagen für Fernwärme können Heizkraftwerke, Heizwerke und Kraftwerke sein. Heizkraftwerke sind in jedem Fall zu präferieren. Bei Kraftwerken wird meist nachträglich Wärme zur Fernwärmeversorgung ausgekoppelt, wodurch die Produktion an elektrischer Energie zurückgeht.

4.5.2.4 Bedingungen für die Versorgung mit Fernwärme

In der AVBFernwärmeV [4] sind allgemeine Bedingungen für die Versorgung mit Fernwärme geregelt. Der Kunde hat im Rahmen des wirtschaftlich Zumutbaren die Möglichkeit, gegenüber dem Fernwärmeversorgungsunternehmen (FVU) den Fernwärmebezug auf den von ihm gewünschten Verbrauchszweck oder auf einen Teilbedarf zu beschränken. Er ist berechtigt, Vertragsanpassungen zu verlangen, wenn er den Wärmebedarf unter Nutzung der Energien aus regenerativen Energiequellen decken will. Holz gehört zu den EREQ.

Kunden und Anschlussnehmer, die Grundstückseigentümer sind, haben für Zwecke der örtlichen Versorgung das Anbringen und Verlegen von Leitungen zur Zu- und Fortleitung von Fernwärme über ihre im gleichen Versorgungsgebiet liegenden Grundstücke und in ihren Gebäuden unentgeltlich zuzulassen. Diese Pflicht entfällt, wenn die Inanspruchnahme der Grundstücke den Eigentümer mehr als notwendig oder in unzumutbarer Weise belasten würde.

Das Fernwärmeversorgungsunternehmen ist berechtigt, von den Anschlussnehmern einen angemessenen *Baukostenzuschuss* zur teilweisen Abdeckung der bei wirtschaftlicher Betriebsführung notwendigen Kosten für das Erstellen oder Verstärken von der örtlichen Versorgung dienenden Verteilungsanlagen zu verlangen, soweit sie sich ausschließlich dem Versorgungsgebiet zuordnen lassen, in dem der Anschluss erfolgt. Baukostenzuschüsse dürfen höchstens 70 % dieser Kosten decken.

Für das ordnungsgemäße Errichten, Erweitern, Ändern und Unterhalten der Anlage nach dem Hausanschluss, mit Ausnahme der Mess- und Regeleinrichtung des Fernwärmeversorgungsunternehmen, ist der Anschlussnehmer verantwortlich. Hat er die Anlage einem Dritten vermietet oder zur Benutzung überlassen, ist er neben diesem verantwortlich.

Das Fernwärmeversorgungsunternehmen oder dessen Beauftragte schließen die Kundenanlage an das Verteilnetz an und setzen diese in Betrieb. Jede Inbetriebsetzung der Kundenanlage ist beim Fernwärmeversorgungsunternehmen zu beantragen. Dieses kann für das Inbetriebsetzen vom Kunden eine Kostenerstattung verlangen.

Das Fernwärmeversorgungsunternehmen ist berechtigt, die Kundenanlage vor und nach ihrer Inbetriebnahme zu überprüfen. Es hat den Kunden auf erkannte Sicherheitsmängel aufmerksam zu machen und deren Beseitigung zu verlangen.

Der Kunde hat dem mit einem Ausweis versehenen Beauftragten des Fernwärmeversorgungsunternehmens Zutritt zu seinen Räumen zu gestatten, soweit dies für die Prüfung der technischen Einrichtungen und zum Ablesen oder zum Ermitteln preislicher Bemessungsgrundlagen erforderlich und vereinbart ist.

4.5.3 Beispiel Biomasse-Nahwärme

Biomasse-Nahwärmeversorgung wird momentan vorrangig mit fester Biomasse praktiziert. Die Form des Biomasse-Festbrennstoffs reicht von großen Holzstücken über Holzhackschnitzel bis zu Holz- und Strohpellets. Eine Stückholzfeuerung mit individueller Beschickung eignet sich für kleine Leistungen. Größere Biomassefeuerungsanlagen haben dann eine Chance, wenn die Brennstoffzufuhr weitgehend automatisch erfolgt. Das wird mit *Holzhackschnitzeln* und *Pellets* erreicht, die mit einer Förderschnecke zugeführt werden. Stroh wird in Ballen gelagert oder zu *Strohpellets* gepresst. In der Feuerungsanlage werden Ballen in einen Strang geladen und zum Brennraum geschoben, wo sie wie eine Zigarre von vorn abbrennen. Es können auch Strohquader mit Abmessungen von z. B. $80 \cdot 40 \cdot 40$ cm^3 gepresst werden, die dann in dieser Form in den entsprechend gestalteten Brennraum eingebracht werden.

Die Verbrennungsenergie kann entweder nur zur Wärmebereitstellung oder zur gekoppelten elektrischen Energieerzeugung und Wärmebereitstellung genutzt werden.

Da durch das Erneuerbare-Energien-Gesetz und die Biomasseverordnung verbindliche Rahmenbedingungen für die Produktion von elektrischer Energie aus Biomasse geschaffen wurden, rückt die elektrische Energie-Heizwärme-Kopplung (EHK) wieder stärker ins Blickfeld der Anwender. Da es sich meist um relativ große Anlagen handelt, sind sowohl bei ausschließlicher Wärmeerzeugung als auch bei der elektrischen Energie-Heizwärme-Kopplung Nahwärmenetze für die Wärmeverteilung angeschlossener Versorgungsgebiete erforderlich.

Nachteilig bei der Holzverbrennung ist, dass

- bei Nutzung von belastetem Holz die Heizkessel alle drei bis fünf Monate gereinigt,
- Schwermetalle in der Asche auf einer Sonderdeponie entsorgt und
- Filterschläuche für die Rauchgasreinigung aller drei bis vier Jahre komplett ausgetauscht

werden müssen.

Bei holzgefeuerter elektrischer Energie-Heizwärme-Kopplung mit Dampfturbinenanlagen, deren spezifische Investitionskosten mit abnehmender Leistung überdurchschnittlich ansteigen und bei denen sich außerdem der Gütegrad der Turbine verschlechtert, werden auch zukünftig Dampfturbinenanlagen nicht unter einer elektrischen Leistung von 5 MW gebaut werden. Das spricht für eine Erweiterung des Versorgungsgebietes und damit für Nahwärmeversorgung.

Für die elektrische Energie-Heizwärme-Kopplung sind auch Gasmotoren interessant, die mit einem Gas aus der Holzvergasung betrieben werden. Neben der Verbrennung wird die Holzvergasung zunehmend interessant, da diese Technologie eine höhere Strombereitstellung bei geringeren Investitionskosten gegenüber der Dampfturbinentechnologie garantiert.

4.6   Geothermische Heizzentrale

4.6.1   Wirkungsweise einer Geothermischen Heizzentrale

In einer Geothermischen Heizzentrale (GHZ), in der als Heizenergie geothermische Tiefenenergie dient, wird der Heizwärmestrom vorwiegend für eine Wasserheizung bereitgestellt.

Die geothermische Tiefenenergie oder tiefe Erdwärme hat unterschiedliche Erscheinungsformen, auf die noch einzugehen ist. Für die Heizwärmebereitstellung werden vorwiegend zwei Erschließungstechnologien angewendet:

- Hot-Dry-Rock-Technologie
- Aquifertechnologie.

Bei der *Hot-Dry-Rock-Technologie* werden in dem sich im Untergrund befindenden heißen Gestein Risse erzeugt, durch die Wasser gepresst wird, das sich dabei erwärmt und danach wieder an die Oberfläche gefördert wird.

Bei der *Aquifertechnologie* wird die sich in der Tiefe in porösen Sedimenten befindende niederthermale Flüssigkeit zur Nutzung an die Oberfläche gefördert. Diese Flüssigkeit ist ein Gemisch aus Wasser und Mineralien mit unterschiedlich großen Salzfrachten. Es wird als geothermisches Fluid (GF) bezeichnet. Die bisher bekannten Anlagen arbeiten noch ausschließlich nach der Aquifertechnologie. Da das geothermische Fluid nicht mit dem Heizmedium der Gebäudeheizung (Nutzungskreis) in Berührung kommen darf, sind zwei getrennte Kreise nötig. In der geothermischen Heizzentrale wird die thermische Energie des aus dem Aquifer geförderten geothermischen Fluids auf den Nutzungskreis übertragen, Abb. 4.43.

Der Kreislauf des geothermischen Fluids ist durch folgende Prozesse gekennzeichnet:

- Förderung des warmen geothermischen Fluids
- Wärmeübertragung an den Nutzungskreis
- Filterung des abgekühlten geothermischen Fluids
- Druckerhöhung vor dem Verpressen (optional)
- Injektion des abgekühlten geothermischen Fluids

Abb. 4.43 Kopplung von geothermischem Fluid- und Nutzerkreis in einer geothermischen Heizzentrale

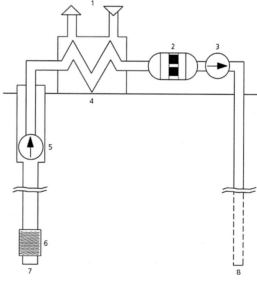

1 Nutzerkreis	5 Unterwasserpumpe
2 Filter	6 Untertagefilter
3 Verpresspumpe	7 Produktionssonde
4 Wärmeübertrager	8 Injektionssonde

Wenn das geothermische Fluid nicht artesisch gespannt ist, sind Unterwasserpumpen nötig. Artesische Brunnen stellen den Glücksfall dar, bei dem das Wasser ohne zusätzliche Pumpenleistung über die Erdoberfläche gelangt.

Die Wärmeübertragung von der Heizenergie an den Nutzungskreislauf geschieht mit Rekuperatoren. Deren Anforderungen sind:

- Korrosionsresistenz gegenüber Inhaltsstoffen des geothermischen Fluids
- Sicherheit gegen Übertritt von geothermischem Fluid in periphere Kreisläufe
- Realisierbarkeit von Gegenstrom.

Durch Feststoffpartikel im abgekühlten geothermischen Fluid kann es bei Injektion zu Permeabilitätsänderungen kommen. Deshalb ist eine Filterung des abgekühlten geothermischen Fluids angebracht. Feststoffpartikel können sein:

- Partikel aus Lagerstätten
- Korrosionsprodukte
- chemische Ausfällprodukte
- Öl und Fett der Pumpe.

4.6.2 Geothermische Tiefenenergie

Die Erde ist Quelle sowohl für fossile und nukleare Energieträger als auch für regenerative Energie, der *Geothermischen Tiefenenergie oder tiefen Geothermie*. Sie ist definiert als

- die in der Erde infolge der Erdentstehung gespeicherte thermische Energie mit einem Anteil von ca. 20 % und
- durch radioaktive Zerfallsprozesse langlebiger Isotope, wie Uran 235, Uran 238, Thorium 232 und Kalium 40, entstehende thermische Energie mit einem Anteil von 80 % in der äußeren Erdkruste.

Die thermische Energie der oberflächennahen Erdschichten zählt entsprechend der Definition nicht zur geothermischen Energie. Sie wird von Sonnenenergie gespeist und gehört zur Umweltwärme als einer indirekten Erscheinungsform der Sonnenenergie.

Die minimale Tiefe, von der ab geothermische Tiefenenergie genutzt werden kann, ist $z_{Geo,min} = 500$ m. Dieser Grenzwert gilt nicht bei geothermischen Anomalien, also bei Temperaturen in der Erdkruste, die höher als die durchschnittlichen Werte sind.

Vom Erdinneren, dessen Temperatur zwischen 2000 °C und 5000 °C geschätzt wird, fließt durch Wärmeleitung (im festen Gestein) und Konvektion (in tiefreichenden Spalten und Kluftsystemen) ein Wärmestrom an die Erdoberfläche. Der diesen Wärmestrom treibende geothermische Temperaturgradient beträgt im Mittel

$$\frac{\Delta\theta_{Geo}}{\Delta z_{Geo}} = 0,03 \ \text{K}/\text{m}.$$

In Richtung Erdmittelpunkt nimmt die Erdtemperatur in der Erdkruste unter normalen Bedingungen aller 100 m um 3 K zu. Der Kehrwert dieses Gradienten wird als geothermische Tiefenstufe bezeichnet.

Der spezifische Erdwärmestrom in der Erdkruste φ_{Geo} wird berechnet

$$\varphi_{Geo} = \lambda_{Geo,m} \frac{\Delta\theta_{Geo}}{\Delta z_{Geo}} \tag{4.26}$$

mit

$\lambda_{Geo,m}$ mittlere Wärmeleitfähigkeit des Gesteins der Erdkruste
$\Delta\theta_{Geo}$ Temperaturzunahme der geothermischen Quelle
Δz_{Geo} Tiefenzunahme der geothermischen Quelle.

Der Mittelwert der Wärmeleitfähigkeit setzt sich aus den Wärmeleitfähigkeiten unterschiedlicher Gesteine, wie feuchte Sande mit $\lambda = 0,55$ W/(m K), Sandstein mit $\lambda = 1,48$ W/(m K), Granit mit $\lambda = 2,56$ W/(m K) und Salze mit $\lambda = 5,8$ W/(m K), zusammen. Er beträgt $\lambda_{Geo,m} = 2$ W/(m K).

Mit diesem Mittelwert ergibt sich $\varphi_{Geo,m,rechn} = 60$ mW/m^2. Zur Überprüfung dieses Rechenwertes wurde aus mehr als 2000 über die gesamte Erde verteilten Einzelmesspunkten eine mittlere geothermische Wärmestromdichte an der Erdoberfläche bestimmt. Das Ergebnis lautet

$$\varphi_{Geo,m} = (62,5 \pm 6,3) \ \text{mW}/\text{m}^2.$$

Konkrete Wärmestromdichten unterscheiden sich wesentlich vom Mittelwert. In den Weltmeeren herrschen andere Wärmetransportbedingungen als in der Erdkruste. Werte verschiedener europäischer Länder als Ergebnis umfangreicher Messprogramme zeigt Tab. 4.6.

Wärmeströme mit einer solch geringen Energiedichte können nicht direkt genutzt werden. Die Nutzung erfolgt indirekt über Speicher, die in langen Zeiträumen durch den

Tab. 4.6 Mittlere geothermische Wärmestromdichten $\varphi_{Geo,m}$ in verschiedenen europäischen Ländern als Ergebnis umfangreicher Messprogramme

Land	$\varphi_{Geo,m}$ in mW/m^2
Island	$146,2 \pm 54,7$
Ungarn	$95,3 \pm 19,7$
Deutschland	$82,9 \pm 24,4$
Slowakei	$73,7 \pm 22,4$
Russland	$52,3 \pm 17,7$
Polen	$50,1 \pm 15,9$
Finnland	$34,9 \pm 6,9$

Erdwärmestrom aufgeladen wurden. Analog der Benennung Lagerstätte für Speicher fossiler Energieträger werden die geothermischen Speicher als Lagerstätten geothermischer Energie bezeichnet.

Die gesamte Erdkruste ist ein Speicher für geothermische Energie. Günstig sind Lagerstätten, bei denen in Gesteinen ein geothermisches Fluid eingelagert ist. Solche Lagerstättenmaterialien sind

- kristalline Gesteine, wie Granit, Basalt, Porphyr, Glimmerschiefer, Quarzit und Marmor, bei denen Risse und Klüfte einen Kluftraum zur Fluidspeicherung bilden, und
- Sedimentgesteine, wie Sandstein, Konglomerate, Kalkstein, Dolomit, vulkanische Tuffsteine, bei denen Poren zur Fluidspeicherung (Aquifere) vorhanden sind.

Durch geologische Besonderheiten werden aus den Lagerstätten qualitativ unterschiedliche Enthalpieströme gewonnen. Deshalb unterteilt man die geothermischen Lagerstätten in

- Hochtemperaturlagerstätten im vulkanischen Gebiet mit $\theta_{Geo} > 150\,°C$,
- konvektive mittelthermale Lagerstätten ohne vulkanischen Ursprung im Temperaturbereich von $\theta_{Geo} = (100 \ldots 150)\,°C$, die durch tiefreichende Konvektions- bzw. Kluftsysteme oder permeable Zonen gekennzeichnet sind,
- Lagerstätten niedrigthermaler Wässer in porösen Sedimenten (Aquifere) mit Temperaturen von $\theta_{Geo} < 100\,°C$.

Die Entspeicherung des geothermischen Fluids erfolgt

- auf natürlichem Wege über Thermalquellen und Dampferuptionen oder
- über künstlich abgeteufte Bohrungen.

Ob die Entspeicherung natürlich erfolgt oder erzwungen werden muss, hängt u. a. von der Permeabilität (Flüssigkeitsdurchlässigkeit) der Schichten über der geothermischen Lagerstätte ab. Tone, Mergel, Kalksteine, Salze und Anhydrite sind impermeabel, decken somit Lagerstätten ab, schützen sie und bilden Speicherhorizonte. Das Entspeichern muss erzwungen werden. Eine natürliche Entspeicherung ist meist an geothermische Anomalien in Gebieten mit verstärktem Vulkanismus gebunden.

4.6.3   Beispiele

Seit den 20-er Jahren des 20. Jahrhunderts wird geothermische Tiefenenergie aus niederthermalen Aquiferen in Island genutzt. Zunächst wurden Gewächshäuser beheizt, später die Fernwärmeversorgung von Reykjavik primärseitig mit geothermischem Fluid betrieben. Inzwischen sind mehr als 90 % aller isländischen Wohnhäuser an geothermisch beheizte Fern- und Nahwärmenetze angeschlossen.

Im Pariser Becken werden schon seit über 30 Jahren Gebäude mit geothermischer Tiefenenergie aus Aquiferen beheizt.

In Deutschland wurde die Aquifertechnologie zur Gebäudebeheizung zuerst im Nordosten genutzt. In der Heizperiode 1984/85 wurde am Standort Waren-Papenberg (Müritz) eine geothermische Heizzentrale für ein Wohngebiet versorgungswirksam. Die installierte geothermische Leistung betrug 1,5 MW. Im Zusammenwirken mit Heiz-Wärmepumpen konnte eine Grundheizleistung mit einer Anschlussleistung von 3,6 MW bereitgestellt werden. Das Verhältnis von gelieferter Heizwärme zur für den Fluidtransport benötigten Elektroenergie beträgt ca. 5. Diese Zahl ist die Arbeitszahl, und sie bedeutet, dass für das Bereitstellen von 5 kWh Heizwärme eine elektrische Energie von nur 1 kWh nötig ist. Mit der realisierten Schaltung konnte mit zwei Heiz-Wärmepumpengruppen bei einer Fördertemperatur des geothermischen Fluids von 60 °C eine Verpresstemperatur des geothermischen Fluids von 10 °C erreicht werden.

Am 17.09.1993 fiel der Startschuss für ein Geothermieprojekt in Neustadt-Glewe (Mecklenburg-Vorpommern), für das schon Ende der 80-er Jahre die Vorbereitungen begannen. Seit der Heizperiode 1994/95 wird der Wärmebedarf von 640 Wohnungen weitgehend mit einem geothermischen Fluid mit $\theta_{F,F} = 100$ °C aus $z_{Geo} = 2.250$ m Tiefe gedeckt. Von der Gesamtheizleistung $\Phi_H = 9,5$ MW werden 6,5 MW geothermisch bereitgestellt. Wegen der hohen Temperatur des geothermischen Fluids wurde hier auf einen Heiz-Wärmepumpeneinsatz verzichtet.

In Erding (Oberbayern) war 1998 ein Projekt weitgehend realisiert, bei dem mit dem geothermischen Fluid geheizt, Thermalbäder betrieben und nach Abkühlung das Trinkwasser verschnitten wird, also geothermisches Fluid dem Trinkwasser beigemischt wird. Letzteres darf erfolgen und macht das Trinkwasser durch die im geothermischen Fluid enthaltenen vielen Mineralien zu Mineralwasser.

4.7   Solarthermische Wandler

4.7.1   Bauarten solarthermischer Wandler

Solarthermische Wandler generieren aus Sonnenstrahlungsenergie thermische Energie eines Wärmeträgers. Daran ist sowohl direkte als auch diffuse kurzwellige Sonnenstrahlung beteiligt, was in einem Land mit einem über das Jahr betrachtet relativ geringen Anteil an direkter Sonnenstrahlung besonders wichtig ist.

Solarthermische Wandler sind in folgenden Bauarten verfügbar:

- Solar-Absorber
- Solar-Flachkollektor mit Solarflüssigkeit
- Solar-Flachkollektor mit Luft als Arbeitsmedium
- Solar-Röhrenkollektor
- Solar-Speicherkollektor
- konzentrierender Solarkollektor.

Konzentrierende Solarkollektoren benötigen Standorte mit einem großen Anteil an direkter Solarstrahlung. Sie werden im Niedertemperaturbereich kaum eingesetzt. Anwendung finden sie gelegentlich bei der thermischen Energieversorgung solarer Kühlanlagen. Unbedingt nötig sind sie für die solarthermische elektrische Energieerzeugung entsprechend dem Farmkonzept in Gebieten mit einem hohen Anteil an direkter Strahlung. Dieses Einsatzgebiet ist aber nicht Gegenstand in diesem Buch.

Die hier verwendeten Bezeichnungen Solar-Absorber und Solar-Kollektor sind für die solarthermische Wandlung reserviert, obwohl Absorber und Kollektor ganz allgemeingültige Begriffe sind und z. B. Kollektor mit Sammler übersetzt werden kann. Der Solar-Absorber und der Solar-Kollektor darf nicht mit einer Solarzelle, mit der elektrischer Gleichstrom erzeugt wird, verwechselt werden.

4.7.1.1 Solar-Absorber

Sie bestehen aus strahlungsabsorbierendem Material, meist Kunststoff und textilem Gewebe, durch das das Wärmeträgermedium strömt und dabei erwärmt wird. Solar-Absorber haben keine Einhausung und keine transparente Abdeckung wie Solar-Kollektoren. Kunststoff- und Textilabsorber sind als Meterware lieferbar und damit relativ preisgünstig. Da auch keine Wärmedämmung vorhanden ist, können keine hohen Wärmeträgertemperaturen erreicht werden.

Sie werden meist angewendet zur

- Wasservorwärmung und
- Freischwimmbad-Wassererwärmung.

In Abb. 4.44 sind Bahnen eines Solar-Absorbers zur Schwimmbadheizung aus synthetischem Kautschuk (EPDM) zu sehen.

Abb. 4.44 Solar-Absorber aus synthetischem Kautschuk (EPDM), *Quelle* Pfohl-Schwimmbadtechnik

Heute wird für die Freischwimmbad-Wassererwärmung der Einsatz von großflächigen, direkt vom Beckenwasser durchströmten Kunststoffabsorbern bevorzugt, denn sie

- sind resistent gegen Schwimmbadchemikalien,
- können in großen Einheiten verlegt werden,
- haben für Nutzungstemperaturen bis ≈ 30 °C in der Regel ein günstigeres Kosten-Nutzen-Verhältnis als Solarkollektoren.

Auf dem Markt sind

- Multischlauchabsorber,
- Rippenrohrabsorber,
- Plattenabsorber (Multikanalabsorber) und
- Vollflächenabsorber.

Hersteller, Produkte, Bauformen und weiter technische Daten, u. a. den Konversionsfaktor oder maximalen Wirkungsgrad ν, der in Abschn. 4.7.2 noch erläutert wird, enthält Tab. 4.7.

Tab. 4.7 Bauformen von Solar-Absorbern entsprechend [11]

Hersteller	Produkt	Bauformen	Mate-rial	Volumen-strom in l/(m² h)	ν	Temp.-bereich in °C
AST	120/10	Multischlauch	EPDM[a]	100	0,87	−50 bis 150
	Sunflex	Rippenrohr	HDPE[b]	100	0,81	−35 bis 120
Behnke GmbH	BE 1070	Multischlauch	EPDM	100–200	0,86	−40 bis 130
Oku Obermaier GmbH	OKU-Abs.	Platten-absorber	HDPE	200	k.A.	−50 bis 120
Solaranlagen Lange GmbH	Solarflex	Rippenrohr	PP	100	0.84	−35 bis 120
Solarhandel Franken GmbH	Solana 2000	Multischlauch	EPDM	bis 100	0,92	−50 bis 150
Solarrip	Solarrip public	Rippenrohr	PP	100–250	0,81	−35 bis 120
Sunset Enegietechnik GmbH	Sunstar	Multischlauch	PP	550	0,83	−40 bis 130
Roth Werke GmbH	Roth Helio Pool	Vollflächen-absorber	HDPE	200	0,82	−50 bis 115

[a]EPDM – Ethylen-Propylen-Dien-Monomer, [b]HDPE – High Density Polyethylen

Beim *Multischlauch-Absorber* sind einzelne Schläuche bzw. Rohre als Register an ein Verteil- bzw. Sammelrohr angeschlossen. Verbreitet sind kostengünstige Rohre aus Polypropylen (PP).

Die *Multischlauch-Absorber mit Zwischensteg* sind überwiegend aus Ethylen-Propylen-Dien-Monomer (EPDM) gefertigt und werden in verschiedenen Bauformen angeboten. Der Anschluss der Strömungskanäle an die Verteiler und Sammler erfolgt entweder mit Schlauchschellen oder mittels Stützhülsen, die in die Verteil- bzw. Sammelrohre gequetscht werden. Wegen der relativ schlechten Wärmeleitung von Kunststoff können die Stege nicht als zusätzliche Absorberfläche betrachtet werden, sondern sie dienen zur Befestigung auf dem Untergrund und als Abstandhalter zwischen den einzelnen Schläuchen.

Multischlauch-Absorber werden meist erst auf der Baustelle zugeschnitten.

Platten- und Vollflächen-Absorber sind Multikanal-Absorber und werden als flexible Matten (aus Ethylen-Propylen-Dien-Monomer) oder starre Platten (aus Polypropylen) angeboten. Die Matten bzw. Platten sind mit Unterverteilern bzw. Untersammlern verschweißt und können über Muffen mit Schlauchschellen oder Verschraubungen untereinander verbunden werden. Bei diesem Absorbertyp müssen die Abmessungen der Einzelelemente schon bei der Bestellung angegeben werden.

Bei den Solar-Absorberflächen sind die aktive Fläche, die dem längsgeführten Querschnitt der Schläuche entspricht, und die Apertur, das gesamte Feld bis an die Außenmaße bzw. die besonnte Solar-Absorberfläche, zu unterscheiden. Die aktive Fläche ist bei Multischlauch-Absorber kleiner und bei Multikanal-Absorber gleich der Apertur.

Solar-Absorber-Materialien

Polypropylen (PP) wird seit vielen Jahren u. a. für Rohrleitungen bei Fußbodenheizungen eingesetzt und muss bei der Verlegung im Freien besonders Ultraviolett (UV)-stabilisiert sein. Der zulässige Temperatureinsatzbereich liegt zwischen -30 °C und $+120$ °C. Das Material selbst ist zwar frostbeständig, ein Einfrieren des Wassers darf aber nicht zugelassen werden, weshalb Rohre und Absorber im Winter entleert werden müssen. Hersteller geben etwa 10 Jahre Garantie auf das Material. Es ist gut verschweißbar.

Ethylen-Propylen-Dien-Monomer (EPDM) ist Kunstkautschuk und wird seit langem außerhalb der Solartechnik eingesetzt, z. B. zur Fensterabdichtung. Er besitzt eine hervorragende UV-Stabilität. Sein Temperaturbereich ist größer als der von PP: -50 bis $+150$ °C. Hersteller geben die Lebensdauer mit mehr als 30 Jahren an und garantieren für 10 Jahre. EPDM ist absolut frostbeständig. Das System muss selbst bei Einfriergefahr für den Wärmeträger nicht entleert werden.

4.7.1.2 Solar-Flachkollektoren mit Solarflüssigkeit

Sie sind eben gestaltete thermische Solarenergiewandler, bei denen der meist metallische Absorber eingehaust, transparent abgedeckt und mit einer rückseitigen opaken Wärmedämmung gegen Wärmeverluste geschützt ist. Das Medium im Solarkollektor ist in der Regel Solarflüssigkeit, ein Gemisch aus Wasser und Frostschutzmittel, selten reines Wasser, das bei Einfriergefahr in einen Auffangbehälter entleert wird. Durch die gegenüber einem einfachen Absorber viel geringeren Wärmeverluste können Wärmeträgertemperaturen bis 180 °C erreicht werden.

Folgende Einsatzfälle sind möglich:

- Trinkwassererwärmung für sanitäre Zwecke bis zu einer Wassertemperatur von 60 °C
- Heizungsunterstützung für eine Gebäude-Warmwasserheizung bis 70 °C
- Prozesswärmebereitstellung für technologisch benötigtes Heißwasser oder für Dampf bis 150 °C
- Prozesswärmebereitstellung für den Desorber der sorptiven Kälteerzeugung bis 140 °C
- Wassererwärmung für Freischwimmbäder bis 40 °C, wenn eine Wassererwärmung in Solar-Absorbern nicht ausreicht
- Bereitstellung von Wärme bis 80 °C für solare Nahwärmeversorgung mit einem saisonalen Speicher.

Aufbau und Energieströme eines Standard-Solarflachkollektors mit Solarflüssigkeit zeigt Abb. 4.45.

Eine große Leistung wird erreicht durch

- einen großen Transmissionsgrad der transparenten Abdeckung,
- sehr gute Strahlungsabsorption bei gleichzeitig geringer Emission des Absorbers,
- sehr gute Wärmedämmung rings um den Absorber und
- ungehinderte Wärmeübertragung der absorbierten Wärme an das Wärmeträgermedium.

Die jüngsten Entwicklungen dienten im Wesentlichen diesen Zielen. Damit entstanden neben der Standardvariante der Abb. 4.45 mit einer Solarflüssigkeit aus Wasser und Frostschutzmittel weitere Varianten von Solarflachkollektoren, wie

- Vakuumflachkollektor, auch EFPC (Evacuated Flat Plate Collector) genannt,
- Flachkollektor mit einer Abdeckung aus transparenter Wärmedämmung (TWD),
- Solar-Kollektor mit volumetrischem Absorber.

Die Idee, die Wärmedämmung rings um den Absorber mit Vakuum zu erreichen und damit im Innern die konvektiven Verluste zu vermeiden, ist an sich sehr gut, zumal eine Vakuumwärmedämmung keine Entsorgungsprobleme bereitet. Das Aufrechterhalten eines hohen Vakuums in einem Flachkollektor ist konstruktiv schwierig zu lösen, und so gibt es bisher nur ganz wenige Hersteller von Solar-Vakuumflachkollektoren.

Die Abdeckung aus TWD krankte bisher daran, dass die TWD-Materialien keine Temperaturen über 120 °C, die im Stillstand in einem Kollektor weit überschritten werden, aushielten. Durch den Einsatz von Glasröhrchen, die mit einem hochtemperaturbeständigen Kleber an der Abdeckglasplatte befestigt werden können, scheint ein Weg gefunden zu sein.

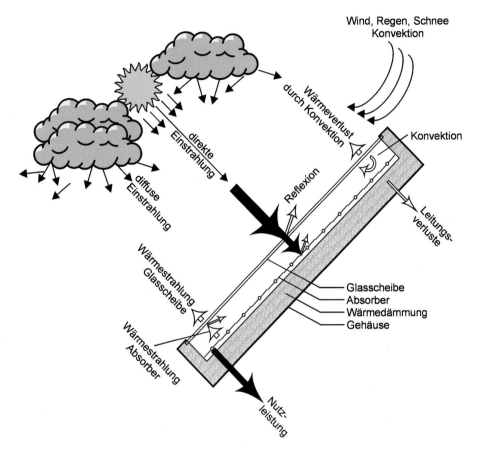

Abb. 4.45 Aufbau und Energieströme eines Standard-Solarflachkollektors mit Solarflüssigkeit

Wegen der im Vergleich zu Wasser ungünstigeren thermodynamischen Eigenschaften der Solarflüssigkeit werden zunehmend auch Systeme entwickelt, die nur mit Wasser als Wärmeträgermedium auskommen.

Solar-Flachkollektoren mit Solarfluid werden meist auf Dächer montiert, entweder in Indach-Montage beim Dachneubau oder einer Dacherneuerung, wobei sie gleichzeitig die Dachhaut bilden, Abb. 4.46, oder in Aufdach-Montage, wobei sie über dem bereits vorhandenen Dach aufgeständert werden.

Frei aufgestellte Solarflachkollektoren, Abb. 4.47, sind selten anzutreffen. Für sie wird Aufstellfläche benötigt.

4.7.1.3 Solar-Flachkollektor mit Luft als Arbeitsmedium
Zum Erwärmen von Luft für Heizzwecke oder für Trocknungsprozesse bis 45 °C eignen sich Solar-Flachkollektoren als Luftkollektor, Abb. 4.48. Es handelt sich um einen Twin-solarkollektor, der mit einem kleinen Photovoltaikmodul versehen ist, das die elektrische Energie für den Ventilator liefert.

Abb. 4.46 Solar-Flachkollektoren mit Solarfluid in Indach-Montage, *Quelle* SOLVIS GmbH & Co KG

Abb. 4.47 Frei aufgestellter
Solar-Flachkollektor mit
Solarfluid, *Quelle* SOLVIS
GmbH & Co KG

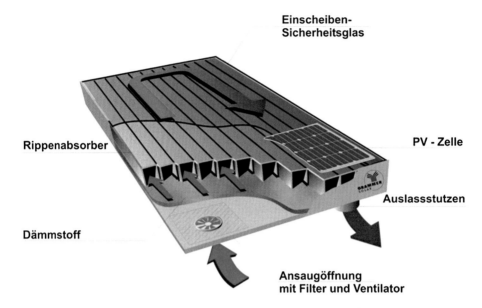

Abb. 4.48 Variante eines Twin-Solar-Luftkollektors, *Quelle* Grammer Solar GmbH

Solar-Flachkollektoren mit dem Wärmeträgermedium Luft haben nur wenige Kollek-
torhersteller in ihrem Angebot. Das ist mit den geringen Wärmeübergangskoeffizienten
für den Wärmeübergang Absorber–Luft und der geringen Wärmekapazität von Luft zu
begründen, obwohl erwärmte Luft zunehmend für Lüftungsaufgaben benötigt wird. Die
geringe Wärmekapazität hat auch einen großen Aufwand für die Luftförderung, bezogen
auf eine Energieeinheit, zur Folge.

Luftkollektoren werden gebaut als Kollektoren mit

- strahlungsseitig unbedecktem Absorber, Abb. 4.49, und
- strahlungsseitig bedecktem Absorber (Abb. 4.48 und 4.50).

Solare *Luftflachkollektoren* erwärmen die Luft um 10–30 K und werden angewendet

- für Trocknungsprozesse in der Landwirtschaft,
- zur Luftheizung oder Luftvorwärmung.

Abb. 4.49 Strahlungsseitig
unbedeckter Absorber eines
Solar-Luftkollektors

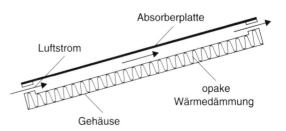

Abb. 4.50 Strahlungsseitig bedeckter Absorber eines Solar-Luftkollektors

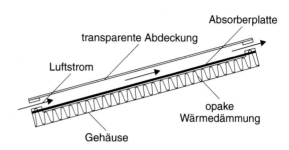

Sie sind architektonisch vielseitig auf Dächern und in Gebäudehüllen integrierbar, arbeiten eigensicher zwischen Frostbereich und Stillstandstemperatur und erlauben einen gehobenen lufthygienischen Komfort in Gebäuden durch energetisch günstig erwärmte Zuluft.

4.7.1.4 Solar-Röhrenkollektoren

Sie bestehen aus einem verschweißten Glasrohr und einem im Inneren angeordneten Absorber. Glasröhren bieten konstruktiv beste Voraussetzungen, um ein Vakuum dauernd aufrechtzuerhalten. Deshalb werden Solarröhrenkollektoren ausschließlich als Vakuumröhrenkollektoren mit einem Vakuum bis zu 10^{-2} Pa ausgeführt.

Folgende Varianten sind im Einsatz:

Standardausführung: Im evakuierten Glasrohr befindet sich in der Mitte ein selektiv beschichteter Absorberstreifen (Finne) mit mittig daran angebrachtem Rohr, durch das das zu erwärmende Wasser, allerdings immer nur in eine Richtung, fließt. Es muss deshalb an jedem der beiden Rohrenden ein Wasseranschluss installiert werden.

Ausführung mit *Doppelrohr*: Das Rohr in der Mitte der Finne ist als Doppelrohr ausgeführt. Das Zulaufwasser strömt in das innere Rohr, wird am Rohrende umgelenkt und fließt als erwärmtes Wasser im Ringraum zurück. Der Nachteil zweier Wasseranschlüsse am Rohr ist damit beseitigt, Abb. 4.51.

Abb. 4.51 Solarvakuumröhrenkollektor mit Doppelrohr für das Solarfluid

Prinzip der Vakuumröhre

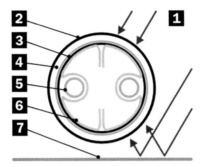

1 Sonnenstrahlen
2 Spezialglasröhre
3 hochselektiv beschichtete Innenröhre
4 Vakuum
5 Kupferrohre
6 Wärmeleitblech aus Aluminium
7 Flachspiegel mit keramischer Beschichtung

Abb. 4.52 Absorberrohr mit einem Flachspiegel unter dem Kollektorrohr, *Quelle* SOLVIS GmbH & Co KG

Abb. 4.53 Solar-Vakuum-Röhrenkollektor mit Absorberrohr und CPC-Reflektor, *Quelle* SOLVIS GmbH & Co KG

Absorberrohr: Anstelle der Finne ist in die Glasröhre koaxial ein Absorberrohr aus beschichtetem Glas eingebaut, Abb. 4.52.

Die effektive Absorberfläche wird damit vergrößert, da unabhängig vom Sonnenstand immer die gleiche Fläche, nämlich die Projektionsfläche der Zylindermantelfläche,

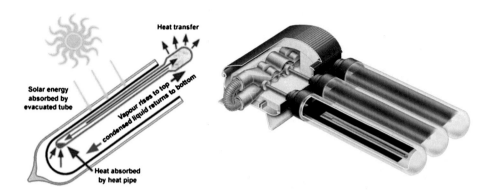

Abb. 4.54 Solar-Vakuum-Röhrenkollektoren mit Wärmerohrprinzip, *Quelle* rechtes Bild: Viessmann

bestrahlt wird, allerdings nur im Scheitelpunkt senkrecht. Zur Erhöhung der auf den Absorber einwirkenden Energie kann unter dem Röhrenkollektor ein CPC-Reflektor (CPC: Compound Parabolic Concentrating), Abb. 4.53, oder ein Flachspiegel liegen wie in Abb. 4.52. Beim CPC Reflektor erfolgt eine Konzentration durch zwei verbundene parabolische Konturen. Das zu erwärmende Wasser strömt in einem Rohr an der Innenwand des Absorbers mit Umlenkung am Kollektorende hin und zurück: Der Wasseranschluss ist nur auf einer Kollektorseite nötig.

Wärmerohr: Auf der Innenseite des Absorberrohrs befindet sich ein Wärmerohr. Dies ist ein fest verschlossenes Rohr mit einem organischen Medium, z. B. einem Kältemittel, als Füllung, Abb. 4.54. Bei Zufuhr von Wärme, die von der absorbierten Energie der bestrahlten Absorberrohrs bereitgestellt wird, verdampft das organische Medium im Inneren des Wärmerohrs. Der entstehende Dampf gelangt in einen kleinen Kondensator am Kopfende des Wärmerohrs, der mit dem zu erwärmenden Wasser gekühlt wird, wobei das organische Medium kondensiert und wieder in das Wärmerohr zurückfließt. Die Wärmeübertragung zwischen Wärmerohrmedium und Wasser erfolgt rekuperativ. Röhrenkollektor (Wärmerohr) und Wassersystem sind damit indirekt ohne Medienaustausch gekoppelt, sodass das Auswechseln nicht mehr funktionierender Röhren unproblematisch ist.

Schott-Röhre: Als Absorber fungiert ein beschichtetes Glasrohr, das sich im unteren Teil der Hüllglasröhre befindet. Unter dem Absorberrohr, aber innerhalb der Hüllglasröhre, ist ein Reflektor eingebaut, der die Bestrahlungsstärke auf das Absorberrohr erhöht (Abb. 4.55, Figur G). Das Wasser strömt wie beim oben beschriebenen Doppelrohr im Innern des Absorberrohrs in einem Koaxialrohr.

In Abb. 4.55 sind die unterschiedlichen Anordnungen von Finne, Absorberrohr und Reflektorfläche im Rohrquerschnitt zusammengefasst dargestellt. Figur A stellt die Standardausführung dar. Die gebogene Finne, Figur B, soll den Wirkungsgrad bei schrägem Lichteinfall steigern. Die Halbfinne mit Reflektor, Figur C, führt sowohl zu einer Halbierung der thermischen Verlustfläche als auch der Absorberfläche. Beim gläsernen Absorberrohr, Figur D, ist kein Glas-Metall-Übergang mehr nötig; der CPC-Reflektor ist

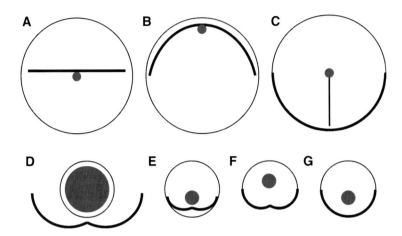

Abb. 4.55 Varianten für Solar-Vakuum-Röhrenkollektoren

extern und damit separat angeordnet. Durch den innen liegenden Reflektor, Figur E, werden Absorber und Reflektor in einem Bauteil vereinigt. Das bietet Schutz vor Degradation und soll zu einem besseren Wirkungsgrad führen. Ein optimaler Wirkungsgrad wird mit einem ins Hüllrohr integrierten CPC-Reflektor, der durch eine innen liegende Silberbeschichtung hergestellt wird, erreicht, Figur F. Der Schott-Kollektor, Figur G, weist die wesentlichen Vorteile von Figur F auf, ist aber kostengünstiger zu produzieren.

Mit Solar-Röhrenkollektoren können höhere Temperaturen als mit Solar-Flachkollektoren erreicht werden. Ihre Anordnung kann wegen der beliebig wählbaren Neigung des Absorbers bei der Standardausführung und bei den von der Einstrahlungsrichtung unabhängigen Rohrabsorbern sowohl auf Flachdächern als auch an Fassaden erfolgen.

4.7.1.5 Solar-Speicherkollektoren
Sie werden ausgeführt als

- Solar-Flachkollektor mit angebautem opak wärmegedämmtem Speicher und
- Kompaktsystem.

Bei Ersterem ist der Speicher im montierten Zustand oberhalb des Flachkollektors angeordnet. Dieses Gerät arbeitet damit entsprechend dem Thermosiphonprinzip, d. h. wie eine Schwerkraftwarmwasserheizung mit natürlichem Wasserumlauf ohne Umwälzpumpe. Eine Schwerkraftbremse muss nachts ein Auskühlen des Speichers über den Solar-Flachkollektor verhindern. Dieser Typ ist vor allem in Südeuropa weit verbreitet, Abb. 4.56.

Beim Kompakt-System ist der mit Trinkwasser gefüllte Flüssigkeitstank gleichzeitig der Absorber. Die Abdeckung besteht aus Transparenter Wärmedämmung. Die optimale Aufnahme der Sonnenenergie erfolgt mit einem CPC-Reflektor, Abb. 4.57.

Abb. 4.56 Speicherkollektor
mit Solar-Flachkollektor
und angebautem opak
wärmegedämmten Speicher auf
einem Haus auf Kreta

Abb. 4.57 Kompaktsystem

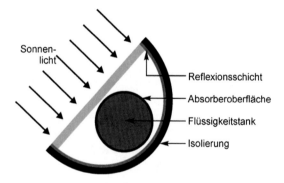

4.7.2 Physikalische Eigenschaften solarthermischer Wandler

Einfluss auf die Umwandlung der solar eingestrahlten Energie in thermische Energie
eines Wärmeträgers haben

- die transparente Abdeckung,
- das Konzentrationsverhältnis zwischen strahlungsempfangender Fläche und
  Absorberfläche, wenn beide wie bei Strahlungskonzentration nicht identisch sind,
- der Absorber und
- die Wärmeübertragungsverhältnisse zwischen Absorber und Wärmeträger.

Im hier zu besprechenden Temperaturbereich ist keine Sonnenstandsnachführung und
Konzentration üblich. Das Konzentrationsverhältnis ist formal gleich 1 zu setzen.

Bei der Strahlungswärmeübertragung folgt aus dem Energieerhaltungssatz

$$\rho + \alpha + \tau = 1 \tag{4.27}$$

mit

ρ Reflexionsgrad,

α Absorptionsgrad,

τ Transmissionsgrad,

was sowohl integral als auch spektral für jedes Wellenlängen- und Frequenzintervall gilt.

Die transparente Abdeckung, die nur kurzwellige Strahlung mit Wellenlängen von 0,36–3 μm hindurchlässt, muss einen großen Transmissionsgrad τ_T haben, damit viel Strahlungsenergie auf den Absorber gelangt. Das wird erreicht

- mit einem kleinen Absorptionsgrad α_T, damit auch die transparente Abdeckung nicht unnötig erwärmt wird, und
- kleinem Reflexionsgrad ρ_T, damit die Strahlung nicht ungenutzt in die Umgebung zurückgestrahlt wird.

Ein kleiner Reflexions- und Absorptionsgrad wird mit matten eisenarmen transparenten Abdeckungen erreicht.

Handelsübliche Gläser und experimentell untersuchte Strukturen weisen Transmissionsgrade entsprechend Tab 4.8 auf.

Der Transmissionsgrad hängt vom Einfallswinkel der Sonnenstrahlung ab. Er ist der Winkel zwischen der Flächennormalen und der Einstrahlung. Bei einem Einfallswinkel 0 (senkrechte Einstrahlung auf die Empfangsfläche) ist die Transmission am größten. Bei einem Winkel von 70° kann die Reduktion zwischen 26 % und 33 % betragen.

Am Absorber erfolgt die Absorption von kurzwelliger direkter und diffuser Strahlung, die die Temperatur des Absorbers erhöht. Er wird damit selbst zum Strahler für langwellige Wärmestrahlung, die auch als Temperaturstrahlung bezeichnet wird.

Für den Absorber als opakes Bauteil ist $\tau_A = 0$, also $\alpha_A + \rho_A = 1$. Da er ein Temperaturstrahler ist, kann auf ihn das Kirchhoffsche Gesetz

$$\varepsilon_A = \alpha_A \varepsilon_s \tag{4.28}$$

mit

ε_A Emissionsgrad des Absorbers,

ε_s Emissionsgrad eines Schwarzen Körpers,

α_A Absorptionsgrad des Absorbers

angewendet werden. Im Strahlungsgleichgewicht bei gleicher Temperatur und gleicher Wellenlänge ist $\varepsilon_s = 1$ und damit

$$\varepsilon_A(\lambda, T) = \alpha_A(\lambda, T). \tag{4.29}$$

Tab. 4.8 Gläser für Module und Kollektoren bei senkrechtem Strahlungseinfall im Überblick entsprechend [12]

Bezeichnung	Glastyp	Transmissions-grad τ_T in %	Glasdicke in mm
Standard Solargläser			
Solite/Solartex	Strukturglas	91,5	3,2/4,0
Centrosol MM/SM			
Securit Albarino S/T			
Summax	Floatglas	91,0	3,2/4,0
Centrosol C+			
T-Safe Solar Float			
F-Solarfloat	Floatglas	91,3[a]	2,8–4,0
T-Safe Solar Pattern	Strukturglas	91,6	2,5/3,2/4
Succeed Solarglas	Strukturglas	91,6	3,2/4,0
Durasolar P+			
Silk/Cone/Astra	Strukturglas	92,0	2,5–6,0
Securit Diamant Solar	Floatglas	91,2	k.A
Anti-Reflex-Gläser/Anti-Reflex-Beschichtungen			
Sparc	AR-Beschichtung für Struktur- und Floatglas	+2,4[a]	3,2/4,0
Centrosol Hit	Nano-Power-AR-Beschichtung für Struktur- und Floatglas	+6,0	3,2/4,0
F-Solarfloat HT	AR-Beschichtung für Floatglas	+2,5	2,8–4,0
Energy Vision	AR-Solarglas (Struktur- und Floatglas)	96,6	2,3/4,0
Suceed AR-Solarglas	AR-Strukturglas	97,3	3,2/4,0
iplus HT	AR-Beschichtung für Struktur- und Floatglas	min. +2,2 PV[a] min. +4,0 Thermie[b]	2,8–12
zulieferabhängig	Geätzte AR-Schicht auf Struktur- und Floatglas	+5	k.A.
Securit Albarino P/G	Tieftexturiertes Strukturglas	+3	k.A.

[a]Energietransmission nach ISO 9050, [b]nach EN 410

Für diesen Fall ist die Emission gleich der Absorption.

Ein Solarabsorber absorbiert kurzwellige Solarstrahlung mit hoher Temperatur T_S. Sein effektiver Absorptionsgrad gibt an, welcher Anteil des Sonnenlichts im Mittel absorbiert wird. Die Emission des gleichen Absorbers erfolgt bei der Absorbertemperatur T_A mit dem effektiven Emissionsgrad $\varepsilon_{A,eff}$. Wegen $T_S \neq T_A$ gilt auch $\alpha_{A,eff} \neq \varepsilon_{A,eff}$.

Ein solarthermischer Wandler soll möglichst alle zugestrahlte Energie absorbieren, sie aber nicht oder nur bei größeren energiearmen Wellenlängen emittieren. Die Forderung hinsichtlich der Absorbergestaltung lautet deshalb: $\alpha_{A,eff}/\varepsilon_{A,eff} \gg 1$.

Das Verhältnis $\alpha_{A,eff}/\varepsilon_{A,eff}$ wird als Selektivität eines Absorbers bezeichnet. Sie kann mit selektiven Schichten auf der Absorberoberfläche beeinflusst werden. Für diese gilt:

- großes α_A und kleines ρ_A im Wellenlängenbereich des sichtbaren Lichtes, um vor allem die energiereiche Strahlung vollständig zu absorbieren;
- kleines α_A und großes ρ_A im Infrarotbereich, damit die energiearme Strahlung nicht absorbiert wird, die sonst im Mittel zu einem Absinken der Exergie der absorbierten Strahlung führt.

Die Absorberdicke beträgt bei Kupfer zwischen 0,12 mm und 0,5 mm, bei Aluminium zwischen 0,3 mm und 0,8 mm und bei Stahl 0,6 mm. Die meisten Absorber sind 1.250 mm breit. Die Selektivität ist bis auf wenige Ausnahmen größer als 18.

Prinzipiell gibt es momentan zwei Verfahren zum Beschichten der Absorberbleche: die Elektronenstrahlverdampfung und die Kathodenzerstäubung. Bei beiden Verfahren handelt es sich um Physical Vapour Deposition (PVD)-Verfahren, die in Bandbeschichtungsanlagen realisiert werden.

Die Wärmeübertragung vom Absorber auf das Wärmeträgermedium wird sehr stark durch die konstruktive Gestaltung des solarthermischen Wandlers und auch vom verwendeten Wärmeträger bestimmt. Bei einer Solarflüssigkeit, bei der dem Wasser ein Frostschutzmittel zugemischt ist, verringert sich mit größer werdendem Frostschutzmittelanteil der innere Wärmeübergangskoeffizient in den Leitungen beträchtlich, und die spezifische Wärmekapazität des Gemisches ist geringer als die von Wasser.

Beispiele für Absorptions- und Emissionsgrade selektiver Absorberschichten zeigt Tab. 4.9.

In Abb. 4.58 ist der relative Wärmeübergangskoeffizient von Antifrogen-N-Wasser-Mischungen unterschiedlicher Konzentration im Vergleich mit reinem Wasser bei turbulenter Strömung dargestellt.

Aus Abb. 4.58 ist abzulesen: Bei einer Temperatur von 40 °C und einem Antifrogen-N-Anteil von 52 % verringert sich der Wärmeübergangskoeffizient auf die Hälfte des Wertes für reines Wasser bei 20 °C.

In Tab. 4.10 sind die momentan handelsüblichen Solarfluide aufgeführt.

4.7.3   Bewertungsgrößen solarthermischer Wandler

Zu bewerten sind

- Quantität und Qualität des solar erzeugten Nutzwärmestroms,
- die maximale Temperatur im Stagnationsfall des Wandlers ohne Wärmeabnahme, auch als Stillstandstemperatur bezeichnet, und
- Wirkungs- und Nutzungsgrade solarthermischer Wandler.

Tab. 4.9 Absorptions- und Emissionsgrade selektiver Absorberschichten entsprechend [13]

Produktname	Produktionsstart	Absorptionsgrad in %	Emissionsgrad in %	Beschichtung	Beschichtungsprozess	Absorbermaterial
AS	1980	96	15	Schwarzchrom	Galvanik	Edelstahl
Black Chrom	1983	96 ± 2	11 ± 2	Schwarzchrom	Galvanik	Stahl
Tinox Classic	1994	95 ± 2	4 ± 2	Titan-Nitritoxid	PVD[a]	Kupfer
Black Selekt	1995	95 ± 2	8 ± 2	Schwarzchrom	Galvanik	Kupfer
Sunselect	1997	95 ± 2	5 ± 2	K-M-Struktur[b]	PVD	Kupfer
AS+	1998	95	5	Schwarzchrom	Galvanik	Edelstahl
Mirotherm	2001	95 ± 1	5 ± 2	K-M-Struktur	PVD	Aluminium
Mirosol	2002	90 ± 2	15 ± 2		PVD	Aluminium
Solarceo	2005	95 ± 2	5 ± 2	K-M-Struktur	PVD	Kupfer/Alu
Eta plus CU	2005	95 ± 2	5 ± 2	K-M-Struktur r	PVD	Kupfer
Eta plus AL	2005	95 ± 2	5 ± 2	K-M-Struktur	PVD	Aluminium
Tinox Energy CU	2008	95 ± 2	4 ± 2	K-M-Struktur	PVD	Kupfer
Tinox Energy AL	2008	95 ± 2	4 ± 2	K-M-Struktur	PVD	Aluminium
Viessmann	2009	95 ± 1	5 ± 1	K-M-Struktur	PVD	Aluminium
Mirosol TS	2010	90 ± 2	20 ± 3	Selektiver Lack	Bandlackierung	Aluminium
Tinox Artline	2011	90 ± 2	5 ± 2	K-M-Struktur	PDV	Kupfer/Alu
Tinox Nano	2011	90 ± 2	5 ± 2	K-M-Struktur	PDV	Kupfer/Alu

[a]PVD steht für Physical Vapour Deposition, [b]K-M Struktur steht für Keramik-Metall-Struktur

Diese Größen werden neben den meteorologischen Bedingungen beeinflusst durch

- die besprochenen physikalischen Eigenschaften von transparenter Abdeckung und Absorber,
- die Wärmedämmung bzw. Wärmeverluste des solarthermischen Wandlers und
- die Wärmeübertragungsverhältnisse Absorber–Fluid.

Nutzwärmestrom

Für einen nicht konzentrierenden solarthermischen Wandler ergibt sich der Nutzwärmestrom aus der Energiebilanz um den Absorber. Sie lautet

$$\varphi_{Str,ges,A}\, A_A = \Phi_N + \Phi_{Konv,A} + \Phi_{Abstr,A} + \Phi_{Refl,A} \tag{4.30}$$

Abb. 4.58 Relativer Wärmeübergangskoeffizient von Antifrogen-N-Wasser-Mischungen

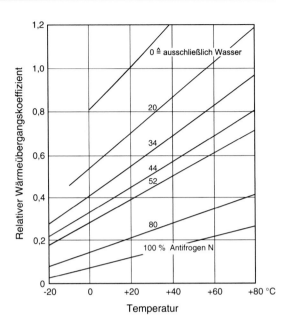

Tab. 4.10 Handelsübliche Solarfluide entsprechend [14]

Produktname	Frostschutz	Temperatur-bereich in °C	Massedichte in g/m³	Wärmeleit-fähigkeit in W/(m K)	Viskosität in mm²/s
Antifrogen Sol HT	höhersiedende Glykole	−28 bis 200	1,082	0,36	7,4
Antifrogen VP1991	höhersiedende Glykole + Propylenglykol	−59 bis 180	–	0,39	7,2
Zitrec F	Propylenglykol	−35 bis 180	1,039	0,42	4,4
Pekasolar 50	Propylenglykol	−28 bis 200	1,042	0,40	6,0
Tyfocor L	Propylenglykol	−50 bis 170	1,038	0,385	3,5–4,5
Tyfocor HTL	höhersiedende Glykole + Propylenglykol	−35 bis 170	1,054	0,385	6,0–8,0
Tyfocor LS Arctic	Propylenglykol	−47 bis 170	1,039	0,344	7,0–8,0
Tyfocor LS Mediteraneo		−10 bis 170	1,020	0,468	2,0–3,0
Tyfocor G-LS		−28 bis 170	1,034	0,413	4,5–5,5

mit

$\varphi_{Str,ges,A}$ Gesamtstrahlung auf den Absorber (nicht auf den Kollektor!)

A_A Absorberfläche

Φ_N mit Wärmeträger abgeführter Nutzwärmestrom

$\Phi_{Konv,A}$ Wärmeverluststrom durch Konvektion am Absorber

$\Phi_{Abstr,A}$ langwellig abgestrahlter Wärmestrom vom Absorber

$\Phi_{Refl,A}$ reflektierter Wärmestrom vom Absorber.

Die beiden Summanden $\Phi_{Konv,A}$ und $\Phi_{Abstr,A}$ werden für den Fall ohne Strahlungskonzentration trotz unterschiedlicher Wärmeübertragungsmechanismen bei Strahlung und Konvektion vereinfachend zu einem Summanden zusammengefasst

$$\Phi_{Konv,A} + \Phi_{Abstr,A} = U_L\,A_A\,(\theta_A - \theta_U) \tag{4.31}$$

mit

U_L mittlerer Wärmeverlustkoeffizient des Kollektors

θ_A Absorbertemperatur

θ_U Umgebungstemperatur.

Im Wärmeverlustkoeffizient U_L sind z. B. bei einem Solarflachkollektor der Wärmedurchgangskoeffizient der transparenten Vorderseite U_T, der Wärmedurchgangskoeffizient der Rückseite U_R und der Wärmedurchgangskoeffizient der Seitenbereiche des Kollektors U_S enthalten. Für die meisten Kollektorbauarten gilt $U_L \approx U_T$.

Der reflektierte Verlustwärmestrom wird bestimmt

$$\Phi_{Refl} = \rho_A\,\varphi_{Str,ges,A}\,A_A \tag{4.32}$$

mit

ρ_A Reflexionsgrad des Absorbers.

Der Wert der Gesamtstrahlung auf den Absorber $\varphi_{Str,ges,A}$ liegt nicht vor, sondern nur der auf die transparente Abdeckung. Es ist deshalb eine Umrechnung nötig. Vereinfachend wird angenommen: $A_A = A_K$ mit A_K als Kollektorfläche.

Damit kann geschrieben werden

$$\varphi_{Str,ges,A}\,A_A = \tau_T\,\varphi_{Str,ges,K}\,A_K \tag{4.33}$$

mit

τ_T Transmissionsgrad der transparenten Abdeckung

sowie

$$\Phi_{Refl} = \rho_A\,\tau_T\,\varphi_{Str,ges,K}\,A_K. \tag{4.34}$$

Unter Apertur eines Kollektors wird die Fläche verstanden, die der von der transparenten Abdeckung überdeckten Fläche entspricht. Da Absorber- und Kollektorfläche sowie Apertur unterschiedlich groß sein können, ist bei Vergleichen von Kollektoren die Bezugsfläche der Bewertungsgrößen zu beachten. Die Absorberfläche ist entsprechend ihrer Gestaltung als Platte oder Finne in der Regel kleiner als die Apertur, die hier mit der Kollektorfläche gleichgesetzt ist. Für die Energieerzeugung spielen nur die Absorberfläche und die Apertur eine Rolle. Dagegen interessieren bei der Montage die Kollektoraußenmaße. Wenn diese Montagefläche gemeint ist, wird meist von Bruttokollektorfläche gesprochen.

Werden die Gleichungen für die Summanden in die Bilanzgleichung um den Absorber eingesetzt, dann ergibt sich der Nutzwärmestrom des Kollektors

$$\Phi_N = \tau_T \varphi_{Str,ges,K} A_K - U_L A_K (\theta_A - \theta_U) - \rho_A \tau_T \varphi_{Str,ges,K} A_K \quad (4.35)$$

oder

$$\Phi_N = \tau_T \varphi_{Str,ges,K} A_K (1 - \rho_A) - U_L A_K (\theta_A - \theta_U). \quad (4.36)$$

Da für den Absorber gilt

$$\alpha_A + \rho_A = 1 \text{ oder} \quad (4.37)$$

$$\alpha_A = 1 - \rho_A, \quad (4.38)$$

folgt

$$\Phi_N = \tau_T \varphi_{Str,ges,K} A_K \alpha_A - U_L A_K (\theta_A - \theta_U). \quad (4.39)$$

Das Produkt

$$\tau_T \alpha_A = \nu \quad (4.40)$$

ist der Konversionsfaktor oder auch der maximale Kollektor-Wirkungsgrad.

Spezifischer Nutzwärmestrom
Der auf die Kollektorfläche – hier mit Apertur gleichgesetzt – bezogene spezifische Nutzwärmestrom ergibt sich zu

$$\Phi_N / A_K = \varphi_N = \tau_T \alpha_A \varphi_{Str,ges,K} - U_L (\theta_A - \theta_U). \quad (4.41)$$

Stillstandstemperatur
Die Stillstandstemperatur eines solarthermischen Wandlers $\theta_{A,Still}$, lokalisiert am Absorber, ist wichtig für die Materialauswahl und die Konstruktion sowie für das Betriebsverhalten des Wandlers. Sie stellt sich ein, wenn kein Nutzwärmestrom abgegeben wird:

$$\varphi_N = \tau_T \alpha_A \varphi_{Str,ges,K} - U_L (\theta_A - \theta_U) = 0. \quad (4.42)$$

Damit wird

$$\tau_T \alpha_A \varphi_{Str,ges,K} = U_L (\theta_{A,Still} - \theta_U)$$

und

$$\theta_{A,Still} = \theta_U + \tau_T \alpha_A \varphi_{Str,ges,K} \big/ U_L. \tag{4.43}$$

Der maximale Wert von $\theta_{A,Still}$ ergibt sich bei maximaler Gesamtstrahlungsintensität $\varphi_{Str,ges,K,max}$ und maximaler Umgebungstemperatur $\theta_{U,max}$ und kann Werte von 250 °C, z. B. für einen Solar-Vakuum-Röhrenkollektor, erreichen.

Wirkungsgrad

Der Wirkungsgrad eines solarthermischen Wandlers ist definiert als das Verhältnis des spezifischen Nutzwärmestroms zur Gesamtstrahlungsintensität

$$\eta_K = \varphi_N \big/ \varphi_{Str,ges,K} = \big(\tau_T \alpha_A \varphi_{Str,ges,K} - U_L (\theta_A - \theta_U)\big) \big/ \varphi_{Str,ges,K} \tag{4.44}$$

bzw.

$$\eta_K = \tau_T \alpha_A - U_L (\theta_A - \theta_U) \big/ \varphi_{Str,ges,K}. \tag{4.45}$$

Üblich ist allerdings eine Gleichung, die sich aus Messwerten ergibt:

$$\eta_K = v - \big[a_1 (\theta_m - \theta_U) + a_2 (\theta_m - \theta_U)^2\big] \big/ \varphi_{Str,ges,K} \tag{4.46}$$

mit

$$\theta_m = (\theta_e + \theta_a) \, /2 \tag{4.47}$$

und

θ_e Fluideintrittstemperatur
θ_a Fluidaustrittstemperatur.

Der Wärmeverlustfaktor wird berechnet

$$U_L = a_1 + a_2 (\theta_m - \theta_U). \tag{4.48}$$

a_1 ist der Wärmedurchgangskoeffizient bei einer Übertemperatur 0 K, a_2 ist der Koeffizient, mit dem die Temperaturabhängigkeit des Wärmedurchgangskoeffizienten berücksichtigt wird.

In Tab. 4.11 sind für gängige solarthermische Wandler Kollektorkennwerte aufgeführt.

Als Beispiel sind bei einem Strahlungswärmestrom $\varphi_{Str} = 1.000$ W/m^2 für einen Solar-Flachkollektor und einen Solar-Röhrenkollektor die Wirkungsgrade zu bestimmen. Zu verwenden sind aus Tab. 4.11 die Angaben für den Solar-Flachkollektor Vitosol 200 F und den Solar-Röhrenkollektor Vitosol 200 T der Firma Viessmann. Die Eintrittstemperatur in die Kollektoren soll $\theta_e = 40$ °C und die Austrittstemperatur $\theta_a = 80$ °C bei einer Umgebungstemperatur $\theta_U = 25$ °C betragen.

Tab. 4.11 Beispiele für Solarkollektorkennwerte, Stand 2010

Kollektortyp	ν	a_1 in W/(m²·K)	a_2 in W/(m²·K²)	Apertur- /Koll.-fläche
Vitosol 200-F FK	0,79	3,95	0,0122	–
Vitosol 200-T VRK	0,82	1,62	0,0068	–
Solarfocus	0,74	3,3	0,012	0,8519
Sydney SK 6	0,68	0,60	0,0019	0,8898
Sydney SK-18F	0,41	0,85	0,0019	0,8696
CPC-VRK	0,644	0,749	0,0050	0,9165
VRK mit Wärmerohr	0,730	1,260	0,0041	0,7477
VRK direkt durchstr.	0,775	1,740	0,0038	0,7477
Großflächen-FK	0,745	3,260	0,0185	0,9271
FK Durchschnitt	0,722	4,170	0,0107	0,9283
Schwimmbadabsorber	0,850	20,000	0,1000	1,0000
doppelt verglaster FK	0,793	2,920	0,0131	0,9183

Verwendet wird Gl. (4.46)

$$\eta_K = \nu - \frac{a_1\,(\theta_m - \theta_U) + a_2\,(\theta_m - \theta_U)^2}{\varphi_{Str}}.$$

Mit Gl. (4.47) für θ_m folgt

$$\theta_m = (\theta_e + \theta_a)/2 = (40 + 80)^\circ C/2 = 60\,^\circ C.$$

Für den Solae-Flachkollektor Vitosol 200 F gilt $a_1 = 3{,}95$ W/(m² K), $a_2 = 0{,}0122$ W/(m² K²) und $\nu = 0{,}79$.

Damit ergibt sich:

$$\eta_K = 0{,}79 - \left[3{,}95\ \text{W/(m}^2\text{K)}\,(60-25)\,\text{K} + 0{,}0122\ \text{W/(m}^2\text{K}^2)\,(60-25)^2/1.000\ \text{W/m}^2\right] = 0{,}67.$$

Für den Solar-Röhrenkollektor Vitosol 200 T gilt $a_1 = 1{,}62$ W/(m² K), $a_2 = 0{,}0068$ W/(m² K²) und $\nu = 0{,}82$.

Damit ergibt sich:

$$\eta_K = 0{,}82 - \left[1{,}62\,\text{W/(m}^2\text{K)}\,(60-25)\,\text{K} + 0{,}0068\ \text{W/(m}^2\text{K}^2)\,(60-25)^2/1.000\ \text{W/m}^2\right] = 0{,}77.$$

In Abb. 4.59 sind Wirkungsgradkennlinien aufgetragen.

In der linken Darstellung, in der qualitativ die Nutzenergie und die Verluste kenntlich gemacht sind, ist auf der Abszisse das Verhältnis der Differenz von Absorber- und

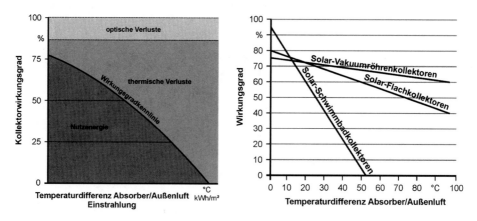

Abb. 4.59 Qualitative Wirkungsgradkennlinien für solarthermische Wandler

Umgebungstemperatur und der Gesamtstrahlungsintensität, also $(\theta_A - \theta_U)/\varphi_{Str,ges,K}$, aufgetragen. In der rechten Darstellung sind mit dem Bezug auf die Temperaturdifferenz $\theta_A - \theta_U$ die Wirkungsgradkennlinien der drei Wandlertypen verglichen. Der Beginn der Verläufe an der Ordinate markiert den Konversionsgrad, der für die einfachen Absorber am größten ist. Der Schnittpunkt mit der Abszisse markiert die Stillstandstemperatur.

Für die messtechnische Bestimmung des spezifischen Nutzwärmestroms von Kollektoren liegt entsprechend DIN 12975-2 (06.06): „Thermische Solaranlagen und ihre Bauteile – Kollektoren – Prüfverfahren" [9] folgende Gleichung zugrunde:

$$\varphi_N = F' \left[\tau_T \alpha_A \varphi_{Str,ges,K} - U_L (\theta_m - \theta_U) \right] \tag{4.49}$$

mit
F'   Absorberwirkungsgradfaktor.

Dieser Faktor stellt das Verhältnis der Nutzenergie bei der mittleren Fluidtemperatur θ_m zur tatsächlich auftretenden Nutzenergie bei der Absorbertemperatur θ_A dar und beschreibt den Wärmetransport vom Absorber zum Fluid. Das Rohr, in dem das Fluid strömt, und das zugehörende Absorberstück ist wie ein Rohr mit Rippe aufzufassen. Für das Berechnen des Absorberwirkungsgradfaktors muss die Absorbergeometrie bekannt sein.

Ein weiteres Beispiel: Für einen nach Süden ausgerichteten und um $\alpha = 45°$ geneigten durchschnittlichen Solar-Flachkollektor entsprechend Tab. 4.11 sollen für Juni wichtige Kenngrößen berechnet werden. Die entsprechenden meteorologischen Daten sind: mittlere Umgebungstemperatur $\theta_{U,m} = 19{,}5\ °C$, Temperaturamplitude $\Delta\theta_U = 6\ K$, maximale Gesamtstrahlungsintensität $\varphi_{Str,ges,max} = 942\ W/m^2$. Weiter Werte: Solarfluideintrittstemperatur $\theta_e = 70\ °C$, Solarfluidaustrittstemperatur $\theta_a = 80\ °C$, Sonnenscheindauer $\tau_{So} = 10\ h$, Nutzwärmestrom $\Phi_N = 1\ kW$.

Wie groß sind

- die notwendige Minimalstrahlung $\varphi_{\text{Str,ges,min}}$, ab der der Kollektor Wärme produziert,
- der maximale spezifische Nutzwärmestrom $\varphi_{\text{N,max}}$,
- die Kollektorfläche A_K,
- der Massestrom des Solarfluids Φ_N, wenn mit Wasser gerechnet wird,
- die Stillstandstemperatur $\theta_{\text{A,Still}}$,
- die Speichergröße V_{Sp}, wenn das Speicherwasser von $\theta_{\text{KW}} = 10\,°C$ auf $\theta_{\text{Sp}} = 60\,°C$ aufgewärmt werden soll?

Notwendige Minimalstrahlung

Entsprechend Gl. (4.41) für den spezifischen Nutzwärmestroms eines Kollektors

$$\varphi_N = \nu\, \varphi_{\text{Str,ges}} - U_L \cdot (\theta_m - \theta_U)$$

kann die Minimalstrahlung für einen Wärmestrom $\varphi_N = 0$ berechnet werden:

$$\varphi_{\text{Str,ges,min}} = U_L \cdot (\theta_m - \theta_U)\big/\nu$$

und

$$\theta_m = (\theta_e + \theta_a)\,/2 = (80 + 70)\,°C/2 = 75\,°C.$$

Für den genannten Flachkollektor gilt mit Gl. (4.48)

$$U_L = a_1 + a_2(\theta_m - \theta_U) = 4{,}17\ \text{W}/(\text{m}^2\text{K}) + 0{,}0107\ \text{W}/(\text{m}^2\text{K}^2) \cdot (75 - 19{,}5)\ \text{K}$$
$$= 4{,}7639\ \text{W}/(\text{m}^2\text{K})$$

und damit

$$\varphi_{\text{Str,ges,min}} = 4{,}7639\,\text{W}/(\text{m}^2\text{K}) \cdot (75 - 19{,}5)\,\text{K}/0{,}722 = 366{,}2\,\text{W}/\text{m}^2.$$

Spezifischer maximaler Nutzwärmestrom

$$\varphi_{\text{N,max}} = \nu \cdot \varphi_{\text{Str,ges,max}} - U_L \cdot (\theta_m - \theta_U)$$
$$= 0{,}722 \cdot 942\,\text{W}/\text{m}^2 - 366{,}2\,\text{W}/\text{m}^2 = 313{,}9\,\text{W}/\text{m}^2.$$

Kollektorfläche

$$A_K = \Phi_N/\varphi_{\text{N,max}} = 1.000\ \text{W}/313{,}9\,\text{W}/\text{m}^2 = 3{,}2\ \text{m}^2.$$

Massestrom des Solarfluids (Wasser)
Aus

$$\Phi_N = q_{m,W} c_p (\theta_a - \theta_e)$$

folgt

$$q_{m,W} = \Phi_N / (\theta_a - \theta_e)\, c_p = 1\,\text{kW} / (80 - 70)\,\text{K}\; 4{,}2\,\text{kJ/kg K} = 0{,}0238\,\text{kg/s}.$$

Stillstandstemperatur
Mit Gl. 4.43 ergibt sich

$$\theta_{A,\text{Still}} = \nu \varphi_{\text{Str,ges,max}} / U_L + \theta_{U,\text{max}}.$$

Im Juni ist mit einer Temperaturamplitude von 6 K zu rechnen. Damit wird

$$\theta_{U,\text{max}} = 19{,}5\,°\text{C} + 6\,\text{K} = 25{,}5\,°\text{C}$$

und

$$\theta_{A,\text{Still}} = \left(0{,}722\,942\ \text{W/m}^2\right) / 4{,}7639\ \text{W/m}^2\text{K} + 25{,}5\,°\text{C} = 168{,}27\,°\text{C}.$$

Speichergröße ohne Entnahme:

$$V_{Sp} = m_W / \rho_W.$$

Mit

$$m_W = \Phi_N \tau_{So} / c_p \left(\theta_{Sp} - \theta_{KW}\right) = 1\,\text{kW}\ 10\,\text{h} / 4{,}2\,\text{kJ/kg K}\ (60 - 10)\,\text{K} = 171{,}4\,\text{kg}$$

wird

$$V_{Sp} = 171{,}4\,\text{kg} / 1.000\,\text{kg/m}^3 = 0{,}171\ \text{m}^3.$$

4.7.4 Speicherung solarthermischer Energie

Speicher für thermische Solarenergie, im Weiteren thermische Solarspeicher oder einfach nur Solarspeicher genannt, dienen zum Entkoppeln der stochastisch erzeugten solarthermischen Energie vom Bedarf an thermischer Energie. Sie sind immanenter Bestandteil einer solarthermischen Anlage und auch zukünftig in thermischen Solaranlagen unverzichtbar. Sie bestimmen ganz wesentlich die Einsatzgebiete thermischer Solaranlagen und werden deshalb bereits hier und nicht in Kap. 9 „Energiespeicher" behandelt.

4.7.4.1 Charakterisierung
Zeitraum der solaren Energieversorgung

- Kurzzeit-Solarspeicher mit solar erzeugtem Energievorrat von ein bis drei Tagen; dominiert im Einfamilien- und kleinen Mehrfamilienhaus, vor allem wegen Platzverhältnissen und Kosten.
- Langzeit-Solarspeicher eignet sich für solare Energieversorgung über mehrere Wochen; selten eingesetzt.
- Saisonale Solarspeicher für weitaus ganzjährige solare Nahwärmeversorgung; realisiert in Pilotprojekten.

Art des Wärmespeichermediums

- Flüssigkeits-Solarspeicher mit dem Wärmespeichermedium Wasser für Trinkwasserspeicher und saisonale Speicher oder Wasser-Frostschutzmittelgemisch für Pufferspeicher.
- Latentwärme-Solarspeicher mit dem Wärmeträgermedien Paraffine, Fettsäuren, Salzhydrate.
- Erdreich-Solarspeicher, Material außerhalb des Speichers sollte schlechte Wärmeleitfähigkeit haben und nicht von Grundwasser durchströmt werden.

Funktion im Anwendungssystem

- Für Trinkwasser-Solarspeicher gilt hygienisch begründete Forderung: Die Energie aus dem Solarkreislauf (Wärmeträger meist Wasser-Frostschutzmittelgemisch) muss rekuperativ an das für die Nutzung aufbereitete Speicherwasser übertragen werden.
- In Puffer-Solarspeichern bleibt der Speicherinhalt im Speicher. Die Beschaffenheit des Speicherinhalts spielt aus hygienischer Sicht keine Rolle. Solare Pufferspeicher können thermische Energie auch aus konventionellen und Biomasse-Energieerzeugungsverfahren aufnehmen.

Speicherkonstruktion (wird noch ausführlicher erläutert)

- Standard-Solarspeicher
- Kombi-Solarspeicher
- Thermosiphon-Solarspeicher
- Schichtbelade-Solarspeicher
- saisonale Solarspeicher.

In der Tab. 4.12 sind Daten marktgängiger Trinkwarmwasser-Solarspeichern enthalten. Als maximale Temperatur gelten 95 °C, als maximaler Druck 1 MPa.

In der Tab. 4.13 sind Daten marktgängiger Kurzzeit-Puffer-Solarspeicher enthalten. Für Puffer-Solarspeicher gilt: maximale Temperatur 95 °C, maximaler Druck 0,3 MPa.

Tab. 4.12 Daten marktgängiger Kurzzeit-Trinkwarmwasser-Solarspeicher entsprechend [15]

Typenbezeichnung	Gesamt-volumen in l	Bereitschaftsvolumen in l	Höhe Durchmes. mit Wärmedämmung in mm		Material/ Dicke in mm
SSB-S 300	300	145	1.931	700	PU hart/100
SL300	300	155	1.670	770	PU weich/100
WP-TWS SOL 400	363	205	1.591	700	PU hart/k.A.
Integrale 300	300	k.A.	1.834	600	PU hart/
TW 300 B	290	104	1.755	610	PU hart/55
TTE 300 WA2	300	140	1.720	600	PU hart/k.A.
Solvistherm ST-303	300	300	k.A.	55	PU hart/k.A.
TWS 300	300	192	1.697	600	PU hart/k.A.
Ecoplus 300	310	135	1.695	750	PFV/k.A.

Tab. 4.13 Daten marktgängiger Kurzzeit-Puffer-Solarspeicher entsprechend [15]

Typenbezeichnung	Gesamt-volumen in l	Bereitschaftsvolumen in l	Höhe Durchmes. mit Wärmedämm. in mm		Material/ Dicke in mm
SBZ 1000/30	1.000	324	2.349	1.010	EPS/115
PL 1000	1.000	417	1.920	1.100	PU weich/100
Solus II 1000 S	1.000	425	2.245	1.60	EPS/100
Karyon	1.000	variabel	1.850	750	PU hart/100
P1000 solar	1.000	335	2.227	1.035	PU weich /80
PS 1000	975	k.A.	2.090	960	PU weich/120
PS 1000-0/1	1.000	variabel	2.130	990	PU weich/k.A.
Solvismax Futur 956	913	556–831	2.290	1.020	PFV
EPS 1000	995	637	2.102	990	PU weich/k.A.
Vario PS-pur K mit WT	550–1.000	variabel	1.832	850	PU weich/100

4.7.4.2 Speicherkonstruktion von Kurzzeitspeichern

Kurzzeitspeicher werden in der Regel aus folgenden Materialien hergestellt, siehe auch die Tab. 4.12 und 4.13:

- Unbeschichtete Stahl-Solarspeicher. Sie dienen als Pufferspeicher und sind nicht für Trinkwasser geeignet.
- Emaillierte Stahl-Solarspeicher. Sie sind am weitesten verbreitet, mit einer Magnesium-Schutzanode als Korrosionsschutz ausgerüstet.

- Kunststoffbeschichtete Stahl-Solarspeicher. Bei ihnen ist die Temperaturbeständigkeit zu beachten. Sie sind meist mit Korrosionsschutz versehen.
- Edelstahl-Solarspeicher.
- Kunststoff-Solarspeicher. Sie sind für geringe Betriebsdrücke und für Temperaturen unter 100 °C geeignet.

Die Speicherkonstruktionen der Kurzzeitspeicher sind in dem Bestreben, die zur Verbesserung der energetischen Effizienz gewünschte Temperaturschichtung im Solarspeicher so gut wie möglich zu realisieren, vielfältig.

Standard-Solarspeicher
Die am Anfang der Entwicklung verwendeten Solarspeicher werden hier als Standard-Solarspeicher bezeichnet. Sie werden im unteren Speicherteil über einen Spiralrohr-Wärmeübertrager solar beheizt und im oberen Teil konventionell nachgeheizt, Abb. 4.60.
   Das solar erwärmte Fluid steigt nach oben, wobei die Temperaturschichtung gestört wird. Obwohl mit dieser Konstruktion bei der solaren Beheizung die Temperaturschichtung nur unzureichend erreicht wird und bei schlechter Regelung der solare Energiegewinn unter den Möglichkeiten bleibt, da öfter als notwendig konventionell nachgeheizt wird, ist dieser Solarspeichertyp noch weit verbreitet.

Kombi-Solarspeicher
Mit Kombi-Solarspeicher wird meist ein Pufferspeicher mit integriertem Trinkwasserspeicher bezeichnet, Abb. 4.61. Der Pufferspeicher wird von unten solar beheizt. Das erwärmte Pufferspeicherfluid steigt nach oben und erwärmt rekuperativ das Trinkwasser. Eine Temperaturschichtung während des Betriebs ist nicht zu erwarten.

Thermosiphon-Solarspeicher
Eine gute Temperaturschichtung wird mit Thermosiphon-Solarspeichern erreicht, Abb. 4.62. Der solar beheizte Wärmeübertrager befindet sich zwar auch im unteren

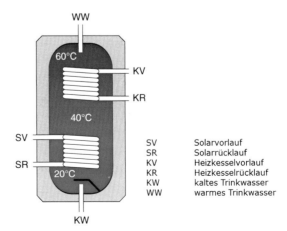

Abb. 4.60 Standard-Solarspeicher als Kurzzeit-Solarspeicher

SV	Solarvorlauf
SR	Solarrücklauf
KV	Heizkesselvorlauf
KR	Heizkesselrücklauf
KW	kaltes Trinkwasser
WW	warmes Trinkwasser

Abb. 4.61 Kombi-
Solarspeicher als Kurzzeit-
Solarspeicher

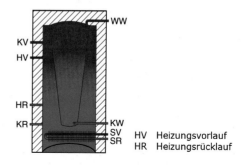

Abb. 4.62 Thermosiphon-
Solarspeicher als Kurzzeit-
Solarspeicher

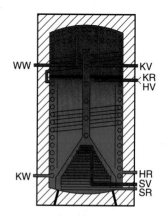

Teil des Speichers, er ist aber nach oben durch eine Einhausung vom Speichermedium getrennt, sodass das erwärmte Fluid in ein Rohr strömt, zu dem sich die Einhausung nach oben hin verjüngt. An diesem Rohr befinden sich schwerkraftgesteuerte Rückschlagventile, die das Fluid an den Stellen austreten lassen, wo im umgebenden Fluid geringfügig höhere Temperaturen herrschen.

Solarspeicher mit Schichtbeladelanze
Dieser Solarspeicher funktioniert ähnlich wie ein Thermosiphon-Solarspeicher, Abb. 4.63.

Das vom Solarkreis erwärmte Fluid wird über die Beladelanze, an der sich schwerkraftgesteuerte Rückschlagventile befinden, in die temperaturäquivalente Schicht eingespeist. Im Speichermodell, das im Abb. 4.62 dargestellt ist, sind alle Zu- und Abführungen zur Verminderung der Wärmeverluste am kalten Ende angebracht. Der Speicher ist ein Pufferspeicher. Im Unterschied zu den vorher besprochenen Varianten wird das Trinkwasser mittels eines externen Wärmeübertragers erwärmt, der vom Speicher aus so mit dem Heizmedium versorgt wird, dass die Leitungen innerhalb der Speicherwärmedämmung liegen. Die konventionelle Nachheizung erfolgt mit einem Rohr, das mit einem Prallblech versehen ist und im oberen Drittel des Speichers endet. Der Rücklauf der Nachheizung wird in der unteren Hälfte des Speichers abgesaugt. Messungen der Universität Stuttgart haben ergeben, dass dieser Speicher sehr gute thermische Eigenschaften hat.

Abb. 4.63 Solarspeicher mit
Schichtbeladelanze als Kurzzeit-
Solarspeicher

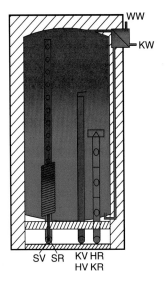

4.7.4.3 Speicherkonstruktion saisonaler Solarspeicher

Saisonale Solarspeicher befinden sich außerhalb von Gebäuden und können künstliche
Bauwerke oder natürlicher Untergrund sein.

In Deutschland wurden bisher gebaut (Zahl in der Klammer ist die Anzahl):

- Heißwasser-Solarspeicher (4)
- Kies-Wasser- oder Erdreich-Wasser-Solarspeicher (4)
- Erdsonden-Solarspeicher (3)
- Aquifer-Solarspeicher (2).

Die Entscheidung für die Speicherbauart hängt ab von

- örtlichen Gegebenheiten,
- erforderlichem Speichervolumen und
- geologischen und hydrologischen Verhältnissen im Untergrund des Standortes.

Heißwasser-Solarspeicher

Er hat die vielseitigsten Einsatzmöglichkeiten und ist unabhängig von der Geologie.
Er entspricht einem großen wassergefüllten zylindrischen Behälter aus Stahl oder aus
Stahlbeton, Abb. 4.64, in dem eine gute Temperaturschichtung aufrechterhalten werden
sollte. Er wird oben und an den zylindrischen Wänden mit den Dämmmaterialien Glas-
oder Mineralfaser, Schaumglas, Schaumglasschotter oder Blähglasgranulat wärmegedämmt, die gegen Feuchtigkeit zu schützen sind. Bei hinreichender Druckfestigkeit kann
das Dämmmaterial auch unter dem Speicher montiert werden. Der Speicher wird drucklos im Temperaturbereich von 30–95 °C betrieben.

Abb. 4.64 Heißwasser-
Solarspeicher als Langzeit-
Solarspeicher

Abb. 4.65 Kies-Wasser- oder
Erdreich-Wasser-Solarspeicher
als Langzeit-Solarspeicher

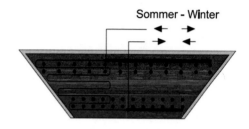

Abb. 4.66 Kies-Wasser-
Solarspeicher in Chemnitz
während der Bauphase, *Quelle*
Thorsten Urbaneck

Kies-Wasser- oder Erdreich-Wasser-Solarspeicher

Sie werden in Erdgruben eingebaut, die mit Kunststofffolien (HD-PE oder PP) abgedichtet und wärmegedämmt werden. Die maximal erreichbaren Temperaturen sind wegen der Kunststofffolien auf 80 °C begrenzt. Die Be- und Entladung der Speicher erfolgt indirekt über eingelegte Kunststoffrohrschlangen. Der Kiesanteil beträgt 60–70 Vol%, Abb. 4.65.

In Chemnitz wurde in einer Grube, die durch Altlastsanierung entstanden war, ein Kies-Wasser-Solarspeicher gebaut, Abb. 4.66.

Erdsonden-Solarspeicher

Bei ihnen sind das Erdreich bzw. die Gesteinsschichten im natürlichen Untergrund das Speichermedium, Abb. 4.67.

Die Speicherung und Entspeicherung der Wärme erfolgt über U-Rohr-förmige oder koaxiale Wärmeübertragerrohre, die meist aus den Kunststoffen PE und PP bestehen.

Abb. 4.67 Erdsonden-
Solarspeicher als Langzeit-
Solarspeicher

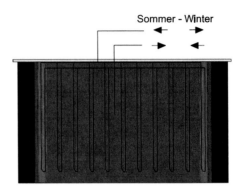

Abb. 4.68 Aquifer-
Solarspeicher als Langzeit-
Solarspeicher

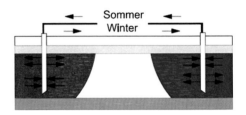

Diese Rohre werden in senkrechte Bohrlöcher mit 100–200 mm Durchmesser eingebracht. Der Abstand zwischen dem Rohr und dem Erdreich wird mit einer Sand-
Wasser-Zement-Bentonit-Mischung ausgefüllt, um gute Wärmeleitbedingungen zu
erreichen. Die Bohrtiefen liegen zwischen 20 m und 100 m, und der Bohrlochabstand
beträgt zwischen 1,5 m und 3 m. Gut geeignete geologische Formationen für Erdsonden-
Solarspeicher sind wassergesättigte Tone bzw. Tongesteine, die sehr dicht sind und eine
große spezifische Wärmekapazität haben. Eine Wärmedämmung ist kaum möglich,
sodass auch im eingeschwungenen Zustand mit 50 % Wärmeverlust zu rechnen ist.

Aquifer-Solarspeicher
Bei ihm muss sich im Untergrund eine möglichst nach oben und unten abgeschlossene
Wasser führende Schicht befinden, was z. B. im porösen Sedimentgestein möglich ist,
Abb. 4.68. In diese Schicht wird die thermische Energie über Brunnen eingebracht. Die
Wärmeverluste hängen von der Wasserbewegung im Aquifer ab. Die Gefahr besteht,
dass sich durch laufende Temperaturwechsel das Fluid chemisch verändert.

4.7.4.4 Bewertung von Solarspeichern
Größen für die Bewertung sind:

- Fassungsvermögen, für Kurzzeitspeicher sollten pro m² Solar-Flachkollektor mehr als
  35 l Speicherinhalt vorgesehen werden; saisonale Speicher sollten mindestens bis zum
  Februar des Folgejahres die Wärmeversorgung übernehmen.
- Bereitschaftsvolumen (der Speicherteil, der auf Solltemperatur gehalten wird),

- Korrosionsschutz,
- Breite und Höhe,
- maximaler Betriebsdruck, für Trinkwasserspeicher 0,6–1,0 MPa, für Pufferspeicher 0,25–0,6 MPa,
- Wandungsmaterial,
- Wärmedämmung: Der Wärmeverlustwert, der den Wärmestromverlust pro 1 K Temperaturänderung zwischen Speicherinhalt und Umgebungstemperatur angibt, sollte bei 400-Liter-Solarspeichern im Bereich von (1,7–2,3) W/K und bei 1000-Liter-Solarspeichern im Bereich von (3,7–4,4) W/K liegen. Die Dämmschichtdicke beträgt bei Puffer- und Kombispeichern meist zwischen 8 und 10 cm. Größere Dämmschichtdicken sind sehr selten. Trinkwasserspeicher werden oft mit weniger als 8 cm Dämmmaterial gedämmt.

Sehr wichtig für die Effizienz von Solarspeichern ist das Aufrechterhalten einer Temperaturschichtung. Sie wird bei Kurzzeit-Solarspeichern durch eine hohe, schlanke Ausführung unterstützt. Es muss erreicht werden, dass beim Beladen und Entspeichern keine Vermischung unterschiedlich temperierter Fluide zustande kommt. Die in der Legionellenverordnung geforderte gleichmäßige Temperatur von 60 °C in Trinkwasserspeichern mindestens einmal am Tage steht diesem Wunsch nach Temperaturschichtung entgegen. Es gibt deshalb für Solarspeicher speichervolumenabhängige Ausnahmen in dieser Verordnung und besondere Schaltungen für solarthermische Anlagen, um sowohl die Temperaturschichtung nutzen zu können als auch der Legionellenverordnung Genüge zu tun.

Die Verfügbarkeit solarthermischer Energie steigt mit dem Zeitraum der solaren Energieversorgung, die mit der Größe der Solarspeicher und folglich mit den Investitionskosten korreliert. Die Bemessungsstrategie solarthermischer Anlagen wird stark von den Speichermöglichkeiten und insbesondere von der Größe des Solarspeichers beeinflusst.

4.7.5 Beispiel solarthermische Trinkwassererwärmung

Die solarthermische Trinkwassererwärmung ist gegenwärtig noch das Hauptanwendungsgebiet für die Nutzung solarthermisch erzeugter Energie. Prinzipiell sind drei Anlagenkonfigurationen möglich:

- Speicherkollektoranlage
- Zweikreissystem mit Naturumlauf als Thermosiphonanlage
- Zweikreissystem mit Zwangsumlauf als Pumpensolaranlage.

4.7.5.1 Speicherkollektoranlage

Bei ihr (siehe auch Speicherkollektoren, Abschn. 4.1.7.1, Abb. 4.56) sind solarthermischer Energiewandler, Speicher und Wärmeträgerkreislauf in einem Baukörper vereint.

Das zu erwärmende Trinkwasser wird im Solarkollektor erwärmt und entweder in ihm oder in einem unmittelbar oberhalb des Solarkollektors befindlichen Speicher gespeichert. Wird dem Speicher warmes Wasser entnommen, strömt kaltes Wasser in den Solarkollektor nach und wird dort erwärmt.

Vorteile:

- Einfacher Aufbau und vergleichsweise geringe Kosten
- keine Antriebsenergie nötig
- Erweiterung der Kapazität durch Parallelschaltung weiterer Speicherkollektoren.

Nachteile:

- Relativ hoher Wärmeverlust
- hohes Gewicht, das bei Dachanlagen von der Dachkonstruktion aufgenommen werden muss.

4.7.5.2 Zweikreissystem mit Naturumlauf

Es arbeitet wie die Speicherkollektoranlage entsprechend dem Thermosiphonprinzip, nur dass Solarkollektor und Speicher getrennt angeordnet sind. Der Solarkollektor muss sich geodätisch unter dem Speicher befinden. Die Dachfläche kann damit nicht zur Aufnahme der Solarkollektoren genutzt werden. Bei dieser Anlage muss wie bei allen Anlagen mit Schwerkraftwirkung verhindert werden, dass sich in Zeiten ohne Sonnenschein der Kreislauf umkehrt und über den Solarkollektor der Speicherinhalt abgekühlt wird.

Mit Bezug auf den Solarfluidkreis können offene und geschlossene Systeme unterschieden werden.

Beim offenen System befindet sich die offene Stelle im Speicher, Abb. 4.69.

Abb. 4.69 Offene
Thermosiphonanlage

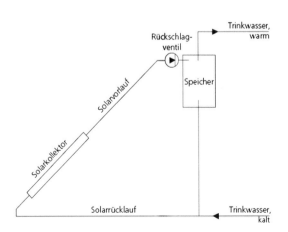

Abb. 4.70 Geschlossene
Thermosiphonanlage

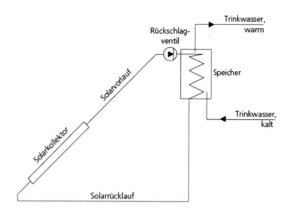

Das erwärmte Fluid wird oben in den Speicher eingespeist, entweder direkt von außen, oder von unten mit einem im Speicher nach oben führenden Rohr. In Abb. 4.69 ist nur der Kollektorkreis dargestellt. Das dem Speicher entnommene warme Wasser muss natürlich quantitativ durch das Zuführen von kaltem Wasser in den Kollektorkreis ersetzt werden. Da das aus dem Kollektorkreis kommende Fluid direkt weiter verwendet wird, muss es Trinkwasserqualität haben. Das Trinkwasser kann allerdings bei Temperaturen unter 0 °C einfrieren. Solche Anlagen sind für Mitteleuropa nicht geeignet.

Beim geschlossenen System wird die Solarenergie im Solarspeicher rekuperativ an das Trinkwasser übertragen, Abb. 4.70.

Das im Kreis verbleibende Solarfluid kann damit ein Gemisch aus Wasser und Frostschutzmittel sein, bei dem die Einfriergefahr sehr gering ist. Diese Anlagen sind damit zwar in Mitteleuropa möglich, aber recht selten anzutreffen.

4.7.5.3 Zweikreissystem mit Zwangsumlauf, die Pumpensolaranlage

Für dieses System gibt es mindestens folgende Varianten (werden anhand von Skizzen erläutert):

- Solare Erwärmung des Trinkwarmwasserspeichers mit integrierter Nachheizung.
- Solare Erwärmung des Trinkwarmwasserspeichers und Nachheizung in einem separaten Bereitschaftsspeicher.
- Solare Erwärmung des Pufferspeichers als Schichtbeladespeicher mittels eines externen Wärmeübertragers, Nachheizung im Schichtbeladespeicher, Trinkwassererwärmung mit externem Wärmeübertrager im Durchlaufprinzip.
- Solare Erwärmung des Pufferspeichers mittels externen Wärmeübertragers, daraus mittels externen Wärmeübertragers Aufladung des Trinkwarmwasserspeichers (Bereitschaftsspeicher), in dem die Nachheizung erfolgt.
- Solare Erwärmung des Pufferspeichers über externen Wärmeübertrager, extern beheizter Vorwärmspeicher, Legionellenschaltung zwischen ihm und dem nachgeschaltetem Bereitschaftsspeicher, in dem die Nachheizung erfolgt.

Der Solarfluidkreis ist immer vom zu erwärmenden Trinkwasser getrennt. Sein Medium ist meist ein Wasser-Glykol-Gemisch.

Solare Erwärmung des Trinkwarmwasserspeichers mit integrierter Nachheizung

Bei ihr ergeben sich entsprechend Abb. 4.71 drei Fluidkreise: Der Kollektorkreis, der Nachheizkreis und der beim Verbraucher offene Trinkwasserkreis mit der Schnittstelle Standard-Solarspeicher. Das ist die bisher am weitesten verbreitete Variante zur solaren Trinkwassererwärmung. Es werden nur zwei Pumpen benötigt. Diese Variante ist aber wegen der unmittelbaren rekuperativen Wärmeübertragung zwischen Solarfluid und Trinkwasser hygienisch bedenklich.

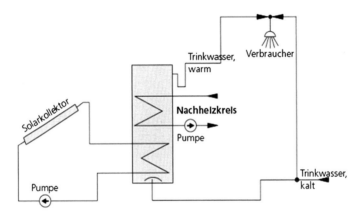

Abb. 4.71 Solare Erwärmung des Trinkwarmwasserspeichers mit integrierter Nachheizung

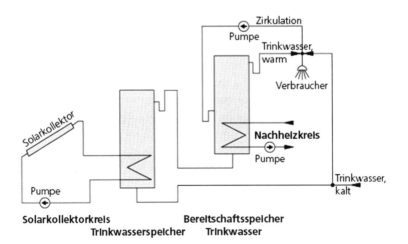

Abb. 4.72 Solare Erwärmung des Trinkwarmwasserspeichers und Nachheizung in einem separaten Bereitschaftsspeicher

Solare Erwärmung des Trinkwarmwasserspeichers und Nachheizung in einem separaten Bereitschaftsspeicher

Bei dieser Variante entsprechend Abb. 4.72 werden zwei Speicher verwendet, die prinzipiell gleich ausgerüstet sind und üblichen Speichern in der Heiztechnik entsprechen. Mit dieser Variante wird die Dauer der Kurzzeitspeicherung etwas verlängert. Im Solarspeicher kann, unabhängig von der Wirkung der Nachheizung, die gesamte solar gewonnene Energie eingelagert werden. Der zweite Speicher, in dem die Nachheizung erfolgt, wird meist als Bereitschaftsspeicher bezeichnet.

Solare Erwärmung des Pufferspeichers als Schichtbeladespeicher mittels eines externen Wärmeübertragers, Nachheizung im Schichtbeladespeicher, Trinkwassererwärmung mit externem Wärmeübertrager im Durchlaufprinzip.

Bei dieser Variante, Abb. 4.73, kann im Schichtspeicher, der die Funktion eines Pufferspeichers hat, ein Wärmeträgermedium mit Trinkwasserqualität verwendet werden. Das wird möglich durch den externen Wärmeübertrager zwischen Solarfluidkreis und Schichtspeicherbeladekreis.

Bei großen Schichtspeichern wird wegen der Legionellenverordnung das Erwärmen des Trinkwassers über einen zweiten externen Wärmeübertrager im Durchflussprinzip durchgeführt. Wegen der zwei Zwischenkreise zwischen Solarkollektorkreis und Schichtbeladespeicher sowie Schichtbeladespeicher und Trinkwassererwärmung verdoppelt sich die Anzahl der Pumpen gegenüber der vorher besprochenen Variante auf vier

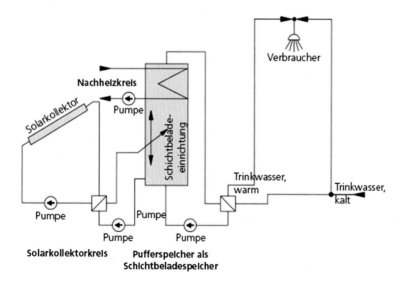

Abb. 4.73 Solare Erwärmung des Pufferspeichers als Schichtbeladespeicher mittels eines externen Wärmeübertragers, Nachheizung im Schichtbeladespeicher, Trinkwassererwärmung mit externem Wärmeübertrager im Durchlaufprinzip

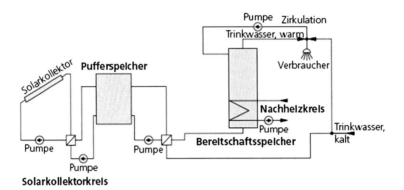

Abb. 4.74 Solare Erwärmung des Pufferspeichers mittels externen Wärmeübertragers, daraus mittels externen Wärmeübertragers Aufladung des Trinkwarmwasserspeichers (Bereitschaftsspeicher), in dem die Nachheizung erfolgt

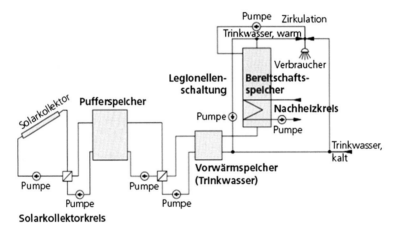

Abb. 4.75 Solare Erwärmung des Pufferspeichers über externem Wärmeübertrager, extern beheizter Vorwärmspeicher, Legionellenschaltung zwischen ihm und nachgeschaltetem Bereitschaftsspeicher, in dem die Nachheizung erfolgt

Pumpen. Diese Variante genügt allerdings höchsten hygienischen Forderungen, da die Gefahr einer Trinkwasserverschmutzung so gut wie ausgeschlossen ist.

Solare Erwärmung des Pufferspeichers mittels externen Wärmeübertragers, daraus mittels externen Wärmeübertragers Aufladung des Trinkwarmwasserspeichers (Bereitschaftsspeicher), in dem die Nachheizung erfolgt.
In den Varianten der Abb. 4.74 und 4.75 ist der Speicher nach dem Solarkollektorkreis ein einfacher Pufferspeicher. Die Nachheizung erfolgt im Trinkwasser-Bereitschaftsspeicher. Während die Anlage entsprechend Abb. 4.74 mit vier Pumpen auskommt,

werden in Abb. 4.75 durch das Zwischenschalten eines Vorwärmspeichers und einer speziellen Legionellenschaltung sechs Pumpen benötigt. Um das Legionellenwachstum im Vorwärmspeicher, über den der Bereitschaftsspeicher geladen wird, zu unterbinden, wird heißes Wasser aus dem Bereitschaftsspeicher zugeführt.

Solare Erwärmung des Pufferspeichers über externem Wärmeübertrager, extern beheizter Vorwärmspeicher, Legionellenschaltung zwischen ihm und nachgeschaltetem Bereitschaftsspeicher, in dem die Nachheizung erfolgt.

Um im oberen Teil eines Trinkwarmwasserspeichers recht schnell warmes Wasser zu erhalten, wird das „Low-Flow"-Prinzip angewendet. Durch den geringeren Durchfluss (Low-Flow) wird die Wärmeträgerflüssigkeit im Solarkreis auf eine höhere Temperatur erwärmt. Der größte Effekt wird bei der Kombination von „Low-Flow" und Solarspeicher mit Schichtbeladeeinrichtung erreicht.

Sicherheit gegen Überhitzung und Druckerhöhung im Solarkreis bringt das Drain Back System, Abb. 4.76.

An die Stelle eines Ausdehnungsgefäßes tritt ein Auffang- oder Rücklaufbehälter. In ihn strömt in den Fällen, wenn der Solar-Kollektor zwar bestrahlt wird, aber keine Energie in den Speicher abgeben kann, das Solarfluid. Der Kollektor wird völlig entleert. Damit kommt es nicht zur Dampfbildung mit Druckerhöhung im Kollektor. Das Solarfluid wird erst wieder zum Kollektor befördert, wenn die Solarkreispumpe anspringt. Die Kollektorentleerung kann auch bei tiefen Temperaturen und nachts durchgeführt werden. Damit ist nicht unbedingt ein Solarfluid aus Wasser und Frostschutzmittel im Solarkreis nötig.

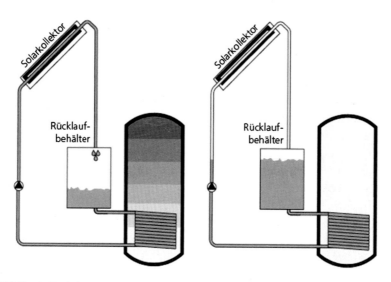

Abb. 4.76 Drain Back System

Weitere Bauelemente

Neben Solar-Absorbern und Solar-Kollektoren, Speichern, Ausdehnungsgefäßen und Auffang- oder Rücklaufbehältern werden auch Regel- und Sicherheitseinrichtungen, Rohrleitungen und Pumpen für solarthermische Anlagen benötigt.

Regel- und Sicherheitseinrichtungen sind:

- Regler
- Sicherheitsventil als Überdruckventil
- Durchflussmesser
- Druck- und Temperaturanzeige
- Schwerkraftbremse und Absperrorgane.

Zum ordnungsgemäßen Betrieb gehören auch Entleerungshahn und Entlüfter. Um in Stillstandszeiten, bei denen das Solarfluid im Kollektor verdampfen kann und der Dampf das Solarfluid aus dem Solarkollektor drückt, das aus dem Solarkollektor geflossene Solarfluid aufnehmen zu können, muss das Membranausdehnungsgefäß (MAG) reichlich bemessen werden.

Die Regel- und Sicherheitseinrichtungen befinden sich meist zusammengefasst in einer Solarstation.

Für Rohrleitungen wird nahezu ausschließlich Kupfer verwendet. Auch flexible Edelstahl-Wellrohre werden angeboten, die die Montage auf dem Dach erleichtern. Die Rohrleitungen sollen so kurz wie möglich sein. Zur Dämmung der Rohre wird EPDM-Schaumstoff oder Mineralfaser eingesetzt.

Die Umwälzpumpen sind Kreiselpumpen mit flacher Kennlinie und Wechselstromantrieb. Sie dürfen nicht zu groß bemessen werden. Ihr Einbau erfolgt in den Kollektorzulauf, trotzdem müssen sie für Betriebstemperaturen bis 120 °C zugelassen sein. In Verbindung mit Photovoltaik-Anlagen sollte ein Gleichstromantrieb verwendet werden.

4.7.5.4 Bemessen und Installieren solarer Trinkwassererwärmungsanlagen (TWE-A)

Im Unterschied zu konventionellen Anlagen, bei denen prinzipiell jeder Energiebedarf befriedigt werden kann, muss bei Solaranlagen der Energiebedarf für die Trinkwassererwärmung recht genau bestimmt und vor allem nicht zu großzügig gewählt werden, weil sonst durch das zeitlich stark schwankende solare Energieangebot die Solar-Kollektorfläche sehr groß wird. So bestimmen sowohl Energiebedarf als auch Energieangebot die Bemessungsstrategie wesentlich.

Der Energiebedarf wird je nach Ausgangslage ermittelt:

- Bei Ersatz einer vorhandenen konventionellen Trinkwasser-Erwärmungsanlage durch Messen des bisherigen Trinkwarmwasserverbrauchs.
- Bei genereller Neuinstallation durch sinnvolle Übernahme von Werten bereits im Umfeld vorhandener solarer TWE-A.

- Wenn keinerlei konkrete Werte oder Beispielfälle bekannt sind, durch die Berechnung entsprechend der Leistungskennzahl N nach DIN 4708-2 (04.94): „Zentrale Wassererwärmungsanlagen; Regeln zur Ermittlung des Wärmebedarfs zur Erwärmung von Trinkwasser in Wohngebäuden".

Aus Messungen ausgeführter Anlagen haben sich die Werte der Tab. 4.14 ergeben.

Wichtig ist es, Messwerte der Solarstrahlung für den Ort zu beschaffen, an dem die thermische Solaranlage aufgestellt werden soll. Inzwischen existieren mit den Testreferenzjahren TRY für die unterschiedlichen Klimazonen in Deutschland ausreichend technisch aufbereitete meteorologische Daten, die in diversen Simulationsprogrammen zur Verfügung stehen.

Zur Erläuterung der Bemessungsstrategie wird von Messwerten der solaren globalen Energieeinstrahlung ausgegangen. In Tab. 4.15 ist die mittlere Tagessumme der Globalstrahlungsenergie $e_{d,glob}$, repräsentativ jeweils für einen Monat, für einen Beispielort angegeben.

Der Wert 4,7 kWh/(m^2 d) für Mai bedeutet, dass an jedem Tag im Mai im Mittel ein Strahlungsenergieangebot von 4,7 kWh pro Quadratmeter Kollektorfläche zu erwarten ist.

Die Globalstrahlungsenergie kommt definitionsgemäß auf einer horizontalen Fläche mit freiem Horizont an. Sie muss für unterschiedliche Kollektorneigungen α und unterschiedlichem Kollektorazimut (Flächenazimut) a entsprechend umgerechnet werden.

Tab. 4.14 Mittelwerte des Trinkwarmwasserverbrauchs pro Kopf bzw. Bett und Tag bei einer Speichertemperatur von 60 °C in verschiedenen Gebäuden

Gebäude	Mittlerer Trinkwarm-wasserverbrauch in l/d Pers	Bemerkungen
Krankenhäuser	55	Sommer 10 % mehr als im Winter
Seniorenheime	60	Sommer 10 % mehr als im Winter
Ferienheime	35	stark saisonabhängig
Studentenwohnheime	40	im Semester
Studentenwohnheime	20	Sommerferien
Schulen	3	Schulferien 0
Wohngebäude	23	Sommer 10 % mehr als im Winter

Tab. 4.15 Mittlere Tagessumme der Globalstrahlungsenergie $e_{d,glob}$ jeweils für einen Monat an einem Beispielort

Monat	Jan	Feb	Mar	Apr	Mai	Jun	Jul	Aug	Sep	Okt	Nov	Dez
$e_{d,glob}/\frac{kWh}{m^2 d}$	1,2	1,9	2,8	4,0	4,7	5,5	5,5	4,4	3,7	2,2	1,1	0,9

Für das Bemessen müssen zwei Fragen beantwortet werden:

- Soll der gesamte Trinkwarmwasserbedarf solar gedeckt werden? In diesem Fall muss vom ungünstigsten Strahlungsangebot ausgegangen werden.
- Soll nur in den Sommermonaten eine volle solare Deckung des Bedarfs und im Jahresmittel eine kleinere als 100 %ige solare Deckung erfolgen?

Der Anteil der Solarenergie am Energiebedarf für die Trinkwassererwärmung wird als solarer Trinkwarmwasserdeckungsgrad $v_{So,TWE}$ bezeichnet:

$$v_{So,TWE} = \frac{\text{Anteil Sonnenenergie am Energiebedarf für Trinkwasse rerwärmung}}{\text{Energiebedarf für Trinkwasse rerwärmung}} \quad (4.50)$$

Je größer der jährliche solare Trinkwarmwasserdeckungsgrad gewählt wird, umso größer sind die Kosten der Solaranlage und umso geringer ist die Systemausbeute pro Quadratmeter Kollektorfläche. Das wird sehr gut in Abb. 4.77 deutlich

Während in dem Beispiel-Einfamilienhaus mit 1 m² Kollektorfläche ein solarer Deckungsgrad von nur 20 %, aber eine Ausbeute von 530 kWh/(m² a) erreicht wird, bringt eine Vervierfachung der Kollektorfläche eine 2,6-fache Erhöhung des solaren Deckungsgrades auf 52 %, aber eine Verringerung der Ausbeute auf 380 kWh/(m² a). Das ergibt sich deshalb, weil – Kurzzeitspeicherung vorausgesetzt – bei größer werdender Solarkollektorfläche an strahlungsreichen Sommertagen auch der Energieüberschuss größer wird. Die Bemessungsstrategie solarthermischer Anlagen mit Kurzzeitspeicher unterscheidet sich deshalb grundsätzlich von der konventioneller Anlagen.

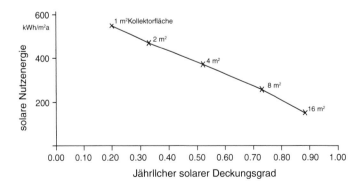

Abb. 4.77 Nutzbare spezifische Solarenergie in Abhängigkeit vom solaren Trinkwarmwasserdeckungsgrad bei der solaren Trinkwasererwärmung eines Einfamilienhauses

Für das Bemessen muss festgelegt werden, welcher Bedarf zu welcher Zeit gedeckt werden soll. Es sind mindestens vier Fälle denkbar:

- Volle solare Trinkwassererwärmung privater und kleiner gewerblicher Verbraucher in der Zeit von Mitte Mai bis Mitte September. In dieser Zeit kann der konventionelle Wärmebereitsteller ausgeschaltet werden, da er sowieso nur für die Trinkwassererwärmung arbeiteten würde, denn es wird keine Gebäude-Heizleistung benötigt.
- Solare Trinkwassererwärmung ganzjährig mit hohem jährlichem solarem Trinkwarmwasserdeckungsgrad.
- Solare Trinkwassererwärmung von März bis Oktober mit hohem solarem Trinkwarmwasserdeckungsgrad.
- Vorwärmung großer Mengen Trinkwasser, z. B. für Krankenhäuser, große Wohnheime, Badeanstalten und stark frequentierte Sportstätten.

Zunächst werden in Tab. 4.16 überschlägige Auslegungsdaten für eine solare Trinkwassererwärmungsanlage einschließlich Gebäudeheizungsunterstützung und unterschiedliche übliche Einsatzfälle mit Flachkollektoren angegeben.

Diesen überschlägigen Auslegungsdaten liegen spezifische Wasservolumen bei $\theta_{WW} = 40\text{--}50\ °C$ als Richtwerte zugrunde:

- $(35 \ldots 50)\ l/(d\ m^2)$ für Solar-Flachkollektoren,
- $(60 \ldots 80)\ l/(d\ m^2)$ für Solar-Vakuum-Röhrenkollektoren.

Tab. 4.16 Überschlägige Auslegungsdaten für eine solare Trinkwassererwärmungsanlage einschließlich Gebäudeheizungsunterstützung und unterschiedliche übliche Einsatzfälle mit Solar-Flachkollektoren

Anwendungsbereich/ Hauptnutzungszeit	günstige Kollektorneigung	zulässige Azimutabweichung	Fläche/Person
Trinkwassererwärmung/ volle Deckung Mitte Mai bis Mitte September	20–40°	0–90°	1,5–2 m²
Trinkwassererwärmung/ ganzjährig mit hohem jährlichem solarem Deckungsgrad	40–70°	0–45°	>3 m²
Trinkwassererwärmung/ hoher Deckungsgrad März bis Oktober	30–50°	0–60°	2–2,5 m²
Vorwärmung großer Mengen Trinkwasser/ ganzjährig	40–60°	40–60°	

4.7.5.5 Berechnungsprogramme

Für das Bemessen von solaren Trinkwassererwärmungsanlagen gibt es eine Reihe von Berechnungs- und Simulationsprogrammen.

Das Simulationspaket *TRNSYS* ist seit 1974 am Markt. Es genügt höchsten Anforderungen zur Simulation von Systemen zur rationellen Energienutzung und zur aktiven und passiven Solarenergienutzung. Es wird in Deutschland vertrieben, benötigt Einarbeitungszeit und wird laufend ergänzt und verbessert.

Das Berechnungsprogramm *f-CHART* wurde auch in den 70-er Jahren entwickelt. Es ist leicht handhabbar und damit für Handwerker und Planer geeignet, die schnell einem Kunden überschlägige Ergebnisse darstellen wollen. Bestimmt werden entsprechend

- der Kollektorart und -fläche,
- der meteorologischen Daten,
- des zu erwärmenden Trinkwasserbedarfs und
- der Solarspeichergröße

die Kenngrößen

- monatlicher und jährlicher solarer Deckungsgrad,
- Nutzungsgrad und
- Energiegewinn.

Ein weit verbreitetes Programm für Handwerker und Planer in Deutschland ist *TSOL*. Durch Variation der Bauelemente und Anlagenparameter kann

- eine den tatsächlichen äußeren Gegebenheiten gut angepasste thermische Solaranlage zusammengestellt und
- deren Ertrag vorherbestimmt werden.

Verbraucherprofile für unterschiedliche Nutzer, Wetterdaten für den Ort, für den die Anlage berechnet werden soll, entsprechend dem Testreferenzjahr (TRY) und Kennwerte von Solar-Kollektoren gehören zum Programm und können ergänzt werden. Ein Modul zur Wirtschaftlichkeitsrechnung rundet das Programm ab.

Ständig kommen neue Programme auf dem Markt. Über deren Handhabung sowie Vor- und Nachteile geben die Entwickler, das Internet und Planer vor Ort, die mit den Programmen vertraut sind, Auskunft.

4.7.6   Beispiel solarthermische Gebäudeheizungsunterstützung

4.7.6.1 Charakterisierung

Bei einer Solarheizung ist der Wärmebereitsteller ein solarthermischer Wandler. Ansonsten sind alle bereits besprochenen Heizsysteme möglich. also auch eine Warmwasser-Zentralheizung oder eine solare Luftheizung.

Eine wirksame Gebäudeheizungsunterstützung (GHU) ist nur mit einer großen Solarkollektorfläche möglich. Das führt zu großem Platzbedarf für die Solarkollektoren und hohen Anlagekosten. Geeignet ist sie für Gebäude mit Niedrigstheizenergie- oder Passiv-Gebäudestandard bzw. für Nullemissionsgebäude mit einem Jahresheizwärmebedarf <30 kWh/(m^2 a).

Solare Wasserheizungen übernehmen auch die Trinkwassererwärmung und sind mit einem Kurzzeit-Solarspeicher ausgerüstet.

Der verwertbare Jahresertrag pro Quadratmeter Solarkollektorfläche sinkt von mehr als 450 kWh/(m^2 a), der bei einer ausschließlichen solaren Trinkwassererwärmung erreicht wird, bei solaren Gebäudeheizungen auf Werte unter 300 kWh/(m^2 a). In Prospekten der Solarkollektorhersteller wird mit Ertragswerten geworben. Diese sind aber vor allem abhängig von der Anwendungsanlage und nicht so sehr vom Solarkollektordesign. Das sollte bei Berechnungen beachtet werden.

4.7.6.2 Solare Wasserheizsysteme

Bedingung für ein Wasserheizsystem ist der Einsatz niedertemperierter Heizflächen mit einer Heizmedium-Vorlauftemperatur $\theta_V < 55$ °C, z. B. Wand- und Fußbodenheizung.

Thermische Solaranlagen für Gebäudeheizungsunterstützung mit Warmwasserheizsystemen und Trinkwassererwärmung haben drei Fluidkreise: Solarfluidkreis, Heizkreis, Trinkwarmwasserkreis. Die Schnittstelle ist meist ein Pufferspeicher. Er ist ein einfacher Stahlspeicher und damit nicht teuer. Er ist auch vorteilhaft, wenn in das System ein Festbrennstoff-Heizkessel eingebunden ist.

Entsprechend der Marktpräsenz ergeben sich gegenwärtig fünf Systemvarianten:

- Zweispeichersystem
- Kombispeichersystem
- Speichersystem mit Durchlauferhitzer zur Trinkwassererwärmung
- System mit Heizungsrücklauf-Temperaturanhebung
- System mit Direktheizung.

Zweispeichersystem

Es besteht aus Trinkwasser- und Pufferspeicher, in die beide Solarenergie eingespeist wird, Abb. 4.78.

Bei einer genügend großen Temperaturdifferenz zwischen Solarfluid und Speicherflüssigkeit wird vorrangig der Trinkwasserspeicher (TWS) beheizt. Ist der Trinkwasserspeicher aufgeheizt, schaltet ein Motorventil auf den Pufferspeicher (PS) um. Die Wärmeträgerflüssigkeit im Pufferspeicher, im Heizsystem und im Wärmeübertrager zur Nachheizung im Trinkwasserspeicher ist gleich.

Für die Gebäudeheizung, rechts in Abb. 4.78, die eine Warmwasserpumpenheizung ist, dient der Pufferspeicher als Wärmebereitsteller. Die Kurzschlussleitung zum Dreiwegeventil im Heizkreis deutet die Möglichkeit der Rücklaufbeimischung zur Regelung der außentemperaturabhängigen Vorlauftemperatur des Heizkreises an.

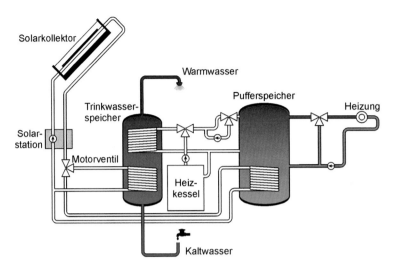

Abb. 4.78 Solare Gebäudeheizungsunterstützung als Zweispeichersystem

Gebäudeheizungsunterstützung und Trinkwassererwärmung, die in einem separaten Trinkwasserspeicher erfolgt, sind gekoppelt. Dem Trinkwasserspeicher wird kaltes Wasser zugeführt und Warmwasser, z. B. für hygienische Zwecke, entnommen. Die Dichtheit der im Trinkwasserspeicher installierten Wärmeübertrager ist sehr wichtig, damit weder Solarfluid noch Heizungswasser in das Trinkwasser gelangen.

Vorteile des Systems:

- Einspeisung immer in den Speicher mit der niedrigsten Temperatur. Damit steigt der Kollektornutzungsgrad.
- Mit dem PS kann in der Nichtheizperiode der TWS nachgeheizt werden. In einstrahlungsarmen Zeiten muss damit der Heizkessel nicht unbedingt für die Nachheizung eingeschaltet werden.

Nachteile des Systems:

- großer Platzbedarf
- große Wärmeverluste durch aufwendiges Leitungssystem.

Kombispeichersystem

Bei ihm ist der Trinkwasserspeicher in den Pufferspeicher integriert, Abb. 4.79.

Vom Solarfluidkreis wird nur ein Wärmeübertrager bedient, der sich in Abb. 4.79 unten im Kombispeicher befindet. Die Gebäudeheizung wird wie beim Zweispeichersystem vom Pufferspeicherteil des Kombispeichers betrieben. Die Nachheizung erfolgt direkt in den

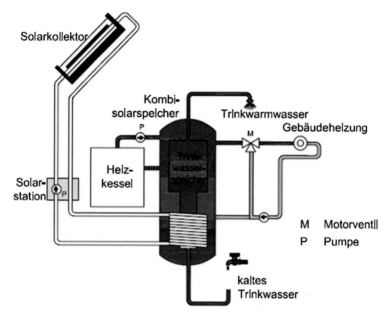

Abb. 4.79 Solare Gebäudeheizungsunterstützung als Kombispeichersystem

Pufferspeicherteil des Kombispeichers, in dem sich die Heizmediumflüssigkeit befindet. Das Trinkwasser im innen liegenden Trinkwasserspeicher wird über dessen Oberfläche erwärmt.
Vorteile:

- Das System ist einfach und gut regelbar.
- Es verursacht nur geringe Wärmeverluste.

Nachteile:

- Der Speicherplatz im Pufferspeicherteil ist gering.
- Der Pufferspeicher muss über das ganze Jahr betrieben werden, und er muss im oberen Teil eine höhere Temperatur als das warme Trinkwasser haben.

Um den Solarertrag nicht negativ zu beeinflussen, sollte sich der Trinkwarmwasserspeicher in den oberen zwei Dritteln des Pufferspeichers befinden, da sonst bei jeder Trinkwasserzapfung die Temperaturschichtung gestört und damit der Systemnutzungsgrad verringert wird.

Speichersystem mit Durchlauferhitzer zur Trinkwassererwärmung
Bei ihm wird auch nur ein Pufferspeicher benötigt. Das Trinkwasser wird mit einem externen Wärmeübertrager erwärmt, Abb. 4.80.

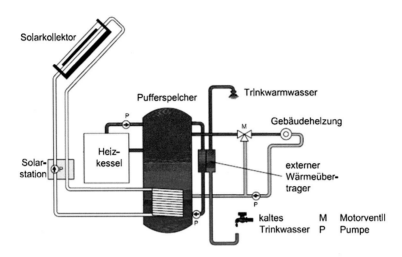

Abb. 4.80 Solare Gebäudeheizungsunterstützung als Speichersystem mit Durchlauferhitzer zur Trinkwassererwärmung

Die Gebäudeheizung wird vom Pufferspeicher aus betrieben. Bei ihr ist wie bei den beiden vorher beschriebenen Varianten eine Rücklaufbeimischung zur Vorlauftemperaturregelung eingezeichnet. Die Trinkwassererwärmung erfolgt mit einem sich außerhalb des Pufferspeichers befindenden Wärmeübertrager, der wie ein Durchlauferhitzer funktioniert und mit einem Wasserstrom aus dem Pufferspeicher beheizt wird. Dieser Wärmeübertrager wird bei einigen Speicherherstellern in die Wärmedämmung des Speichers integriert.

Vorteile:

- Geringe Wärmeverluste zumal dann, wenn der externe Wärmeübertrager in die Wärmedämmung des Speichers integriert ist.
- Die Warmwasserentnahme zur Trinkwassererwärmung oben am Speicher beeinträchtigt die Temperaturschichtung im Speicher weniger als das Vorhandensein eines internen Wärmeübertragers im oberen Speicherteil.
- Die Gefahr der Legionellenbildung (Bildung von Bakterien, die lungengängig sind und zu Krankheiten, wie Lungenentzündung, führen können) im Trinkwasserkreis ist geringer als bei den Trinkwasserspeichervarianten.

Nachteil:

- Der externe Wärmeübertrager verlangt Speicherwasser mit relativ hoher Temperatur, damit er kompakt gebaut werden kann.

Die drei besprochenen Varianten unterscheiden sich nur hinsichtlich der Trinkwassererwärmung, wohingegen die Gebäudeheizung, bei der es in diesem Kapitel geht, keine Unterschiede aufweist. Das zeigt ganz deutlich, dass es eine ausschließliche solare

Gebäudeheizung bisher nicht gibt, sondern immer nur die Kombination von solarer Gebäudeheizung und Trinkwassererwärmung. Eine wirkungsvolle solare Gebäudeheizung ist im System der solaren Nahwärme möglich.

System mit Heizungsrücklauf-Temperaturanhebung
Bei diesem System wird die Solarenergie rekuperativ (mittels Wärmeübertrager) in den Heizungsrücklauf eingespeist. Das kann immer nur dann erfolgen, wenn die Temperatur im Solarfluidkreis höher als im Heizungsrücklauf ist. Es muss auf einen Heizungsrücklauf mit geringer Temperatur geachtet werden.
   Vorteile:

- Es ist ein sehr einfaches System.
- Die Qualität der solarthermischen Energie muss keinen sehr hohen Ansprüchen genügen.
- Mit einer geringeren Solarkollektorfläche als bei den vorher beschriebenen Varianten kann ein höherer spezifischer Solarenergieertrag erreicht werden, da diese Variante einer Vorwärmung entspricht.

Nachteil:

- Es handelt sich um eine speicherlose Variante.
- Sie ist damit sehr stark vom Sonnenenergieangebot abhängig.

System mit Direktheizung
Neuerdings versuchen Firmen, mit Anlagen ohne Pufferspeicher auszukommen, um den Aufwand und die Kosten zu senken. Die englische Firma www.jayhamk-int.com bietet ein offenes System mit Heatpipe-Solar-Röhrenkollektoren an [8, S. 87]. Solar erwärmtes glykolfreies Wasser wird entweder direkt zu den Heizflächen, die einen geringen Wasserinhalt haben, oder mit einem Umschaltventil zum Solarwärmeübertrager im unteren Teil eines Trinkwasserspeichers geleitet, Abb. 4.81.
   Der Trinkwasserspeicher ist ein Standard-Solarspeicher. Die Nachheizung des Trinkwasserspeichers erfolgt mit dem konventionellen Heizwärmebereitsteller im oberen Teil des Speichers.
   Dieses System ist nicht für solare Kühlung und für die Heizung industrieller Objekte und Bürogebäude geeignet.
   Die Firma www.vameco.de bietet ein System an [8, S. 88], bei dem die Solarfluidenergie über Wärmeübertrager an den Heizkreis übertragen wird. Wird sie dort nicht benötigt, fließt sie in einen Pufferspeicher. Von ihm wird über einen externen Wärmeübertrager das Trinkwasser erwärmt, Abb. 4.82.
   Vorteile:

- Für die Heizung können zwei Heizkreise mit unterschiedlicher Vorlauftemperatur betrieben werden.
- Die Speicherverluste sind gering.

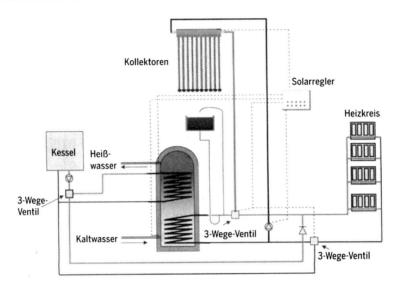

Abb. 4.81 System mit Direktheizung der Firma Jayhamk entsprechend [8]

Abb. 4.82 System mit
Direktheizung der Firma
Vameco entsprechend [8]

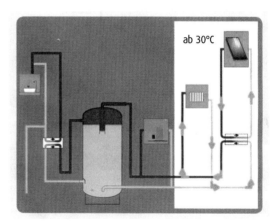

- Die Solltemperatur für den Heizungsvorlauf wird selten unterschritten, was zu weniger Brennerstarts führt.
- Sie ist für alle Leistungsbereiche geeignet und hat
- kurze Rohrleitungen.

4.7.6.3 Bemessen von solaren Warmwasserheizungen
Grundsätze:
Die Bemessung ist analog der solaren TWE nicht streng determiniert. Auszugehen ist von der Heizlast nach DIN EN 12831. Der Jahresheizwärmebedarf sollte <50 kWh/(m² a) sein.

Bei höheren Werten sind zusätzliche Wärmedämmmaßnahmen am Gebäude zu erwägen. Der gesamte Jahresheizwärmebedarf kann in der Regel noch nicht mit der thermischen Solaranlage abgedeckt werden.

Die Solaranlage sollte gegenwärtig 20–30 % der Energie der Gebäudeheizung erbringen. Damit können für eine überschlägige Bemessung folgende Werte angenommen werden:

- Solar-Flachkollektorfläche: 0,07–0,1 m² Kollektorfläche pro m² zu beheizender Fläche.
- Solar-Vakuumröhrenkollektorfläche: 0,04–0,06 m² Kollektorfläche pro m² zu beheizender Fläche.
- Pufferspeichervolumen: 50 l pro m² Kollektorfläche zuzüglich 50 l pro Person. Für 4-Personenhaushalt mit 12 m² Kollektorfläche sind das 800 l.

Hersteller liefern Bemessungsdiagramme und bemessen auf Wunsch selbst die Anlagen. Die Simulation kann z. B. mit dem Programm TSOL erfolgen.

Was gilt auch zukünftig für solare Pumpenwarmwasserheizungen?

- Die Kollektorneigung ist mit $\alpha = 60°$ am günstigsten, und zum Bemessen ist das solare tägliche Energieangebot pro Quadratmeter Solar-Flachkollektor mit $e_{d,glob} = 2,5$ kWh/(m² d) zu wählen.
- Die solare Gebäudeheizungsunterstützung sollte für Gebäude mit Niedrigheizwärmebedarf unter 50 kWh/(m² a) erwogen werden.
- Bei der Beladung und Entladung der Speicher muss auf die Temperaturschichtung geachtet werden. Der Rücklauf des Heizkreises sollte oberhalb des Solarwärmeübertragers in den Pufferspeicher eingebunden werden.
- Durch niedertemperierte Heizflächen muss erreicht werden, dass die Speicher mit möglichst niedriger Temperatur betrieben werden und die Zusatzheizung nur selten in Aktion tritt.
- Bei der Nachheizung mit Gas- oder Ölheizkessel sollte der Bereitschaftsteil des Pufferspeichers klein gehalten werden, ungefähr das obere Drittel des Speichers einnehmen. Das führt zu geringen Wärmeverlusten und vergrößert den Solarenergiegewinn, da die Solarkollektoren mit kaltem Wasser aus dem unteren Teil des Pufferspeichers versorgt werden.
- Wird zur Nachheizung ein Stückholzheizkessel eingesetzt, ist ein größeres Bereitschaftsvolumen nötig, da die Leistung der Stückholzheizkessel nicht exakt an kurzfristige Bedarfswechsel angepasst werden kann. Hier ist darauf zu achten, dass auch die Solarenergie in den Speicher eingelagert werden kann.

4.7.6.4 Solare Luftheizung

Eine solare Luftheizung benötigt ausreichend große und günstig orientierte Flächen zur Installation der Luft-Solarkollektoren. Solare Luftheizungssysteme haben gleiche Komponenten wie konventionelle Luftheizungen und können deshalb aus konventionellen

Komponenten aufgebaut werden. Bei einer Sanierung eignen sich fast alle konventionellen Lüftungs- und Klimasysteme als Basis für solare Luftheizungen.

Die solaren Luftkollektoren können auf dem Dach oder in bzw. auf der Fassade installiert werden. Günstig ist eine gleichzeitige Planung von Gebäude und solare Luftheizung. Die Integration von solaren Luftheizungen mit den dazugehörenden Luftverteilungen in bestehende Wohn- und Bürogebäude erfordert hohen Planungsaufwand und Kompromissfähigkeit. Einfacher sind die Bedingungen bei Hallen oder großvolumigen Gebäuden.

Systemvarianten

Es wurden bisher folgende Varianten realisiert:

- Außenlufterwärmung
- Außenluft- und Umlufterwärmung
- Hypokaustenheizung
- Murokaustenheizung.

Die erste Variante dient der Lufterneuerung, die zweite Variante zusätzlich der Heizlastkompensation. Mit der dritten und vierten Variante wird die Heizlast kompensiert und nur in Ausnahmefällen die Luft erneuert.

Außenlufterwärmung

Schon bei geringer Sonneneinstrahlung und auch bei niedrigen Außenlufttemperaturen kann Außenluft um kleine Temperaturdifferenzen solar effizient erwärmt werden. Die Luft-Solarkollektoren können an die Außenluftansaugung angeschlossen werden, Abb. 4.83.

Die Außenluft kann entweder ständig oder temporär über Klappensteuerung durch den Luftkollektor geführt werden. Bei fassadenintegrierten Luftkollektoren können gleichzeitig die Transmissionswärmeverluste der dahinterliegenden Wand für die Außenlufterwärmung genutzt werden.

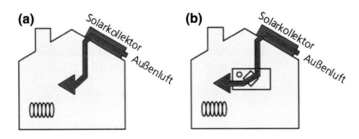

Abb. 4.83 Luft-Solarkollektoren mit Außenluftansaugung

Die Kollektorleistung durch die festliegenden hygienisch bedingten Außenluftanteile im größeren Heizlastfall kann nicht ohne weiteres gesteigert werden. Für höhere Kollektorleistungen sind höhere Außenluftanteile nötig, was im Winter zur ungewünschten Verringerung der Luftfeuchte führt.

Außenluft- und Umlufterwärmung

Die Verringerung der Luftfeuchte bei Steigerung des Außenluftanteils kann umgangen werden, wenn bei höherem Heizlastbedarf Umluft der Außenluft zugemischt wird oder zusätzlich Umluft erwärmt wird, Abb. 4.84.

Bei der Hallenheizung ist rechts im Abb. 4.85 das Zusammenführen von Außenluft und Umluft angedeutet. Da Umluft eine höhere Temperatur als Außenluft hat, sinkt die Effizienz der Luft-Solarkollektoren.

Hypokausten- und Murokaustenheizung

Bei der Hypokaustenheizung erwärmt die Luft den Boden des Raums. Es handelt sich um geschlossene Luftsysteme, bei denen die erwärmte Luft nicht mehr mit der Raumluft in Berührung kommt und deshalb auch nicht zur Lufterneuerung mit Außenluft beitragen kann.

Abb. 4.84 Solare
Hallenluftheizung mit
möglichem Mischluftbetrieb

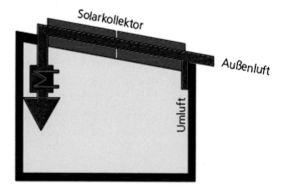

Abb. 4.85 Kombination
von Hypokausten- und
Murokaustenheizung

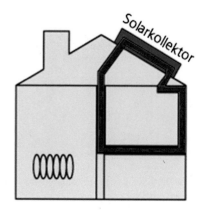

Bei der Murokaustenheizung wird wie bei der Hypokaustenheizung eine Raumwand von hinten erwärmt, Abb. 4.85.

Grundsätzlich handelt es sich ausschließlich um Systeme zum Erhöhen der Raumtemperatur. Mit einem zusätzlichen Luftsystem muss den Räumen die hygienisch benötigte Außenluft zugeführt werden. Es sind als Ausnahmen auch Systeme denkbar, bei denen die Luft nach der Erwärmung des Bodens oder der Wand in den Raum eingebracht wird.

Beispiele von Gebäuden mit Luftkollektoren
In Abb. 4.86 ist eine Fassade mit einer 130-m²-Luft-Solarkollektorfläche dargestellt, mit der ein Kindergarten über einen Steinspeicher als thermischer Speicher beheizt wird.

Die Luft-Solarkollektoren haben einen Neigungswinkel von 45°, die Leistung beträgt im Bemessungsfall 78 kW. Mit dieser imposanten Anlage können 10.000 m³/h Luft gefördert werden.

An der Traunsteiner Alpenhütte sind 2×10 m² Luft-Solarkollektoren angebracht, Abb. 4.87. Die von äußerer elektrischer Energiezufuhr unabhängige Luft-Solarkollektoranlage dient zur Beheizung und Belüftung der Gasträume und der Winterräume, wenn die Gaststätte nicht in Betrieb ist. Die autarke elektrische Versorgung gilt hier deshalb, weil eine Photovoltaikanlage mit 2×100 W Leistung integriert ist, die elektrische Energie für die Luftförderung liefert.

Die Luft-Solarkollektoranlage erreicht bei einem Luftvolumenstrom von 2×350 m³/h Spitzenheizleistungen von 2×6 kW. Neben der Beheizung und Belüftung der Hütte während der Betriebszeit erfolgt als zusätzlicher Effekt die Trocknung der Hütte in der Nichtbetriebszeit, womit auch weiterhin etwas für die Erhaltung der Bausubstanz und die Attraktivität der Hütte auch weiterhin womit getan wird.

Abb. 4.86 Kindergarten „Solarcity" mit 130 m² großer Luft-Solarkollektorfläche, *Quelle* Grammer Solar GmbH

Abb. 4.87 Traunsteiner Hütte mit 2 × 10 m² großer Luft-Solarkollektorfläche, *Quelle* Grammer
Solar GmbH

Abb. 4.88 Schule mit
40 m² großer Luft-
Solarkollektorfläche, *Quelle*
Grammer Solar GmbH

Die Warmluft aus den zwei Solar-Kollektoranlagen wird über zwei separate Luftsysteme
im Gebäude verteilt. Über ein Rohrsystem werden die vorderen Gasträume und die Küche
beheizt und belüftet. Über ein zweites Rohrsystem werden die hinteren Gasträume und der
Winterraum angebunden. Der Winterraum wird somit auch in der nicht bewirtschafteten
Zeit solarunterstützt beheizt. Die Inbetriebnahme war im Jahr 2003.

Die Solaranlage zur Außenluftvorwärmung für ein Schulgebäude zeigt Abb. 4.88.
Sie wurde im Jahr 2000 in Betrieb genommen. Die Luft-Solarkollektoren haben einen
Neigungswinkel von 80°. Es werden 2.500 m³/h Luft erwärmt, und dabei wird eine
Spitzenleistung von 25 kW erreicht.

4.7.7   Solare Nahwärmeversorgung

4.7.7.1 Beschreibung

Mit dieser Variante wird eine neue Qualität in der solarthermischen Wärmeversorgung erreicht, indem die im Überschuss vorhandene solare Sommerenergie gespeichert wird und in der sonnenscheinarmen Zeit zur Wärmeversorgung zur Verfügung steht. Das gelingt nur mit großen Kollektorflächen und saisonalen Speichern.

Eine mögliche Anlagengestaltung zeigt Abb. 4.89.

Die Bestandteile einer so definierten Anlage zur solaren Nahwärmeversorgung sind:

- großes Kollektorfeld, entweder auf den Dächern der Gebäude oder an einem externen Standort mit Freiaufstellung der Solarkollektoren,
- großer saisonaler Wärmespeicher (Langzeitwärmespeicher), möglichst in der Nähe des Kollektorfelds, der Heizzentrale und des Versorgungsgebiets,
- optional ein Pufferspeicher in der Heizzentrale des Versorgungsgebiets, in der sich auch ein Heizkessel zur Nachheizung befindet,
- Hausanschlussstation in den zu versorgenden Objekten, von der aus die Gebäudebeheizung und Trinkwassererwärmung sowie -verteilung erfolgen,
- Wärmeversorgungsleitungen des Nahwärmenetzes zwischen Solarkollektorfeld, Langzeitwärmespeicher, Heizzentrale und zu versorgenden Objekten

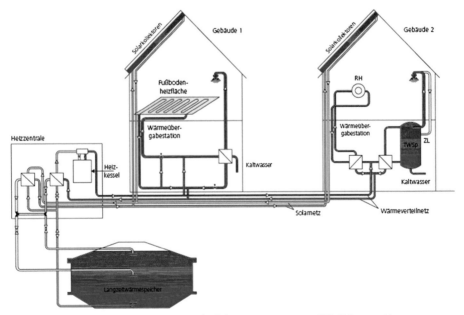

ZL   Zirkulationsleitung   RH   Raumheizflachen   TWSp Trinkwasserspeicher
Gebaude 1: Warmeübergabestation mit direkter Heizungseinbindung und Trinkwasserbereitung im Durchflussprinzip
Gebaude 2: Warmeübergabestation mit direkter Heizungseinbindung und Trinkwasserbereitung im Speicherladesystem

Abb. 4.89 Solar unterstütztes Nahwärmesystem mit Einspeisen der Solarwärme in einen Langzeitwärmespeicher entsprechend [10]

Bezüglich der Gestaltung des Nahwärmenetzes können entsprechend [10] mehrere Varianten unterschieden werden. Auf Abb. 4.89 ist das 2 + 2-Leiternetz dargestellt. Es eignet sich für große Nahwärmesysteme. Für sie sollte zur Reduzierung der Wärmeverluste eine dezentrale Trinkwassererwärmung gewählt werden. Diese kann mit Speicherladestationen in jedem zu versorgenden Gebäude (Gebäude 2 in Abb. 4.89) oder z. B. in Ein- und Zweifamilienhäusern mit Kompaktübergabestationen (Gebäude 1 in Abb. 4.89) erfolgen, in denen das Trinkwasser mit Durchlauferhitzern erwärmt wird. Zur Wärmeversorgung der Gebäude genügt ein Zweileiternetz. Da noch die zwei Leitungen für den Solarvor- und -rücklauf hinzukommen, entsteht das erwähnte 2(Wärmeversorgungsnetz) + 2(Solarnetz)-Leiternetz.

Das Dreileiternetz kommt dadurch zustande, dass Wärmeverteil- und Solarnetz eine gemeinsame Rücklaufleitung haben, Abb. 4.90.

Der gemeinsame Rücklauf übernimmt bei Sonneneinstrahlung in der Solarüberga-bestation im Gebäude rekuperativ die solar erzeugte Wärme. Der Solarfluidkreis befindet

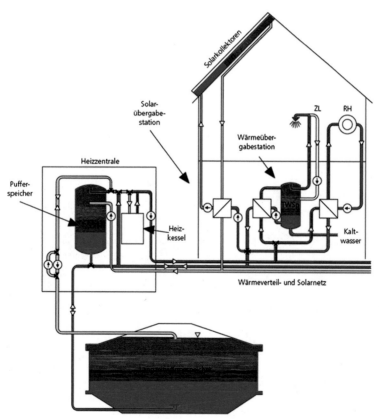

ZL Zirkulationsleitung, RH Raumheizfläche, TWSp Trinkwasserspeicher

Abb. 4.90 Solar unterstütztes Nahwärmesystem mit Dreileiternetz entsprechend [10]

sich damit nur im Gebäude, und es müssen keine Leitungen, die Solarfluid führen, im Boden verlegt werden, womit die Gefahr einer evtl. Boden- und Grundwasserverunreinigung nicht besteht. Die Trinkwassererwärmung erfolgt hier dezentral.

Die Ausnutzung der Solarenergie gelingt am besten, wenn eine niedrige Rücklauftemperatur erreicht werden kann. Einfluss darauf haben die Bemessung des Gebäudeheizsystems und die Art der Trinkwassererwärmung. Das Gebäudeheizsystem sollte für eine Vorlauftemperatur von $\theta_{VL} < 50\,°C$ und eine Rücklauftemperatur von $\theta_{RL} = 30\,°C$ bemessen werden. Bei der Trinkwassererwärmung führt das Prinzip der Durchlauferhitzung zu niedrigeren Rücklauftemperaturen als bei der Speicherbeladung. Bei den an das Nahwärmenetz angeschlossenen Durchlauferhitzern muss allerdings ganzjährig eine hohe Netzvorlauftemperatur gefahren werden. Diese Variante sollte trotz der günstigeren Rücklauftemperaturen nur Einzel- und Reihenhäusern mit geringem Wärmeleistungsbedarf vorbehalten bleiben.

4.7.7.2 Geeignete solarthermische Wandler

Für Solare Nahwärmesysteme eignen sich große Solarflachkollektoren, die in Deutschland fast ausschließlich auf Gebäudedächern installiert sind. Von der ursprünglich verwendeten Aufständerung wurde zu dachintegrierten Kollektorflächen übergegangen, da die Pilotanlagen in Neubaugebieten errichtet worden sind. Die industriell vorgefertigten großen Kollektormodule werden als wetterbeständige Dachhaut auf die Dachsparren montiert. Die jüngste Entwicklung sind *Solardächer*, auch Solarroof genannt, bei denen komplette Fertigdachelemente, bestehend aus Solarkollektoren und Dachunterkonstruktion, eingesetzt werden, Abb. 4.91.

Abb. 4.91 Solardach, *Quelle* SOLVIS GmbH & Co KG

Nicht immer ist es möglich, bei dachintegrierten Solarflachkollektoren günstige Kollektorneigungswinkel α > 45° zu realisieren. Es ist dann mit einem Minderertrag zu rechnen. Bei Solar-Vakuumröhrenkollektoren besteht das Problem eines ungünstigen Neigungswinkels nicht, da die Röhren so gedreht werden können, dass die Absorberfläche den günstigsten Neigungswinkel einnimmt.

Eine Rohrnetzberechnung sollte durchgeführt werden. Der hydraulische Abgleich mehrerer Kollektorfelder wird mittels Strangregulierventilen erreicht. Bei in Betrieb befindlichen Kollektorfeldern sollte eine Thermografieprüfung Sicherheit hinsichtlich ihrer gleichmäßigen Durchströmung bringen.

Die *Dichtheit* der Kollektorfeldverrohrung wird meist durch Abdrücken mit Wasser, bei Frostgefahr durch Abdrücken mit Luft oder Stickstoff geprüft. Im letzteren Fall sind die Prüfbedingungen mit allen Beteiligten genau abzustimmen, da Wasser- nicht gleich Gasdichtigkeit ist.

4.7.7.3 Entwicklungs- und Planungshinweise

Aus dem Betrieb der solaren Nahwärmeanlagen ergeben sich Schlussfolgerungen für zukünftige Planungen und Entwicklungen:

- Solarkollektoranlage, Langzeitwärmespeicher und Gebäudeheizsystem einschließlich Trinkwassererwärmung müssen optimal zusammenwirken.
- Zukünftig könnte die Kombination von Heißwasser- und Erdsonden-Langzeitwärmespeicher, der sog. Hybrid-Langzeitwärmespeicher interessant werden.
- Heißwasser-Langzeitwärmespeicher wurden bisher in Größen von 2.750–12.000 m^3 (Friedrichshafen), Erdsonden-Langzeitwärmespeicher bis 63.360 m^3 (Neckarsulm III) gebaut.
- Solare Nahwärmeanlagen sind umso kostengünstiger, je größer die zu versorgende Siedlung ist.
- Die tatsächlich jährlichen solaren Deckungsgrade der Pilotanlagen erreichen Werte von 30–35 %. Durch weitere Verbesserungen werden zukünftig jährliche solare Deckungsgrade von 50–60 % erwartet.
- Ein wirtschaftlich günstigerer Betrieb kann mit solarseitig bivalenten Anlagen, z. B. mit einer kombinierten Anwendung mit Biomasseenergienutzung, erreicht werden.
- Solarseitig bivalente Anlagen sollten mit dem Ziel einer CO$_2$-neutralen Wärmeversorgung konzipiert werden.

Die solaren spezifischen Wärmekosten liegen mit mehr als 0,20 €/kWh noch weit über denen konventioneller Anlagen und sind leider bei den Anlagen der zweiten Generation höher als bei denen der ersten Generation. Als Ziel der weiteren Forschungsanstrengungen sollten ohne Förderung zunächst maximal doppelt so hohe Kosten wie für konventionelle Anlagen erreicht werden.

4.8   Zusammenfassung

Für die Beheizung von Gebäuden stehen in Zukunft vor allem Flüssigkeits- und Luftheizungen zur Verfügung. Als Flüssigkeiten kommen Wasser und ein Gemisch aus Wasser und Frostschutzmittel infrage. Heißwasser-, Wasserdampf- und Kältemittelheizungen werden kaum noch Bedeutung haben.

Wegen der ungünstigen thermodynamischen Eigenschaften der Gemische – Verringerung des Wärmeübergangskoeffizienten und der spezifischen Wärmekapazität – werden in der Solarthermie Verfahren erprobt, ohne solche Gemische auszukommen.

Wenn die Heizlast immer geringer wird, ist zu überlegen, ob sich der Aufwand für eine Warmwasserheizung lohnt, zumal in Nullemissionshäusern die Wärmerückgewinnung obligatorisch ist und sie nur mit Luftsystemen möglich ist.

Die elektrischen Heizsysteme genießen zwar einen schlechten Ruf wegen der großen Wertigkeit der elektrischen Energie, doch für zukünftige kleine Heizleistungen und auch als elektrische Speicher in Form der Speicherheizungen werden sie wieder stärker in den Fokus rücken.

Gasheizungen haben vor allem für Infrarot-Strahlungsheizungen in großen Hallen auch weiterhin ihre Berechtigung. Vor allem die Dunkelstrahler mit ihrer raumunabhängigen Verbrennungsluftzufuhr und der Abfuhr der Abgase über eine Abgasanlage ins Freie sind interessante Heizoptionen für Hallen.

Die für die Heizsysteme benötigten Heizwärmebereitsteller werden noch einige Zeit konventionelle Öl- oder Gas-Heizkessel sein. Schon jetzt kommen aber auch verstärkt Biomasse-Heizkessel, vor allem als Pellet-Heizkessel, auf den Markt.

Für zukünftige Luftheizungen gibt es jetzt schon eine ganze Reihe von entsprechenden Geräten zur Heizwärmebereitstellung, die nicht auf konventionelle Energieträger für die Wärmebereitstellung angewiesen sind.

Die Wärmepumpe, vor allem die Kompressions-Heiz-Wärmepumpe ist eine interessante Option, die zwar für ihren Antrieb Exergie benötigt, die aber auch wertlose Energie veredeln kann. Ein weiterer Vorteil ist, sie auch als Kühl-Wärmepumpe einzusetzen, sodass sie ganzjährig voll ausgelastet werden kann.

Heiz-Wärmepumpen müssen mit hochwertiger Energie (elektrische Energie, Treibstoffe) angetrieben werden, um die Umgebungs- bzw. Abwärme (Anergie) für Heizzwecke aufzuwerten. Die Anergie muss günstig am zu beheizenden Objekt bereitgestellt werden können.

Heiz-Wärmepumpen benötigen Wärmequellen möglichst in der Nähe des zu beheizenden Objektes mit einem nur wenig schwankenden jährlichen Temperaturverlauf. Günstige Wärmequellen sind

- Grundwasser,
- stehende Oberflächengewässer mit einiger Tiefe,
- Erdreich.

Für die Heizwärmebereitstellung mit Heiz-Wärmepumpen ist die Betriebsweise (mono-valent, bivalent-alternativ oder bivalent-parallel) in Abhängigkeit von der Wärmequelle und von der geforderten Versorgungssicherheit auszuwählen. Vorzugsvarianten sind

- bivalent-paralleler und zunehmend
- monovalenter Betrieb.

Eine Kombination von Solarkollektoranlage und Erdwärmespeicher kann energetische Vorteile bringen, da überschüssige Solarenergie im Sommer in der Erde gespeichert wer-den kann, die dann in der Heizperiode mit der Heiz-Wärmepumpe entladen wird.

Heiz-Wärmepumpen können im

- bivalenten Betrieb die Trinkwassererwärmung (TWE) übernehmen,
- in geothermischen Heizzentralen das Heizmedium aufwerten,
- zur Entspeicherung von solar eingespeicherter Erdwärme dienen.

Da bei Kompressions-Heiz-Wärmepumpen ein mechanischer Verdichter benötigt wird, ist mit Geräuschen und Schwingungen zu rechnen. Ein gesonderter Aufstellungsraum ist vorzusehen. Das Verdichter-/Kondensatoraggregat wird steckerfertig geliefert.

Größere zentrale Heiz-Wärmepumpenanlagen für eine Gemeinschaftsversorgung sind sinnvoll. Es kann aber auch über eine Leitung das Wärmequellenmedium bereitge-stellt und dezentral von kleinen Heiz-Wärmepumpen vor Ort in Heizwärme umgewan-delt werden (Kalte Fernwärme).

Eine wichtige Rolle können zukünftig Nahwärmenetze spielen, denn ohne solche Netze werden eine Biomasse-Wärmeversorgung und eine Versorgung mit geothermi-scher Tiefenenergie nur sehr eingeschränkt möglich sein.

Die Nutzung geothermischer Tiefenenergie ist theoretisch an jedem Gebäudestandort möglich, da entsprechend der geothermischen Tiefenstufe die Temperatur in Richtung Erdmittelpunkt steigt. Bisher können aber fast ausschließlich nur Standorte genutzt wer-den, deren Untergrund aus porösem Sedimentgestein besteht.

Wegen des geringen geothermischen Wärmestroms ist die dauerhafte Nutzung einer „Lagerstelle" nicht möglich, da sie für eine Regeneration einen langen Zeitraum benötigt.

Die solarthermische Wandlung mit Solar-Absorbern und Solar-Kollektoren ist ein wichtiger Beitrag für die zukünftige Heizwärmeversorgung. In dieser Branche wurde schon seit geraumer Zeit die Bedeutung der Speicherung von Energie erkannt, wobei gegenwärtig noch die Kurzzeitspeicherung dominiert.

Ein qualitativer Sprung wurde mit der saisonalen Speicherung vollzogen, auch wenn gegenwärtig diese Technologie wegen der Kosten noch keine Rolle spielt. Durch die Möglichkeit, die sporadisch erzeugte Energie nicht unmittelbar verbrauchen zu müs-sen, rückt die solarthermische Wärmebereitstellung an die Seite anderer speicherbarer Energien als „netzgebundene" Energie.

Eine Frage ist allerdings noch zu beantworten: Lohnen sich bei immer geringerer Heizlast Versorgungsnetze überhaupt noch?

In diesem Kapitel sind alle relevanten Wärmebereitstellungstechnologien besprochen worden, auch wenn zukünftig nur noch ein Teil dieser Technologien Bedeutung haben wird. Da aber bei einer Gebäudeerneuerung von etwas mehr als einem Prozent im Jahr noch sehr viele Bestandsgebäude genutzt werden und haustechnisch zu versorgen sind, ist die Kenntnis recht vieler Wärmeversorgungstechnologien wichtig. Die regenerativen Varianten werden im Kap. 10 ausführlich erläutert.

4.9   Fragen zur Vertiefung

- Welcher Grund spricht gegen eine Kältemittelheizung?
- Warum werden zukünftig Heißwasserheizungen kaum noch benötigt?
- Welche ungünstigen thermodynamischen Eigenschaften haben Gemische aus Wasser und Frostschutzmittel im Vergleich mit Wasser?
- Was spricht im Hinblick auf Nullemissionsgebäuden für eine Luftheizung? Mit welchen Nachteilen muss sich auseinander gesetzt werden?
- Was spricht auch in Zukunft für eine elektrische Heizung?
- Was haben Gas-Infrarot-Strahlungsheizungen mit Dunkelstrahlern für die Hallenbeheizung für Vorteile?
- Durch welche Maßnahmen wird eine Holzheizung auch für die Nutzer interessant, denen eine eigenhändige Bestückung ihres Holz-Heizkessels lästig ist?
- Welche Art einer Luftheizung und welche Luftheizgeräte werden für zukünftige Nutzungen in Niedrigemissionsgebäuden am besten geeignet sein?
- Warum sollte der Begriff „Kälte" aus dem Sprachschatz eines Energieexperten gestrichen werden?
- Was spricht für den Vorschlag, anstelle von Kältemaschine besser von Kühl-Wärmepumpe zu sprechen, wenn der physikalisch nicht exakte Begriff „Wärmepumpe" weiter toleriert wird?
- Was wird im Hinblick auf die Wärmebereitstellung unter einer bivalenten Anlage verstanden?
- Erläutern Sie, warum bei einem Wärmepumpenprozess die Leistungszahl, das Verhältnis von Nutzen zu Aufwand, größer als 100 % sein kann.
- Unter welchen Bedingungen, bezogen auf die Endenergiebereitstellung, kann eine Heiz-Wärmepumpe eine regenerative Energieanwendungsanlage sein?
- Welche Vor- und Nachteile hat die Wärmequelle Außenluft für den Heiz-Wärmepumpenbetrieb?
- Was spricht für die Kombination einer Solarkollektoranlage und einer Heiz-Wärmepumpe mit der Wärmequelle Erdreich?
- Was wird mit dem Begriff „Kalte Fernwärme" beschrieben?
- Welche Rolle spielen Nahwärmenetze für einen stärkeren Einsatz von EREQ im Gebäudebereich?

- Warum wird die geothermische Tiefenenergie auch als Lagerenergie bezeichnet? Warum kann sie nicht dauerhaft an der gleichen Stelle genutzt werden?
- Welche Vor- und Nachteile sind mit dem aus der Tiefe geförderten geothermischen Fluid verknüpft?
- Welche solarthermischen Wandler werden für welche Nutzung präferiert?
- Worin besteht der qualitative Sprung bei der solarthermischen Nutzung durch den Einsatz von saisonalen Energiespeichern?
- Welche Wärmeversorgungsnetze in konstruktiver und größenmäßiger Hinsicht können auch zukünftig Bestand haben?

Literatur

1. Rietschel/Reiß: Raumlufttechnik Band 3: Raumheiztechnik, 16. Auflage, Springer Berlin Heidelberg New York 2005, ISBN 3-540-57180-9.
2. DIN 4702-8 (03.90): Heizkessel; Ermittlung des Norm-Nutzungsgrades und des Norm-Emissionsfaktors.
3. DIN EN 14785 (10.07): „Raumheizer zur Verfeuerung von Holzpellets – Anforderungen und Prüfverfahren"; Deutsche Fassung EN 14785:2006, Berichtigungen zu DIN EN 14785:2006-09, Ausgabedatum: 2007-10.
4. AVBFernwärmeV: Verordnung über Allgemeine Bedingungen für die Versorgung mit Fernwärme.
5. DIN EN 12831 (08.03): „Heizungsanlagen in Gebäuden – Verfahren zur Berechnung der Norm-Heizlast".
6. DIN 18012 (05.08): Haus-Anschlusseinrichtungen – Allgemeine Planungsgrundlagen.
7. Johannes Witt: Nahwärme in Neubaugebieten. Öko-Institut e.V., Freiburg 1995.
8. Norbert Schäfer: Fernwärmeversorgung. Springer-Verlag, Berlin 2001, ISBN 3540677550.
9. DIN 12975-2 (06.06): „Thermische Solaranlagen und ihre Bauteile – Kollektoren – Prüfverfahren".
10. Dirk Mangold, Martin Brenner, Thomas Schmidt: Langzeit-Wärmespeicher und solare Nahwärme. BINE-Informationsdienst, profiinfo I/01, Karlsruhe 2001.
11. Jens-Peter Meyer: Bauformen von Solarabsorbern. Sonne Wind & Wärme, Bielefelder Verlagsanstalt, 9/2008, S. 58–63).
12. Jens-Peter Meyer: Gläser für Module und Kollektoren. Sonne Wind & Wärme, Bielefelder Verlagsanstalt, 14/2010, S. 54.
13. Jens-Peter Meyer: Selektive Absorberschichten. Sonne Wind & Wärme, Bielefelder Verlagsanstalt, 9/2011, S. 60.
14. Handelsübliche Solarfluide. Sonne Wind & Wärme, Bielefelder Verlagsanstalt, 14/2010 S. 68–73.
15. Marktgängige Speicher. Sonne Wind & Wärme, Bielefelder Verlagsanstalt, 18/2010, S. 60–69.
16. Manfred Schmidt: Regenerative Energien in der Praxis, Verlag Bauwesen Berlin 2002, ISBN 3-3456-00757-6.

Kühlwärme-Bereitstellung

5

5.1 Kühlsysteme

5.1.1 Anforderungen

Zum Kühlen der in Abschn. 3.4 genannten Wirkungsbereiche werden bestimmte Anforderungen an das Kühlsystem gestellt.

Anforderung 1: Die operative Raumtemperatur soll im Aufenthaltsbereich einen vertikalen Verlauf haben.

Erfüllung der Anforderung 1: Die Kurve in Abb. 4.1, Figur a, für die ideale Heizung gilt gleichermaßen für die ideale Kühlung. Sie wird am besten mit Kühldecken und Kühlsegeln, ausreichend auch noch mit thermischer Bauteilaktivierung, erreicht. Kühlfußböden eignen sich nicht. Auch Luftsysteme führen zu einem eher entgegengesetzten Verlauf.

Anforderung 2: Die Kühlung soll nach ihrem Start rasch zu einem Abfall der operativen Raumtemperatur führen (Bedarfskühlung).

Erfüllung der Anforderung 2: Diese Forderung erfüllen Kühlungen mit geringer Speicherwirkung und großer spezifischer Leistung. Gut eignen sich Luft-Kühlsysteme und mit Einschränkung Kühldecken. Kühlfußböden und Wandkühlungen entsprechen wegen ihrer konstruktionsbedingten Trägheit dieser Anforderung kaum.

Anforderung 3: Die benötigte Außenluft soll außerhalb des Aufenthaltsbereichs thermisch „aufbereitet" werden und zugfrei ohne störende Luftströmung in den Aufenthaltsbereich gelangen.

Erfüllung der Anforderung 3: Sehr gut wird diese Anforderung mit Luft-Systemen in Kombination mit Wasser-Systemen erfüllt.

Weitere Anforderungen entsprechen denen im Heizbetrieb, Abschn. 4.1.1.

Kühlsysteme können mit Flüssigkeiten, insbesondere mit Wasser, Luft und Kältemitteln betrieben werden. In der Regel sind sie auch zum Heizen geeignet.

M. Schmidt, *Auf dem Weg zum Nullemissionsgebäude*,
DOI: 10.1007/978-3-8348-2193-5_5, © Springer Fachmedien Wiesbaden 2013

5.1.2 Flüssigkeits-Kühlsysteme

Sie werden auch als Nur-Wasser-System (Nur-Flüssigkeits-System) mit Energiezufuhr in den zu klimatisierenden Raum durch Wasser bzw. andere Flüssigkeiten bezeichnet. Unterschieden werden

- Einrohr-System als Einrohrkühlung oder -heizung,
- Zweirohr-System als Zweirohrkühlung oder -heizung,
- Dreirohr-System mit zwei Vorlaufrohren unterschiedlicher Temperatur und einem gemeinsamen Rücklaufrohr,
- Vierrohr-System mit zwei Vorlaufrohren unterschiedlicher Temperatur und zwei Rücklaufrohren.

Diese Systeme arbeiten vorwiegend mit Wasser, in den Fällen mit einer Temperatur im zu kühlenden Raum unter 0 °C mit Kühlsole, die ein Gemisch aus Wasser und Frostschutzmittel ist. Sie benötigen statische Raumkühlflächen. Bei dieser Kühlung wird auch von stiller Kühlung gesprochen.

Die *Kaltwasserkühlung* (Wasser-System) kann wie auch die Warmwasserheizung weder die hygienische Raumluftqualität noch die Raumluftfeuchte direkt beeinflussen. Die zur Wasserkühlung benötigten Raumkühlflächen sind

- Kühldecke,
- Kühlsegel,
- Kühlfußboden,
- thermisch aktive Bauteile (Bauteilaktivierung, Betonkernaktivierung).

Es ist darauf zu achten, dass die Temperatur des kalten Wassers nicht so gering ist, dass an der Oberfläche der Raumkühlflächen Tauwasserbildung einsetzt. Üblich sind Kaltwasservorlauftemperaturen von mindestens 16 °C. Die spezifische Kühlleistung der Raumkühlflächen kann mit dieser Beschränkung der minimalen Wassertemperatur nicht beliebig erhöht werden.

Kühlflächen können auch die Funktion Heizen übernehmen. Das kommt besonders bei der thermischen Bauteilaktivierung zum Tragen, bei der das Bauteil je nach Anforderung kühlen oder heizen kann. Zukünftig wird der Unterschied zwischen ausschließlichen Heiz- und ausschließlichen Kühlanlagen mehr und mehr verschwinden.

Kühlung mit Kühlsole muss für Kaltlagerräume mit Gefriergut angewendet werden.

5.1.3 Luft-Kühlsysteme

5.1.3.1 Einteilung

Luft-Kühlsysteme werden entsprechend Abb. 5.1 unter dem Begriff Raumlufttechnik zusammengefasst.

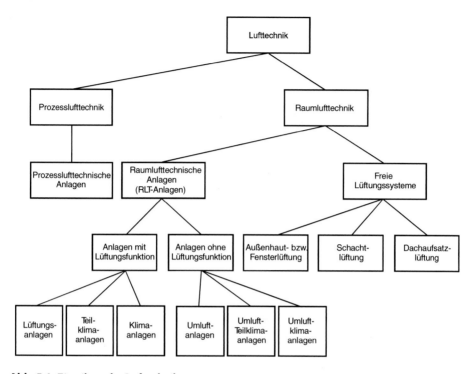

Abb. 5.1 Einteilung der Lufttechnik

In Abb. 5.1, in dem die Einteilung der gesamten Lufttechnik dargestellt ist, zeigt der rechte Ast die verschiedenen Möglichkeiten, die sich unter dem Begriff Raumlufttechnik subsummieren lassen. Über die freien oder autogenen Lüftungssysteme wurde bereits in Abschn. 3.4 gesprochen.

Der hier interessierende Zweig sind die Raumlufttechnischen Anlagen (RLT-A), von denen vor allem die Anlagen mit Lüftungsfunktion in diesem Buch eine Rolle spielen. Zu den Anlagen mit Lüftungsfunktion gehören

- Lüftungsanlagen,
- Teilklimaanlagen und
- Klimaanlagen.

Das ist die bisher übliche Bezeichnung. Unter *Lüftungsanlagen* werden solche Anlagen verstanden, mit denen erwärmte oder gekühlte Luft ohne jede weitere Aufbereitung in den zu klimatisierenden Raum eingebracht wird.

Der Begriff *Teilklimaanlage* wird hier nicht verwendet, da aus ihm nicht hervorgeht, welche Parameter des Raumklimas beeinflusst werden. Der Begriff *Klimaanlage* sollte auf alle Anlagen erweitert werden, die in irgendeiner Form das Raumklima beeinflussen, also die thermischen und die lufthygienischen Raumklimakomponenten. Das können nur die operative Raumtemperatur oder die operative Raumtemperatur und die relative Feuchte, die Luftgeschwindigkeit, die qualitative Luftzusammensetzung sein. Klimaanlage ist eher der Oberbegriff für Raumlufttechnische Anlage.

Ohne den grundsätzlichen Zusammenhang von Heizen und Kühlen aus den Augen zu verlieren, werden in diesem Kapitel ausschließlich Kühlsysteme betrachtet und mit dem Begriff Raumlufttechnische Anlage gearbeitet.

5.1.3.2 Raumlufttechnische Anlagen
Definition
Eine Raumlufttechnische Anlage (RLT-A) ist die Gesamtheit der Bauelemente. Es wird Baugruppen, die der Aufbereitung und maschinellen Förderung von Luft zum Gewährleisten geforderter Raumklimabedingungen dienen.

Die Darstellung der unterschiedlichen Luftarten in einer Raumlufttechnischen Anlage erfolgt am Beispiel einer Mischluft-RLT-A, Abb. 5.2.

Es bedeuten

- ETA Abluft: Aus dem zu klimatisierendem Raum abgeführte Luft mit dem thermodynamischem Zustand der Raumluft.
- ODA Außenluft: Von außen zugeführte Luft mit dem thermodynamischem Zustand der Außenluft.
- EHA Fortluft: Nach außen an die Umgebung abgeführte Luft.
- MIA Mischluft: Mischung aus Außenluft und Umluft.
- RCA Umluft: Wieder in den Luftkreis zurückgeführte Abluft mit dem thermodynamischem Zustand der Raumluft.
- SUP Zuluft: Direkt dem Wirkungsbereich zugeführte Luft.
- IDA Raumluft: Im Raum sich befindende Luft.

Abb. 5.2 Luftarten am Beispiel einer Mischluft-RLT-A

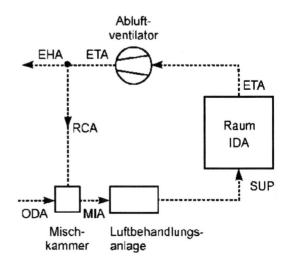

Ab-, Um- und Raumluft haben angenähert die gleiche thermodynamische Qualität. Wird Luft in RLT-A mit zwei Aufbereitungsstufen behandelt, dann wird

- die in erster Stufe (Anlagenzentrale) aufbereitete Luft Primärluft,
- die in zweiter Stufe zugemischte Luft Sekundärluft genannt.

Luft, die einzelne Aufbereitungsbauelemente umgeht, heißt Umgehungs- oder Beipassluft. Die Klassifikation von RLT-A erfolgt entsprechend

- der luftseitigen Betriebsweise,
- der lüftungstechnischen Aufgabenstellung,
- der Art der thermodynamischen Luftbehandlungsfunktion und
- den verfahrenstechnischen Merkmalen.

Luftseitige Betriebsweise

RLT-A können prinzipiell in vier unterschiedlichen luftseitigen Betriebsweisen gefahren werden:

- Mischluftanlage, in der Außen- und Umluft gemischt als Mischluft aufbereitet wird

$$q_{m,SUP} = q_{m,ODA} + q_{m,RCA} = q_{m.MIA} \qquad (5.1)$$

- Außenluftanlage, mit der nur Außenluft aufbereitet wird

$$q_{m,SUP} = q_{m,ODA} \qquad (5.2)$$

- Umluftanlage, die ohne Zuführung von Außenluft arbeitet

$$q_{m,SUP} = q_{m,RCA} \qquad (5.3)$$

- Fort- oder Abluftanlage, die nur der Entlüftung dient.

Die *Mischluftanlage* ist der allgemeine Fall. *Um- und Außenluftanlage* sind Grenzfälle. Für welchen Zweck welche luftseitige Betriebsweise zu bevorzugen ist, hängt ab von

- den energetischen Bedingungen und
- den Platzverhältnissen.

Lüftungstechnische Aufgabenstellungen

Für RLT-A lassen sich fünf lüftungstechnische Aufgabenstellungen identifizieren:

- Gewährleisten der *lufthygienischen Qualität* (Luftreinheit). Veratmete, verschmutzte, vergiftete Luft im Raum ist durch Außenluft zu ersetzen. Das kann mit einer *Außenluftanlage* realisiert werden.
  Normierte Parameter: Mindestaußenluftvolumenstrom $q_{V,ODA,min}$, Außenluftwechsel n_{ODA}, Außenluftrate.

- Kompensieren der Wärme- und Feuchtelasten durch Zufuhr thermodynamisch auf-bereiteter Zuluft (*Lastkompensation*). Dafür genügt eine *Umluftanlage*.
  Normierte Parameter: Zuluftenthalpie h_{SUP}, Zuluftwassergehalt x_{SUP}, Zuluftmassestrom $q_{m,SUP}$.
- Aufrechterhalten von Über- oder Unterdruck im Raum (*Schutzdruckhaltung*) zum Vermeiden von ungewolltem Luftwechsel. Dazu eignen sich *Außen- oder Fortluftanlagen*.
  Normierte Parameter: Zuluftmassestrom ungleich Abluftmassestrom $q_{m,SUP} \neq q_{m,ETA}$, Druckdifferenz zwischen Raum und äußerer Umgebung $\Delta p = p_{IDA} - p_{ODA} \neq 0$.
- Erzeugen einer *raumerfüllenden Luftströmung*, um vollständige Luftdurchspülung des zu klimatisierenden Raums zu erreichen. Dies kann mit einer *Umluftanlage* realisiert werden.
  Normierte Parameter: Zuluftwechsel n_{SUP}, Raumluftgeschwindigkeit v_{IDA}, Raumluft-temperatur $\theta_{IDA} \approx$ konst, relative Raumluftfeuchte $\varphi_{IDA} \approx$ konst.
- Gewährleisten von Raumklimakomponenten, die die bauliche Hülle des zu klimatisie-renden Wirkungsbereichs erhalten (*Gebäudeschutzfunktion*). Auch hierfür kann eine *Umluftanlage* ausreichend sein.
  Normierte Parameter: Wandtemperatur θ_W größer als Taupunkttemperatur θ_τ $\theta_W > \theta_\tau$, Partialdruck des Wasserdampfes im Raum $p_{D,IDA}$ kleiner als der Sättigungspartialdruck $p_{D,S}$ $p_{D,IDA} < p_{D,S}$.

Diese fünf lüftungstechnischen Aufgabenstellungen sind in der Realität selten allein, son-dern in bestimmten Kombinationen zu bearbeiten. So sind das Gewährleisten der lufthy-gienischen Qualität und das Kompensieren der Lasten meistens gekoppelt.

Thermodynamische Luftbehandlung

Zur Kennzeichnung der Luftbehandlungsfunktionen in RLT-A werden Buchstaben-kombinationen verwendet. Es gilt:

- O ohne Luftbehandlungsfunktion
- H Heizen
- K Kühlen
- B Befeuchten
- E Entfeuchten

Das Filtern wird nicht extra gekennzeichnet, da es bei jeder Luftaufbereitung obligatorisch ist.
   Mit diesen Buchstaben und den weiter vorn eingeführten Buchstabenkombinationen der Luftarten ist eine Kennzeichnung der RLT-A bezüglich

- ihrer thermodynamischen Luftbehandlungsfunktion und
- der luftseitigen Betriebsweise

möglich und damit exakt zu beschreiben.
   Beispiele für dieses Vorgehen:

- Einfache Lüftungsanlage O-ODA: Filtern und Fördern von Außenluft,

- Lüftungsanlage für Winterbetrieb H-ODA: Filtern, Fördern und Aufheizen von Außenluft auf Raumtemperatur,
- Luftheizanlage H-RCA: Filtern, Fördern und Aufheizen der Umluft zur Heizlastkompensation,
- Luftkühlanlage HKE-MIA: Filtern und Fördern von Mischluft und deren Heizen, Kühlen und Entfeuchten entsprechend der zu kompensierenden Lasten, Abb. 5.3,
- Luftbefeuchtungsanlage HB-ODA: Filtern und Fördern von Außenluft und deren Heizen und Befeuchten zum Kompensieren der Befeuchtungslast, Abb. 5.4,
- Luftentfeuchtungsanlage KE-RCA: Filtern und Fördern von Umluft und deren Kühlen und Entfeuchten zum Kompensieren der Kühl- und Entfeuchtungslast, Abb. 5.5,
- Klimaanlage HKBE-MIA: Durchführen aller Luftbehandlungsfunktionen mit Mischluft zur Lastkompensation und zum Erfüllen der lufthygienischen Anforderungen.

Verfahrenstechnische Merkmale

Das sind:

- Luftversorgung mit Einzelgeräten oder Zentralsystem.
- Luftart oder luftseitige Betriebsweise: Nur was benannt ist, wird maschinell gefördert (bei Fortluftanlage wird nur Fortluft maschinell gefördert).

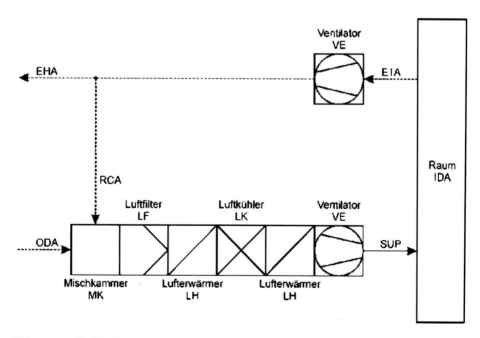

Abb. 5.3 Luftkühlanlage KE-MIA mit Mischluft und den Luftbehandlungsfunktionen Heizen, Kühlen und Entfeuchten

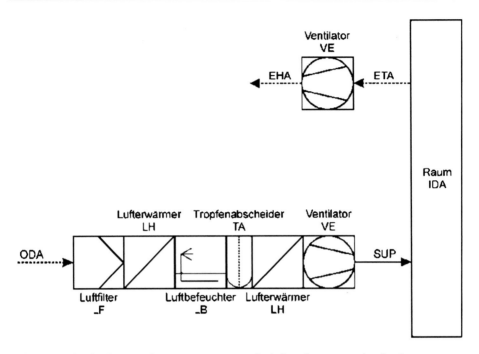

Abb. 5.4 Luftbefeuchtungsanlage HB-ODA mit Außenluft und Heizen und Befeuchten

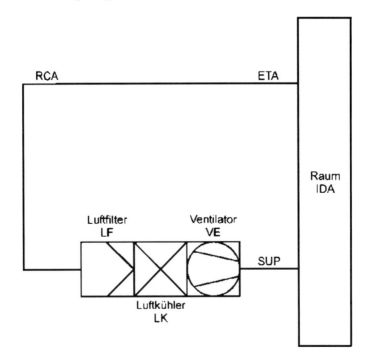

Abb. 5.5 Luftentfeuchtungsanlage KE-RCA mit Umluft und Kühlen und Entfeuchten

- Umluftbehandlung als
  - Zentralumluftsystem,
  - Zonenumluftsystem,
  - Raumumluftsystem,
  - Induktionssystem,
  - Ventilatorsystem.

- Luftgeschwindigkeit in den Leitungen:
  - bis 10 m/s Niedergeschwindigkeitssystem,
  - ab 10 m/s Hochgeschwindigkeitssystem.

- Druckabfall an den Versorgungsstellen: Druckabfall am Luftdurchlass
  - bis 100 Pa Niederdrucksystem,
  - darüber Hochdrucksystem.

- Luftvolumenstrom an den Versorgungsstellen:
  - Konstant-Volumenstromsysteme (KVS),
  - Variabel-Volumenstromsysteme (VVS).

- Energiezufuhr an den Versorgungsstellen. Als Nur-Luft-System mit Energiezufuhr an den Versorgungsstellen nur durch die Zuluft. Das ist mit einem
  - Einkanal- und
  - Zweikanalsystem

realisierbar. Dieses System entspricht einer einstufigen Anlage mit zentraler Luftaufbereitung. Grafische Symbole für Luft-Kühlsysteme sind in Abb. 5.6 enthalten.

5.1.4 Kältemittel-Kühlsysteme

Kältemittel-Systeme heizen und kühlen in der Weise, dass sich das Kältemittel im Gebäudeversorgungssystem befindet. Im Heizfall kondensiert das dampfförmige Kältemittel, im Kühlfall verdampft das flüssige Kältemittel. Es handelt sich um einen Wärmepumpenprozess.

Der Kältemittelvolumenstrom wird variiert. Das hat zur Bezeichnung Variable Refrigerant Flow (VRF) oder Variable Refrigerant Volumeflow (VRV) geführt.

Die Baugruppen in zu klimatisierendem Raum bestehen aus dem Verdampfer (Kühlbetrieb)/Verflüssiger (Heizbetrieb) und dem elektronischen Expansionsventil. Bei Umluftanlagen sind ein Filter und ein Ventilator zur Luftförderung durch den Verdampfer/Verflüssiger nötig, wodurch es zu Geräuschbelästigungen kommen kann.

Die Baugruppen außerhalb des zu klimatisierenden Raums bestehen aus dem Kältemittelverdichter und im Kühlbetrieb aus dem Kondensator mit Ventilator, mit dem die Wärme an die Außenluft abgegeben werden kann. Im Heizbetrieb wird aus der Kühl- eine Heiz-Wärmepumpe und damit der äußere Kondensator zum Verdampfer mit der Wärmequelle Außenluft.

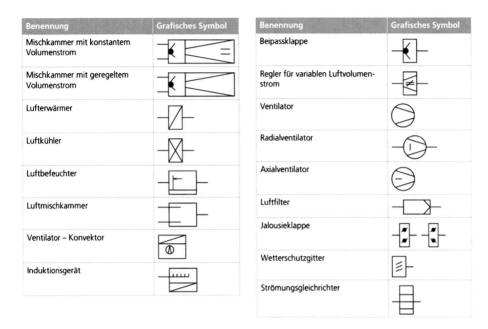

Abb. 5.6 Grafische Symbole für Luft-Kühlsysteme

Als Kältemittel werden neuerdings R 407 A und R 32 eingesetzt. Wegen der schon erwähnten kleinen Moleküle der Kältemittel sind die Betreiber solcher Anlagen, die ja in Aufenthaltsräumen eingesetzt werden, verpflichtet, sie regelmäßig zu warten und die Dichtheit der Leitungen durch zertifiziertes Personal überprüfen zu lassen.

5.1.5 Luft-Wasser-Kühlsysteme

Es handelt sich um ein System mit Energiezufuhr an den Versorgungsstellen durch Zuluft und Wasser bzw. andere Flüssigkeiten. Das System entspricht zweistufigen bzw. Primärluftsystemen mit sowohl zentraler als auch dezentraler Luftaufbereitung.

Mit diesen Systemen ist eine Kopplung der Luft- und Kältemittel-Kühlsysteme mit den Flüssigkeits-Kühlsystemen, insbesondere mit den Wasser-Kühlsystemen möglich. Damit können die beiden Aufgaben, das Kompensieren der Kühllast und das Garantieren eines hygienisch nötigen Außenluftvolumenstroms, auf die Teilsysteme aufgeteilt werden, wobei z. B. mit dem Luftsystem die hygienische Forderung erfüllt und die gewünschte Raumluftfeuchte eingehalten werden kann.

Als Varianten werden entsprechend [1] angeboten:

- Luftanlage mit Induktionsgeräten,
- Luftanlage mit Gebläsekonvektoren (Fan-Coil-Anlagen),

- Dezentrale Lüftungstechnik, Fassadenlüftungsgeräte,
- Luftanlage mit Raumkühlflächen, wie Kühldecke, Kühlsegel, Kühlfußboden, thermisch aktives Bauteil.

Das Luftsystem arbeitet in der Regel mit einem Konstant-Volumenstrom (KVS).

5.2 Verfahren zur Kühlwärme-Bereitstellung

Zu kühlen sind Luft, Wasser und Kühlflüssigkeiten, wie Sole, die dann in den oben besprochenen Kühlsystemen zur Raumkühlung eingesetzt werden.

Zum Bereitstellen der Kühlwärme gibt es folgende Verfahren:

- Nutzung von kaltem Wasser aus dem Untergrund oder natürlichem Wassereis, das im Winter geerntet werden kann und dann in Eislager bis zur Nutzung aufbewahrt wird.
- Kühlung von Luft, Wasser und Kühlflüssigkeiten durch deren Wärmeabgabe an schmelzende oder sublimierende Stoffe. Solche Stoffe sind Kältespeicher, wie
  - künstlich hergestelltes Wassereis, das eine spezifische Wärmekapazität von $c_E = 2{,}05$ kJ/(kg K) bei 0 °C und eine spezifische Erstarrungsenthalpie von $r_e = 333{,}4$ kJ/kg hat,
  - Trockeneis (CO_2-Schnee) mit der Sublimationstemperatur $\theta_S = -78{,}9$ °C, der Verdunstungsenthalpie r = 573 kJ/kg, und der spezifischen Wärmekapazität $c_p = 0{,}8$ kJ/(kg K),
  - flüssige Luft mit der Siedetemperatur $\theta = -194{,}5$ °C und der Verdunstungsenthalpie r = 205,4 kJ/kg,
  - flüssiges Helium.

Diese Kältespeicher sind aber keine so in der Natur vorkommenden Stoffe. Sie müssen mit einer Kühl-Wärmepumpe hergestellt werden.

- Kühlung von Luft, Wasser und Kühlflüssigkeiten durch Kältemischungen. Sie entstehen bei endothermen Lösungsvorgängen von Salzen in Wasser und entziehen dem zu kühlendem Stoff die für den Lösungsvorgang benötigte Energie. Kältemischungen können sein:
  - Jeweils 100 g Salmiak, Salpeter und Wasser; es wird eine Endtemperatur von −24 °C erreicht.
  - 33 g Natriumchlorid und 100 g Wassereis; bei einer Anfangstemperatur von 0 °C wird eine Endtemperatur von −21 °C erreicht.
- Kühlung der Luft durch Befeuchten der Luft im Nassluftkühler. Nassluftkühler sind Düsenkammern, Luftwäscher, Luftbefeuchter u. ä. Dieses Verfahren beruht auf dem direkten Wärme- und Stoffaustausch, da sich Befeuchtungsmedium (Wasser) und zu kühlende Luft im direkten Kontakt befinden. Der Kühleffekt beruht darauf, dass die zugegebene Feuchtigkeit der Luft die zur Verdunstung nötige Energie entzieht. Die

zu kühlende Luft wird kälter und feuchter. Daraus leitet sich die Bezeichnung dieses Verfahrens – Verdunstungskühlung – ab.

- Kühlung und evtl. Entfeuchtung der Luft sowie Kühlung von Wasser und Kühlflüssigkeiten in einem Oberflächenkühler. Die zu kühlenden Stoffe geben ihre Wärme rekuperativ an ein Kühlmedium ab. Dieses Kühlmedium kann bei Luftkühlung Kältemittel, Wasser und Sole sein.

Wassereis könnte wieder größere Bedeutung erlangen, da es im Winter in Regionen mit strengen Wintern mit geringem Energieaufwand gewonnen werden kann. Brauereien hatten früher einen großen Eisbunker als Kühlwärmespeicher, der bis zur nächsten Eisgewinnung die nötige Kühlwärme lieferte.

Die Prozesse mit Kühlwärmespeicherstoffen und Kühlwärmemischungen laufen diskontinuierlich ab. Solche Prozesse lassen sich schlecht regeln und verkomplizieren den Betrieb der Kühlanlagen. Sie sind deshalb in der Komfortklimatisierung sehr selten anzutreffen.

Bis vor einiger Zeit weniger beachtet, wird nun öfter das Verfahren der Verdunstungskühlung, auch adiabate Kühlung genannt, eingesetzt.

5.3   Luftkühlgeräte

Sie werden als Direkt-Luftkühl-System mit Kühlwärmeerzeugung direkt an den Versorgungsstellen bezeichnet und sind selbstständige Luftkühlgeräte mit dem Verdampfer auf der Raumseite und der Verflüssiger/Verdichtereinheit auf der Außenseite. Sie gibt es als Umluftgeräte, Abb. 5.7, und als Fassadenlüftungsgeräte mit Außenluftansaugung.

Der Hauptvorteil besteht in der weitgehenden Nachrüstbarkeit und der bedarfsweisen Belüftung, Kühlung und auch Beheizung jeden Raums ohne ein zentrales Luftverteilungssystem. Das wird mit einem höheren Wartungsaufwand im Vergleich mit zentralen RLT-Anlagen erkauft.

Die meisten Luftkühlgeräte sind Geräte mit Variable Refrigerant Volumeflow (VRV), also einem variablen Kältemittelstrom. Ein Beispiel für ein Außengerät, das für einen Supermarkt eingesetzt wurde, zeigt Abb. 5.8.

Die Innengeräte können wie Luftauslässe in die Decke des zu klimatisierenden Raums eingebaut werden, Abb. 5.9.

5.4   Kühl-Wärmepumpe

Für die Kühlwärme-Bereitstellung ist gegenwärtig das Verfahren mit einem Oberflächenkühler am weitesten verbreitet. Er ist meist der Verdampfer einer Kühl-Wärmepumpe (Kältemaschine). Mit ihr können unterschiedlichste Raumklimaanforderungen erfüllt werden.

Abb. 5.7 Klimagerät KE-RCA
mit Umluft und Kühlen und
Entfeuchten

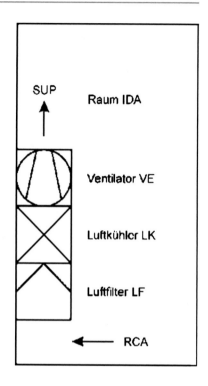

Abb. 5.8 Verflüssiger/Verdichtereinheit
eines Luftkühlgerätes mit VRV. *Quelle*
Daikin

Der in Kühl-Wärmepumpen ablaufende Prozess ist wie bei der Heiz-Wärmepumpe ein linksläufiger thermodynamischer Kreisprozess. Das Kühlen der Medien Luft, Wasser oder Kühlflüssigkeit auf der Außenseite des Oberflächenkühlers erfolgt im Wärmepumpenprozess als Teilprozess Wärmezufuhr an das Kältemittel.

Der Nutzen des thermodynamischen Linksprozesses in Kühl-Wärmepumpen ist der Wärmestrom, der von den Medien Luft, Wasser oder Kühlflüssigkeit abgegeben

Abb. 5.9 Verdampfer mit
Luftdurchlass für ein VRV-
Luftkühlgerät. *Quelle* Daikin

und dem Kältemittel als Arbeitsmedium der Kühl-Wärmepumpe zugeführt wird. Der
Aufwand ist die zum Verdichten nötige Leistung, die entweder mechanisch oder thermisch aufgebracht wird.

Die spezifische energetische Bewertungsgröße, die den Nutzen zum Aufwand ins
Verhältnis setzt, ist bei den Kühl-Wärmepumpen mit mechanischem Verdichter genau
wie bei Heiz-Wärmepumpen die Leistungszahl,

$$\varepsilon_{KWP} = \frac{\text{abgegebener Kühlwärmestrom}}{\text{zugeführte Antriebsleistung}} \tag{5.4}$$

und bei den Kühl-Wärmepumpen mit thermischer Verdichtung das Wärmeverhältnis

$$\varsigma_{KWP} = \frac{\text{abgegebener Kühlwärmestrom}}{\text{zugeführter Wärmestrom im Desorber}} \tag{5.5}$$

Die Verwirklichung des linksläufigen thermodynamischen Kreisprozesses kann mit
dem Kaltdampf- oder Kaltgas-Kühl-Wärmepumpenprozess erfolgen. Das Schaltbild
einer elektrisch angetriebenen Kompressions-Kühl-Wärmepumpe zeigt Abb. 5.10. Die
elektrische Energie wurde hier solar erzeugt.

Bedeutung haben die Kaltdampfprozesse mit einer mechanischen Verdichter- oder
einer Sorptions-Kühl-Wärmepumpe erlangt.

Abb. 5.10 Schaltbild einer
elektrisch angetriebenen
Kompressions-Kühl-
Wärmepumpe

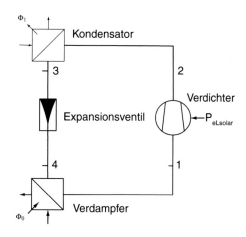

5.5   Solarthermische Kühlwärme-Bereitstellung

5.5.1   Verfahren

Es geht um das Bereitstellen eines Kühlmediums – kalte Luft, kaltes Wasser – dessen Temperatur geringer als die Temperatur des zu kühlenden Objekts ist. Die dazu nötige Energie wird solar generiert und kann sowohl solar erzeugte thermische als auch solar erzeugte elektrische Energie sein.

Der Vorteil solarer Kühlwärme-Bereitstellung gegenüber solarer Gebäudeheizungs-unterstützung besteht in der Gleichzeitigkeit von solarem Leistungsangebot und Kühl-leistungsbedarf. Die solare Kühlwärme-Bereitstellung ist damit aus energetischer Sicht ein idealer solarer Anwendungsfall, der nicht nur in sonnenscheinreichen Regionen mit bisher mangelnder Energieversorgung unübertreffbare Vorteile besitzt.

So kann also mit Sonnenenergie, durch die der Kühlleistungsbedarf im Wesentlichen entsteht, dieser Bedarf auch gedeckt werden. Das wird durch folgendes Beispiel ein-drucksvoll verdeutlicht: Ein Kühllagerhaus, das dem Erhalt der Lebensmittelqualität dient, wird mit einer solarthermischen Kühlanlage ausgestattet. Die Solarkollektoren, die die thermische Energie für den Kühlprozess liefern, liegen auf dem Dach des Kühllagerhauses. Sie verringern wegen der Energieabfuhr mit dem erwärmten Solarfluid die Kühllast, die sonst über das Dach in die Kühllagerräume eingetreten wäre. Die vom Dach geerntete Energie wird mit den in diesem Kapitel noch zu besprechenden Verfahren der solaren Kühlwärme-Bereitstellung zum Kompensieren der nun geringeren Kühllast als ohne Solarkollektoren auf dem Dach benutzt.

Zunächst muss entsprechend [2] angemerkt werden, dass mit solar bereitgestellter Energie prinzipiell alle Prozesse der Kühlenergie-Bereitstellung durchgeführt werden können, Abb. 5.11.

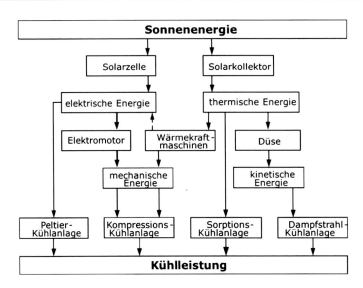

Abb. 5.11 Übersicht über solare Kühlenergie-Bereitstellungsverfahren entsprechend [2]

Die mit Solarzellen oder mit einem solarthermischen Kraftwerk erzeugte elektrische Energie versorgt PELTIER-Kühlanlagen und elektrisch angetriebene Kompressions-Kühlanlagen. Letztere werden im Weiteren als Kompressions-Kühl-Wärmepumpen (KKWP) bezeichnet. Solarzellen erzeugen in einer Photovoltaikanlage, siehe Abschn. 7.4, elektrischen Gleichstrom, der ggf. mit Wechselrichtern in elektrischen Wechselstrom umgewandelt wird. Solarthermische Kraftwerke arbeiten nach dem Prinzip von Dampfkraftwerken, deren „Befeuerung" mit solar bereitgestellter thermischer Energie erfolgt. Dieser Pfad ist mit der von der Wärmekraftmaschine nach oben gerichteten gestrichelten Linie angedeutet.

Bei der solaren PELTIER-Kühlanlage führt das Umkehren des SEEBECK-Effekts, der für die Temperaturmessung mit Thermoelementen genutzt wird, zum Bereitstellen von Kühlwärme. Durch das Einspeisen von elektrischer Energie in eine Thermopaarung wird an deren beiden Lötstellen unterschiedliche Temperatur erzeugt. An der kalten Lötstelle wird die Kühlleistung bereitgestellt; an der warmen Seite muss Wärme an die Umgebung oder an einen Abwärmenutzungsprozess abgegeben werden. Als Vorteil dieser Anlage gilt, dass sie ohne rotierende Verschleißteile auskommt.

PELTIER-Kühlanlagen sind bisher für sehr kleine Leistungen, z. B. aus der Raumfahrt, bekannt. Sie werden dort mit solar erzeugter elektrischer Energie versorgt. Für die Nutzung in Gebäuden spielen sie momentan keine Rolle.

Für die Kompressions-Kühl-Wärmepumpe muss die solar erzeugte elektrische Energie über einen Elektromotor in mechanische Energie des Verdichters umgewandelt werden. Kompressions-Kühl-Wärmepumpen sind gegenwärtig die dominierenden Anlagen zur Kühlwärme-Bereitstellung in der konventionellen Kühltechnik.

Die solar erzeugte thermische Energie treibt Sorptions- und Dampfstrahl-Kühl-Wärmepumpen an. Sorptions-Kühl-Wärmepumpen sind gegenwärtig die realistischste Option zur solaren Kühlwärme-Bereitstellung. Die Dampfstrahl-Kühl-Wärmepumpe wird neuerdings ernsthaft diskutiert.

Im Abb. 5.11 nicht dargestellt ist der mögliche, aber doch sehr abwegige Pfad, solar erzeugte elektrische in thermische Energie umzuwandeln und damit eine Sorptions- oder Dampfstrahl-Kühl-Wärmepumpe zu betreiben.

5.5.2   Solare Kompressions-Kühl-Wärmepumpe

Die solare Kompressions-Kühl-Wärmepumpe (KKWP) ist in folgenden Varianten möglich:

- *Solarelektrisch angetriebene Kompressions-Kühl-Wärmepumpe mit Drehstrommotor*: Photovoltaisch erzeugter elektrischer Gleichstrom muss in Drehstrom umgewandelt werden, mit dem der Drehstrommotor gespeist wird. Die solarelektrisch angetriebene Kompressions-Kühl-Wärmepumpe mit Drehstrommotor unterscheidet sich in ihren Baugruppen nicht von der heute dominierenden Kompressions-Kühl-Wärmepumpe. Der Unterschied besteht nur in der Generierung der elektrischen Energie.
- *Solarelektrisch angetriebene Kompressions-Kühl-Wärmepumpe mit Gleichstrommotor*: Die Konvertierung des photovoltaisch erzeugten elektrischen Gleichstroms ist nicht nötig. Allerdings sind solche Anlagen in der Kühlanlagentechnik bisher unüblich und erfordern Entwicklungsaufwand.
- *Kombination einer solarthermisch beheizten Dampfkraftanlage, in der der Organic Rankine Cycle (ORC) realisiert wird, mit einer Kompressions-Kühl-Wärmepumpe auf einer Welle*. Für diese Kombination existieren nur Prototypen.

In dem in Abb. 5.10 dargestellten Schaltbild einer *Kompressions-Kühl-Wärmepumpe*, deren Antrieb mit *solarelektrisch erzeugter elektrischer Energie erfolgt*, ist die Art des Elektromotors, ob Drehstrom- oder Gleichstrommotor, für den Verdichterantrieb nicht festgelegt. Es ist nur angedeutet, dass die elektrische Verdichterantriebsenergie solar generiert wurde.

Im Schaltbild sind Ziffern angegeben. Sie markieren jeweils Anfang und Ende einer Zustandsänderung, die sich mit den anderen Zustandsänderungen zu einem linksläufigen thermodynamischen Kreisprozess (Wärmepumpenprozess) schließt.

Abbildung 5.12 zeigt einen solchen Kreisprozess mit Unterkühlung im Kondensator – Zustand 3 liegt im Flüssigkeitsgebiet – und Überhitzung im Verdampfer – Zustand 1 liegt im Gebiet des überhitzten Dampfes – in einem log p,h-Diagramm.

Das log p,h-Diagramm ist das in der Kühltechnik übliche Zustandsdiagramm, das für alle wesentlichen Kältemittel in quantitativer Form vorliegt und zur Gewinnung von

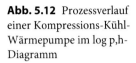

Abb. 5.12 Prozessverlauf
einer Kompressions-Kühl-
Wärmepumpe im log p,h-
Diagramm

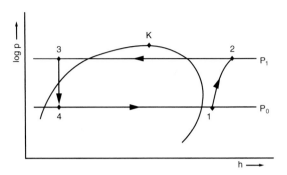

thermodynamischen Zustandsgrößen, wie Druck, Temperatur und Enthalpie, für die
Eckpunkte des Prozesses, die für Berechnungen benötigt werden, genutzt werden kann.

Mit den Abb. 5.10 und 5.12 kann der Kühlprozess verständlich erläutert werden:

Von 1 nach 2 erfolgt die adiabate Verdichtung des gasförmigen Kältemittels in einem
solarelektrisch angetriebenen Verdichter. Während der nahezu isobaren Zustandsänderung
von 2 nach 3 bei p_1 muss in einem Kondensator Wärme vom Kältemittel, das am Anfang,
Zustand 2, überhitzt ist und am Ende, Zustand 3, als leicht unterkühlte Flüssigkeit vorliegt, an die Umgebung abgeführt werden. Die Wärmeabfuhr aus der Kondensatoreinheit
erfolgt mit Luft oder Wasser. Handelt es sich um Luft, ist die Kondensatoreinheit meist
auf dem Dach des Gebäudes installiert. Sie enthält einen Ventilator, mit dem die für die
Kühlung nötige Luft durch den Kondensator gefördert wird. Die Wärmeabfuhr an die
Umgebungsluft kann nur dann erfolgen, wenn die Temperatur des Kältemittels größer als
die Lufttemperatur ist, und das wird durch die Verdichtung erreicht.

Vom hohen Druck p_1 im Kondensator muss auf einen niedrigen Druck p_0 entspannt
werden, der zu einer Temperatur des Kältemittels im Verdampfer führt, die unter der
Temperatur des zu kühlenden Mediums – Luft, Kühlflüssigkeit oder Wasser – liegt. Die
Entspannung erfolgt von 3 nach 4 für übliche Kompressions-Kühl-Wärmepumpen im
Gebäudebereich in einem Expansionsventil, in dem die Arbeitsfähigkeit des Kältemittels
„vernichtet" wird.

Im Kondensator wird das Kältemittel verflüssigt und unterkühlt und befindet sich
entsprechend Abb. 5.12 im Nassdampfgebiet des Kältemittels (Zustand 4), wobei
Nassdampf ein Gemisch aus siedender Flüssigkeit und Sattdampf ist. Je näher der Punkt
4 an der linken Grenzkurve liegt, umso weniger Sattdampf ist enthalten. Das eigentliche Ziel des Prozesses, das Bereitstellen eines Kühlmediums, wird im Verdampfer mit
der Zustandsänderung von 4 nach 1 erreicht, bei der das Kältemittel vom zu kühlenden Medium thermische Energie aufnimmt und dabei verdampft. Die Temperatur des
zu kühlenden Mediums sinkt dabei durch die Wärmeabgabe an das Kältemittel. In
Abb. 5.12 ist eine geringe Überhitzung dargestellt: Der Zustand 1 befindet sich aus rege-
lungstechnischen Gründen im Überhitzungsgebiet. Damit ist der Kreisprozess geschlossen und kann von neuem durchlaufen werden.

Bei der *Kombination eines Organic Rankine Cycle (ORC) mit einer Kompressions-Kühl-Wärmepumpe (KKWP)* befindet sich der solar beheizte Organic Rankine Cycle auf einer Welle mit dem Verdichter der Kompressions-Kühl-Wärmepumpe. Das Kältemittel ist in beiden Anlagen der gleiche Stoff. Die Umwandlung der mechanischen in elektrische Energie entfällt.

Der maximale Energieumwandlungsgrad dieses Prozesses ist

$$EUG_{max} = \frac{T_H - T_1}{T_H} \frac{T_0}{T_1 - T_0} \tag{5.6}$$

oder

$$EUG_{max} = \eta_{th,ORC} \, \varepsilon_{KKWP} = \zeta_{AKWP,max} \tag{5.7}$$

mit

$T_H = T_A$	Temperatur des Heizmediums bzw. des Solarabsorbers,
T_1	Kondensatortemperatur,
T_0	Verdampfertemperatur,
$\eta_{th,ORC}$	thermischer Wirkungsgrad des ORC,
ε_{KKWP}	Leistungszahl der KKWP,
$\zeta_{AKWP,max}$	Wärmeverhältnis Absorptions-Kühl-Wärmepumpe in gleichen Temperaturgrenzen.

In einem Beispiel zur energetischen Bewertung wird gezeigt, welcher maximale Energieumwandlungsgrad zu erreichen ist. Angenommen wird:

Solarfluidtemperatur	$\theta_{SoFl} = \theta_H = 90\,°C.$
Kondensatortemperatur, mindestens	$\theta_1 = 35\,°C.$
Komfortklimatisierung mit Luft	$\theta_L = 15\,°C.$
Verdampfertemperatur, höchstens	$\theta_0 = 10\,°C.$

Das Ergebnis entsprechend Gl. (5.6) lautet:

$$EUG_{max} = \frac{T_H - T_1}{T_H} \frac{T_0}{T_1 - T_0} = \frac{363 - 308}{363} \frac{283}{308 - 283} = 1{,}715$$

Die Temperaturdifferenzen hätten auch in °C geschrieben werden können, da der Gradabstand der Kelvin- und Celsiusskala gleich groß ist und sich damit bei Temperaturdifferenzen keine unterschiedlichen Zahlenwerte ergeben.

Der Energieumwandlungsgrad dieses gekoppelten Prozesses entspricht dem Wärmeverhältnis eines Sorptionsprozesses und ist nicht mit der Leistungszahl ε zu verwechseln.

Wegen der günstigen Einspeisebedingungen für photovoltaisch erzeugte elektrische Energie in Deutschland gab es bisher kaum Veranlassung, systemtechnische Lösungen zur dezentralen solarelektrischen Klimatisierung oder Kühlwärme-Bereitstellung zu entwickeln. Durch die deutlich gesunkenen Kosten von Photovoltaikmodulen werden allerdings systemtechnische Lösungen solarelektrischer Kühlwärme-Bereitstellung auch im Hinblick auf die Konkurrenz mit der solarthermischen Kühlwärme-Bereitstellung zunehmend interessant.

5.5.3   Solarthermische Dampfstrahl-Kühl-Wärmepumpe

Die Dampfstrahl-Kühl-Wärmepumpe ist eine interessante Möglichkeit zur Kühlenergie-Bereitstellung, die im Jahre 2012 noch im Status einer Versuchsanlage ist. In Abb. 5.13 ist das Schaltbild und im Abb. 5.14 der Prozessverlauf im log p,h-Diagramm dargestellt.

Solar erzeugter Dampf (Treibdampf) entspannt sich adiabat in einer Düse auf den Druck p_0 und wird dabei auf eine Geschwindigkeit $v \approx 1000$ m/s beschleunigt: Zustandsänderung

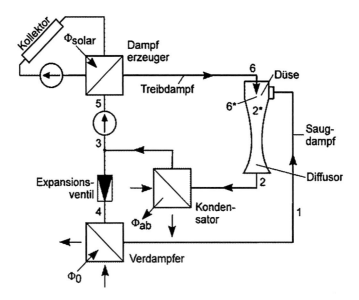

Abb. 5.13 Schaltbild einer solarthermischen Dampfstrahl-Kühl-Wärmepumpe

Abb. 5.14 Prozessverlauf einer Dampfstrahl-Kühl-Wärmepumpe im log p,h-Diagramm

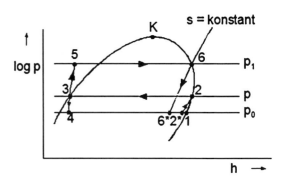

von 6 nach 6*. Durch die damit hervorgerufene Injektionswirkung reißt der Treibdampf mit dem Zustand 6* Dampf mit Zustand 1 aus dem Verdampfer mit, wobei sich beide Dämpfe vermischen. Zwischen den Zuständen 6* und 1 wird der Zustand 2* erreicht. Dieser Dampf wird im nachgeschalteten Diffusor auf den Druck p verdichtet und verlässt ihn mit dem Zustand 2. Im nachfolgenden Kondensator wird der Dampf kondensiert: Zustandsänderung 2 → 3. Ein Teil dieses Dampfes vom Zustand 3 wird im Expansionsventil entspannt und dem Verdampfer zugeführt, wo die Kühlleistung aufgenommen wird: Zustandsänderung 4 → 1. Der andere Teil wird adiabat verdichtet: Zustandsänderung 3 → 5, und im Dampferzeuger mithilfe solarthermischer Energie verdampft: Zustandsänderung 5 → 6, womit er wieder als Treibdampf verfügbar ist.

5.5.4   Solarthermische Sorptions-Kühl-Wärmepumpe

5.5.4.1 Möglichkeiten

Sorptions-Kühl-Wärmepumpen werden entsprechend Abb. 5.10 mit thermischer Energie angetrieben. Diese Energie muss keine sehr hohe Qualität (Exergie) haben und kann Fernwärme, Abwärme aus Hochtemperaturprozessen oder, wie in diesem Kapitel thematisiert, solarthermische Energie sein.

Eine solare Sorptions-Kühl-Wärmepumpe ist eine Anlage, die solarthermische Energie mittels eines Sorptionsprozesses in Kühlenergie umwandelt. Sorptive Kühlprozesse können entsprechend den eingesetzten Sorbentien, also den Stoffen, die einen zweiten Stoff aufnehmen oder sorbieren, in diesem Fall das Kältemittel, unterteilt werden in

- *Ab*sorptionsprozesse, wenn es sich um flüssige Sorbentien handelt,
- *Ad*sorptionsprozesse bei festen Sorbentien.

Entsprechend der Gestaltung des thermodynamischen Kreisprozesses, den das Kältemittel durchläuft, wird unterteilt in einen

- geschlossenen Prozess, wenn das Kältemittel im Prozess verbleibt,
- offenen Prozess, wenn das Kältemittel den Prozess verlässt.

Für die offenen Prozesse eignen sich nur Kältemittel, die bedenkenlos an die Umgebung abgeführt werden können. Ein solches Kältemittel ist Wasser. Das Kältemittel muss natürlich an entsprechender Stelle dem Prozess auch wieder zugeführt werden.

Der geschlossene Prozess hängt weniger von den äußeren thermodynamischen Bedingungen, wie Temperatur und Luftfeuchte, ab als der offene Prozess, was noch erläutert wird. Die Prozessgestaltung hat Auswirkungen auf die erreichbare Temperatur des zu kühlenden Mediums.

Damit lassen sich vier Typen solarer Sorptions-Kühl-Wärmepumpen charakterisieren:

- solare geschlossene Absorptions-Kühl-Wärmepumpe
- solare geschlossene Adsorptions-Kühl-Wärmepumpe
- solare offene Absorptions-Kühl-Wärmepumpe
- solare offene Adsorptions-Kühl-Wärmepumpe.

Solare Sorptions-Kühl-Wärmepumpen eignen sich vor allem für die Klimatisierung im Komfortbereich.

Nach [3] waren 2007 in Europa über 100 Anlagen mit einer Kühlleistung von mehr als 20 kW in Betrieb. Die Aufteilung auf die einzelnen Verfahren, die im Folgenden ausführlich erläutert werden, ergab folgendes Bild:

- 70 % solare geschlossene Absorptions-Kühl-Wärmepumpen
- 10 % solare geschlossene Adsorptions-Kühl-Wärmepumpen
- 20 % solare offene Adsorptions-Kühl-Wärmepumpen.

Zahlenwerte für die spezifische Kollektorfläche zum Bereitstellen der thermischen Energie für den Sorptionsprozess werden in [4] angegeben. Dabei ist es sinnvoll, für die Bezugsgröße bei den geschlossenen Verfahren die Kühlleistung in Kilowatt und bei den offenen Verfahren die Luftleistung als Volumenstrom in 1.000 m^3/h zu wählen:

- geschlossene Anlagen: 3–3,5 m^2/kW Kühlleistung
- offene Anlagen: 8–10 m^2/1.000 m^3/h zu kühlende Luft.

Im Folgenden wird von jeder der vier definierten Anlagen die Funktionsweise beschrieben und dann ihr Einsatz mit je einer realisierten Beispielanlage belegt.

5.5.4.2 Solarthermische geschlossene Absorptions-Kühl-Wärmepumpe
Funktionsweise

Diese Kühl-Wärmepumpe kann kaltes Wasser und kalte Luft bereitstellen, Abb. 5.15.

Bei der Absorptions-Kühl-Wärmepumpe entsprechend Abb. 5.15 wird die Verdichtung, die für die Kompressions-Kühl-Wärmepumpe in Abb. 5.11 mit einem mechanischen Verdichter dargestellt ist, durch die thermische Verdichtung ersetzt, die alle Bauelemente für einen rechtsläufigen thermodynamischen Kreisprozess enthält. Die Absorptions-Kühl-Wärmepumpe integriert damit den Wärmekraftmaschinenprozess in den Kühl-Wärmepumpenprozess.

Das Bereitstellen der Kühlleistung als Prozessziel erfolgt im Verdampfer (linke Seite von Abb. 5.15), in dem entweder ein Luft- oder ein Wasserstrom die Verdampfungswärme für das Kältemittel liefert und dabei gekühlt wird. In Abb. 5.15 ist als Kühlwärmenutzungsprozess die Klimatisierung eines Gebäudes (Wirkungsbereich 17) dargestellt, für das gekühlte Luft benötigt wird.

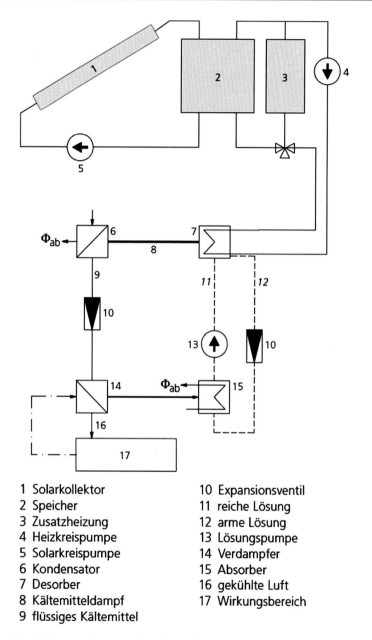

1 Solarkollektor
2 Speicher
3 Zusatzheizung
4 Heizkreispumpe
5 Solarkreispumpe
6 Kondensator
7 Desorber
8 Kältemitteldampf
9 flüssiges Kältemittel

10 Expansionsventil
11 reiche Lösung
12 arme Lösung
13 Lösungspumpe
14 Verdampfer
15 Absorber
16 gekühlte Luft
17 Wirkungsbereich

Abb. 5.15 Schaltbild einer solaren geschlossenen Absorptions-Kühl-Wärmepumpe

Das Anlagenschema in Abb. 5.15 besteht aus zwei Hauptteilen: Im oberen Teil ist die solarthermische Anlage dargestellt, die aus dem Solarkollektorfeld, der Solarkreispumpe und einem Wärmespeicher besteht. Zur Erhöhung der Versorgungssicherheit ist eine Zusatzheizung parallel zwischengeschaltet, die evtl. auch die gesamte Heizleistung bereitstellen kann.

Die von der solarthermischen Anlage kommende thermische Energie wird dem Desorber zum Austreiben (Desorbieren) des Kältemittels zugeführt. Der Desorber gehört zum unteren Teil der Anlage, in dem der Kühlenergie-Bereitstellungsprozess abläuft. Für den Absorptionskühlprozess wird zur thermischen Verdichtung – rechte Seite der Kühl-Wärmepumpe – ein Arbeitsstoffpaar benötigt, das aus einem Kältemittel und einem Lösungsmittel (*Ab*sorbens) besteht. Die thermische Verdichtung wird mittels Lösungskreislauf realisiert, wobei die Arbeitsstoffpaare Ammoniak/Wasser (NH_3/H_2O) oder Wasser/Lithiumbromid ($H_2O/LiBr$) eingesetzt werden. Zur besseren Verständigung wird üblicherweise zuerst das Kältemittel, dann das Lösungsmittel genannt. Wasser kann also sowohl Lösungs- als auch Kältemittel sein.

Der Lösungskreislauf, in Abb. 5.15 gestrichelt dargestellt, durchläuft die Bauelemente Desorber (höherer Druck), Expansionsventil zur Druckreduzierung, Absorber (geringerer Druck) sowie Lösungspumpe zur Druckerhöhung und Förderung der an Kältemittel reichen Lösung. Im Absorber wird das Kältemittel vom Lösungsmittel absorbiert, wobei Wärme entsteht, die abgeführt werden muss. Die an Kältemittel reiche Lösung – in Abb. 5.15 als „reiche Lösung" bezeichnet – wird von der Lösungspumpe zum Desorber transportiert, in dem durch Zufuhr thermischer Energie das Kältemittel aus der Lösung ausgetrieben wird und von dem die an Kältemittel arme Lösung – in Abb. 5.15 als „arme Lösung" bezeichnet – im Expansionsventil entspannt wird und wieder zum Absorber zurückfließt.

Im Kältemittelkreis wird der Kältemitteldampf im Kondensator unter Wärmeabgabe kondensiert, auf das geringere Druckniveau im Verdampfer mittels Kältemittelexpansionsventil – in Abb. 5.15 die linke Seite der unteren Teilanlage – entspannt, um im Verdampfer vom zu kühlenden Medium – hier Luft – die Energie zur Verdampfung aufzunehmen. Das dampfförmige Kältemittel, das nun mit geringem Druckniveau vorliegt, gelangt zum Absorber, wo es unter Wärmeabgabe vom Lösungsmittel wieder absorbiert wird.

Der hier beschriebene untere Teil der Kühlanlage entspricht der klassischen Absorptions- Kühlanlage, bei der die thermische Energie bisher üblicherweise über einen elektrischen Heizstab, wie in Absorptions-Kühlschränken, mit Gas- oder Ölheizkessel sowie mit Wärme aus einem Blockheizkraftwerk oder über Fernwärme zugeführt wird.

Für die Anordnung der Anlage im Gebäude muss bedacht werden, dass an zwei Stellen des Prozesses Wärme an die Umgebung abzuführen ist.

Die Kühlleistung der geschlossenen Absorptions-Kühl-Wärmepumpe wird umso größer, je höher die Temperatur der zugeführten thermischen Energie im Desorber ist. Für die solare Variante werden hohe Temperaturen im dazugehörenden Kollektorkreis erreicht, wenn hochselektive Solarflach-, Solarvakuumröhren oder konzentrierende Solarkollektoren eingesetzt werden.

Für die Gebäudeklimatisierung werden in der Regel Anlagen mit dem Arbeitsstoffpaar Wasser/Lithiumbromid verwendet. Für Kühlanwendungen unterhalb des Gefrierpunkts von Wasser, z. B. Kühlhäuser, muss Ammoniak/Wasser als Arbeitsstoffpaar eingesetzt werden.

Tab. 5.1 Nötige Desorbertemperaturen einer solaren geschlossenen Absorptions-Kühl-Wärmepumpe

Verdampfer	Kondensator/Absorber		Desorbertemperatur θ_H in °C
dynamisch belüftet	luftgekühlt	$\theta_1 = 60\,°C$	155
$\theta_0 = -5\,°C$	wassergekühlt	$\theta_1 = 35\,°C$	90
statisch belüftet	luftgekühlt	$\theta_1 = 60\,°C$	165
$\theta_0 = -15\,°C$	wassergekühlt	$\theta_1 = 35\,°C$	100
dynamisch belüftet	luftgekühlt	$\theta_1 = 60\,°C$	198
$\theta_0 = -26\,°C$	wassergekühlt	$\theta_1 = 35\,°C$	118
statisch belüftet	luftgekühlt	$\theta_1 = 60\,°C$	195
$\theta_0 = -35\,°C$	wassergekühlt	$\theta_1 = 35\,°C$	135

Um eine Vorstellung davon zu bekommen, wie hoch die Desorbertemperaturen $\theta_H = \theta_A$ mit dem Arbeitsstoffpaar NH_3/H_2O für den Einsatz in einer

- Kühlgutlagerzelle mit einer Verdampfertemperatur $\theta_0 = -5\,°C$,
- Gefriergutlagerzelle mit drei unterschiedlichen Verdampfertemperaturen $\theta_0 = -15$, -26 und $-35\,°C$

sein müssen, wurden Beispiele für das Bereitstellen von gekühlter Luft berechnet, Tab. 5.1.

Für die Kühlung (Wärmeabfuhr) von Kondensator und Absorber wurde sowohl Wasser als auch Luft als Kühlmedium angenommen. Die zu kühlende Luft wird zum einen mit einem Ventilator gefördert, dann wird von einem dynamisch belüfteten Verdampfer gesprochen, und zum anderen strömt sie mittels thermischen Auftriebs durch den Verdampfer (statisch belüfteter Verdampfer).

Um die angegebenen Desorbertemperaturen zu erreichen, muss die Temperatur der Solarflüssigkeit noch um mindestens 5 K höher sein. Die Varianten mit Luftkühlung scheiden deshalb weitgehend aus, und auch die geringeren Desorbertemperaturen bei Wasserkühlung erfordern mindestens Solar-Vakuumröhren- oder konzentrierende Solarkollektoren.

Beispiel Modellprojekt in Fürth

Im Jahr 2008 wurde in Fürth ein Modellprojekt zur solaren Kühlung, Trinkwassererwärmung und Gebäudeheizungsunterstützung in einem mittelständischen Betrieb mit Büronutzung realisiert. Die Absorptions-Kühl-Wärmepumpe hat eine Kühlleistung von 30 kW, womit eine Nutzfläche von 1.000 m^2 gekühlt wird. Die Kühl-Wärmepumpe vom Typ WEGRACAL SE 30, Abb. 5.16, liefert Kaltwasser von ca. 17 °C, die in Kühlkonvektoren die Raumluft mit stiller Kühlung – kein Einsatz von Ventilatoren – auf Zulufttemperaturen nahe 20 °C abkühlt. Die Konzeption sieht vor, dass die Kühlenergie-Deckungsrate im Sommer 100 % beträgt.

Abb. 5.16 Geschlossene
Absorptions-Kühl-
Wärmepumpe WEGRACAL
SE 30, Rückseite. *Quelle* EAW
Energieanlagenbau Westenfeld

Abb. 5.17 Solarkollektoranlage
für die Anlage in Fürth. *Quelle*
SOLVIS GmbH & Co KG

Das nötige Heizwasser für den Desorber wird von einer thermischen Solaranlage mit 100 m² Fläche leistungsoptimierter Solar-Flachkollektoren in Aufdachmontage auf einer südorientierten Dachkonstruktion geliefert und darf ggf. weniger als 75 °C betragen, Abb. 5.17.

Es wurden ausdrücklich keine Solar-Vakuum-Röhrenkollektoren eingesetzt, da die Solar-Flachkollektoren deren Wirtschaftlichkeit, Wartungsfreiheit und Reparaturbeständigkeit übertreffen. Mit der vergleichsweise geringen Heizwassertemperatur ist ein relativ hoher Solarkollektor-Wirkungsgrad zu erwarten.

Wie schon erwähnt, wird außerhalb der Kühlperiode die gewonnene thermische Solarenergie zur Trinkwassererwärmung und Gebäudeheizungsunterstützung genutzt. Überschüssige Wärme wird im Frühjahr und Herbst unentgeltlich dem angrenzenden Kurbad zur Verfügung gestellt.

5.5.4.3 Solarthermische geschlossene Adsorptions-Kühl-Wärmepumpe
Funktionsweise
Sie ist eine periodisch arbeitende Kühl-Wärmepumpe mit einem Feststoffsorbens, Abb. 5.18.

Die Darstellung gilt auch hier für Luftkühlung und besteht aus den zwei Perioden eines diskontinuierlichen Prozesses. Als Arbeitsstoffpaar kann Wasser/Zeolith oder

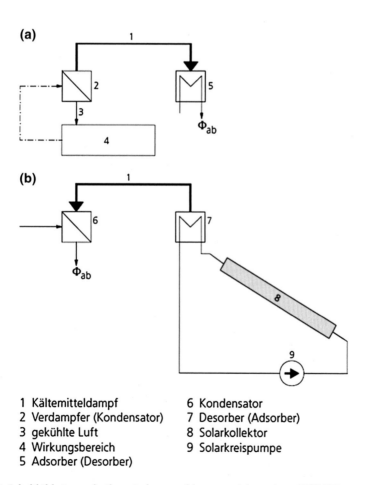

1 Kältemitteldampf	6 Kondensator
2 Verdampfer (Kondensator)	7 Desorber (Adsorber)
3 gekühlte Luft	8 Solarkollektor
4 Wirkungsbereich	9 Solarkreispumpe
5 Adsorber (Desorber)	

Abb. 5.18 Schaltbild einer solarthermischen geschlossenen Adsorptions-Kühl-Wärmepumpe. **a** 1. Periode: Abgabe der Kühlleistung. **b** 2. Periode: Regeneration

Wasser/Silikagel eingesetzt werden. Zeolith ist ein kristallines Metall-Alumo-Silikat mit sehr großer innerer Oberfläche zur Anlagerung (Adsorption) der Wassermoleküle. Die Kühl-Wärmepumpe kommt mit relativ wenigen Bauteilen aus, muss allerdings wegen des diskontinuierlichen Prozesses aus Gründen der Versorgungssicherheit mindestens zweimal vorhanden sein.

In der ersten Periode – linke Darstellung in Abb. 5.18a – wird im linken Wärmeübertrager die Kühlleistung abgegeben. Dieser Wärmeübertrager wirkt in der ersten Periode als Verdampfer. In ihm verdampft durch die Wärmezufuhr aus dem zu kühlenden Luftstrom das in der vorigen Periode kondensierte flüssige Kältemittel. Der Kältemitteldampf strömt wegen des sich vergrößernden Volumens in den rechten Wärmeübertrager, der in der ersten Periode als Adsorber fungiert, wo er vom Adsorptionsmittel (Feststoffsorbens oder Adsorbens) Zeolith oder Silikagel adsorbiert wird. Dabei entsteht Wärme, die als Wärmestrom Φ_{ab} abgeführt werden muss. Der Vorgang ist beendet, wenn das flüssige Kältemittel im Verdampfer weitgehend verdampft ist.

Nun beginnt die zweite Periode: die Regeneration des Prozesses, Abb. 5.18b. Der Verdampfer wird zum Kondensator und der Adsorber zum Desorber, in dem das adsorbierte Kältemittel aus dem Adsorbens (Adsorptionsmittel) durch Wärmezufuhr wieder ausgetrieben wird. Die Energie wird von einer thermischen Solaranlage bereitgestellt. Der Kältemitteldampf gelangt in den Kondensator und kondensiert dort unter Wärmeabgabe, wonach wieder durch Verdampfen des Kältemittels die Abgabe einer Kühlleistung möglich wird.

Dieser diskontinuierliche Prozess kann durch Umschalten zwischen mehreren Anlagen quasikontinuierlich gestaltet werden. Der periodische Betrieb führt zu schwankenden Temperaturen auf allen Temperaturniveaus, was bei der Anlagenplanung nicht außer Acht gelassen werden darf.

Bei einer Kühlung von Adsorber und Kondensator mit Wasser kann ein Solarfluid ab 60 °C, im Nennbetriebspunkt bei ca. 85 °C, zur Kühlenergie-Bereitstellung genutzt werden. Dazu eignen sich hochselektive Solar-Flachkollektoren.

Beispiel Küche einer Institutskantine in Freiburg/Breisgau

Eine von der Sortech AG produzierte Adsorptions-Kühl-Wärmepumpe kühlt seit Sommer 2007 die Küche der Institutskantine des Fraunhofer ISE in Freiburg. Bei dieser Adsorptions-Kühl-Wärmepumpe handelt es sich um eine Anlage der ersten Prototypenserie ACS 05 mit einer Kühlleistung von 5,5 kW.

Sie kann sowohl als Kühl- als auch als Heiz-Wärmepumpe betrieben werden. Im Kühlbetrieb im Sommer erfolgt die Wärmezufuhr für den Desorber entweder aus der thermischen Solaranlage oder alternativ aus einem Blockheizkraftwerk (BHKW). Im Winter fungiert die Adsorptions-Anlage als Heiz-Wärmepumpe und heizt die Kantine mit der Energie aus der Erde, die über die Erdsonden zugeführt wird und die mit der Adsorptions-Anlage auf die für Heizzwecke erforderliche Temperatur gebracht worden ist, Abb. 5.19.

In Abb. 5.19 ist zu erkennen, dass die Zufuhr der thermischen Energie alternativ über die thermische Solaranlage oder über ein Blockheizkraftwerk erfolgt, wobei zwischen der Solaranlage und der Kühlanlage ein Solarspeicher zwischengeschaltet ist. Die Erdsonden dienen im Sommer zur Wärmeabfuhr aus der Kühlanlage und im Winter als

Abb. 5.19 Funktionsschema
der Sortech-Anlage mit
Solarkollektoranlage und
BHKW zur Kühlung der
Küche der Institutskantine des
Fraunhofer ISE. *Quelle* Sortech
AG Halle/Saale

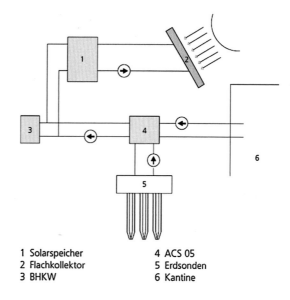

1 Solarspeicher	4 ACS 05
2 Flachkollektor	5 Erdsonden
3 BHKW	6 Kantine

Wärmequelle für die nun als Heiz-Wärmepumpe fungierende Anlage. Als Arbeitsstoffpaar ist Wasser/Silikagel eingesetzt.

Die Kühlanlage stellt im Bemessungspunkt kaltes Wasser von 15 °C bereit, mit dem die Zuluft für die Kantine gekühlt wird. Das Kaltwasser kommt mit 18 °C aus dem Zuluftkühler zurück.

Um recht viel Solarenergie, die aus einem 20-m²-Solar-Flachkollektorfeld kommt, zu nutzen, wird in sonnenscheinreicher Zeit Solarenergie im Solarspeicher eingelagert. Die Heißwassertemperatur beträgt im Bemessungspunkt 72 °C. Bereits eine Wassertemperatur ab 60 °C reicht aus, um diese solarthermische geschlossene adsorptive Kühl-Wärmepumpe betreiben zu können.

Die im Kondensator und Adsorber entstehende Abwärme wird in diesem Beispiel nicht wie üblich über Dach mit einem Rückkühler an die Umgebung abgegeben, sondern, wie bereits erwähnt, über Erdsonden in den Untergrund gebracht.

Inzwischen wurden die Maschinen weiterentwickelt und sind als ACS 08 mit 7,5 kW und ASC 15 mit 15 kW Kühlleistung, Abb. 5.20, mit einem abgestimmten trockenen Rückkühler RCS für die Erweiterung der Einsatzfälle lieferbar. Die ACS kann auch mit anderen Rückkühllösungen, wie Nasskühlturm, Schwimmbad, Brunnen, Erdsonden u. a., angeboten werden.

In diesen Fällen entfällt dann allerdings das Einspeichern der thermischen Energie in den Untergrund.

5.5.4.4 Solarthermische offene Absorptions-Kühl-Wärmepumpe

Funktionsweise

In einer solarthermischen offenen Absorptions-Kühl-Wärmepumpe wird als Arbeitsstoffpaar meist Wasser/Lithiumchlorid (H_2O/LiCl) verwendet. Offen bedeutet, dass das

Abb. 5.20 Adsorptions-Kühl-
Wärmepumpe ACS 15. *Quelle*
Sortech AG Halle/Saale

Kältemittel den Prozess verlässt und in die Umgebung abgegeben wird. Das Kältemittel
kann deshalb nur Wasser sein, Abb. 5.21.

Mit dieser Anlage kann nur Luft gekühlt werden, wobei die Kühlung durch Entfeuchten der Luft und anschließendem Befeuchten erreicht wird. Um die Unterschiede
des geschlossenen Absorptionsprozess, Abb. 5.15, und der offenen Prozesse, Abb. 5.21 und
5.24, leicht erkennen zu können, sind deren Schaltbilder mit analogem Schema gezeich-
net, wobei im oberen Teil des Bildes die thermische Solaranlage, im unteren Teil die Kühl-
Wärmepumpe dargestellt ist.

In Abb. 5.21 ist der Einfachheit halber als luftseitige Betriebsweise eine Umluftanlage
gewählt. Außenluft- oder Mischluftbetrieb sind aber jederzeit möglich. Die zu kühlende
feuchte Luft aus dem Wirkungsbereich (zu kühlender Raum) wird als Umluft in den
Absorber gebracht. Der Zustandspunkt der Raumluft IDA entspricht dabei dem thermischen Zustand der Umluft RCA: IDA ≡ RCA.

Im weiteren Prozessverlauf wird ein Teil des Wasserdampfs der feuchten Luft vom
Lithiumchlorid unter Wärmeabgabe absorbiert und die Luft dadurch getrocknet. Der
Absorber wirkt als Luftentfeuchter. Ein großer Teil der bei der Absorption entstehenden thermischen Energie wird aus ihm rekuperativ als Wärmestrom φ_{ab} abgeführt.
Diese Wärmeabfuhr bewirkt, dass die Temperatur der entfeuchteten Luft nur unwesent-
lich ansteigt. Die Zustandsänderungen der feuchten Luft lassen sich sehr anschaulich in
einem h,x-Diagramm für feuchte Luft darstellen, Abb. 5.22.

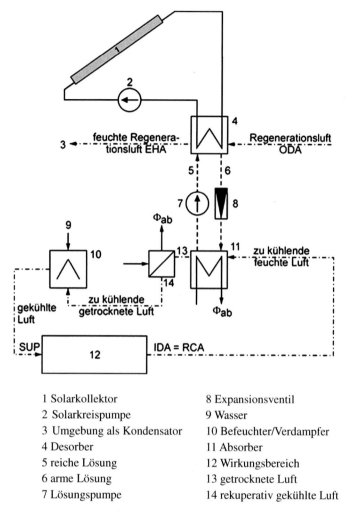

Abb. 5.21 Schaltbild einer solarthermischen offenen Absorptions-Kühl-Wärmepumpe

1 Solarkollektor	8 Expansionsventil
2 Solarkreispumpe	9 Wasser
3 Umgebung als Kondensator	10 Befeuchter/Verdampfer
4 Desorber	11 Absorber
5 reiche Lösung	12 Wirkungsbereich
6 arme Lösung	13 getrocknete Luft
7 Lösungspumpe	14 rekuperativ gekühlte Luft

Nach der Trocknung kann die Luft in einem Wärmeübertrager von 13 nach 14 bei Vorhandensein geeigneter Kühlmedien um einige Kelvin gekühlt werden, bevor sie dann in einen Befeuchter gelangt, dem von außen Wasser zugeführt wird. Das Wasser verdampft durch die Energie, die es von der Luft erhält, wobei sie sich abkühlt. Diese Abkühlung wird auch als adiabate Befeuchtungskühlung bezeichnet.

Die so gekühlte Luft wird nun dem Wirkungsbereich wieder zugeführt. Entsprechend der Darstellung im Abb. 5.22 wird die Luft um 12 K auf 10 °C abgekühlt. Das ist für Klimatisierungsprozesse völlig ausreichend. Im h,x-Diagramm, Abb. 5.22, ist auch deutlich zu erkennen, dass die minimal erreichbare Temperatur nach dem Befeuchten davon

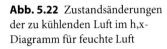

Abb. 5.22 Zustandsänderungen
der zu kühlenden Luft im h,x-
Diagramm für feuchte Luft

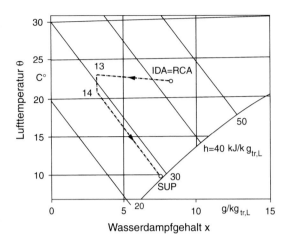

abhängt, wie weit die Luft entfeuchtet werden kann und ob eine rekuperative Kühlung
der Luft in einem Wärmeübertrager nach dem Austritt aus dem Absorber überhaupt
möglich ist. Da diese rekuperative Kühlung – Zustandsänderung von 13 nach 14 – oft
nicht möglich ist und das Entfeuchten entsprechend der Zustandsänderung von IDA
nach 13 schon vor dem im Diagramm eingezeichneten Punkt 13 endet, kann sich beim
realen Prozess eine höhere Zulufttemperatur θ_{SUP} als in Abb. 5.22 ergeben. Der dort
angegebene Wert ist damit die niedrigste erreichbare Zulufttemperatur.

Damit die zu kühlende Luft im Absorber entfeuchtet werden kann, findet die thermische Verdichtung – rechts in Abb. 5.21 dargestellt – statt. Der von der Luft abgegebene
Wasserdampf ist das Kältemittel, das nach der Absorption mit der an Kältemittel reichen
Lösung in den Desorber transportiert wird, wo der Wasserdampf durch Zufuhr thermischer Energie aus der Lösung ausgetrieben wird. Diese Energie liefert die thermische
Solaranlage. Der ausgetriebene Wasserdampf kann am besten mit Regenerationsluft, die
den Wasserdampf aufnimmt und in der Regel Außenluft ist, aus dem Desorber abtrans-
portiert werden. Das Kältemittel Wasser in Dampfform wird mit der feuchten Regenerationsluft an die Umgebung abgegeben. Die Umgebung übernimmt somit die Funktion
des Kondensierens. Da dieses Wasser natürlich nicht wieder direkt zum Befeuchten im
Verdampfer verwendet wird, handelt es sich um einen bezüglich des Kältemittels Wasser
offenen Prozess.

Dieser Anlagentyp hat bisher wenig Verbreitung gefunden.

Beispiel Solar Info Center in Freiburg

Im Solar Info Center (SIC) in Freiburg im Breisgau wurde 2003 eine solarthermische
offene Absorptions-Kühlanlage installiert, Abb. 5.23.

Als flüssiges Sorptionsmittel wird wässrige Lithiumchloridlösung verwendet. Diese Lösung
wird in zwei getrennten Solepufferspeichern zwischengespeichert. Für die reiche Lösung und
die arme Lösung stehen jeweils ein 1.100-l-Kunststofftank zur Verfügung, Abb. 5.24.

Abb. 5.23 Solar Info Center
in Freiburg im Breisgau. *Quelle*
MENERGA Apparatebau
GmbH

Abb. 5.24 Kühl-Wärmepumpe
und Speicher für die wässrige
Lösung. *Quelle* MENERGA
Apparatebau GmbH

Zur Regeneration wird die reiche Lösung aus dem Tank zum Desorber gepumpt, wo mittels Solarenergie ein großer Teil des Wassers aus der Lösung ausgetrieben wird. Die Energie stammt von einer solarthermischen Anlage mit Solar-Flachkollektoren, die 30 ° geneigt und nach Süden ausgerichtet sind, Abb. 5.25.

In die solarthermische Anlage ist ein 1.500-l-Pufferspeicher mit Schichtladelanze integriert. Dieser Speicher wird bis zu 95 °C aufgeheizt.

5.5.4.5 Solarthermische offene Adsorptions-Kühl-Wärmepumpe

Funktionsweise

Bei dieser Kühlanlage tritt an die Stelle des üblicherweise vorhandenen Adsorbers und Desorbers in der Form eines rekuperativen Wärmeübertragers ein Sorptions- oder Entfeuchtungsrad, dem eine Adsorber- und Desorberseite zugeordnet werden kann. Durch

Abb. 5.25 Solar-
Flachkollektoren auf dem
Dach des Solar Info Centers in
Freiburg im Breisgau. *Quelle*
MENERGA Apparatebau
GmbH

dieses sich langsam drehende Rad ist im Unterschied zur geschlossenen Adsorptions-Kühl-Wärmepumpe ein kontinuierlicher Prozess möglich, Abb. 5.26.

Dieses Verfahren wird auch als DEC-Verfahren (Desiccative and Evaporative Cooling) bezeichnet und bei der Wärmerückgewinnung als eine der regenerativen Möglichkeiten zur Übertragung der thermischen Energie aus der Fortluft EHA an die aufzuwärmende Außenluft ODA genutzt.

Um den Adsorptionsprozess im Entfeuchtungsrad wirksam werden zu lassen, muss das Material des Sorptionsrads sorptive Eigenschaften haben. Es kann z. B. mit Lithiumchlorid getränktes Papier sein.

Auch hier wird wegen der einheitlichen Darstellung als luftseitige Betriebsweise Umluftbetrieb gewählt. Die zu kühlende feuchte Luft, in diesem Fall die Umluft, wird auf der Adsorberseite des Entfeuchtungsrads getrocknet. Da dort im Unterschied zum Absorptionsprozess keine Wärme abgeführt wird, steigt die Temperatur der Luft beim Entfeuchten an. Das ist im h,x-Diagramm der Abb. 5.27 im unteren Teil als Zustandsänderung von IDA nach 13 dargestellt.

Eine nachgeschaltete rekuperative Kühlung in einem Wärmeübertrager, aus dem der Wärmestrom Φ_{ab} abgeführt wird, muss unbedingt vorhanden sein. Nach der Abkühlung auf den Punkt 14 erfolgt die gleiche Prozedur wie im vorher beschriebenen absorptiven Prozess. Weil das Entfeuchten nicht auf relative Feuchten unter $\varphi = 20\ \%$ möglich ist, liegt die minimal erreichbare Zulufttemperatur der zu kühlenden Luft kaum unter 15 °C, in Abb. 5.27 der Zustandspunkt SUP.

Im h,x-Diagramm der Abb. 5.27 ist auch der Zustandsverlauf der Regenerationsluft mit eingezeichnet. Die Regeneration erfolgt mit Außenluft ODA, die in einem Wärmeübertrager erwärmt wird, um recht viel Feuchtigkeit aufnehmen zu können, wozu Energie aus der thermischen Solaranlage verwendet wird. An die Qualität der solarthermisch erzeugten Energie werden nicht sehr hohe Anforderungen gestellt, denn die Regenerationsluft muss maximal auf 70 °C erwärmt werden. Solar-Flachkollektoren sind dafür ausreichend.

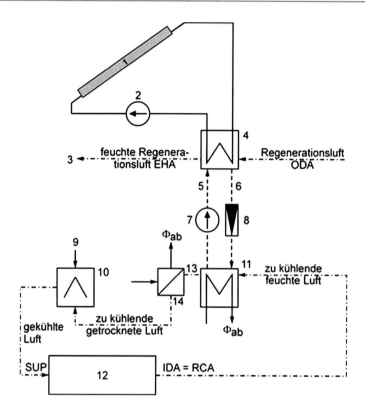

1 Solarkollektor	7 Befeuchter/Verdampfer
2 Solarkreispumpe	8 Absorberseite
3 Desorberseite	9 Wirkungsbereich
4 Entfeuch tungsrad	13 getrocknete Luft
5 Umgebung als Kondensator	14 rekuperativ gekühlte Luft
6 Wasser	

Abb. 5.26 Schaltbild einer solarthermischen offenen Adsorptions-Kühl-Wärmepumpe

Mit der Regenerationsluft, die nach der solaren Erwärmung den Zustand 3 erreicht, wird auf der Desorberseite des Entfeuchtungsrads die Feuchtigkeit aus dem Adsorptionsmaterial aufgenommen und mit dem Zustand EHA an die Umgebung abgeführt.

Bei sehr feuchter Luft kann mit einem einstufigen Prozess keine ausreichende Abkühlung der Luft erreicht werden. Es ist dann ein Prozess mit mehrstufiger Entfeuchtung und Abkühlung nötig, worauf hier nicht eingegangen wird.

Beispiel Pilotprojekt im Technologiezentrum Riesa-Großenhain

1997 wurde eine solarthermische offene Adsorptions-Kühlanlage als Pilotprojekt im Technologiezentrum Riesa/Großenhain in Betrieb genommen, mit deren Kühlleistung ein

Abb. 5.27 Zustandsänderungen
der zu kühlenden Luft und der
Regenerationsluft im h,x-Diagramm

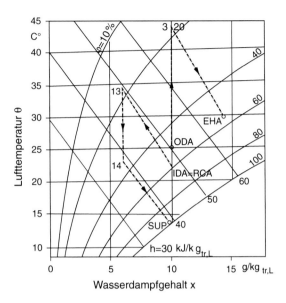

330 m² großer Tagungsraum gekühlt wird. Der Vorteil dieser solaren offenen Adsorptions-Kühlanlage besteht u. a. darin, dass sie in der Heizperiode zur Wärmerückgewinnung genutzt werden kann. Mit 20 m² Solar-Flachkollektoren kann eine maximale Kühlleistung von 18 kW erreicht werden. Das führt auf eine spezifische Kollektorfläche von rund 1,1 m²/kW und einem solaren Deckungsgrad von 75 % über die gesamte Kühlperiode.

5.5.4.6 Stand der Technik 2012

Die solarthermische Komfortklimatisierung wurde bisher vor allem in Indien, Australien, Deutschland, Österreich, Spanien, Portugal und in der Türkei realisiert. 2011 waren weltweit ca. 1.000 Anlagen installiert. In der Regel werden als solarthermische Wandler Solar-Flach- und Solar-Vakuumröhrenkollektoren verwendet. Konzentrierende Solarkollektoren werden noch sehr wenige eingesetzt. 2011 waren es ca. 25 Anlagen, wobei die Parabolrinnenkollektoren 52 % ausmachten.

Die spezifischen Investitionskosten ohne Installationskosten und Kühlenergieverteilung betrugen 2011 zwischen 4.500 €/kW für kleine Anlagen bis 25 kW und 2.250 €/kW für Anlagen bis 105 kW. Die Amortisationszeiten liegen damit immer noch bei 10 bis 18 Jahren.

Die Aufteilung auf die einzelnen Verfahren ergab 2009 [5] folgendes Bild:

- 71 % solarthermische geschlossene Absorptions-Kühl-Wärmepumpen
- 13 % solarthermische geschlossene Adsorptions-Kühl-Wärmepumpen
- 2 % solarthermische offene Absorptions-Kühl-Wärmepumpen
- 14 % solarthermische offene Adsorptions-Kühl-Wärmepumpen.

Den aktuellen Stand im Februar 2012 über Hersteller, Kühlleistung, Produkte und Leistungszahl zeigt Tab. 5.2.

Tab. 5.2 Marktübersicht Stand Februar 2012 von solarthermischen Absorptions- und Adsorptions-Kühl-Wärmepumpen bis 50 kW Nennleistung für Kaltwassererzeugung entsprechend [6]

Firma, Land	Produktname	Kühlleistung in kW	Technologie	Arbeitsstoffpaar	COP	Abmessungen L × T × H in m
Solarnext, D	Chillii PSC12	12	g Absorp.	NH_3/H_2O	0,62	0,80 × 0,60 × 2,20
Pink, A	Pinkchiller PC14	14	g Absorp.	NH_3/H_2O	0,63	0,80 × 0,60 × 2,20
	Pinkchiller PC19	19				
EAW, D	Wegracal SE 15	15	g Absorp.	$H_2O/LiBr$	0,71	1,75 × 0,76 × 1,75
	Wegracal SE 30	30			0,75	2,14 × 0,97 × 2,20
	Wegracal SE 50	54			0,75	2,95 × 1,10 × 2,31
Yasaki, J	WFC-SC5	17,5	g Absorp.	$H_2O/LiBr$	0,70	0,59 × 0,74 × 1,74
	WFC-SC10	35			0,70	0,76 × 0,97 × 1,90
Thermax, D	LT 0.5	17,5	g Absorp.	$H_2O/LiBr$	0,78	0,90 × 1,00 × 2,00
	LT 1	35			0,78	1,60 × 1,60 × 2,10
Solarice, D	XS 30	30	g Absorp.	NH_3/H_2O	0,50	1,40 × 1,00 × 2,00
	XS 50	50			0,60	1,40 × 1,00 × 2,00
Sortech, D	ACS 08	8	g Adsorp.	$H_2O/Silikagel$	0,60	0,79 × 1,06 × 0,94
	ACS 15	15			0,60	0,79 × 1,34 × 1,39
Invensor, D	LTC 09	9	g Adsorp.	$H_2O/Zeolith$	0,61	0,65 × 1,30 × 1,65
	LTC 10	10			0,60	0,75 × 1,10 × 1,37
	HTC 11	11			0,53	0,65 × 1,30 × 1,65
Shuangliang, CN	SWAC 10	10	g Adsorp.	$H_2O/Silikagel$	0,39	1,20 × 1,80 × 1,40
Climatewell, S	CW 10	10	o Absorp.	$H_2O/LiCl$	0,68	1,21 × 0,81 × 1,69
	CW 20	20			0,68	1,21 × 0,81 × 2,04

g geschlossen, *o* offen, *Absorp.* Absorption, *Adsorp.* Adsorption

Zur Angabe der spezifischen Kollektorfläche ist es sinnvoll, folgenden Bezug zu wählen:

- geschlossene Anlagen 3–3,5 m²/kW Kühlleistung
- offene Anlagen 8–10 m²/(1.000 m³/h) gekühlte Luft.

5.6   Zusammenfassung

Mit erzwungener bzw. energogener Klimatisierung (mit Energieeinsatz) wird das Klima in einem Raum, gekennzeichnet durch Luft- und Wandtemperatur, Luftfeuchte, Luftbewegung und Luftzusammensetzung, aktiv beeinflusst.

Dazu sind Kühlanlagen nötig. Sie können als Arbeitsmedium mit Flüssigkeiten, insbesondere mit Wasser, Luft und Kältemitteln betrieben werden.

Das umfassende Klima in einem Raum mit allen Raumklimakomponenten kann nur mit Luft-Wasser-Systemen oder Nur-Luft-Systemen eingestellt werden.

RLT-A können prinzipiell in vier unterschiedlichen luftseitigen Betriebsweisen betrieben werden:

- Mischluftanlage, in der Außen- und Umluft gemischt als Mischluft aufbereitet wird
- Außenluftanlage, mit der nur Außenluft aufbereitet wird
- Umluftanlage, die ohne Zuführung von Außenluft arbeitet
- Fort- oder Abluftanlage, die nur der Entlüftung dient.

Es sind insgesamt fünf raumlufttechnische Aufgabenstellungen zu erfüllen. Das sind Lastkompensation, Erfüllen der lufthygienischen Anforderungen, Ausbilden einer raumerfüllenden Strömung, Schutzdruckhaltung, Gebäudeschutzfunktion.

Den maschinellen Kühlvarianten liegt immer der Wärmepumpenprozess zugrunde. Aus diesem Grund wird nicht von Kälteanlage, sondern von Kühl-Wärmepumpe im Gegensatz zu Heiz-Wärmepumpe gesprochen. Das für die Kühlung wichtige Bauelement ist der Verdampfer, der für das zu kühlende Medium der Oberflächenkühler ist.

Die solarthermische Kühlwärme-Bereitstellung ist wegen der Gleichzeitigkeit von solarthermischer Energiebereitstellung und Kühlwärmebedarf ein sehr gutes Beispiel für die Nutzung der Solarthermie. Sie wird sich nicht nur in sonnenscheinreichen Ländern rasch verbreiten.

Ihr Fokus ist vor allem auf sorptive Verfahren gerichtet, wobei die offenen Verfahren mit dem Kältemittel Wasser arbeiten. Zukünftig, bei weiter fallenden Preisen für die elektrische Energie aus Energien aus regenerativen Energiequellen, vor allem im Gebäudebereich mit PV-Anlagen, könnten auch Verfahren mit einem elektrisch angetriebenen Verdichter interessant werden.

5.7   Fragen zur Vertiefung

- Warum kann nur ein Kühlsystem, bei dem auch Luft aufbereitet wird, die lufthygienischen Forderungen erfüllen?
- Was wird unter luftseitiger Betriebsweise verstanden?

- Welche raumlufttechnischen Aufgabenstellungen werden fast immer als Kombination auftreten?
- Warum ist der Begriff Kühl-Wärmepumpe dem Begriff Kälteanlage vorzuziehen?
- Welche Kühlmöglichkeiten müssen ausgeschöpft sein, bevor mit einem Oberflächenkühler gearbeitet wird.
- Worin unterscheiden sich Heiz- und Kühl-Wärmepumpe?
- Warum ist die solarthermische Kühlwärme-Bereitstellung ein günstiger Einsatzfall solarer Energienutzung?
- Beschreiben Sie die Wirkungsweise einer offenen solaren Adsorptions-Kühl-Wärmepumpe.

Literatur

1. Berndt Hörner, Manfred Schmidt,: Handbuch der Klimatechnik, Band 2: Anwendungen, 5. überarbeitete und erweiterte Auflage, VDE-Verlag GmbH Berlin Offenbach 2011, ISBN 978-3-8007-3241-8.
2. Manfred Schmidt: Regenerative Energien in der Praxis. Verlag Bauwesen, Berlin 2002, ISBN 3-345-00757-6.
3. Hans–Martin Henning: Solare Kühlung und Klimatisierung – technische Möglichkeiten, Stand der Umsetzung und offene Fragen. Vortrag zur DKV-Jahrestagung, Hannover, November 2007.
4. Hans-Martin Henning; Rainer Braun; Ahmet Lokurlu; Peter Noeres: Solare Kühlung und Klimatisierung – Belüftung und Wärmerückgewinnung. Forschungsverbund Sonnenenergie, Themen 2005: „Wärme und Kälte Energie aus der Sonne und Erde", ISSN 0939-7582.
5. Uli Jakob: Kleine Kältemacher, SW&W 8/2010, S. 154–159.
6. Uli Jakob: Wo steht die solare Kühlung heute? SW&W 6/2012, S. 70–73.

Bereitstellen von Heiz- und Kühlwärme

6

6.1 Verfahren

Das gleichzeitige oder wechselseitige Bereitstellen von Heiz- und Kühlwärme ist mit dem Wärmepumpenprozess möglich, weil er sowohl der Heiz- als auch der Kühlwärmepumpe, letztere auch Kältemaschine genannt, zugrunde liegt. Der Unterschied zwischen beiden Möglichkeiten besteht im Temperaturniveau des Nutzwärmestroms. Das lässt sich gut mit Abb. 6.1 zeigen.

Bei der Heiz-Wärmepumpe erfolgt die Wärmezufuhr an den Wärmepumpenprozess annähernd bei Umgebungstemperatur T_U von einer entsprechend temperierten Wärmequelle, und der Nutz- oder Heizwärmestrom wird bei einer höheren als Umgebungstemperatur vom Prozess an ein Heizsystem abgegeben.

Bei der Kühl-Wärmepumpe ist der Nutzwärmestrom die Kühlleistung, die dem zu kühlenden Raum bei einer niedrigeren Temperatur als der Umgebungstemperatur entzogen und dem Wärmepumpenprozess zugeführt wird. Die Wärmeabfuhr zum Schließen des Kreisprozesses erfolgt annähernd bei Umgebungstemperatur oder darüber.

Während bei der Heiz-Wärmepumpe der Wärmeentzug von der Wärmequelle nur wegen verfahrenstechnischer Gründe von Bedeutung ist und für eine Nutzenübergabe keine Rolle spielt, kann bei einer Kühl-Wärmepumpe auch die warme Seite des Prozesses für die Energieversorgung von Bedeutung sein, indem der Wärmestrom an die Umgebung bei entsprechender Wahl von $T_{m,ab} > T_U$ für Heizzwecke genutzt wird. Es werden allerdings die Wenigsten bei der Standortwahl ihres Kühlschrankes, der für den Raum, in dem er steht, ein Heizgerät ist, die Heizwirkung bedenken und ihn an einer Nordost- oder Nordwestecke des Raums platzieren.

Wenn bei **einem** Wärmepumpenprozess Heiz- **und** Kühlwirkung genutzt wird, ist bisher von Kälte-Wärme-Kopplung die Rede. Entsprechend der in diesem Buch verwendeten Terminologie wird von Kühlwärme-Heizwärme-Kopplung oder Kühl-Heizwärme-Kopplung (KHK) gesprochen.

M. Schmidt, *Auf dem Weg zum Nullemissionsgebäude*,
DOI: 10.1007/978-3-8348-2193-5_6, © Springer Fachmedien Wiesbaden 2013

Abb. 6.1 Gegenüberstellung
von Heiz- und Kühl-
Wärmepumpe

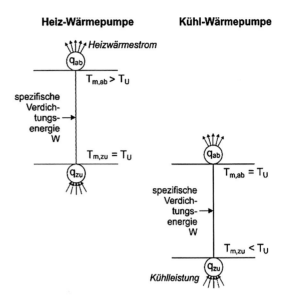

6.2   Kopplungsbedingungen

Entsprechend [1] kann bei der Kühl-Heizwärme-Kopplung zwischen gleichzeitiger und
wechselseitiger Nutzung des Wärmepumpenprozesses zum Kühlen und Heizen unterschieden werden. Durch die Einsatzerweiterung werden höhere Volllaststunden der
Wärmepumpe erreicht. Ihr Einsatz kann nach verschiedenen Prioritäten vorgenommen
werden:

- vorrangige Kühlwärmenutzung
- vorrangige Heizwärmenutzung
- gleichrangige Kühl-Heizwärme-Kopplung.

Durch die Kühl-Heizwärme-Kopplung wird wie bei jeder Kopplung von Prozessen die
Anzahl der variierbaren Parameter kleiner und damit die freie Wahl der Parameter für
das Bemessen und den Betrieb eingeschränkt.

Um erforderliche Freiheitsgrade zu behalten und eine Überbestimmung zu vermeiden,
sind Maßnahmen zum Entkoppeln der Heiz- und Kühlwärmenutzungsanlage anzustreben, die eine zweckmäßige Wahl der Prozessparameter, einen Ausgleich von Bedarfs-
schwankungen und eine teilweise unabhängige Fahrweise ermöglichen.

Als Maßnahmen kommen bei einem Kompressions-Wärmepumpenprozess infrage:

- Entkoppeln der Temperaturkette durch
    - freie Wahl der Kondensationstemperatur, indem die vom Kondensator abgegebene
      Wärme nur zur Vorwärmung des Mediums der Wärmenutzungsanlage dient, oder

eine Wärmeabfuhr schon vor dem Kondensator durch einen Enthitzer, um das höhertemperierte Arbeitsmedium vor der Kondensation zu nutzen,
- Kaskadenschaltung mit zwei Kreisprozessen,
- zweistufige Anlagen.

- Zeitliche Entkopplung, wenn zwar eine auf den gesamten Tag bezogene annähernde Übereinstimmung zwischen Heiz- und Kühlwärmebedarf besteht, dies aber nicht den täglichen Schwankungen entspricht, durch den Einsatz von
  - Warmwasserspeicher oder
  - Kühlwärmespeicher.

- Kapazitätsbedingte Entkopplung, wenn nur eine zeitweise oder gar keine Übereinstimmung zwischen Wärmebedarf und vorhandener Kapazität besteht, durch eine
  - alternative Wärmequelle oder
  - alternative Wärmesenke.

6.3 Gleichzeitige Kühl-Heizwärme-Kopplung

Da in allen Fällen von Kühl-Heizwärme-Kopplungen die Kühlung im Vordergrund steht, verfügt die Heiz-Wärmepumpe über keine Freiheitsgrade bei der Wahl der Prozessparameter und kann überbestimmt sein.

Eine interne Kühl-Heizwärme-Kopplung tritt bei der Entfeuchtungs-Wärmepumpe auf: Die zu entfeuchtende Luft wird am Verdampfer unter die Taupunkttemperatur gekühlt, gibt Feuchtigkeit ab und wird am nachfolgenden Kondensator wieder erwärmt. Der kondensierende Wasserdampf aus der zu entfeuchtenden Luft ist die Wärmequelle für den Verdampfer. Durch die nachfolgende Erwärmung am Kondensator hat die Luft nach der Entfeuchtung eine höhere Temperatur als davor. Dieses Verfahren ist jedem anderen Verfahren, bei dem die Luft erwärmt werden muss, um Feuchtigkeit aufnehmen, z. B durch elektrisches Heizen, und die dann nach außen abgeführt wird, vorzuziehen.

Bei der gleichzeitigen Kühl-Heizwärme-Kopplung ohne Speicher ist durch die direkte Kopplung von kalter und warmer Seite der Wärmepumpe eine volle Übereinstimmung der Fahrweisen Voraussetzung zur Kühl- und Heizwärmebereitstellung. Vorteilhaft ist, wenn beide Nutzungsarten innerhalb einer technologischen Prozesskette auftreten.

Der Einsatz eines Speichers führt zu einer gewissen zeitlichen Entkopplung, da er die Aufgabe hat, die zeitabhängig auftretenden Ungleichheiten des Kühlwärme- und Heizwärmebedarfs auszugleichen. Durch ihn kann auch die Leistung der Wärmepumpe reduziert werden, da Spitzenbedarf aus dem Speicher kompensiert werden kann. Der zusätzliche Freiheitsgrad durch den Speicher wird allerdings auch investive Mehraufwendungen erkauft.

Mit einer zweistufigen Kühl-Heizwärme-Kopplung ergeben sich größere Temperaturdifferenzen zwischen Kühlwärme- und Heizwärme-Nutzanlage. Beim zweistufigen Betrieb kann nur ein Sammler für das Arbeitsmedium eingesetzt werden. Deshalb müssen

Lastschwankungen von den Kühlwärme- und Heizwärme-Nutzungsanlagen ausgeglichen werden.

Objekte mit gleichzeitiger Kühl-Heizwärme-Kopplung benötigen keine Investitionen für den Heizwärmebereitsteller, aber Aufwendungen für Einrichtungen zur Entkopplung. Zur Sicherheit sollte eine Zusatzheizung vorgesehen werden.

6.4   Wechselseitige Kühl-Heizwärme-Kopplung

Mit der wechselseitigen Kühl-Heizwärme-Kopplung ist wegen der unterschiedlichen Einsatzzeiten nur eine indirekte Kopplung von Kühlen und Heizen und damit in begrenztem Umfang ein unterschiedliches Betriebsregime beim Kühlen und Heizen möglich. Dieses Verfahren kann bei der Komfortklimatisierung angewendet werden, wenn die Kühl-Wärmepumpe für die Kühlung der Räume im Sommer und zur Heizungsunterstützung der Räume im Winter eingesetzt wird.

Die wechselseitige Kühl-Heizwärme-Kopplung ist mit einem Umfunktionieren der Bauelemente der Wärmepumpe verbunden, indem Verdampfer und Kondensator ihre Funktion tauschen, also der Verdampfer zum Kondensator und der Kondensator zum Verdampfer wird. Dieses Umschalten ist sowohl im Kältemittelkreis, im Netz des flüssigen Heizwärme- und Kühlwärmeträgers als auch in den Luftleitungen möglich. Beispiele dafür wurden in den Abb. 4.28 und 4.30 dargestellt. Es handelte sich dort vordergründig um Heiz-Wärmepumpen, die auch Kühlwärme bereitstellen können.

Auch die in den Abb. 5.8 und 5.9 dargestellten Geräte sind für die wechselseitige Kühl-Heizwärme-Kopplung geeignet. Wegen des vordergründigen Einsatzes für die Kühlung von Supermärkten entsprechend Abb. 5.8 ist die sich außerhalb des zu klimatisierenden Raums befindende Kondensator/Verdichtereinheit mit Luftkühlung des Kondensators ausgestattet. Da sie im Heizwärmepumpenbetrieb als Wärmequellenanlage fungiert, ist es verständlich, dass im Jahre 2012 wieder die Luft-Luft- oder Luft-Wasser-Heiz-Wärmepumpe von den Herstellern priorisiert wird.

In Abschn. 5.4.4.3 „Solarthermische geschlossene Adsorptions-Kühl-Wärmepumpe" ist in Abb. 5.19 „Funktionsschema der Sortech-Anlage mit Solarkollektoranlage und BHKW zur Kühlung der Küche der Institutskantine des Fraunhofer ISE" ein weiteres Beispiel für die wechselseitige Kühl-Heizwärme-Kopplung dargestellt.

6.5   Zusammenfassung

Mit einer Wärmepumpe kann eine Kühl-Heizwärme-Kopplung realisiert werden, indem sowohl die Kühlleistung im Verdampfer als auch die Heizleistung im Kondensator genutzt wird. Die Nutzensübergabe erfolgt damit auf der warmen Seite (Heizleistung) und auf der kalten Seite (Kühlleistung) des Wärmepumpenprozesses.

Ihr Einsatz kann entsprechend verschiedener Prioritäten vorgenommen werden als

- vorrangige Kühlwärmenutzung,
- vorrangige Heizwärmenutzung,
- gleichrangige Kühl-Heizwärme-Kopplung.

Durch die Kühl-Heizwärme-Kopplung wird die Anzahl der variierbaren Parameter kleiner und damit die freie Wahl der Parameter für das Bemessen und den Betrieb eingeschränkt.

Der energetisch günstigste Fall bei der gleichzeitigen Kühl-Heizwärme-Kopplung ist dann gegeben, wenn Kühl- und Heizwärmebedarf gleichzeitig auftreten. Beide Nutzeranlagen werden durch den Wärmepumpenprozess gekoppelt.

Bei einer Entfeuchtungswärmepumpe wird eine interne Kühl-Heizwärme-Kopplung realisiert. Die entfeuchtete Luft hat nach der Entfeuchtung und Nachwärmung am Kondensator eine höhere Temperatur als davor. Dieses Verfahren ist jedem anderen Entfeuchtungsverfahren, bei dem die Luft erwärmt werden muss, um Feuchtigkeit aufzunehmen, vorzuziehen.

Die wechselseitige Kühl-Heizwärme-Kopplung ist mit einem Umfunktionieren der Bauelemente der Wärmepumpe verbunden, indem Verdampfer und Kondensator ihre Funktion tauschen, also der Verdampfer zum Kondensator und der Kondensator zum Verdampfer wird.

6.6   Fragen zur Vertiefung

- Was ist unter Kühl-Heizwärme-Kopplung zu verstehen?
- Ist ein Kühlschrank für eine Wohnküche eine Kühl- oder Heiz-Wärmepumpe?
- Welche der Möglichkeiten der Kühl-Heizwärme-Kopplung ist ein „echter" Koppelprozess im Sinne der Koppelbedingungen z. B. eines BHKW?
- Welcher Nachteil wird mit Koppelprozessen bewusst in Kauf genommen?
- Wodurch kann dem Nachteil entgegengewirkt werden, dass durch die Kopplung nicht die für die Teilprozesse optimalen Parameter gefahren werden können?
- Was macht eine Entfeuchtungs-Wärmepumpe gegenüber einer üblichen Trocknung der Luft durch deren Temperaturerhöhung energetisch so interessant?
- Wie wird eine wechselseitige Kühl-Heizwärme-Kopplung erreicht?

Literatur

1. Günter Heinrich, Helmut Najork, Walter Nestler: Wärmepumpenanwendung in Industrie, Landwirtschaft, Gesellschafts- und Wohnungsbau. 2. stark bearbeitete Auflage, VEB Verlag Technik Berlin 1987.

Bereitstellen von elektrischer Energie

7

7.1 Elektrisches Netz

Die Versorgung von Gebäuden mit elektrischer Energie erfolgt in Deutschland fast ausschließlich mit einem überregionalen elektrischen Netz, in das von Kraftwerke unterschiedlichster Art, wie Windenergie- und Photovoltaik-Anlagen sowie geothermische, Kohle-, Gas- und Kernkraftwerke, die von ihnen generierte elektrische Energie eingespeist wird. Es gibt auch ganz wenige netzferne Standorte, wie Hütten im Hochgebirge, für die es zu aufwendig ist, elektrische Leitungen zu bauen.

Die elektrischen Netze auch über Ländergrenzen hinweg erlauben es, an unterschiedlichsten Orten elektrische Energie ins Netz einzuspeisen und sie aus ihm zu entnehmen. Die elektrische Energie ist in Industrieländern wie Deutschland jederzeit verfügbar. So steht für die Energieversorgung der Gebäude zumindest elektrische Energie zur Verfügung. Alle Kommunikation und viele technologische Prozesse in Gebäuden sind ohne elektrische Energie undenkbar.

Die elektrische Energie hat die höchste energetische Wertigkeit aller Energien. Sie besteht zu 100 % aus Exergie (Arbeitsfähigkeit), ist in alle Nutzenergien umwandelbar, hinterlässt am Ort des Verbrauchs keinerlei Schadstoffe und ist anwenderfreundlich.

Durch diese nutzerfreundlichen Eigenschaften wird die elektrische Energie bei der Gebäudeenergieversorgung an Bedeutung gewinnen, wenn sie zunehmend regenerativ erzeugt wird. Falls der Netzausbau sehr teuer ist und sehr lange dauert, sollte örtlich produzierte überschüssige elektrische Energie, die in kein elektrisches Netz eingespeist werden kann, auch direkt zu Heizzwecken mit elektrischen Direkt- oder Speicherheizungen oder mit Heiz-Wärmepumpen genutzt werden.

Die elektrische Energie muss im Gleichklang mit der Bereitstellung verbraucht werden, da ihr Nachteil die zurzeit noch mangelnde Speicherfähigkeit ist. Speicherkapazität bieten bisher Akkumulatoren als chemische Speicher, Pumpspeicherwerke zur Speicherung potenzieller Energie und der aus der Elektrolyse entstehende Wasserstoff,

M. Schmidt, *Auf dem Weg zum Nullemissionsgebäude*,
DOI: 10.1007/978-3-8348-2193-5_7, © Springer Fachmedien Wiesbaden 2013

der allerdings alles andere als leicht handhabbar ist. Das umfassende elektrische Netz ist in gewissem Sinne ein Kurzzeitspeicher für elektrische Energie.

Im Gegensatz zur Versorgung mit Heiz- und Kühlwärme, die dezentralisiert und mit örtlich beschränkten Netzen erfolgt, wodurch der Verbraucher genau weiß, woher sie kommt, ist die Herkunft der elektrischen Energie an den Versorgungsstellen durch das Netz „anonym", denn der Verbraucher kann nicht feststellen, von welchem Kraftwerk sie bereitgestellt wird.

Das ändert sich, wenn der Verbraucher gleichzeitig Kraftwerksbetreiber ist, z. B. eine Windenergie- und/oder Photovoltaikanlage betreibt und deren elektrische Energie selbst verbraucht. Doch da er in der Regel an das regionale elektrische Netz angeschlossen ist, hat er die Möglichkeit, seine erzeugte elektrische Energie ins Netz einzuspeisen, falls die Einspeisebedingungen günstig sind, und seinen elektrischen Energiebedarf, wenn seine Eigenerzeugung nicht ausreicht, aus dem Netz zu decken, womit auch für ihn dann die Herkunft der elektrischen Energie anonym ist.

Solange die ins Netz eingespeiste elektrische Energie einen Preis erzielt, der über dem Bezugspreis für elektrische Energie aus dem Netz liegt, hängt es vom dezentralen Kraftwerksbetreiber ab, ob er seine erzeugte elektrische Energie selbst verbrauchen oder mit der eingespeisten elektrischen Energie Geld verdienen will.

Das elektrische Netz

- anonymisiert der Stromeinspeiser,
- schafft einen gewissen Ausgleich zwischen Bereitstellung und Verbrauch der elektrischen Energie,
- stellt in geringem Maße Speicherkapazität zur Verfügung,
- ermöglicht die Einspeisung elektrische Energie auch an verbraucherfernen Standorten,
- gibt Anlass zur Kritik wegen der Beeinträchtigung der Landschaft,
- erhält die Abhängigkeit der Verbraucher von den Netzbetreibern aufrecht,
- wiegt die Verbraucher in eine scheinbare Sicherheit.

Das heute in Deutschland vorhandene elektrische Netz ist das Ergebnis einer mehr als hundertjährigen Arbeit an der Versorgungssicherheit der Verbraucher und dem Zusammenschluss der ursprünglichen Versorgungsinseln, die sich um die Stadtwerke bzw. Kraftwerke gebildet hatten.

In den weiteren Ausführungen geht es ausschließlich um die Erzeugung von elektrischer Energie mit den folgenden Energien aus regenerativen Energiequellen:

- Windenergie
- Solarenergie
- geothermische Tiefenenergie bzw. Energie geothermischer Anomalien

Weitere regenerative elektrische Energieerzeugungen sind mit Biomasse-Heizkraftwerken, über die schon gesprochen wurde, Laufwasser-Kraftwerken, Wellen- und Gezeiten-Kraftwerken möglich. Für das Bereitstellen von elektrischer Energie aus fossil befeuerten

Kraftwerken sei auf die umfangreiche Literatur verwiesen. Kernkraftwerke werden in naher Zukunft keine Rolle mehr spielen.

7.2 Windenergie

7.2.1 Dargebot des Windes

7.2.1.1 Windgeschwindigkeit und Windrichtung

Die einführende Charakterisierung des Windes erfolgt mit:

- Windrichtung und
- Windgeschwindigkeit w_{Wi}.

Die vorherrschende *Windrichtung* an einem Windenergiestandort ist bei der Konzipierung von Windenergieparks wichtig, damit sie sich nicht gegenseitig verschatten. Sie ist in Flusstälern anders als auf Bergrücken und kann nur durch langjährige Windrichtungsmessungen ermittelt werden. Als Beispiel ist in Abb. 7.1 die mittlere jährliche Häufigkeit der Windrichtung, gemessen an der Wetterstation Wahnsdorf nordwestlich von Dresden, in Polarkoordinaten dargestellt.

Aus der Häufigkeitsverteilung können Rückschlüsse auf die vorherrschende Windrichtung gezogen werden. In Abb. 7.1 überwiegen deutlich westliche Winde, aber auch der Einfluss örtlicher Winde aus Südosten, bedingt durch das Elbtal, ist zu erkennen.

Die *Windgeschwindigkeit* steigt in vertikaler Richtung parabelförmig von Null in bodennaher Grenzschicht bis zu der des geostrophischen Windes (Urwind) in großen Höhen an. Aus der energiereichen Luftschicht des geostrophischen Windes wird den

Abb. 7.1 Mittlere jährliche Häufigkeit der Windrichtung, gemessen in Wahnsdorf bei Dresden

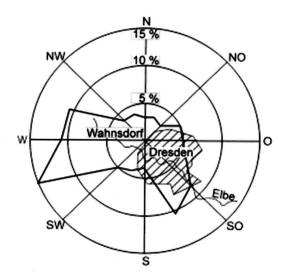

darunter liegenden Schichten durch Wirbel ständig Energie zugeführt. Die bodennahe Grenzschicht ist stark turbulent.

Üblich war vor dem verstärkten Einsatz von Windenergieanlagen die Angabe der Windgeschwindigkeit als Mittelwerte für eine Höhe h = 10 m über dem Erdboden. Die von den über die ganze Erde verteilten Messstellen erfassten mittleren Werte der Windgeschwindigkeit sind in Isoventen-Übersichtskarten, den Windatlanten, eingetragen.

Heute werden mit dem „Wind Atlas Analysis and Application Program (WAsP)" für konkrete Standorte unter Einbeziehen von Geländestruktur, Oberflächenbeschaffenheit und Hindernissen die Windverhältnisse berechnet. Die Berechnungen, z. B. für ein Windgutachten, sollten mindestens einjährige Messungen an dem Standort stützen.

Neben der Hauptwindrichtung und der mittleren Windgeschwindigkeit sind weiterhin Kenntnisse extremer Windzustände, wie Flauten und Böen, für eine Standortwahl von Windenergieanlagen (WEA) von großer Bedeutung.

Flauten sind Zeiten mit einer Windgeschwindigkeit unter 3 m/s. Absolute Windstille gibt es nicht. Flauten beeinträchtigen die Verfügbarkeit von Windenergieanlagen. Standorte mit lang anhaltenden Flauten, während derer die Windenergieanlagen keine Energie abgeben können, sind für die Windenergienutzung ungeeignet.

Böen sind kurzzeitige Windspitzen mit schnellen Änderungen der Windgeschwindigkeit nach Richtung und Betrag. Sie sind höhenabhängig. Böigem Wind kann der Rotor einer modernen Windenergieanlage kaum folgen. Er wird damit öfter nicht in der direkten Windrichtung stehen und demzufolge keinen oder nur einen geringen Ertrag liefern, der weit unter dem mit der mittleren Windgeschwindigkeit erwarteten Ertrag steht.

Wind mit sehr großer Geschwindigkeit führt zum Abschalten der Windenergieanlage. Auch Standorte mit häufig sehr großen Windstärken sind für Windenergieanlagen ungeeignet. Den Zusammenhang von „Windstärken" nach der Beaufort-Skala und der Windgeschwindigkeit stellt die Gleichung

$$\frac{w_{Wi}}{m/s} = 2B - 1 \tag{7.1}$$

her mit

B   auf der Beaufort-Skala abzulesender Wert der Windstärke,

w_{Wi} Windgeschwindigkeit.

Böen und maximale Windgeschwindigkeit sind wichtige Parameter für die dynamische Festigkeitsberechnung der Rotorblätter.

Für die Windgeschwindigkeitsmessung auf Windenergieanlagen wird das Schalenkreuz-Anemometer, Abb. 7.2, verwendet. Es

- hat eine senkrechte Drehachse,
- wird von meteorologischen Stationen verwendet und
- benötigt keine Windrichtungsnachführung.

Abb. 7.2 Schalenkreuz-Anemometer

Andere Windgeschwindigkeitsmesser, wie Flügelrad- oder Hitzdraht-Anemometer, sind trotz einiger Vorteile nicht für die Windgeschwindigkeitsmessung auf Windenergieanlagen geeignet.

7.2.1.2 Energieangebot des Windes

Zur Berechnung des Energieangebots des Windes wird die *Leistungsdichte* des Windes φ_{Wi} benötigt. Sie ist die auf 1 m^2 überstrichener Rotorfläche bezogene Leistung und wird berechnet

$$\varphi_{Wi} = \frac{w_{Wi}^3}{2}\rho_{Wi} \tag{7.2}$$

mit

ρ_{Wi} Massedichte des Windes.

Entsprechend Gl. (7.2) ist die Leistungsdichte des Windes der dritten Potenz der Windgeschwindigkeit proportional. Das bedeutet, dass sich bei einer Erhöhung der Windgeschwindigkeit z. B. um 1 m/s von 4 m/s auf 5 m/s die Leistungsdichte verdoppelt. Die Kenntnis der relativ genauen Windgeschwindigkeit ist damit für die Auswahl eines Standortes für eine Windenergieanlage ganz wesentlich, auch schon bei kleinen Unterschieden der Windgeschwindigkeit der Standorte. Die verwertbare Leistungsdichte für die Windenergienutzung beginnt bei $\varphi_{Wi} > 210$ W/m^2.

Der *spezifische Jahresenergieertrag* e_a kann mittels der Leistungsdichte mit der Gleichung

$$e_a = \int\limits_0^{\tau_a} \varphi_{Wi} d\tau = \frac{\rho_{Wi}}{2} \int\limits_0^{\tau_a} w_{Wi}^3(\tau)\, d\tau \tag{7.3}$$

mit $\tau_a = 8760$ h/a berechnet werden. Um das Integral zu lösen, muss die Abhängigkeit der Windgeschwindigkeit von der Zeit τ bekannt sein. Da es eine solche Funktion nicht gibt, wird für die praktische Handhabung mit einem Histogramm gearbeitet. In ihm wird aus Stundenmitteln der unterschiedlichen Windgeschwindigkeiten für Windklassen mit der Klassenbreite $\Delta w_{WI} = 1$ m/s ein Jahresgang gebildet und versucht, ihm eine Häufigkeitsverteilung zuzuordnen, Abb. 7.3.

Für einen hindernisfreien Aufstellungsort kann das Jahreshistogramm mit der Häufigkeitsverteilung nach Rayleigh beschrieben werden:

$$h_{R,j} = \frac{\pi}{2} \frac{w_{Wi,j}}{\overline{w}_{Wi}^2} e^{-\frac{\pi}{4}\left(\frac{w_{Wi,j}}{\overline{w}_{Wi}}\right)^2} \tag{7.4}$$

Zum Ermitteln der Häufigkeit $h_{R,j}$ der Geschwindigkeit $w_{Wi,j}$ muss die mittlere Windgeschwindigkeit des Standorts $\overline{w}_{Wi}$ bekannt sein. Der Index R der Häufigkeit h steht für Rayleighverteilung.

Da die Standorte für Windenergieanlagen in der Regel nicht völlig hindernisfrei sind, wird als Anpassung an Aufstellungsorte mit Hindernissen für die Häufigkeitsverteilung der Windgeschwindigkeit die Weibull-Verteilung gewählt und mit dem Index W versehen:

$$h_{W,j} = \frac{k}{w_{SK}} \left(\frac{w_{Wi,j}}{w_{SK}}\right)^{k-1} e^{-\left(\frac{w_{Wi,j}}{w_{SK}}\right)^k} \tag{7.5}$$

mit

k   Formfaktor,
w_{SK} Skalierungsparameter in m/s.

Der Formfaktor k charakterisiert die Qualität der Windströmung. Er ist

- groß bei stetigem Wind und
- klein bei starken täglichen Schwankungen der Windgeschwindigkeit w_{Wi}.

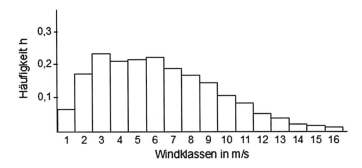

Abb. 7.3 Histogramm

Werte für k und w_{SK} können aus Windatlanten entnommen werden, die es für Deutschland, Europa und die Erde gibt.

Die mittlere Geschwindigkeit wird berechnet mit

$$\overline{w}_{Wi} \approx w_{SK} \sqrt[k]{0{,}287\,k^{-1} + 0{,}688\,k^{-0{,}1}} \qquad (7.6)$$

Der *Jahresenergieertrag* ergibt sich aus der Häufigkeitsverteilung, im gegebenen Fall der nach Weibull h_W, und der Maschinenkennlinie der Windenergieanlage $P = f\,(w_{Wi})$, die vom Hersteller der Anlage bereitzustellen ist, mit der Beziehung

$$E_a = \sum E_j = \tau_a \sum_{j=1}^{n} h_{W,j} \cdot P_j \left(= 8760\text{h/a} \sum_{j=1}^{n} h_{W,j} P_j \right) \qquad (7.7)$$

mit

P_j Maschinenleistung der Windenergieanlage für eine bestimmte Geschwindigkeit $w_{Wi,j}$,

n Anzahl der Windklassen (meist 24, in diesem Fall bis zur Windgeschwindigkeit von 24 m/s)

τ_a Gesamtbetriebszeit, in Gl. (7.7) mit den Jahresstunden 8760 h/a angegeben.

Um die Gl. (7.7) berechnen zu können, muss die Maschinenkennlinie in der Form gegeben sein, dass für jede Windklasse (Windgeschwindigkeit) die entsprechende Maschinenleistung angegeben ist. Mit Gl. (7.5) wird für jede Windklasse für den betrachteten Standort die Häufigkeit berechnet und dann für jede Windklasse das Produkt aus Häufigkeit $h_{W,j}$ und Maschinenleistung P_j gebildet. Die Summe aller dieser Produkte ergibt unter Benutzung der Gl. (7.7) den Jahresenergieertrag.

7.2.2 Anlagenaufbau

Die üblichen Bezeichnungen moderner Windmühlen lauten

• Windkraftanlage (dominiert im üblichen Sprachgebrauch)	WKA,
• Windenergiekonverter (ist physikalisch exakt)	WEK,
• Windenergieanlage (wird im Text verwendet)	WEA.

Bauartspezifische Merkmale sind

- Wirkprinzip,
- Lage der Rotorachse,
- Anzahl der Rotorblätter,
- Drehzahl des Rotors,
- Rotordurchmesser.

Wirkprinzip

Zwei physikalische Wirkprinzipien für die Umwandlung der Windenergie in die Drehbewegung eines Rotors sind möglich:

- Widerstandsprinzip
- Auftriebsprinzip.

Beim *Widerstandsprinzip* wirkt die Windkraft auf eine senkrecht zur Windrichtung orientierte Fläche. Eine Drehbewegung des Rotors erfolgt nur dann, wenn die Kraftwirkung oberhalb und unterhalb der horizontalen Rotordrehachse oder rechts und links der vertikalen Drehachse unterschiedlich ist, was bei Windrotoren nicht ohne spezielle konstruktive Maßnahmen erreicht werden kann.

Das ist z. B. für eine unterschlächtige Wasserturbine (Wasserrad, das im unteren Teil durch fließendes Wasser bewegt wird) unproblematisch, da die Kraftwirkung des Wassers unterhalb der Drehachse viel größer als die der Luft oberhalb der Drehachse ist. Bei Luft oberhalb und unterhalb bzw. rechts und links der Drehachse mit gleicher Kraftwirkung muss das Rotorblatt so geformt sein, dass der Widerstandswert auf beiden Seiten der Drehachse unterschiedlich ist (konvex – konkav). Als Beispiel kann das Schalenkreuz-Anemometer, Abb. 7.2, dienen, das eine vertikale Drehachse und entsprechend geformte Widerstandsflächen, in diesem Falle Schalen, hat.

Maßgebend für die Kraft, die die Drehbewegung hervorruft, ist die wirksame Anströmgeschwindigkeit c_{Wi}

$$c_{Wi} = w_{Wi} - u \qquad (7.8)$$

mit

w_{wi} Windgeschwindigkeit,
u Umfangsgeschwindigkeit des Rotors und

$$u = \omega\, R_{R,m}, \qquad (7.9)$$

wobei

ω Winkelgeschwindigkeit und
$R_{R,m}$ mittlerer Radius des Rotors

ist.

Das Widerstandsprinzip funktioniert natürlich nur bei einer Anströmgeschwindigkeit $c_{Wi} > 0$. Damit muss, soll eine Leistung nach außen abgegeben werden, die Windgeschwindigkeit w_{Wi} größer als die Umfangsgeschwindigkeit u sei, denn bei $w_{Wi} = u$ folgt mit Gl. (7.8) $c_{Wi} = 0$.

Für das *Auftriebsprinzip* wurden die theoretischen Grundlagen im Jahre 1907 von Jonkowski erarbeitet. Das war vier Jahre nach dem ersten Motorflug der Gebrüder Wright, die diesen Flug absolvierten, ohne genaue Kenntnis der theoretischen Zusammenhänge und ohne ganz genau zu wissen, warum ihnen dieser Flug gelang. An der Erforschung der Grundlagen des Auftriebsprinzips hatten sich vor Jonkowski auch schon andere Wissenschaftler, unter ihnen der Physiker Isaac Newton, ergebnislos versucht.

Die Auftriebswirkung kann vereinfacht an einem Tragflächenprofil eines Flugzeugs erläutert werden, Abb. 7.4.

In einem definierten Strömungsquerschnitt einer konturierten Strömung gilt

$$\Delta p_{ges} = \Delta p_{dyn} + \Delta p_{st} = konst. \tag{7.10}$$

mit

Δp_{ges} Gesamtdruckdifferenz,
Δp_{dyn} dynamische Druckdifferenz $(= 0.5\, w_{Wi}^2\, \rho_{Wi})$,
Δp_{st} statische Druckdifferenz.

Gleichung (7.10) sagt aus, dass in einer konturierten Strömung, z. B. in einem Kanal, die Summe aus dynamischer und statischer Druckdifferenz immer gleich groß ist. Das wird angenähert auch auf die freie Umströmung eines Windrotors angewendet.

Durch Stromlinienverdichtung an der Tragfläche**oberseite** wird die Luftgeschwindigkeit und damit auch die dynamische Druckdifferenz Δp_{dyn} größer. Entsprechend Gl. (7.10) muss die statische Druckdifferenz, durch die die Kraftwirkung auf das Tragflächenprofil ausgeübt wird, kleiner werden.

An der Tragflächen**unter**seite ist die entgegengesetzte Wirkung zu erkennen. Dort verringert sich die Luftgeschwindigkeit, ausgedrückt durch die breiteren Abstände der Strömungslinien, was zu einer geringeren dynamischen Druckdifferenz und damit zu einer höheren statischen Druckdifferenz führt.

Abb. 7.4 Erläuterung der Auftriebswirkung an einem Tragflächenprofil

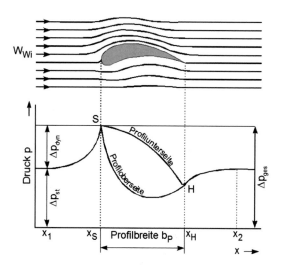

Damit wird $\Delta p_{st,u} > \Delta p_{st,o}$, was eine nach oben gerichtete Kraftwirkung zur Folge hat. Der Index u an der statischen Druckdifferenz steht für unten, der Index o für oben. Da die Rotorblätter an der Nabe befestigt sind, fliegen sie im normalen Betriebsfall nicht wie ein Flugzeug davon, sondern bewegen sich im Kreis um die Nabe.

Lage der Rotorachse
Sie kann horizontal oder vertikal angeordnet sein. Die Bezeichnung lautet dann bei

- horizontaler Rotorachse ⇒ Horizontalläufer und
- vertikaler Rotorachse   ⇒ Vertikalläufer.

Bei den *Horizontalläufern* sind zu unterscheiden

- Luvläufer ⇒ der Wind trifft zuerst auf den Rotor vor dem Turm,
- Leeläufer ⇒ der Wind trifft zuerst auf den Turm, dann auf den Rotor.

Luvläufer benötigen unbedingt eine Windnachführung. Bei ihnen wird in Nabenhöhe Windgeschwindigkeit und Windrichtung gemessen. Ändert sich die Windrichtung, erhalten Giermotoren am Laufkranz der Gondel ein Signal, den Rotor in die neue Windrichtung zu drehen, was einige Minuten dauert und weswegen schnellen Windrichtungsänderungen nicht ohne weiteres gefolgt werden kann. Luvläufer sind die heute bei weitem dominierenden Horizontalläufer.

Als *Leeläufer* wurden bisher kleine Anlagen, z. B. zum Pumpen von Wasser, gebaut. Ein Beispiel für einen großen Leeläufer war die 3-MW-Anlage GROWIAN (GROße WIndANlage) mit einer Nabenhöhe von 100 m und einem Rotordurchmesser von $D_R = 100,4$ m, Abb. 7.5.

Es war weltweit die erste Großwindenergieanlage, deren Bau 1980 begann, ohne dass Erfahrungen mit ähnlich großen Windenergieanlagen vorlagen. Dieses im technischen Bereich unübliche Verhalten führte dazu, dass es die Anlage auf insgesamt nur 420 Betriebsstunden brachte. Sie wurde 1988 abgebaut und vermittelte die Erkenntnis: Eine Entwicklung, auch bei Windenergieanlagen, kann nur durch stetige Größensteigerung, ausgehend von erprobten kleineren Anlagen, erreicht werden.

Bei den *Vertikalläufern* ist keine Windnachführung nötig. Sie müssen allerdings angelassen werden, ehe sie durch die Windbewegung in Drehung gehalten werden. In Abb. 7.6 ist ein Auftrieb nutzender 3-Blatt-Darrieus-Rotor zu sehen. Dieser Anlagentyp ist bisher nicht sehr oft gebaut worden.

Auch der Savoniusrotor, ein Auftrieb und Widerstand nutzender Vertikalläufer, ist nicht sehr weit verbreitet, Abb. 7.7. Es sind nur kleine Leistungsgrößen verfügbar. Er eignet sich zur Installation auf Gebäudedächern.

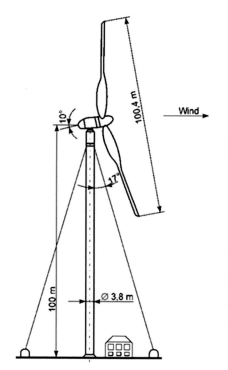

Abb. 7.5 Leeläufer GROWIAN

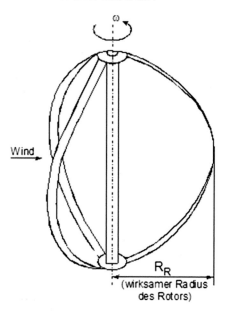

Abb. 7.6 3-Blatt-Darrieus-Rotor

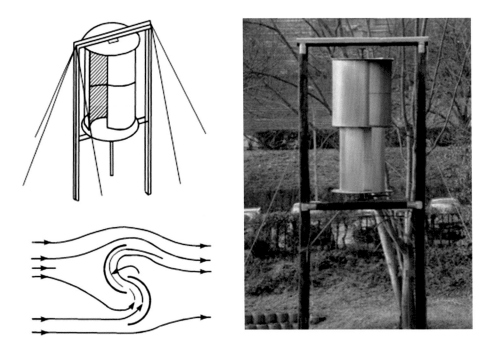

Abb. 7.7 Savoniusrotor

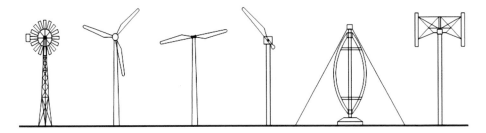

Abb. 7.8 Verschiedene Windenergieanlagentypen

Anzahl der Rotorblätter
Bei der Wahl der Anzahl der Rotorblätter stehen sich der ruhige Lauf, der mit mehreren Rotorblättern erreicht wird, und die Kosten für mehrere Rotorblätter, die entsprechend steigen, zur Abwägung gegenüber.

Verschiedene Windenergieanlagentypen mit unterschiedlicher Rotorblattanzahl sind in Abb. 7.8 dargestellt.

In Abb. 7.8 Das sind von links nach rechts:

- Vielblättriges Windrad: Hohes Drehmoment bei niedrigen Drehzahlen, Direktantrieb von Wasserpumpen, als Western Mills bekannt.

- Dreiblattrotor: Günstige Masseverteilung, dynamische Probleme sind gut beherrschbar, hohe Rotorblattkosten.
- Zweiblattrotor: Höhere Drehzahlen als beim Dreiblattrotor; größere aerodynamische Probleme, Kostenreduktion.
- Einblattrotor: Höhere Drehzahlen als bei Drei- und Zweiblattrotor, massebedingte Ungleichförmigkeiten, geringste Rotorblattkosten.
- Darrieus-Rotor: Anlagen stehen immer im Wind, keine Windnachführung, aber Anlassen erforderlich.
- H-Darrieus-Rotor: Einfache Fertigung der Rotorblätter; günstige Windangriffsverhältnisse.

Drehzahl des Rotors

Sie ist indirekt proportional der Rotorblattanzahl und nimmt mit größer werdendem Rotordurchmesser ab. Großanlagen haben Drehzahlen unter 10 Umdrehungen pro Minute. Mit der Größe des Rotordurchmessers steigt die Umfangsgeschwindigkeit. Diese darf nicht in die Nähe der Schallgeschwindigkeit kommen.

Rotordurchmesser

Er ist ein Maß für die Leistung, die sich aus dem Produkt von überstrichener Rotorfläche und Leistungsdichte des Windes ergibt. Rotordurchmesser und Turmhöhe sind annähernd gleich groß. Gelegentlich ist bei Windenergieanlagen im Binnenland der Turm höher als es dem Rotordurchmesser entspricht, um in einen Bereich größerer Geschwindigkeiten zu kommen, und damit die Leistungsdichte zu erhöhen.

7.2.3 Beurteilungsgrößen

Idealer Leistungsbeiwert $c_{p,id}$

Er sagt aus: Nicht die gesamte maximale Windleistung, sondern nur ein Teil kann dem Wind entzogen und in mechanisch nutzbare Leistung umgewandelt werden, denn der Wind muss nach der Windturbine immer noch Energie besitzen, um weiter strömen zu können und auf der Vorderseite energiereichen Wind zuströmen zu lassen. Der ideale Leistungsbeiwert entspricht damit dem theoretischen Wirkungsgrad der Windenergieumwandlung und ist eine analoge Größe wie der Carnotwirkungsgrad des Dampfkraftprozesses.

Seine Definition lautet:

$$c_{p,id} = \frac{\text{dem Wind entziehbare Leistung}}{\text{maximale Windleistung}} = \frac{P_{Wi,entz}}{P_{Wi,max}} \tag{7.11}$$

Die maximale Windleistung kann mittels der Leistungsdichte φ_{Wi}, multipliziert mit der überstrichenen Rotorfläche A_R, berechnet werden mit

$$P_{Wi,max} = A_R \varphi_{Wi} = A_R \frac{\rho_{Wi}}{2} w_{Wi,1}^3, \tag{7.12}$$

wobei

A_R Rotorfläche,
$w_{Wi,1}$ Windgeschwindigkeit vor dem Rotor und
P_{Wi} Windleistung

ist.

Die entziehbare Windleistung ergibt sich aus der Differenz der Windleistung vor (1) und nach (2) dem Rotor:

$$P_{Wi,entz.} = P_{Wi,1} - P_{Wi,2} \tag{7.13}$$

bzw.

$$P_{Wi,entz} = \frac{\rho_{Wi}}{2} \left(A_1 w_{Wi,1}^3 - A_2 w_{Wi,2}^3 \right) \tag{7.14}$$

mit

$P_{Wi,1}$ Windleistung vor dem Rotor,
$P_{Wi,2}$ Windleistung nach dem Rotor,
A_1 relevante Querschnittsfläche, durch die der Wind vor dem Rotor strömt, und
A_2 relevante Querschnittsfläche, durch die der Wind nach dem Rotor strömt.

Wenn Luft in diesem sehr kleinen Druckänderungsbereich als inkompressibel angenommen wird, kann aus der Kontinuitätsgleichung

$$q_{V,Wi} = A_1 w_{Wi,1} = A_2 w_{Wi,2} = konst. \tag{7.15}$$

die Geschwindigkeit nach dem Rotor mit der vor dem Rotor berechnet werden:

$$w_{Wi,2} = \frac{A_1}{A_2} \dot{w}_{Wi,1}. \tag{7.16}$$

Damit ergibt sich

$$P_{Wi,entz} = \frac{\rho_{Wi}}{2} A_1 w_{Wi,1} \left(w_{Wi,1}^2 - w_{Wi,2}^2 \right) = \frac{q_{m,Wi}}{2} \left(w_{Wi,1}^2 - w_{Wi,2}^2 \right) \tag{7.17}$$

mit

$q_{V,Wi}$ Volumenstrom des Windes,
$q_{m,Wi}$ Massestrom des Windes.

Zu den Luftquerschnittsflächen A_1 und A_2 wurde bisher noch nichts gesagt. Im dritten Teil von Gl. (7.17) sind sie nicht mehr enthalten. Sie spielen damit in den weiteren Betrachtungen keine Rolle und müssen deshalb nicht erläutert werden. Der Massestrom des Windes kann direkt für die Rotorebene mit definierten Luftquerschnitten (gleich überstrichene Rotorfläche) und der dortigen Windgeschwindigkeit berechnet werden.

Eine Diskussion der Grenzfälle entsprechend Gl. (7.17) führt zu Aussagen, die nicht alle physikalisch stimmig sind. Zunächst ergibt sich aus der Grenzfallbetrachtung:

$$w_{Wi,1} = 0 \rightarrow \quad P_{Wi,entz} = 0$$
$$w_{Wi,2} = 0 \rightarrow \quad P_{Wi,entz} = P_{Wi,max}.$$

Der zweite Grenzfall mit $w_{Wi,2} = 0$ ergibt eine physikalisch unsinnige Aussage: Wenn nach dem Rotor keine Luft abströmt, also $w_{Wi,2} = 0$ ist, kann zum Rotor auch keine Luft zuströmen und damit keine Leistung abgegeben werden. Es muss also auch im Grenzfall 2 $P_{Wi,entz} = 0$ sein. Es gibt offenbar ein Optimum für die entziehbare Windleistung zwischen den beiden Nullstellen $w_{Wi,1} = w_{Wi,2} = 0$.

Die Berechnung führt auf

$$c_{p,id\,max} = \frac{16}{27} = 0{,}593 \tag{7.18}$$

Dieser Wert, 1926 von Betz ermittelt, gilt für frei umströmte Rotoren und wird als Betz-Kriterium bezeichnet.

Der ideale Leistungsbeiwert $c_{p,id}$ ist entsprechend seiner Definition unabhängig von der Bauart der Windenergieanlage.

Die Leistungsbeiwerte realer Windenergieanlagen sind kleiner als der ideale Wert. Den höchsten c_p-Wert erreichen schnell laufende Zweiblattrotoren mit $c_{p,max} \approx 0{,}5$. Den Widerstand nutzende Windenergieanlagen kommen auf einen maximalen c_p-Wert von

$$c_{p,W,max} = c_W \frac{4}{27} \tag{7.19}$$

mit

c_W Widerstandsbeiwert, abhängig von der Geometrie der Widerstandsfläche.

Bei einem C-Profil wird auf der konkaven Seite mit $c_W = 2{,}3$ der maximale Widerstandsbeiwert erreicht.

Schnelllaufzahl λ_S

Sie dient zur Klassifizierung von Windenergieanlagen und hat für jede Anzahl von Rotorblättern einen optimalen Wert. Ihre Definition lautet

$$\lambda_S = \frac{\text{Umfangsgeschwindigkeit am Rotorblattende}}{\text{Zuströmwindgeschwindigkeit}} \tag{7.20}$$

oder

$$\lambda_S = \frac{u}{w_{Wi,1}} = \frac{\omega R_R}{w_{Wi,1}} = \frac{2\pi\, n_R R_R}{w_{Wi,1}} \tag{7.21}$$

mit

λ_S	Schnelllaufzahl,
u	Umfangsgeschwindigkeit am Rotorblattende,
$w_{Wi,1}$	Windgeschwindigkeit vor dem Rotor,
ω	Winkelgeschwindigkeit,
R_R	Rotorblattradius,
n_R	Drehzahl des Rotors.

Zu jeder optimalen Schnelllaufzahl λ_S gibt es eine optimale Drehzahl

$$n_{R,opt} = w_{Wi,1}\frac{\lambda_{S,opt}}{2\pi R_R}. \tag{7.22}$$

Da für eine konkrete Windenergieanlage die Größen im Zähler und Nenner des Bruchs festliegen, also

$$\frac{\lambda_{S,opt}}{2\pi R_R} \approx \text{konst} \tag{7.23}$$

gilt, folgt

$$n_{R,opt} = f\left(w_{Wi,1}\right). \tag{7.24}$$

Die optimale Drehzahl wächst linear mit der Windgeschwindigkeit vor dem Rotor. Rotoren mit konstanter Drehzahl $n_{R,Bemessung}$ haben demnach nur eine optimale Windgeschwindigkeit:

$$w_{Wi,1,opt} = \frac{2\pi\, R_R\, n_{R,Bemessung}}{\lambda_{S,opt}} \tag{7.25}$$

Effizienter sind deshalb drehzahlvariable Windrotoren, deren Drehzahl sich wechselnden Windgeschwindigkeiten besser anpassen und damit die Windenergie besser ausnutzen kann.

Mittels optimaler Schnelllaufzahl werden Windenergieanlagen in Langsam- und Schnellläufer unterschieden:

- $\lambda_S \leq 3$ Langsamläufer
- $\lambda_S > 3$ Schnellläufer

Langsamläufer sind

- Vielblattrotoren und
- Widerstandsläufer mit $\lambda_{S,max} = 1$.

Zu Schnellläufern gehören

- Ein-, Zwei- und Dreiblattrotoren sowie
- Vertikalläufer mit Darrieus-Rotoren.

Zwischen der Schnelllaufzahl und dem Leistungsbeiwert besteht für jeden Windenergieanlagen-Typ ein charakteristischer Zusammenhang, Abb. 7.9.

Da die Klassifizierung von der optimalen Schnelllaufzahl ausgeht, liegt die Grenze zwischen Langsam- und Schnellläufern entsprechend Abb. 7.5 bei einem Fünfblatt-Rotor.

Wirkungsgrad

Er kann gebildet werden für die Energieumwandlung im Rotor und in der Windenergieanlage.

Die Definition des Rotorwirkungsgrads η_R lautet

$$\eta_R = \frac{\text{Nutzleistung des Rotors}}{\text{dem Wind entziehbare Leistung}} \qquad (7.26)$$

bzw.

$$\eta_R = \frac{P_R}{P_{Wi,entz}} = \frac{P_R}{c_{p,id} P_{Wi,max}} = \frac{P_R}{c_{p,id} \frac{\rho_{Wi}}{2} A_R w_{Wi,1}^3} \qquad (7.27)$$

Abb. 7.9 Zusammenhang zwischen Leistungsbeiwert c_p und Schnelllaufzahl λ_S. Die Zahlen an den Kurven geben die Anzahl der Rotorblätter an

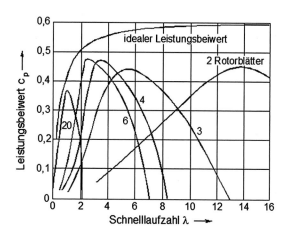

mit

P_R Nutzleistung des Windrotors.

Dieser Wirkungsgrad beschreibt die maschinentechnischen Verluste des Rotors.

Der Wirkungsgrad einer Windenergieanlage η_{WEA} liefert eine Aussage zur Umwandlung der Windleistung in die Nutzleistung und ist definiert

$$\eta_{WEA} = \frac{\text{Nutzleistung der WEA}}{\text{maximale Windleistung}} = \frac{P_{WEA}}{P_{Wi,max}}. \tag{7.28}$$

mit

$$P_{WEA} = P_R\, \eta_{mech}\, \eta_{AM} \tag{7.29}$$

folgt für den Wirkungsgrad einer Windenergieanlage

$$\eta_{WEA} = \frac{P_R \eta_{mech} \eta_{AM}}{P_{Wi,max}} = c_{p,jd}\eta_R \eta_{mech}\, \eta_{AM} \tag{7.30}$$

mit

P_{WEA} Nutzleistung der Windenergieanlage,
η_{mech} mechanischer Wirkungsgrad, erfasst die Verluste in den Rotorlagern und im Getriebe,
η_{AM} Wirkungsgrad der angekuppelten Arbeitsmaschine, z. B. Generator oder Pumpe.

Das Produkt

$$\eta_R\, c_{p,id} = c_p \tag{7.31}$$

ist der reale Leistungsbeiwert c_p.

Der Rotorwirkungsgrad η_R, der die Energieumwandlung im Rotor beurteilt, hat Werte von $\eta_R < 80\,\%$. Der Wirkungsgrad der Windenergieanlage η_{WEA} ist wesentlich kleiner: $\eta_{WEA} < 40\,\%$.

7.2.4   Elektrische Systeme von Windenergieanlagen

Dominierendes Einsatzgebiet der Windenergieanlagen ist die Umwandlung von mechanischer in elektrische Energie mittels Generatoren. Verwendet werden auch bei einem Gleichstromnetz fast ausschließlich Drehstromgeneratoren, weil Drehstromgenerator + Gleichrichter billiger als ein Gleichstromgenerator ist [1].

Generatoren sollen

- niedrige Investitionskosten und
- hohe Anlagenlebensdauer haben sowie
- einfach bedienbar und mit wenig Aufwand zu warten sein.

Geeignet sind Asynchron- und Synchrongeneratoren.

Zwei Generatorsysteme sind möglich:

- Netzstützend: Erregungs- oder Blindleistung kommen aus dem elektrischen Netz, die Wirkleistung wird ins Netz eingespeist.
- Netzbildend: Spannung und Blindleistung am Generator können eingestellt und geregelt werden.

7.2.4.1 Netzstützende Systeme

Einspeisung ins öffentliche Netz ist möglich mit

- direkter Netzkopplung und
- indirekter Netzkopplung.

Direkte Netzkopplung
Sie kann an ein Drehstrom- oder Gleichstromnetz erfolgen.

Die direkte Netzkopplung an ein *Drehstromnetz* mit einem Asynchrongenerator (ASG) ist weitgehend üblich, Abb. 7.10. Benötig wird induktive Blindleistung. Der Rotor der Windenergieanlage dreht mit nahezu konstanter Drehzahl.

Für die Drehzahl n vor dem Asynchrongenerator gilt

$$n = (1 - s)\,\frac{f}{p} \tag{7.32}$$

mit

s   Generatorschlupf ($\approx$0–0,08, leistungsabhängig),
f   elektrische Frequenz,
p   Polpaaranzahl.

Diese Drehzahl muss von der Windenergieanlage vor dem Asynchrongenerator bereitgestellt werden. Es kann sich damit nur um drehzahlkonstante Anlagen handeln, es sei denn, es stehen zwei unterschiedliche Generatoren zur Verfügung.

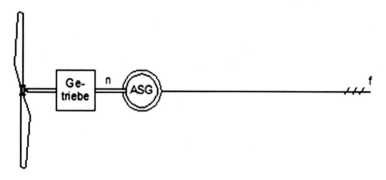

Abb. 7.10 Direkte Netzkopplung an ein Drehstromnetz mit einem Asynchrongenerator (ASG) entsprechend [1]

Die direkte Netzkopplung an ein *Drehstromnetz* mit einem Synchrongenerator (SG) zeigt Abb. 7.11.

Der Rotor der Windenergieanlage dreht mit konstanter Drehzahl. In diesem Falle muss sie absolut starr sein:

$$n = \frac{f}{p}. \tag{7.33}$$

Die direkte Netzkopplung an ein *Gleichstromnetz* ist nur mit einem Synchrongenerator möglich, Abb. 7.12.

Die Drehzahl vor dem Synchrongenerator kann variabel sein:

$$n = (0,5 \dots 1,2) \, n_{N,WEA} \tag{7.34}$$

mit

$n_{N,WEA}$ Nenndrehzahl der Windenergieanlage.

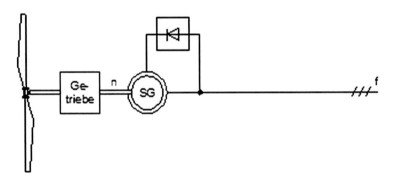

Abb. 7.11 Direkte Netzkopplung an ein Drehstromnetz mit einem Synchrongenerator (SG) entsprechend [1]

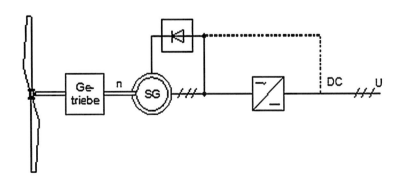

Abb. 7.12 Direkte Netzkopplung an ein Gleichstromnetz mit Synchrongenerator (SG) und Gleichrichter entsprechend [1]

Indirekte Netzkopplung
Sie ist möglich mit

- Synchrongenerator und Gleichstromzwischenkreis und
- Asynchrongeneratoren und Frequenzumrichter.

Die indirekte Kopplung mit Synchrongenerator und Gleichstromzwischenkreis zeigt Abb. 7.13. Die Blindleistung wird induktiv bereitgestellt.

Drehzahlvarianz bedeutet:

- Fahren der Windenergieanlage mit optimaler Drehzahl n_{opt} entsprechend der optimalen Schnelllaufzahl $\lambda_{S,opt}$ für unterschiedliche Windgeschwindigkeiten.
- Verzicht auf Getriebe bei vielpoligem Generator.

$$n = (0,5\ldots 1,2)\,\frac{f}{p} \tag{7.35}$$

Die indirekte Netzkopplung mit Asynchrongenerator und Frequenzumrichter zeigt Abb. 7.14.

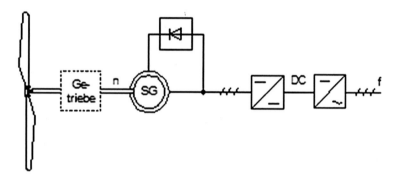

Abb. 7.13 Indirekte Kopplung mit Synchrongenerator (SG) und Gleichstromzwischenkreis entsprechend [1]

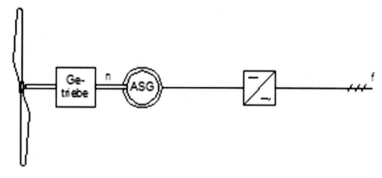

Abb. 7.14 Indirekte Netzkopplung mit Asynchrongenerator (ASG) und Frequenzumrichter entsprechend [1]

$$n = (0,8 \dots 1,2) \, \frac{f}{p} \qquad\qquad (7.36)$$

Vorteile der indirekten Netzkopplung sind

- aerodynamisch optimale Betriebsweise des Rotors im Drehzahlbereich von 50–120 % der Nenndrehzahl,
- Verhinderung starker dynamischer Belastungen im Kraftfluss.

Nachteile der indirekten Netzkopplung:

- Kompensationseinrichtung zum Bereitstellen der Blindleistung ist nötig.
- Durch Umrichten entstehen Oberschwingungen, deren Wirkung auf das Netz durch Filter zu begrenzen ist.

Indirekte Netzkopplung über einen Gleichstromzwischenkreis wird bei Anlagen mittlerer und großer Leistung angewendet.

7.2.4.2 Netzbildende Systeme (Inselnetze)

Im Inselbetrieb muss ein autarkes Netz aufgebaut werden. Das kann ein elektrisches Drehstrom- oder Gleichstromnetz sein, Abb. 7.11 und 7.12.

Günstig ist der Einsatz eines Synchrongenerators, mit dem Blind- und Wirkleistung bereitgestellt und eine Spannungsänderung vorgenommen werden können.

Beim Einspeisen in ein elektrischen Drehstromnetz muss die Windenergieanlage drehzahlregelbar sein und die gewünschte Netzfrequenz mit nur geringen Schwankungen einhalten können.

Eine geforderte konstante Frequenz muss über

- Zu- und Abschalten von Verbrauchern in Verbindung mit gesteuerter Last bei Stall-Regelung oder
- schnelle Pitchregelung

erzeugt werden.

Bei der *Stallregelung* ist das Rotorblatt fest an der Rotornabe angebracht und damit nicht verstellbar. Das Rotorblatt hat einen steilen Anstellwinkel, wodurch bei sehr großen Geschwindigkeiten ein Strömungsabriss erfolgt, der zur Leistungsminderung bis zum Stillstand der Anlage führt. Stall kann mit „Motor abwürgen" übersetzt werden.

Bei der *Pitch-Regelung* wird während des Betriebes der Windenergieanlage der Einstellwinkel des Rotorblattes geändert. Die Rotorblätter müssen also drehbar mit der Rotornabe verbunden sein. Soll die Leistungsabgabe des Rotors verringert werden, dann wird der Einstellwinkel vergrößert, womit sich der Anströmwinkel des Windes verringert. Mit dieser Regelung werden definierte Strömungszustände eingestellt. Sie führt zu Genauigkeit und Laufruhe. Es werden allerdings zur Leistungsreduzierung recht große

Rotorblatt-Einstellwinkel benötigt, was den konstruktiven Aufwand erhöht. Die Pitch-Regelung wird vor allem bei großen modernen WEA eingesetzt. Pitch kann mit „Neigen" übersetzt werden.

Inselsysteme, die ausschließlich von Windenergieanlagen gespeist werden, können nicht zu jeder Zeit den Bedarf decken. Deshalb sind

- bivalente elektrische Systeme oder
- Speicher, wie Akkumulatoren, Oberbecken von Pumpspeicherwerken,

vorzusehen.

Beim Einbinden der Windenergieanlagen in elektrische Netze entstehen Netzrück-wirkungen durch Störungsaussendungen. Sie hängen wesentlich von der Einspeisestelle ab. Bei Einspeisen in Versorgungsleitungen wirken Windenergieanlagen wie negative Verbraucher, was problematisch ist. Bei Einspeisen in die Sammelschiene des Umspann-werkes gibt es kaum Probleme.

Zu Netzrückwirkungen gehören

- Veränderung der Kurzschlussleistungen,
- Leistungsschwankungen und damit verbundene Schwankungen der Versor-gungsspannung mit evtl. Flickerwirkung,
- Leistungsänderungen und damit verbundene Spannungsänderungen bzw. Spannungsüberhöhungen,
- Oberschwingungen.

7.2.5 Stand der Technik 2012

In Tab. 7.1 sind einige Daten für neue Windenergieanlagen im Leistungsbereich über 3 MW zusammengefasst.

Tab. 7.1 Neue Windenergieanlagen mit einer Leistung von $P_{WEA} \geq 3$ MW

Hersteller/Typ	Leistung in MW	Rotordurch-messer in m	Rotorfläche in m^2	Nabenhöhe in m	Getriebe	Generator
Acciona/AW-100/3000	3,0	100,0	7.864	120	ja	DFIG
Acciona/AW-116/3000	3,0	116,0	10.568	120	ja	DFIG
Alstom/Eco 110	3,0	109,8	9.469	100	ja	DFIG
Enercon/E-101	3,0	101,0	8.012	135	nein	SG
GE/Energy 4.0	4,0	110,0	9.567	85	nein	PMG
Repower/3.2M114	3,2	114,0	10.207	93	ja	DFIG
Sinovel/SL 3000/100	3,0	100,0	7.962	110	ja	DFIG

DFIG doppelt gespeister Asynchrongenerator, PMG Permanentmagnetgenerator, SG Synchron-generator

In [2] wird bei einem Vergleich der *Stromgestehungskosten* mit Stand Mai 2012 für Windenergieanlagen onshore ein Wert von 0,07 €/kWh angegeben, der nur um 0,01 €/kWh höher als der Wert für den deutschen Strommix aus fossilen und nuklearen Kraftwerken liegt. Alle anderen EREQ haben höhere Werte, doch kein Wert liegt über 0,15 €/kWh.

Als *Umwelteffekte* der Windenergienutzung werden diskutiert:

- Aerodynamische und mechanische Geräuschemission
- Schattenwurf und mögliche Lichtreflexe
- Visuelle Beeinträchtigung der Landschaft
- Einfluss auf die Vogelwelt
- Mikroklimaänderungen.

Diese Effekte legen nahe:

- Nationalparks, Naturschutzgebiete, Wattgebiete, Halligen, Vogelschutzgebiete, Vordeichflächen sollten von Windenergienutzung ausgeschlossen werden.
- In anderen Gebieten sind negative Umwelteffekte im Vergleich mit anthropogener Nutzung klein und lassen Windenergienutzung zur Gebäudeenergieversorgung zu.

7.3   Geothermische Energie

7.3.1   Technologien

Die Umwandlung geothermischer Energie in elektrische Energie ist sinnvoll bei

- geothermischen Anomalien jüngster Vulkantätigkeit mit klassischen Geothermie-Kraftwerken, mit ORC-Geothermie-Kraftwerken oder der Kombination aus beiden,
- geothermischen Anomalien mit deutlich höheren Temperaturen als sie entsprechend der geothermischen Tiefenstufe zu erwarten wären, vor allem mit ORC-Geothermie-Kraftwerken,
- heißem, trockenen, kristallinen Gestein, dessen Energie mit dem Hot Dry Rock-Verfahren gewonnen wird, mit klassischen Geothermie-Kraftwerken oder mit ORC-Geothermie-Kraftwerken.

Geothermische Anomalien vulkanischen Ursprungs mit einer Temperatur von $\theta_{Geo} > 150\,°C$ sind geeignet, mittels Wasserdampfprozess elektrische Energie bereitzustellen.

Vulkanische Gebiete sind

- junge Gebirgsketten der Erde, wie die Rocky Mountains, die Anden, die Alpen, die Karpaten, der Kaukasus, der Himalaja, und
- junge Landbildungen über tektonischen Störungen, wie Island, Japan, Philippinen, Neuguinea, Neuseeland, Kamtschatka.

Eine Karte vulkanischer Tätigkeit ist auch gleichzeitig eine Standortkarte geothermaler Zonen mit einer höheren Temperatur, als es die geothermische Tiefenstufe erwarten ließe.

Folgende Verfahren zur Gewinnung geothermischer Energie mit geothermischen Anomalien vulkanischen Ursprungs sind üblich:

- Aufheizen von Grundwasser durch Magma, das in obere Schichten der Erdkruste eindringt. Lässt eine impermeable Schicht über der Lagerstätte keinen oder nur einen geringen Dampfstrom austreten, entsteht Heißdampf.
- Aufheizen von Aquiferen durch Magmaintrusionen. Es entsteht Heißwasser, da der hydrostatische Druck die Verdampfung verhindert. Beim Anbohren von Heißwasserlagerstätten vermindert sich der dort herrschende Druck: Das Heißwasser verdampft. Gefördert wird Nassdampf.
- Einleiten von kaltem Wasser in angebohrte Magmakammern, deren Energie das kalte Wasser in Dampf oder Heißwasser umwandelt.

Bei der Gewinnung von Dampf oder Heißwasser entsprechend den ersten beiden Verfahren sind bei intensiver Nutzung Erschöpfungserscheinungen der Lagerstätten zu erwarten. Versuche zur Druckstabilisierung, indem Kondensat in die geothermische Lagerstätte zurückgepumpt wird, waren bisher nicht sehr erfolgreich.

Das an dritter Stelle genannte Verfahren wurde an Orten mit jüngster Vulkantätigkeit angewendet. Auf Hawaii entstand bei einem Gipfelausbruch des Vulkans Kilauea im Jahre 1959 der Iki-Lavasee, in dem sich unter einer 10 m dicken Kruste flüssige Lava von $\theta_{Geo} > 1.000$ °C befindet. Auf der isländischen Insel Heimaey, die vom Vulkan Eldfell (Feuerberg) fast vollständig verwüstet wurde, trafen Neusiedler in nur 30 m Tiefe auf Lava mit $\theta_{Geo} > 1.000$ °C.

Die Hot Dry Rock-(HDR-)Technologie wird angewendet, wenn der Untergrund aus kristallinem Gestein ohne eingelagertes geothermisches Fluid besteht. Das Entspeichern der geothermischen Energie muss durch Einbringen von Wasser erfolgen. Zur Erwärmung des Wassers wird zwischen zwei Bohrlöchern ein künstliches Risssystem im heißen kristallinen Gestein hydraulisch (Hydraulic Fracturing) oder durch Sprengungen erzeugt. Durch dieses Risssystem soll Wasser unter Aufnahme thermischer Energie vom Injektionsbohrloch zur Entnahmebohrung strömen. Man spricht in diesem Zusammenhang auch von künstlicher Geothermie, Abb. 7.15.

Abb. 7.15 Hot Dry Rock-
Verfahren

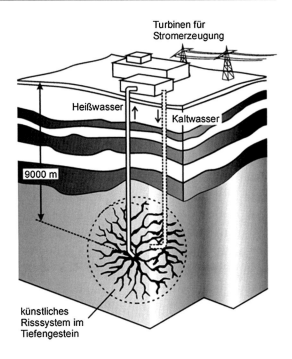

Voraussetzung für eine großtechnische Anwendung des Hot Dry Rock-Verfahrens ist die Erzeugung eines großflächigen Wärmeübertragungssystems im kristallinen Gestein und der Betrieb einer verlustarmen Zirkulation mit hohem Wasserdurchsatz zum Wärmeentzug aus dem Gestein.

7.3.2 Geothermische Anomalien

Klassisches Geothermie-Kraftwerk
Im geothermischen Kraftwerk wird der für konventionelle Kohle-Kraftwerke typische Dampfkessel mit Bekohlungsanlage, Feuerung, Rauchgasentschwefelungs- und Denoxanlage sowie Rauchgasschornstein durch die Fördersonde in der Hochtemperaturlagerstätte ersetzt.

Die Anlage kann mit Dampfseparation und Nachverdampfung von mitgerissenem heißem Wasser ausgerüstet sein. Abgekühltes geothermisches Fluid wird in der Regel wieder verpresst.

Wegen der Beladung des geothermischen Fluids mit

- Alkali- und Erdalkalisalzen sowie
- giftigen Stoffen, wie Arsensulfid, Schwefelwasserstoff, Quecksilberverbindungen,

werden *Zweikreissysteme* eingesetzt, bei denen geothermisches Fluid und Primärkreis des Dampfkraftprozesses stofflich getrennt sind. Geothermische Kraftwerke mit Zweikreissystem werden auch binäre Geothermie-Kraftwerke genannt. Durch die nötige rekuperative Wärmeübertragung kommt es zwar zu Exergieverlusten, die Aggregate im Primärkreislauf, wie Turbine und Kondensator, werden aber geschont. Abb. 7.16 zeigt das Funktionsschema eines klassischen Geothermie-Kraftwerks.

Im Separator werden Wasser und Dampf getrennt, im Skrubber werden Staub und unerwünschte Gasbestandteile ausgewaschen, und der Silencer sorgt für Schalldämpfung.

Klassische Geothermie-Kraftwerke haben Volllaststunden von $b_V = (4.000–7.000)$ h/a.

Das *Larderello-Geothermie-Kraftwerk* kann auf eine relativ lange Geschichte zurückschauen. 1827 extrahierte Francesco Larderel in seiner Fabrik, die in vulkanischem Gebiet südlich Voltaverra in der Toskana (Italien) liegt, Borsäure aus einem Gemisch von Wasser und Borsäure. Zur Verdampfung des Gemisches benutzte er als Heizung geothermischen Dampf. Der Ort des Geschehens wurde nach ihm benannt: Larderello.

Prinz Piero Ginori Conti (1865–1939) heiratete sich in die Larderelfamilie ein und stellte 1904 mit einer kleinen Kolbendampfmaschine, deren Arbeitsmedium er mit geothermischem Dampf beheizte (Zweikreislaufsystem), elektrische Energie für mehrere Glühlampen bereit. 1905 baute er eine mit geothermischem Dampf betriebene Dampfmaschine mit einer Leistung von 20 PS.

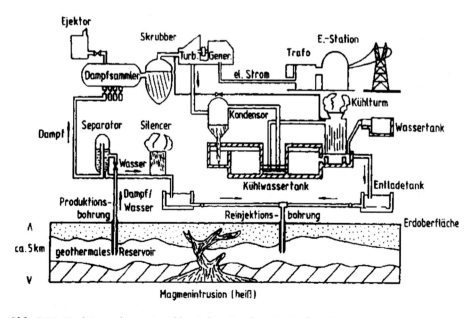

Abb. 7.16 Funktionsschema eines klassischen Geothermie-Kraftwerks

Das erste Geothermie-Kraftwerk mit einer elektrischen Leistung von $P_{el} = 250$ kW wurde unter seiner Leitung 1913 in den Larderello-Werken in Betrieb genommen. Die Leistung wurde schnell gesteigert:

1914 $P_{el} = 7,5$ MW

1916 $P_{el} = 12,0$ MW

1940 $P_{el} = 126,6$ MW (seinerzeit weltgrößtes Geothermie-Kraftwerk).

Nach der Zerstörung der Anlagen im 2. Weltkrieg durch deutsche Truppen entstanden neue Anlagen, 1978 mit einer Leistung von $P_{el} = 400$ MW.

1983 nahm das geothermische Kraftwerk *Kamojang* bei Bandung in Westjava/ Indonesien mit $P_{el} = 30$ MW den Betrieb auf. Nach dritter Ausbaustufe erreichte das Kraftwerk 1988 eine elektrische Leistung $P_{el} = 140$ MW.

Aus 30 Bohrungen, die teilweise bis 1.500 m Tiefe abgeteuft wurden, wird Heißdampf mit 240 °C gefördert. Mit diesem in Dampf wird auch Arsen und Quecksilber gefördert.

Das Geothermiefeld von Kamojang hat ein Leistungspotenzial von 200 MW und ist nahezu unerschöpflich. In Indonesien ist ein geothermisches Energiepotenzial von 40 TWh erkundet.

Kombinierte Geothermie-Dampfkraftwerke

Zur besseren Ausnutzung des geothermischen Fluids wird der klassischen Dampfturbine eine weitere Turbine, die mit einem organischen Arbeitsmittel betrieben wird, nachgeschaltet.

Ein Beispiel ist die Station *Mokai* in Neuseeland. Ab 1999 wurde zunächst eine Dampfturbine direkt mit geothermischem Dampf mit den Parametern

Eintrittsdruck   1,86 MPa

Austrittdruck   0,13 MPa

Leistung   32 MW

beschickt. Diesem klassischen Prozess wurde ein ORC nachgeschaltet, der entsprechend einem Zweikreissystem arbeitet. Die Turbine wird ORMAT Energy Converter genannt. Sie ist zweistufig und leistet 6 MW. 2003 war der Baubeginn für eine zweite Anlage mit 34 MW klassisch und 8 MW mit einem ORMAT Energy Converter. Der geförderte Dampf wird nach der Kondensation als Wasser wieder verpresst.

ORC-Geothermie-Kraftwerke

In *Oradea* in Rumänien war 1984 ein erstes ORC-Geothermie-Kraftwerk in Betrieb gegangen. Es werden Heißwasserquellen von 80 °C genutzt.

In *Reno* in Nevada (USA), das in einem vulkanischen Gebiet liegt, wurde 1987 ein solches Kraftwerk mit n-Pentan als Arbeitsmittel im Primärkreislauf gebaut. Geothermisches Fluid wird aus drei Bohrungen von 25 cm Durchmesser bei 1,5 MPa hochgepumpt und sieben

Kraftwerks-Modulen zugeführt. Im Verdampfer für das n-Pentan wird das geothermische Fluid von 166 °C auf 130 °C abgekühlt, auf 0,4 MPa entspannt und über zwei Bohrungen wieder verpresst. Das luftgekühlte Kraftwerk liefert eine Jahresenergie $E_{el} = 43,8$ GWh/a.

7.3.3 Heißes trockenes Gestein (HDR-Technologie)

Das HDR-Verfahren wurde erstmals 1970 vom Los Alamos Scientific Labroatory vorgeschlagen. Bei diesem Verfahren kann in den Untergrund gepresstes Wasser je nach geothermischem Temperaturgradienten und Bohrtiefe auf Temperaturen $\theta_{Geo} > 200$ °C erwärmt werden. Das HDR-Verfahren ist prinzipiell überall auf der Erde anwendbar.

Bei allen bisher bekannten Projekten wurden Standorte untersucht,

- die anormalen Charakter hatten,
- bei denen Bohrungen bis in Tiefen von $z_{Geo} > 3.000$ m niedergebracht wurden,

um auf Temperaturen $\theta_{Geo} > 100$ °C zu stoßen.

HDR-Kraftwerke sollten mit Wasserdampfkreisprozessen im Zweikreislaufsystem arbeiten. Die Zielstellung wurde erweitert und auch geringere Temperaturen und damit der ORC in Erwägung gezogen.

Versuchsanlage Fenton Hill
Die erste Versuchsanlage Fenton Hill wurde vom Los Alamos Scientific Laboratory 1970 geplant Sie liegt in einer jungen vulkanische Formation im Valles Caldera in den Jemez-Bergen bei Los Alamos im US-Bundesstaat New-Mexico.

Seit 1977 laufen in Fenton Hill experimentelle Untersuchungen. Die ersten 2 Bohrungen führten 3.000 m tief in Granit, zunächst 2.000 m senkrecht und dann so abgelenkt, dass sie mit 200 m Abstand übereinander lagen. Auf Anhieb gelang das Aufbrechen des Gesteins zwischen 2.600 m und 2.900 m neben und zwischen den übereinander liegenden Bohrungen mit einem Wasserdruck von $p \approx 40$ MPa. Während einer Versuchsdauer von 147 Tagen wurden 5,8 l/s Kaltwasser auf $\theta_F \approx 150$ °C erwärmt. Das entspricht einer Leistung von 5 MW. Betrieben wurde zunächst ein Klein-Kraftwerk mit einer Leistung $P = 60$ kW. Es traten ein hoher Wasserverlust $\Delta q_{V,W} = 1,3$ l/s und ein hoher Fließwiderstand auf.

1979 wurden zwei Bohrungen bis 4.400 m als abgebogene Doublette abgeteuft, doch die Aufbrechversuche 1982–1984 brachten keine Rissverbindung. Das wurde mit einer Bohrung 1985 mitten durch die Kluftzone erreicht. Seit 1986 werden $q_{V,W} = 14$ l/s bei Gesteinstemperaturen $\theta_{Geo} = 250$ °C auf $\theta_F = 180$ °C bei einem Wasserverlust $\Delta q_{V,W} = 3$ l/s erwärmt.

Pilotanlage Pechelbronn – Soultz Sous Forets im nördlichen Elsass/Frankreich
1987 wurde mit einer 2.000 m tiefen Forschungsbohrung begonnen, [3]. Erwartet wurde eine Temperatur von $\theta_{Geo} = 140$ °C anstelle von 70 °C entsprechend der normalen geothermischen Tiefenstufe.

Von 1993–1997 wurde in 3.500 m Tiefe mit zwei Bohrungen, 450 m voneinander entfernt, ein 3 km² großes Kluftsystem erzeugt. Mit einem Wassermassestrom von $q_{m,F} = 25$ kg/s wurde in einem Test über vier Monate eine Wassertemperatur $\theta_F = 142\,°C$ erzeugt.

Von 2001–2005 wurden zwei Bohrungen bis 5.000 m und 5.091 m Tiefe niedergebracht und ein neues Verfahren zur großräumigen Stimulierung natürlicher Risssysteme erprobt.

Bis 2008 werden weitere wissenschaftliche Untersuchungen angestellt und ein kleineres Kraftwerk als geplant gebaut. Dieses Kraftwerk ging 2008 im Testbetrieb mit einer Nettoleistung von 1,5 MW ans Netz. Die geologischen Wärmeressourcen ermöglichen einen Kraftwerkbetrieb über mehrere Jahrzehnte.

Zu der dort agierenden Interessengemeinschaft „Wärmebergbau" gehören Firmen aus Frankreich, Italien, Niederlande und Deutschland.

Pilotanlage Bad Urach auf der Schwäbischen Alb
Ab 1977 wurde eine Einzelbohrung auf 3.334 m niedergebracht. Das Untergrundgestein, Gneis, ist stark gefaltet und steht unter großen Spannungen. Der Aufbrechdruck ist mit 20 MPa nicht sehr hoch. Eine Wasserzirkulation kam aber nicht zustande.

Mitte November 1992 wurde ein weiterer Vorstoß in 4.445 m Tiefe mit $\theta_{Geo} \approx 170\,°C$ unternommen, und nun konnte ein Kluftsystem nachgewiesen werden. Im Frühjahr 2003 wurde eine zweite Bohrung bis in Tiefen von (4.500–4.600) m abgeteuft.

7.4   Photovoltaik

7.4.1 Solarelektrische Energieumwandlung

7.4.1.1 Definition und Voraussetzungen
Für die solarelektrische Energieumwandlung wird der photovoltaische Effekt (PV-Effekt) genutzt. Er beschreibt die direkte Umwandlung von Strahlungsenergie in elektrische Energie in einem Festkörper und wurde 1839 von Alexandre-Edmond Becquerel (1820–1891) und seinem Vater Antoine César Becquerel (1788–1878) entdeckt.

Der PV-Effekt wurde 1954 in den USA in einer Solarzelle technisch realisiert, und 1958 wurden Solarzellen erstmals im US-Satelliten Vanguard I praktisch genutzt.

Für das Auftreten des PV-Effektes in einem Festkörper müssen vier Voraussetzungen erfüllt sein:

- Gute Strahlungsabsorption im gesamten Spektralbereich. Diese Voraussetzung ist relativ unproblematisch zu erfüllen.
- Die Strahlungsabsorption muss freie negative und positive Ladungsträger generieren.
- Um die freien unterschiedlich geladenen Ladungsträger zu trennen bzw. eine Potenzialbarriere zwischen ihnen aufzubauen, muss im Festkörper ein elektrisches Feld existieren oder einbaubar sein. Dies ist nur mit großem Aufwand möglich.

- Das Ableiten des elektrischen Stroms über Ohmsche Kontakte zum Stromverbraucher soll weitgehend verlustfrei geschehen. Das ist relativ einfach zu realisieren.

7.4.1.2 Bändermodell

Die in einem   Festkörper benötigten speziellen Eigenschaften für das Zustandekommen des PV-Effekts können anhand eines Bändermodells für ein Festkörperatom erläutert werden.

Im Atom wechseln sich Bänder mit Ladungsträgern – erlaubte Bänder oder Energiebänder – mit Bändern ohne Ladungsträger – verbotene Bänder oder Energielücken – ab. Das energetische Niveau der Elektronen in Energie-Bändern nimmt mit zunehmender Entfernung vom Atomkern zu. In jedem Energie-Band können sich nur zwei Elektronen befinden, und bei geringer Temperatur – wenig absorbierte Energie – sind die Energiebänder immer mit diesen zwei Elektronen besetzt. Steigt die absorbierte Energie über ein bestimmtes Niveau, das nach dem italienischen Physiker als *Fermi*-Energieniveau E_F benannt ist, lösen sich Elektronen vom Energieband. Es entstehen freie Ladungsträger, und die Voraussetzung für den elektrischen Energiefluss ist gegeben.

Elektronen- oder elektrischer Energiefluss ist nur in mit Elektronen nicht voll besetztem oder leerem Energieband, als Leitungsband (L-Band) bezeichnet, möglich. Das Energieband mit dem nächstniedrigen Energieniveau, das noch vollständig mit Elektronen besetzt ist, heißt Valenzband (V-Band).

Der Fluss elektrischer Energie wird generiert, wenn ein Elektron vom Valenzband ins Leitungsband gelangt, also die dazwischen liegende Energielücke überspringt. Das wird durch Zufuhr von Strahlungsenergie erreicht, die der *Fermi*-Energie E_F entspricht. Eine größere Strahlungsenergie als die *Fermi*-Energie führt zu keinem anderen Ergebnis. Sie dient nur zur zusätzlichen Erwärmung des Festkörpers. Werte für die Energielücke von Halbleitern zeigt Tab. 7.2.

Zum Generieren eines Elektronenflusses geeignete Festkörper sind Halbleiter, für die das Bändermodell in Abb. 7.17 gilt.

Ein vom V- ins L-Band übergewechseltes Elektron hinterlässt im V-Band ein Defektelektron oder Loch. Im idealen, ungestörten Halbleiter befinden sich Elektron und Loch im thermischen Gleichgewicht mit dem Kristallgitter. Elektronen- und Löcherkonzentration ist gleich.

Bei Gleichgewichts-Elektronen-Loch-Paarungen kommt kein elektrischer Energiefluss zustande. Deshalb muss der Gleichgewichtszustand im Halbleiter-Kristallgitter gestört werden.

Das wird durch Einbau von Fremdatomen, der Dotierung, erreicht, wobei positiv (p) und negativ (n) geladenes Material entsteht, zwischen dem sich eine Potenzialbarriere einstellt.

Die Dotierung wird am Beispiel von Silizium, einem vierwertigen Halbleiter, erläutert:

- Der Einbau von fünfwertigem Material, z. B. Phosphor oder Arsen, führt zur n-Dotierung. Es entsteht n-leitendes Material, in dem die Elektronen und damit die negativen Ladungen überwiegen. Das Dotierungsmaterial heißt Donator.

Tab. 7.2 Halbleitermaterialien und deren Werte für die Energielücke E_G bei einer Temperatur $T = 300\,K$

Halbleitermaterial	Kurzzeichen	E_G in eV
Germanium	Ge	0,66
Galliumantimonid	GaSb	0,70
Kupferindiumdiselenid	$CuInSe_2$ (CIS)	1,04
Silizium	Si	1,12
Indiumphosphid	InP	1,31
Galiumarsenid	GaAs	1,42
Cadmiumtellurid	CdTe	1,45
Kupfergalliumdiselenid	$CuGaSe_2$	1,68
Galliumphosphid	GaP	2,27
Cadmiumsulfid	CdS	2,42
Zinksulfid	ZnS	3,68

Abb. 7.17 Bändermodell eines Halbleiters

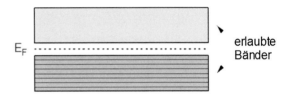

erlaubte Bänder

- Der Einbau von dreiwertigem Material, z. B. Aluminium oder Bor, führt zur p-Dotierung: Es entsteht p-leitendes Material, in dem Löcher oder Defektelektronen und damit positive Ladungen überwiegen. Das Dotierungsmaterial heißt Akzeptor.

Durch Zusammenfügen von p- mit n-leitendem Material bildet sich eine Grenzfläche mit einem p-n-Übergang. Dieser entspricht einer Sperr- oder Barrierenschicht (Potenzialbarriere).

7.4.2 Einsatzgebiete und Anlagenaufbau

7.4.2.1 Einsatzgebiete

Mit PV-Anlagen wird elektrischer Gleichstrom erzeugt. Er wird

- direkt als elektrischer Gleichstrom oder
- nach Wechselrichtung als elektrischer Wechselstrom genutzt.

Die elektrische Energie beider Stromarten wird

- am Ort der Generierung verbraucht oder
- an externe Nutzer abgegeben.

Es können

- netzferne Systeme als Inselnetze oder
- netzgekoppelte Systeme (Kopplung an ein regionales elektrisches Energieversorgungsnetz)

betrieben werden.

7.4.2.2 Anlagenaufbau
Photovoltaik-Inselsystem
Es bildet ein in sich abgeschlossenes örtlich begrenztes elektrisches Netz. Ein Beispiel für ein Inselsystem mit Verbrauchern von elektrischem Gleichstrom am Ort der Generierung zeigt Abb. 7.18.
   Es benötigt mindestens einen

- photovoltaischen Energiewandler, den PV-Generator,
- Verbraucher,
- Laderegler und
- Akkumulator.

Netzgekoppeltes Photovoltaik-System
Mit ihm wird photovoltaisch generierte elektrische Energie in das Netz eines regionalen elektrischen Energieversorgungsunternehmens (EVU) eingespeist. Das System muss einen Anschluss an das öffentliche elektrische Netz dieses Energieversorgungsunternehmens besitzen und an dieses angepasst sein.
   Das Beispiel für ein solches System mit Verbrauchern von elektrischem Wechselstrom sowohl am Ort der Generierung als auch extern zeigt Abb. 7.19.
   Mit dem System entsprechend Abb. 7.19 wird elektrische Energie über den Einspeisezähler in das Netz des elektrischen Energieversorgungsunternehmens eingespeist und mit dem Zähler gemessen. Der Bezugszähler wird dabei umgangen. Reicht die photovoltaisch generierte elektrische Energie für den Bedarf nicht aus, wird elektrische Energie vom EVU bezogen und dabei der Einspeisezähler umgangen. Dieses System lag den Anlagen, die im 1.000-Dächer-Bund-Länder-Photovoltaikprogramm ab 1990 gefördert wurden, zugrunde.
   Es handelt sich um ein sehr einfaches System, denn durch die Netzkopplung benötigt die Photovoltaik-Anlage nur einen Photovoltaik-Generator und einen Wechselrichter. Die Anlagenkomponenten werden nachfolgend behandelt.

7.4.3   Komponenten solarelektrischer Anlagen

7.4.3.1 Solarelektrische Wandler
Der solarelektrische Wandler, in dem der Photovoltaik-Effekt realisiert wird, heißt Solarzelle. Sie nutzt den PV-Effekt aus und generiert bei Einstrahlung von Sonnenlicht eine

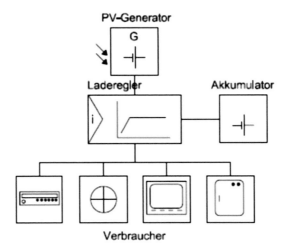

Abb. 7.18 Inselsystem mit Verbrauchern von elektrischem Gleichstrom vor Ort

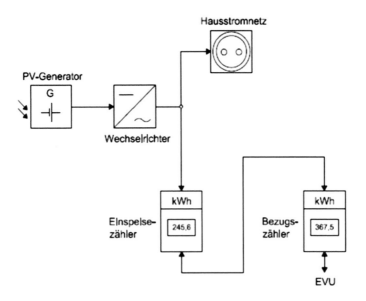

Abb. 7.19 Netzgekoppeltes System mit Verbrauchern von elektrischem Wechselstrom

Spannung. Eine Solarzelle ist eine einfache Halbleiterdiode. Von ihr zu unterscheiden ist die Photozelle, bei der sich durch Lichteinstrahlung die elektrische Leitfähigkeit des Materials verändert. Die Photozelle generiert aber keine Spannung, sondern benötigt eine Spannungsquelle, um zu funktionieren.

Den schematischen Aufbau einer kristallinen Silizium-Solarzelle zeigt Abb. 7.20.

Abb. 7.20 Schematischer
Aufbau einer Silizium-
Solarzelle entsprechend [4]

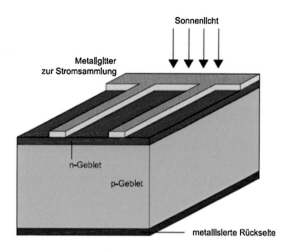

Um einen Eindruck von den elektrischen Daten einer Solarzelle zu gewinnen, werden hier solche der ersten verwendeten Solarzellen (SZ) genannt:

- Maximale Leistung $P_{max} < 1\,W$
- Leerlaufspannung $U_L = (0{,}5–1{,}2)\,V$
  Beispiel Silizium: $U_{L,Si} = 0{,}5\,V$

Rekombination

Durch Verunreinigungen im Halbleitermaterial entstehen im verbotenen Band (Energielücke) erlaubte Energieniveaus, über die die Elektronen vom Leitungsband leicht ins Valenzband zurückgelangen (rekombinieren). Diese unerwünschte Rekombination verringert sich mit zunehmender Reinheit des Halbleitermaterials. Der zunehmende Reinheitsgrad erhöht allerdings auch die Kosten der Fertigung.

Kennlinie einer Solarzelle

Strom und Spannung einer Solarzelle hängen mit unterschiedlicher Charakteristik von der Gesamtstrahlungsdichte $\varphi_{Str,ges}$ ab. Die Abhängigkeit der Leerlaufspannung U_L und des spezifischen Kurzschlussstroms i_K von der Gesamtstrahlungsdichte $\varphi_{Str,ges}$ ist in Abb. 7.21 dargestellt.

Die Kurzschlussstromstärke i_K hängt linear von der Gesamtstrahlungsdichte $\varphi_{Str,ges}$ ab, während die Leerlaufspannung U_L über einen großen Bereich der Gesamtstrahlungsdichte nahezu konstant bleibt.

Die maximale Leistung einer Solarzelle wird berechnet

$$I_{max}\, U_{max} = P_{max}. \tag{7.37}$$

Dieses Produkt lässt sich in einem Koordinatensystem darstellen, Abb. 7.22.

Im 4. Quadranten ist die Hellkurve einer beleuchteten, im 2. Quadrant die Dunkelkurve einer unbeleuchteten Solarzelle angegeben. Die aus maximaler Spannung U_{max} und maximaler Stromstärke I_{max} gebildete Fläche im 4. Quadranten ist das

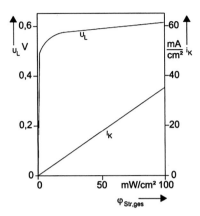

Abb. 7.21 Abhängigkeit der Leerlaufspannung U_L und des spezifischen Kurzschlussstroms i_K von der Gesamtstrahlungsdichte $\varphi_{Str,ges}$ entsprechend [4]

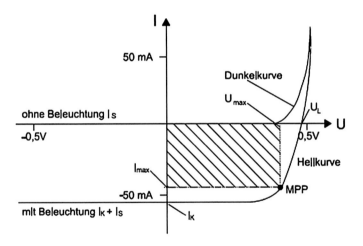

Abb. 7.22 Kennlinie einer Solarzelle entsprechend [4]

größte Rechteck innerhalb der Hellkurve und entspricht der maximalen Leistung. Der Schnittpunkt beider Größen auf der Hellkurve ist der Maximum Power Point (MPP).

Beim Betrieb der Solarzelle sollte das Produkt aus Stromstärke und Spannung immer der maximalen Fläche entsprechen. Die Regelung, die das zustande bringt, wird als MPP-Regelung bezeichnet.

Je nach der Gesamtstrahlungsdichte ergibt sich ein anderer Verlauf der Hellkurve oder Hellkennlinie $I = f(U)$, Abb. 7.23.

Der Maximum Power Point wandert mit geringerer Strahlungsdichte und damit geringerem Kurzschlussstrom nach oben und nach links zu geringfügig niedrigerer Spannung.

Abb. 7.23 Hellkurven
in Abhängigkeit von der
Gesamtstrahlungsdichte

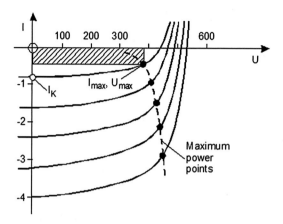

Die Differenz der mit U_{max} und I_{max} gebildeten Rechteckfläche zur Fläche innerhalb der Hellkurve der beleuchteten Solarzelle wird als Füllfaktor FF bezeichnet:

$$FF = \frac{I_{max} U_{max}}{I_K U_L}. \qquad (7.38)$$

Wirkungsgrade
Der Wirkungsgrad einer Solarzelle ist definiert:

$$\eta_{SZ} = \frac{\text{maximal abgebbare spezifische Leistung}}{\text{Gesamtstrahlungsdichte}} \qquad (7.39)$$

oder

$$\eta_{SZ} = \frac{P_{max}}{\varphi_{Str,ges}} = FF \frac{U_L I_K}{\varphi_{Str,ges}}. \qquad (7.40)$$

Normierte Wirkungsgradangaben erfolgen für

- Gesamtstrahlungsdichte $\varphi_{Str,ges} = 1.000 \text{ W/m}^2$
- Solarzellentemperatur $\theta_{SZ} = 25\,°C$
- Air Mass   AM 1,5

Diese Werte sind im praktischen Betrieb nicht realistisch, da bei hoher Gesamtstrahlungsdichte die Temperatur der Solarzelle höher als 25 °C sein wird. Die Temperaturerhöhung führt aber zu einem Wirkungsgradverlust. Der Wirkungsgrad verringert sich mit steigender Temperatur im Mittel um $\approx$0,5 %/K.

Die den Wirkungsgrad bestimmenden Faktoren

- Leerlaufspannung,
- Kurzschlussstrom und
- Füllfaktor

hängen von der Größe der Energielücke ab.

Eine kleine Energielücke bedeutet

- großen elektrischen Photo- bzw. Kurzschlussstrom, weil der überwiegende Teil der Solarstrahlung absorbiert werden kann, aber
- kleine Leerlaufspannung.

Große Energielücke bedeutet

- geringer Photostrom, weil nur ein Teil des Spektrums absorbiert werden kann, aber
- große Leerlaufspannung (proportional der Energielücke).

Daraus ergibt sich die Darstellung in Abb. 7.24.

Unterscheidung von Solarzellen
Sie erfolgt nach 5 Kriterien:

- Lage der Potenzialbarriere
- Halbleitermaterial oder Materialkombination
- Gitterstruktur des verwendeten Materials
- Schichtdicke des Materials
- konstruktionsbasierte Besonderheiten

Die *Potenzialbarriere* und ihre Lage haben mit der inneren Konstruktion einer Solarzelle zu tun, was hier nicht erörtert werden soll.

Als *Halbleitermaterialien* wurden in Abb. 7.24 schon genannt: Silizium (Si), Indiumphosphid (InP), Galliumarsenid (GaAs), Cadmiumtellurid (CaTe) und Galliumphosphid (GaP).

Abb. 7.24 Wirkungsgrad von Solarzellen als Funktion der Energielücke entsprechend [4]

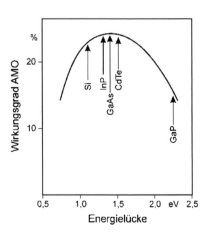

Die *Galliumarsenid-Solarzelle (GaAs-SZ)* als ein Beispiel hat mit ihrer Energielücke von $E_G = 1,42$ eV den theoretisch höchsten Wirkungsgrad. Durch extrem hohe Lichtabsorption sind Galliumarsenid-Solarzellen mit geringer Materialdicke, bevorzugt monokristalline Solarzellen, möglich. Die Anwendung dieser Zelle erfolgte bisher ausschließlich extraterrestrisch, da sie noch viel zu teuer ist.

Für den Wirkungsgrad konnten folgende Werte gemessen werden:

- im Labor: $\eta_{SZ,max} = 29$ %
- in kleintechnischer Produktion: $\eta_{SZ,max} = 21$ %.

Polykristalline GaAs-SZ stehen am Anfang der Entwicklung und haben Wirkungsgrade von $\eta_{SZ} = 10$ %. Mit einem Galliumarsenid-Aluminiumarsenid (GaAs-AlAs) -Mischsystem wurde im Labor ein Wirkungsgrad von $\eta_{SZ} = 24$ % erreicht.

Materialkombinationen können sein:

- Cadmiumsulfid/Kupferindiumdiselenid $CdS/CuInSe_2$
- Cadmiumsulfid/Cadmiumtellurid $CdS/CdTe$
- Galliumaluminid/Arsenid $GaAl/As$
- Cadmiumsulfid/Dikupfersulfid CdS/Cu_2S
- Cadmiumsulfid/Indiumphosphid CdS/InP
- Cadmiumzinksulfid/Kupferindiumdiselenid $CdZnS/CuInSe_2$

Verstärkt wird an der Entwicklung von Solarzellen mit *organischem Material* gearbeitet mit den Vorteilen:

- geringe Prozesstemperaturen bei der Herstellung,
- sehr preisgünstige Materialien und
- Produktion flexibler Solarzellen auf Plastikunterschichten.

Als *Gitterstrukturen des verwendeten Materials* sind möglich:

- monokristallines Material mit völlig gleichmäßiger Gitterstruktur großer Kristalle
- polykristallines Material mit abschnittsweise gleicher Kristallgitterstruktur
- amorphes, strukturloses Material (α-Solarzellen)

Die meisten der heute hergestellten Solarzellen bestehen aus kristallinem Silizium mit Wirkungsgraden entsprechend Tab. 7.3.

Die Laborwerte nähern sich den theoretisch möglichen Werten an. Mit Siebdruck und Rückseitenkontakt wurde im Fraunhofer ISE 2011 eine Siliziumsolarzelle mit einem Wirkungsgrad von 20,2 % entwickelt.

An amorphe Siliziumsolarzeller (α-Si-SZ) wurden ursprünglich keine hohen Erwartungen geknüpft. Durch Anlagerung von H_2 an freie Siliziumbindungen ist es trotz geringerer Ladungsträgerbeweglichkeit des amorphen gegenüber dem kristallinen

Tab. 7.3 Wirkungsgrade mono- und polykristalliner Silizium-Solarzellen

Gitterstruktur	Labor (%)	Production (%)
momokristallin	24	(14 … 18)
polykristallin	18,6	(13 … 15)

Material gelungen, hocheffiziente hydrogenisierte amorphe Siliziumsolarzellen (α-Si: H-SZ) herzustellen.

Amorphe Solarzellen neigen in den ersten 100 Betriebsstunden zur Degradation mit Wirkungsgradverlusten von 10–20 %. Die Degradation kann bei extrem dünnen und damit transparenten Solarzellen vermindert werden.

Maximale Wirkungsgrade:

- im Labor: $\eta_{SZ,max} = 13\ \%$
- in der Produktion: $\eta_{SZ,max} = 8\ \%$

Die *Schichtdicke des Materials* hat in den vergangenen Jahren kontinuierlich abgenommen. Gegenwärtig sind noch mono- und polykristalline Siliziumsolarzellen mit Schichtdicken größer als 50 μm marktbestimmend. Seit 2012 gibt es auch Dünnschicht-Solarzellen aus polykristallinem Silizium mit Schichtdicken von ≈ 20 μm. Mit einer besonderen Methode der Lichtführung („Light-trapping") können noch dünnere Halbleiterschichten (bei gleicher Absorption) eingesetzt werden.

Der berechnete Wirkungsgrad für Dünnschicht-Silizium-Solarzellen liegt bei $\eta_{SZ} \approx 15$ %. Erreicht wurde bisher für Dünnschicht-Silizium-Solarzellen auf Glassubstraten ein Wirkungsgrad von $\eta_{SZ} \approx 1$ %.

Mit Dünnschicht-Solarzellen aus Kupferindiumdiselenid (CIS-SZ) kann eine extrem hohe Absorption des sichtbaren Lichtes erreicht werden, wozu nur eine Schicht von <1 μm nötig ist. Für eine Solarzelle von 1 cm^2 wurde im Labor ein Wirkungsgrad von $\eta_{SZ} = 17$ % gemessen.

Die Würth Solar GmbH & Co. KG hat 2007 mit der Serienproduktion von Kupferindiumdiselenid-Solarzellen begonnen.

Die Dünnschicht-Solarzelle aus Cadmiumtellurid (CdTe-SZ) hat eine ideale Energielücke von $E_G = 1{,}45$ eV. Von der amerikanischer Firma First Solar werden seit 2003 Cadmiumtellurid-Solarzellen produziert. Die Serienproduktion läuft seit 2004. Ein für Dünnschichtsolarzellen hoher Wirkungsgrad von $\eta_{SZ} = 9$ % wurde für das Serienprodukt erreicht.

Mit flexiblen CdTe-SZ auf farbloser Polyamidfolie wurde 2011 ein Wirkungsgrad von 13,8 % erzielt, fast so viel wie für eine starre Solarzelle auf Glas (15,6 %).

Die Kupferindiumdisulfid-Solarzelle auf Kupferband (CISCuT) ist eine neue Entwicklung einer Dünnschicht-Solarzelle. 2007 lag der Wirkungsgrad bei 10 %.

Mit einer flexiblen Kupferindiumgalliumdiselenid-Solarzelle (CIGS-SZ) wurde 2011 ein Wirkungsgrad $\eta_{SZ} = 18{,}7$ % erzielt.

Konstruktionsbasierte Besonderheiten sind vielfältig. Bei *Konzentrator-Solarzellen* werden auf der bestrahlten Seite anstelle einer Glasplatte Prismen angeordnet, die das Sonnenlicht konzentrieren. Mit solchen Solarzellen aus kristallinem Silizium sind bei 150-facher Konzentration Wirkungsgrade ermittelt worden

- im Labor $\eta_{SZ} \approx 29\,\%$ und in
- kleintechnischer Produktion $\eta_{SZ} \approx 25\,\%$.

Mit dünnen α-Siliziumsolarzellen können *Stapel-Solarzellen* gebaut werden. Das sind zwei oder mehr in Reihe geschaltete α-Siliziumsolarzellen mit unterschiedlichen, aufeinander abgestimmten optimierten Energielücken. Es wurden folgende Wirkungsgrade gemessen:

- im Labor $\eta_{SZ} = 13\text{–}14{,}6\,\%$
- in der Produktion $\eta_{SZ} = 8{,}8\text{–}10{,}4\,\%$

Lichtquanten mit geringer Energie werden mit *Tandem-Solarzellen* genutzt. Sie bestehen aus zwei übereinander liegenden Solarzellen aus unterschiedlichem Halbleitermaterial, die damit auch unterschiedliche Energielücken haben. Als obere Solarzelle fungiert z. B. eine α-Si: H-SZ mit einer Energielücke von $E_G = 1{,}75$ eV und als untere Solarzelle eine $CuInSe_2$-SZ mit $E_G = 1{,}04$ eV. Die Strahlungsenergie, die kleiner als die *Fermi*-Energie des oberen Materials ist, kann in der unteren SZ wirksam werden.

Der Wirkungsgrad erhöht sich damit auf $\eta_{SZ} = 15\,\%$, da unterschiedlich energiereiche Strahlung genutzt wird, was sonst nicht möglich ist. Der bisher höchste Wirkungsgrad von $\eta_{SZ} = 33{,}7\,\%$ wurde an Galliumarsenid/Galliumantimonid-Tandem-Solarzellen gemessen.

Über maximal mögliche Wirkungsgrade sind unterschiedliche Angaben zu finden. Sie liegen unter 50 %.

Solarmodul

Bei der realen Arbeitsspannung einer Solarzelle unter 1 V müssen für technische Anwendungen viele Solarzellen in Reihe geschaltet werden. Um z. B. eine 12-V-Batterie mit polykristallinen Siliziumsolarzellen, die eine Arbeitsspannung $U \approx 0{,}4$ V haben, aufzuladen, müssen 32–36 bisher übliche kristalline Siliziumsolarzellen in Reihe geschaltet werden.

Zusammengeschaltete kontaktintegrierte Solarzellen werden auch Connector-Integrated Solar-Cells (CIC) genannt. Werden sie zwischen zwei Glasplatten eingebettet und mit Rahmen versehen, entsteht das Solarmodul in Größen von $1 \times 0{,}5$ m^2 bis 2×1 m^2. Einige Hersteller bieten maßgefertigte Solarmodule für Anpassung an vorgegebene Dach- und Fassadenflächen an.

Die Spitzenleistung eines Solarmoduls reicht von 60 W bis 260 W. Für größere Spannungen und Stromstärken werden mehrere Solarmodule vor Ort zum Solargenerator, Solarpanel oder zur Solarbatterie zusammengefasst. In Deutschland üblich ist der Begriff Solargenerator. Aufgeständerte Solarmodule als eine Einheit auf einer Fläche in Freiaufstellung werden Tracker genannt.

Abb. 7.25 Monokristalline
Silizium-Solarmodule. *Quelle*
Solarwatt Dresden

Abb. 7.26 Polykristallines
Silizium-Solarmodul. *Quelle*
ersol Erfurt

Beispiele für Solarmodule und Solargeneratoren werden in den Abb. 7.25, 7.26, 7.27, 7.28 gezeigt.

7.4.3.2 Wirkungsweise eines PV-Generators

Im PV-Generator ändern sich in Abhängigkeit von Verbrauchercharakteristik und solarer Gesamtstrahlungsdichte $\phi_{Str,ges}$ sowohl Stromstärke als auch, wenn auch nur sehr wenig, die Spannung. In Abb. 7.29 ist das daraus entstehende Kennlinienfeld eines Solargenerators dargestellt.

Abb. 7.27 Dünnschicht-CIS-Solarmodule. *Quelle* Würth-Solar

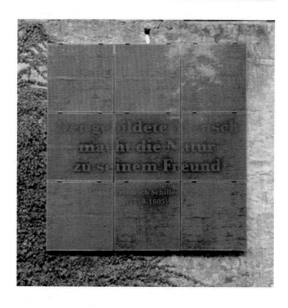

Abb. 7.28 Amorphes Silizium-Solarmodul. *Quelle* ersol Erfurt

Aus Abb. 7.29 lässt sich eine Aussage zur Notwendigkeit einer Sicherung gegen Kurzschluss bei PV-Anlagen gewinnen. Bei elektrischem Kurzschluss beim Verbraucher sinkt die Spannung am Solargenerator auf den Wert Null. Dafür ergeben sich für den Kurzschlussstrom in Abhängigkeit von der Gesamtstrahlungsdichte – in Abb. 7.29 sind zwei Gesamtstrahlungsdichten dargestellt – die Werte K_1 und K_2. Der Kurzschlussstrom bei K_1 bzw. K_2 ist aber nicht sehr viel größer als in den Leistungsbestpunkten P_1 und P_2: Eine Sicherung gegen Kurzschluss ist deshalb bei einem PV-Generator nicht nötig.

Im Gegensatz dazu hat das elektrische Wechselstromnetz eines Hauses einen konstanten Spannungswert. Die aus der Steckdose entnommene elektrische Energie stellt sich entsprechend dem Widerstand des Verbrauchers ein. Bei Kurzschluss wird der Verbraucher abgetrennt, sein Widerstand geht gegen Null und damit die Stromstärke gegen unendlich. Damit das Leitungsnetz nicht beschädigt wird, sind hier Sicherungen nötig.

7.4.3.3 Solarladeregler, Wechselrichter
Weitere Komponenten sind Solarladeregler und Wechselrichter, Abb. 7.30, 7.31, 7.32, 7.33.

Abb. 7.29 Kennlinienfeld eines Solargenerators

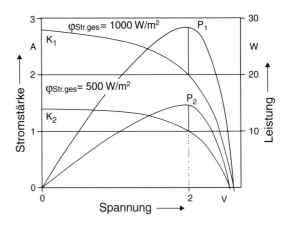

Abb. 7.30 Solarladeregler.
Quelle Steca

Abb. 7.31 Selbstgeführtes Wechselrichtersystem. *Quelle* Steca

Abb. 7.32 Netzgeführter
Wechselrichter in Master-Slave-
Kombination. *Quelle* Steca

7.4.4 Photovoltaikanlagen

7.4.4.1 Grundsätzliches

Photovoltaik-Anlagen sind Kraftwerke, die die häusliche elektrische Energieversorgung
übernehmen können.

Für das Gestalten und Bemessen von Photovoltaik-Anlagen sind mindestens die vier
folgenden Fragen zu beantworten:

- Soll eine Inselversorgung aufgebaut werden?
- Soll eine gebäudeintegrierte oder freiflächenbasierte netzgekoppelte Anlage installiert
  werden?

Abb. 7.33 Inselsystem-
Wechselrichter. *Quelle* Steca

- Handelt es sich um ein Demonstrationsobjekt?
- Dient die Anlage als Investitionsobjekt?

Für jede der Fragen kann eine der folgenden drei Bedingungen vordergründig sein:

- Dach-, Fassaden- oder Freifläche steht zur Verfügung   A
- Investitionsmittel sind vorhanden K_I
- jährlich mit PV-Anlage zu erzeugende elektrische Energie $E_{PV,a}$ bzw. jährlicher
- solarer elektrischer Energiedeckungsgrad $v_{PV,a}$ stehen fest

Die zu erzeugende elektrische Energie und der jährliche solare elektrische Energiedeckungsgrad sind über die Beziehung

$$v_{PV,a} = \frac{E_{PV,a}}{E_{B,a}} \tag{7.41}$$

verknüpft mit

$E_{B,a}$ jährlicher elektrischer Energiebedarf.

7.4.4.2 Netzferne PV-Anlagen

Die autarke photovoltaische elektrische Energieversorgung für Kleinverbraucher mit
elektrischen Wechselstromgeräten kann mit einem *akkumulatorgestützten elektrischen
Wechselstrom-PV-Inselsystem* realisiert werden, Abb. 7.34.

Diese Versorgungsart gilt für Gebäude weitab von öffentlicher elektrischer Energieversorgung, deren Versorgungssicherheit keine hohe Priorität hat. Dafür gibt es nur wenige Anwendungen.

Um die Versorgungssicherheit zu erhöhen, werden *akkumulatorgestützte elektrische Wechselstrom-PV-Inselsysteme bivalent* betrieben. Neben der PV-Anlage wird meist ein Dieselgenerator eingesetzt, die beide über einen Akkumulator gekoppelt sind, Abb. 7.35.

Der Dieselgenerator erzeugt elektrischen Wechselstrom, der entweder gleich ins Hausstromnetz eingespeist wird oder über einen Gleichrichter den Akkumulator auflädt. Anstelle des Dieselgenerators können ein Blockheizkraftwerk oder eine weitere regenerative elektrische Energieerzeugungsanlage treten.

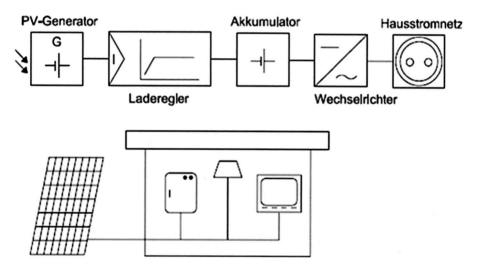

Abb. 7.34 Akkumulatorgestütztes elektrisches Wechselstrom-PV-Inselsystem

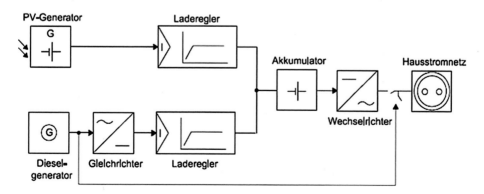

Abb. 7.35 Bivalentes akkumulatorgestütztes elektrisches Wechselstrom-PV-Inselsysteme

Abb. 7.36 „Sonnenstube" Chamanna digl Kesch in den Albula-Alpen am Piz Kesch in 2.632 m Höhe. *Quelle* Schmidt

Abb. 7.37 Grialetsch-Hütte in den Schweizer Alpen in 2546 m Höhe. *Quelle* Schmidt

Konfigurationen, z. B. in entlegenen Alpenhütten, wo entweder beim Neubau gleich ein PV-Generator vorgesehen wird, Abb. 7.36, oder zum vorhandenen Dieselgenerator ein PV-Generator nachgerüstet wird, Abb. 7.37, sind denkbar.

Bei monovalentem PV-Inselbetrieb muss der jährliche solare elektrische Energiedeckungsgrad gleich 1 sein. Bei bivalentem oder multivalentem Inselbetrieb ist der jährliche photovoltaische elektrische Energiedeckungsgrad kleiner als 1.

Inselanlagen haben wegen der Notwendigkeit einer Energiespeicherung und netzbildender Bauelemente immer höhere spezifische Investitionskosten als relativ einfache netzgekoppelte Anlagen. Da die Kosten von Inselanlagen sehr wesentlich von deren Gestaltung abhängen, werden nachfolgend ausschließlich netzgekoppelte PV-Anlagen betrachtet.

7.4.4.3 Netzgekoppelte PV-Anlagen

Bemessung

PV-Generatorfläche A_G steht zur Verfügung

Beispielhaft wird davon ausgegangen, dass für ein gegebenes Objekt die Fläche für die Aufnahme der Module, eine Dach-, Fassaden- oder Freifläche, als PV-Generatorfläche A_G zur Verfügung steht.

Damit kann die photovoltaisch erzeugbare elektrische Energie $E_{PV,a}$ berechnet werden:

$$E_{PV,a} = A_G \, e_{So,a} \cdot \eta_{N,G} \cdot \eta_{N,An} \cdot \eta_{N,WR} \tag{7.42}$$

mit

$e_{So,a}$ jährliche spezifische Solarenergieeinstrahlung auf die Generatorfläche in $kWh/(m^2\,a)$,

$\eta_{N,G}$ Nutzungsgrad des PV-Generators,

$\eta_{N,An}$ Nutzungsgrad der Anpassung an den Nutzprozess,

$\eta_{N,WR}$ Nutzungsgrad des Wechselrichters.

Bei einer Netzeinspeisung entfällt die Anpassung an den Nutzprozess. Damit wird $\eta_{N,An} = 1$ und muss nicht weiter berücksichtigt werden.

Der jährliche solare elektrische Energiedeckungsgrad ist

$$v_{PV,a} = \frac{A_G \, e_{So,a} \, \eta_{N,G} \, \eta_{N,WR}}{E_{B,a}} \tag{7.43}$$

Die zu installierende maximale Leistung P_{max}, auch als Spitzen- oder Peakleistung P_{peak} bezeichnet, ergibt sich aus

$$P_{peak} = \frac{E_{PV,a}}{b_{V,So}} \tag{7.44}$$

mit

$b_{V,So}$ jährliche Sonnenschein-Volllaststunden.

mit

$$b_{V,So} = \frac{e_{So,a}}{\varphi_{Str,ges,max}} \tag{7.45}$$

und

$\varphi_{Str,ges,max}$ maximale Gesamtstrahlungsdichte in kW/m^2

lautet die Leistungsgleichung

$$P_{peak} = E_{PV,a} \frac{\varphi_{Str,ges,max}}{e_{So,a}} = E_{B,a} \, v_{PV,a} \frac{\varphi_{Str,ges,max}}{e_{So,a}} \tag{7.46}$$

oder

$$P_{peak} = A_G \, \varphi_{Str,ges,max} \, \eta_{N,G} \, \eta_{N,WR} \qquad (7.47)$$

Überschläglich gilt: Eine Leistung von 1 kW entspricht gegenwärtig etwas weniger als einer PV-Generatorfläche von rund 10 m².

Mit der zur Verfügung stehenden Fläche und der darauf zu installierenden Spitzenleistung ergeben sich die erforderlichen Investitionskosten K_I zu

$$k_I = A_G \, k_{I,A} = P_{peak} \, k_{I,P}, \qquad (7.48)$$

mit

$k_{I,A}$ flächenbezogene Modulkosten in €/m² oder

$k_{I,P}$ leistungsbezogene Modulkosten in €/kW,

je nachdem, welche spezifischen Kosten bekannt sind.

Damit sind alle auch für weitere Bemessungen benötigten Gleichungen gegeben.

Investitionsmittel sind vorhanden

Nicht selten ist der Bau einer PV-Anlage ein Investitionsobjekt. Ausgangspunkt für die Berechnungen sind dann die vorhandenen Investitionsmittel. Die mögliche PV-Generatorfläche kann mit

$$A_G = \frac{k_I}{k_{I,A}} \qquad (7.49)$$

und die maximale PV-Generatorleistung mit

$$P_{peak} = \frac{k_I}{k_{I,P}} \qquad (7.50)$$

bestimmt werden.

Mit bekannter PV-Generatorfläche ergeben sich dann

* die jährlich mit dem PV-Generator erzeugbare elektrische Energie

$$\mathbf{E}_{PV,a} = \mathbf{A}_G \, \mathbf{e}_{So,a} \cdot \eta_{N,G} \cdot \eta_{N,WR} \qquad (7.51)$$

und

* der jährliche solare elektrische Energiedeckungsgrad

$$\nu_{PV,a} = \frac{\mathbf{A}_G \, \mathbf{e}_{So,a} \, \eta_{N,G} \, \eta_{N,WR}}{\mathbf{E}_{B,a}}. \qquad (7.52)$$

Jährlich mit PV-Anlage zu erzeugende elektrische Energie steht fest

Will ein umweltbewusster Nutzer seinen jährlichen elektrischen Energiebedarf mit seiner Gebäude-PV-Anlage decken, muss er die dazu benötigte Fläche und die Investitionskosten wissen. Das erfährt er aus Gleichung

$$A_G = \frac{E_{PV,a}}{e_{So,a} \cdot \eta_{N,G} \cdot \eta_{N,WR}} = \frac{E_{V,a} \cdot \nu_{PV,a}}{e_{So,a} \cdot \eta_{N,G} \cdot \eta_{N,WR}} \tag{7.53}$$

und aus Gleichung

$$K_I = A_G \, k_{I,A} = P_{peak} \, k_{I,P}. \tag{7.54}$$

Vorrang beim Bemessen netzgekoppelter PV-Anlagen haben die Bedingungen:

- Modulfläche steht zur Verfügung
- Investitionsmittel sind vorhanden.

Bei *Demonstrationsanlagen* stehen architektonische Gestaltung, Modultyp und erzeugte elektrische Energie pro m^2 Modulfläche oder pro kW im Vordergrund. Bei der ersten größeren PV-Anlage als Freiflächenanlage Ende der achtziger Jahre in Kobern-Gondorf oberhalb der Mosel in Rheinland-Pfalz wurde Wert auf unterschiedliche Modultypen, auf ökologische Nutzung der Fläche, auf der die PV-Generatoren aufgeständert waren, und auf Anordnung der Solarmodule in Form von Weinblättern gelegt.

Bei einem *Investmentobjekt* geht es zuerst um mögliche Flächen, dann werden die Investitionsmittel durch Beteiligungen zusammengetragen. Kommt weniger als erwartet Geld zusammen, wird zunächst eine Teilanlage errichtet. Die Modularisierung der PV-Anlagen macht das möglich. Kommt mehr als benötigt Geld zusammen, werden weitere nutzbare Flächen gesucht. Ausschließliches Ziel solcher Anlagen ist hohe Verzinsung des eingezahlten Geldes.

Wirtschaftlichkeit

Die Kosten für Bau und Betrieb von PV-Anlagen setzen sich zusammen aus

- Investitionskosten für Module, Wechselrichter, Geländeerwerb, Erschließungs- und Baukosten, Tragsystem inklusive Modulinstallation, Planung und Bauleitung, Gebühren u. ä.,
- variablen Kosten für Betrieb und Wartung, Modulreinigung, Zählermiete, Versicherungen u. a.

Es ist Ersatzbedarf für Schäden (Blitzschlag) oder Baugruppenausfall vorzusehen. Kosten und Gewichtung der einzelnen Kostenträger hängen von Größe und Aufstellungsort (Dach, Fassade, Freifläche) der PV-Anlage ab. Dachanlagen sind teurer als große Freiflächenanlagen. Die Modulkosten sind dominierend; ihr Anteil nimmt mit größer werdenden Anlagen zu. Relativ gering sind Planungskosten.

Wichtige Größe im Vergleich mit anderen Energieerzeugungsanlagen sind die *spezifischen Investitionskosten*. Sie werden trotz linearer Abhängigkeit von Modulfläche und installierter Leistung mit steigender Leistung geringer, was auf Kostendegression bei Nichtmodulkosten zurückzuführen ist.

Im Juli 2012 betrugen die leistungsbezogenen Investitionskosten für kristalline Solarmodule zwischen 0,64 €/W (China) und 0,91 €/W (Deutschland) und für die Dünnschichtmodule CdTe weltweit 0,60 €/W. Für eine PV-Anlage in Deutschland sind diese Werte mit 1,5–1,9 zu multiplizieren, also für Dünnschichtmodule beträgt die Anlageninvestition rund 0,9–1,14 €/W.

Mit diesem Wert sind PV-Anlagen bestimmten konventionellen Kraftwerken ebenbürtig. Außerdem sind sie durch großes Entwicklungspotenzial gekennzeichnet, dessen Freisetzung auch von einer guten Marktlage abhängig ist.

Die *Gestehungskosten* der elektrischen Energie ergeben sich zu

$$p_E = \frac{\text{jährliche Gesamtkosten}}{\text{jährlich erzeugte elektrische Energie}} = \frac{k_{a,P}\,P_{peak}}{E_{PV,a}} = \frac{k_{a,P}\,P_{peak}}{E_{V,a}} \qquad (7.55)$$

mit

$$k_{a,P} = k_{I,P}\,\frac{q^n\,(q-1)}{q^n - 1} + \frac{z_B}{100} \qquad (7.56)$$

$k_{a,P}$ leistungsbezogene jährliche Gesamtkosten und

$$q = 1 + \frac{p_Z}{100}$$

mit

p_Z Zinssatz.

Die Gestehungskosten der elektrischen Energie reduzieren sich mit größer werdenden Anlagen deutlich. Momentan liegen die Werte für Neuanlagen unter 0,18 €/kWh.

Die Solarzellen- und Modulfertigung führt durch Automatisierung zur Kostendegression. Die Gestehungskosten der elektrischen Energie werden dieser Kostendegressionen nicht im gleichen Maße folgen, denn bei konventionellen Komponenten, die mit mehr als 30 % an den Gesamtkosten beteiligt sind, ist entweder nur eine geringe Kostendegression oder sogar eine Kostensteigerung zu erwarten.

Umweltbeeinflussung

Photovoltaische Erzeugung elektrischer Energie erfolgt geräuschlos und ohne Freisetzung toxischer Stoffe oder Partikel vor Ort. Umweltbeeinflussung kann eintreten

- bei der Herstellung der Solargeneratoren
  - durch Materialaufwand und
  - Emissionen,
- durch Flächeninanspruchnahme.

Dachmontierte PV-Anlagen haben keine zusätzliche Flächeninanspruchnahme. Ihr Absorptions- und Reflexionsverhalten entspricht dem der Dächer, auf denen sie montiert sind.

PV-Kraftwerke in Freiaufstellung benötigen Landflächen. Aber nur ein kleiner Teil der Landfläche wird versiegelt. Eine landwirtschaftliche Nutzung ist weiterhin möglich. Es können sich im Schatten und im Umfeld der Solarmodule auch Biotope bilden.

Das Absorptions- und Reflexionsverhalten der Module ist allerdings anders als das Absorptions- und Reflexionsverhalten des durch die Module verdeckten Bodens. Auswirkungen auf das Mikroklima sind denkbar.

Ein Störfall bei der photovoltaischen Umwandlung von Strahlungsenergie in elektrische Energie hat keinerlei globale Folgen; er führt lediglich zu örtlich begrenzten Ausfällen der elektrischen Energie.

Ein Risiko stellen von Dächern herabfallende Module dar. Bei vorschriftsmäßiger Installation, Isolierung und Verschaltung der PV-Module bestehen keine tödlichen Gefahren infolge der PV-Erzeugung elektrischer Energie.

Umweltgefahr bei betrieblicher Störung kann eintreten, wenn schädliche Stoffe in die Umwelt gelangen. Dazu müssen sie gasförmig sein.

Gasschadstoffe entstehen durch Brände, die fast nur bei dachmontierten PV-Anlagen möglich sind. Bei Freiflächenaufstellung ist kaum brennbares Material vorhanden.

Umweltgefährdungspotenzial besitzen nur Solarmodule, in denen Cadmium und Selen enthalten sind. Gefährlich werdende Konzentrationen könnten bei Anlagen mit Leistungen über 100 kW auftreten.

Das *Katastrophenpotenzial* bei Herstellung und Entsorgung von Komponenten der PV-Anlagen entspricht dem im Maschinenbau, in der chemischen und der Halbleiterindustrie.

Negativer Umweltbeeinflussung kann Positives entgegengehalten werden:

- Akzeptanz in der Bevölkerung ist groß
- Nutzung heimischer restriktionslos verfügbarer Energie
- Wertschöpfung im eigenen Land
- verminderte Abhängigkeit von Energieimporten
- hohes Exportpotenzial der PV-Technologie
- Beschäftigungsaspekt.

Beispiele für Gebäude mit Photovoltaikanlagen, auch mit Zusatzfunktion, sind in den Abb. 7.38, 7.39, 7.40, 7.41 dargestellt.

Planungshinweise

- Bei eingestrahlter Solarenergie von 1.000 kWh/(m^2 a) werden gegenwärtig (85–110) kWh/(m^2 a) elektrische Energie erzeugt, deren Preis für netzgekoppelte Photovoltaik-Neuanlagen bei unter 0,18 €/kWh liegt.
- Höchster Jahresertrag ist zu erreichen, wenn die PV-Generatorfläche mit einem Neigungswinkel von 30 ° nach Süden ausgerichtet ist.

Abb. 7.38 CIS-Solarmodule
in Aufdachbauweise. *Quelle*
Würth-Solar

Abb. 7.39 Transparente
Überdachung mit CIS-Modulen.
Quelle Würth Solar

Abb. 7.40 Dachintegration mit
rahmenlosen monokristallinen
Siliziummodulen. *Quelle*
Scheffler und Partner GmbH
Dresden

Abb. 7.41 Photovoltaik-
Beschattungsanlage. *Quelle*
Würth Solar

- Photovoltaisch taugliche Flächen stellen neben Dächern die Fassaden von Bürobauten dar. Die Kostenstruktur der meistens als „Edelfassaden" ausgeführten Gebäudehüllen kommt dem Einsatz von Photovoltaikfassaden gut entgegen.
- Eine Baugenehmigung ist für PV-Anlagen in der Regel nicht erforderlich. Zur Sicherheit sollte in den Landesbauordnungen unter den Begriffen „Photovoltaik-Anlage" oder „Solaranlage" nachgeschaut werden.
- Bei einer auf die Fläche bezogenem Masse von rund 25 kg/m² überschreitet das Gewicht der Solarmodule 15 % der Gesamtlast nicht.
- Restriktiv ausgelegter Denkmalschutz kann den Bau von PV-Anlagen behindern. Über Denkmalschutz-Vorschriften und deren Handhabung geben Stadtbauämter Auskunft.
- Eine Abstimmung mit dem zuständigen elektrischen Netzbetreiber, in dessen Netz eingespeist werden soll, ist unabdingbar. Zum einen, um Auflagen, die eingehalten werden müssen, und den infrage kommenden Elektroinstallateur zu kennen, zum anderen, weil vom Netzbetreiber die Vergütung der elektrischen Energie gezahlt wird.
- Das Entwicklungspotenzial für Solarzellen ist sehr groß, sodass die Bedeutung der photovoltaischen elektrischen Energieerzeugung weiter zunehmen wird.

7.5 Zusammenfassung

Elektrische Energie wird in Mitteleuropa mit elektrischen Netzen, die Ländergrenzen überspannen, bis zur kleinsten Verbrauchereinheit transportiert. In sie wird von Kraftwerken elektrische Energie eingespeist, und aus ihnen wird am Ort des Verbrauchs elektrische Energie entnommen. Das funktioniert so lange reibungslos, solange die eingespeiste der entnommenen elektrischen Energie entspricht.

Da die elektrische Energie dezentral verbraucht wird, würde eine dezentrale Erzeugung den Bau riesiger elektrischer Netze überflüssig machen. Allerdings fehlte dann die Möglichkeit, die elektrische Energie von Erzeuger- zu Verbraucherschwerpunkten zu transportieren und die, wenn auch geringe, Speicherkapazität des elektrischen Netzes.

Wird an Nullemissionsgebäude allgemein gedacht, dann gilt für die, die ihre Energie auch von Energien aus regenerativen Energiequellen außerhalb des Gebäudeumfeldes beziehen, die elektrische Energieversorgung aus Windenergieanlagen, großen Biomasse-Kraftwerken und geothermischen Kraftwerken, die aus geothermischer Tiefenenergie bzw. Anomalien gespeist werden, als adäquate Versorgungsmöglichkeit.

Für die windelektrische Wandlung wird fast ausschließlich das Auftriebsprinzip von Horizontalläufern genutzt. Es dominieren Windrotoren mit drei Rotorblättern als Luvläufer. Das Verhältnis von Nabenhöhe der Türme und dem Rotordurchmesser liegt nahe bei 1 zu 1.

Für die Leistung der Windenergieanlagen sind die Windgeschwindigkeit und ihre Stetigkeit von großer Bedeutung. Die Leistungsdichte des Windes ist von der dritten Potenz der Windgeschwindigkeit abhängig und reagiert auf kleine Windgeschwindigkeitsänderungen.

Zum Ermitteln des Jahresenergieertrags von Windenergieanlagen wird von der Häufigkeitsverteilung nach Weibull ausgegangen. Es zeigt sich, dass die größten Erträge der Windenergieanlagen bei einer Windgeschwindigkeit von ca. 8 m/s erzielt werden.

Der ideale Leistungsbeiwert sagt aus, dass maximal 16/27 der Windleistung von einer Windenergieanlage genutzt werden können. Er ist damit gleichzeitig der maximale Wirkungsgrad einer Windenergieanlage.

Leistungsbeiwert und Schnelllaufzahl stehen für eine bestimmte Windenergieanlagen-Konstruktion in einem festen Verhältnis. Außerdem gehört zu einer optimalen Schnelllaufzahl eine optimale Drehzahl des Rotors. Drehzahlkonstante Windenergieanlagen haben damit nur eine einzige optimale Windgeschwindigkeit.

Mit unterschiedlichen elektrischen Schaltungen lassen sich mit Windenergieanlagen sowohl elektrische Energie in vorhandene elektrische Netze einspeisen, Inselnetze aufbauen als auch die Netze stützender Blindstrom bereitstellen.

Für die elektrische Energiegewinnung mit geothermischer Energie werden Temperaturen des geothermischen Fluids benötigt, die über 100 °C liegen. Sie sind vorhandenen entweder in Tiefen >3.000 m oder in Anomalien, die mit Vulkantätigkeit zusammenhängen. In jedem Falle erfolgt die Umwandlung in elektrische Energie mit einem Dampfkraftprozess.

Für relativ geringe Temperaturen wird als Dampfkraftprozess der Organic Rankine Cycle (ORC) mit einem organischen Arbeitsmittel eingesetzt. Der thermische Wirkungsgrad hängt unabhängig vom Arbeitsmittel von der Temperatur der zugeführten Wärme ab.

Mit der Hot Dry Rock-Technologie, mit der in Gesteinen im tiefen Untergrund ein Wärmeübertragersystem geschaffen werden soll, wurden bisher vereinzelte gute Ergebnisse erzielt. Es hat den Anschein, dass sich diese Technologie nur schwer durchsetzen wird.

Mit Photovoltaikanlagen kann sowohl auf Gebäuden als auch auf gebäudefernen freien Flächen elektrischer Gleichstrom erzeugt werden.

Der photovoltaisch erzeugte elektrische Gleichstrom kann in einem Inselnetz vor Ort verbraucht oder in elektrischen Wechselstrom umgewandelt und dann auch vor Ort genutzt oder in das regionale elektrische Netz eingespeist werden.

Der dieser elektrischen Energieerzeugung zugrunde liegende photovoltaische Effekt wird mit verschiedenen Halbleitern oder organischem Material, mit unterschiedlicher Gitterstruktur der Materialien, unterschiedlichen Konstruktionsprinzipien und Materialdicken realisiert, wobei die Entwicklung noch lange nicht am Ende angelangt ist.

Keine andere regenerative Technologie hat eine so rasante Kostenreduktion erreicht wie die PV-Technologie. Innerhalb von 20 Jahren haben sich die Investitionskosten auf ein Fünfzehntel reduziert, was auch durch Förderung und Konkurrenzdruck mit hervorgerufen wurde.

Bei der Bemessung von netzgekoppelten PV-Anlagen bestehen die Varianten Inselversorgung, Installation einer gebäudeintegrierten oder freiflächenbasierten netzgekoppelten Anlage, Demonstrationsobjekt oder Investmentobjekt. Für jede dieser Varianten kann eine der folgenden drei Bedingungen vordergründig sein:

- Dach-, Fassaden- oder Freifläche steht zur Verfügung A,
- Investitionsmittel sind vorhanden K_I,
- jährlich mit PV-Anlage zu erzeugende elektrische Energie $E_{PV,a}$ bzw. jährlicher solarer elektrischer Energiedeckungsgrad $v_{PV,a}$ stehen fest.

Über die Umweltbeeinflussung durch die PV-Nutzung sind keine gravierenden Beeinträchtigungen bekannt. Problematisch können eingesetzte giftige Materialien werden, die im Brandfall gasförmig freigesetzt werden.

7.6 Fragen zur Vertiefung

- Welche Vor- und Nachteile sind mit dem allumfassenden elektrischen Energieversorgungsnetz zu nennen?
- Warum sind auch windelektrische Wandlung und die Erzeugung der elektrischen Energie mit geothermischer Tiefenenergie im Zusammenhang mit Nullemissionsgebäuden zu erläutern?
- Warum spielt das Widerstandsprinzip bei der windelektrischen Wandlung eine sehr geringe Rolle?
- Wie erhöht sich die Leistungsdichte des Windes, wenn sich die Windgeschwindigkeit um 2 m/s von 8 m/s auf 10 m/s erhöht?
- Warum liefern drehzahlvariable Windenergieanlagen einen größeren Energieertrag als drehzahlkonstante Windenergieanlagen?
- Welche Baugruppen sind nötig, um mit Windenergieanlagen ein elektrisches Inselnetz aufzubauen?

- Wie kann mit geothermischer Tiefenenergie die Erzeugung elektrischer Energie gelingen?
- Beschreiben Sie die Besonderheit eines ORC.
- Was ist über die Nachhaltigkeit geothermischer Energienutzung bekannt?
- Warum eignen sich Photovoltaik-Anlagen zur Gestaltung Energie generierender Gebäude?
- Warum ist für Photovoltaik-Anlagen keine Sicherung gegen Kurzschluss nötig?
- Welche Nutzungsstrategie wird mit der Maximum Power Point-Reglung (MPP-R) verfolgt?
- Was ist bei der Verwendung der Wirkungsgradangaben der Hersteller für ihre Module zu beachten?
- Welche Bemessungsstrategie für Photovoltaik-Anlagen wird zukünftig dominieren?

Literatur

1. Siegfried Heier: Windkraftanlagen, 4. Auflage, B. G. Teubner Verlag Stuttgart Leipzig Wiesbaden 2005.
2. Detlef Koenemann: Kostenangleichung – Countdown läuft, SW&W 10/2012, S. 26–29.
3. Uwe Milles: Geothermische Stromerzeugung in Soultz-sous-Forets. BINE Projektinfo 04/09.
4. Fredy Jäger und Armin Räuber (Hrsg.): Photovoltaik; Strom aus der Sonne; Technologie, Wirtschaftlichkeit und Marktentwicklung. 2. Auflage, Verlag C. F. Müller, Karlsruhe 1990.

Bereitstellen von elektrischer Energie und Heizwärme

8

8.1 Wirkungsweise

Das Bereitstellen von elektrischer Energie und Heizwärme mit **einem** Prozess wird landläufig als Kraft-Wärme-Kopplung (KWK) bezeichnet und bedeutet elektrische Energie-Heizwärme-Kopplung (EHK). Bei diesem Prozess wird Energie, die ausschließlich aus Exergie besteht, die elektrische Energie, von Energie mit einem geringen Exergieanteil, der Heizwärme, getrennt. Im Vordergrund steht immer das Generieren von elektrischer Energie. Die Abwärme und sowieso nach außen abzuführende Wärme mit einem immer noch vorhandenen Exergieanteil wird für Heizprozesse genutzt.

Der Prozess kann auch so gestaltet werden, dass bei Bedarf von höher temperierter Heizwärme diese mit höherer Temperatur aus dem Prozess zur Generierung von elektrischer Energie entnommen wird. In diesem Fall geht die Produktion der Heizwärme, die einen höheren als oben beschriebenen Exergieanteil hat, zulasten der elektrischen Energie.

Durch die Nutzung der Abwärme des Prozesses erhöht sich der Energienutzungsgrad des Gesamtprozesses: Bei ausschließlichem Bereitstellen von elektrischer Energie werden Nutzungsgrade von 35 bis 60 % erreicht, bei EHK sind Nutzungsgrade von 80 bis 90 % zu erwarten.

Eine energetisch sinnvolle EHK setzt allerdings grundsätzlich den Bedarf beider Koppelprodukte, elektrische Energie und Heizwärme, voraus. Da von den Nutzprozessen selten genau in dem Verhältnis, das durch die Prozessgestaltung angeboten wird, die beiden Energieformen abgenommen werden können, ist die Entkopplung über ein regionales Elektroenergie-Versorgungsnetz, in das die überschüssige elektrische Energie eingespeist werden kann, und/oder über Heizwärmespeicher für das überschüssige Heizwärmeangebot anzustreben. Die Speicherproblematik spielt also auch hier eine Rolle.

Wegen der im Vergleich zum Wärmetransport (Enthalpietransport) günstigeren Weiterleitung von elektrischer Energie über größere Entfernungen sind Anlagen mit EHK in der Nähe der Heizwärmeverbraucher zu betreiben, wobei der Heizwärmebedarf die Anlagenbemessung bestimmen sollte.

M. Schmidt, *Auf dem Weg zum Nullemissionsgebäude*,
DOI: 10.1007/978-3-8348-2193-5_8, © Springer Fachmedien Wiesbaden 2013

Die elektrische Energie-Heizwärme-Kopplung begann Ende des 19. Jh. mit der Auskopplung von Dampf aus einem Kraftwerksprozess zur Gebäudebeheizung. Heute gibt es für sehr große Einheiten Entnahmeturbinen, Anzapf-Kondensationsturbinen oder Gegendruck-Turbinen, aus denen Dampf entnommen und den Heizwärmeverbrauchern in einem großen Versorgungsgebiet über Rohrleitungen zugeführt wird.

Das Konzept, bei dem von vornherein elektrische Energie-Heizwärme-Kopplung vorgesehen ist, wird in Heizkraftwerken (HKW) realisiert. Die Entspannung des Dampfes in den Dampfturbinen wird bis zu einem Gegendruck (Gegendruck-Turbinen) durchgeführt, der eine genügend hohe Temperatur des Heizdampfes gewährleistet. Durch die bei der elektrischen Energie-Heizwärme-Kopplung höhere Enthalpie des Dampfes beim Austritt aus dem Bereitstellungsprozess für die elektrische Energie im Vergleich zu einem Prozess mit Kondensationsturbinen verringert sich die Ausbeute an elektrischer Energie. Große Heizkraftwerke spielen allerdings in diesem Buch keine Rolle.

Das gekoppelte Bereitstellen von elektrischer Energie und Heizwärme ist außerdem möglich in

- Block- bzw. Motorheizkraftwerken, (BHKW) bzw. (MHKW),
- Brennstoffzellen (FC),
- geothermischen Heizkraftwerken (GHKW).

Für die mit Block- und Motorheizkraftwerken, Brennstoffzellen und geothermischen Heizkraftwerken durchgeführte örtliche begrenzte dezentrale Heizwärmebereitstellung wird, wenn sie nicht nur auf **ein** Gebäude begrenzt ist, auch der Begriff Nahwärmeversorgung verwendet. Die gleichzeitig erzeugte elektrische Energie wird entweder vor Ort verbraucht oder ins regionale elektrische Netz eingespeist.

8.2   Blockheizkraftwerk (BHKW)

Ein Blockheizkraftwerk ist eine Energieumwandlungsanlage mit elektrischer Energie-Heizwärme-Kopplung für kleine Leistungseinheiten an dezentralen Standorten. Sie sind eine Kombination aus Verbrennungsmotor – bei sehr großen Anlagen auch Gasturbine – Generator und Wärmeübertragern, die gegebenenfalls mit Spitzenheizkesseln und Wärmespeichern in Verbindung stehen.

Die Heizwärme wird direkt an die mit ihr zu versorgenden umliegenden Objekte oder an Nahwärmesysteme abgegeben. Die elektrische Energie kann vor Ort genutzt oder ins öffentliche elektrische Nieder- oder Mittelspannungsnetz eingespeist werden. Damit erfolgen eine günstige Primärenergieausnutzung und die Minimierung der Energietransportverluste, da Heizwärme und Elektroenergie in Verbrauchernähe erzeugt werden.

Neben der allgemeinen Bezeichnung Bockheizkraftwerk wird der speziellere Begriff Motorheizkraftwerk (MHKW) verwendet. Die meisten Bockheizkraftwerke sind Motorheizkraftwerk.

Prinzipiell sind für Bockheizkraftwerke zwei unterschiedliche Betriebsweisen möglich:

- elektroenergiegeführte Betriebsweise
- wärmegeführte Betriebsweise.

Bei *elektroenergiegeführter Betriebsweise* wird das Bockheizkraftwerk entsprechend der Nachfrage nach elektrischer Energie gefahren. Eventuell entstehende Überschusswärme sollte gespeichert oder muss an die Umgebung abgeführt werden. Für den Fall, dass mehr Wärme benötigt als erzeugt wird, muss sie einem Speicher entnommen oder durch Spitzenheizkessel bereitgestellt werden.

Da Bockheizkraftwerke fast ausnahmslos im Verbund mit einem Speicher betrieben werden, können sie zur elektrischen Energiebereitstellung in Spitzenlastzeiten, die hohe Erlöse abwirft, eingesetzt werden. Durch hohe Erlöse für die elektrische Energie sind zum Erreichen der Wirtschaftlichkeit weniger als 6.000 Vollbenutzungsstunden pro Jahr nötig.

Bei *wärmegeführter Betriebsweise* wird das Bockheizkraftwerk entsprechend der Nachfrage nach Heizwärme gefahren. Entstehender Überschuss an elektrischer Energie wird ins öffentliche elektrische Netz eingespeist, größerer Bedarf an elektrischer Energie muss dem öffentlichen elektrischen Netz entnommen werden. Bei dieser Betriebsweise kann der Wärmespeicher entfallen.

In der Regel wird ein Blockheizkraftwerk nicht für die höchste Heizlast bemessen, da die benötigten Investitionen höher sein können als die der zusätzlichen Installation eines Spitzenheizkessels.

Aus der Energiebilanz von Blockheizkraftwerken geht hervor, dass die dem Blockheizkraftwerk zugeführte Endenergie zu rund 35 % in elektrische Energie und zu 55 % in Heizwärme umgewandelt wird und damit nur rund 10 % als Fortenergie die Anlage verlässt. Ein solch geringer Verlustanteil ist allerdings nur dann gegeben, wenn die Anlage optimal ausgelegt ist und jederzeit die energetischen Koppelprodukte auch genutzt werden können.

Ein Beispiel für ein Blockheizkraftwerk ist der Vitobloc 200 EM-20/39, Abb. 8.1.

Dieses Gerät hat eine elektrische Leistung von 20 kW und eine thermische Leistung von 39 kW. Solche Blockheizkraftwerke können ohne ausgedehnte Wärmeverteilnetze im einfachsten Fall parallel zu einem konventionellen Heizkessel in einem größeren Wohnhaus und unter Nutzung der vorhandenen Infrastruktur des Gasnetzes als Endenergielieferanten eingesetzt werden oder in Objekten, deren Heizlast nicht ausschließlich von der Außentemperatur, sondern vor allem von den technologischen Prozessen im Gebäude abhängt, wie Hallenbäder, Krankenhäuser, Kläranlagen.

So existieren für kommunale Einrichtungen, wie Wohngebäude, Verwaltungsgebäude und Schulen, beispielhafte Modellprojekte, die das Spektrum möglicher Anwendungen und Betriebsweisen gut abdecken. Kommunen haben allerdings mitunter Schwierigkeiten, die erforderlichen finanziellen Mittel für die notwendigen Investitionen bereitzustellen. Hier helfen Contracting-Modelle, bei denen die Risiken auf Contractor und Nutzer so verteilt werden, wie sie von ihnen auch beeinflusst werden können.

Abb. 8.1 Elektrische Energie-
Heizwärme-Kopplungs-Gerät
Vitobloc 200 EM-20/39, *Quelle*
Viessmann

Mit kleineren Geräten wird versucht, neue Marktanteile in Objekten zu erschließen, deren Leistungsbedarf gering ist. Die neueste Entwicklung (2012) ist ein Mikro-
Blockheizkraftwerk entsprechend Abb. 8.2.

Dieses Kompaktgerät hat eine elektrische Leistung von 1 kW und unter Einbeziehen
des Spitzenlastbrenners eine thermische Leistung bei einem Verhältnis von Vor- und
Rücklauftemperatur des Wasserheizsystems von

- $\theta_{VL}/\theta_{RL} = 50\,°C/30\,°C$ von 3,6–26 kW und bei
- $\theta_{VL}/\theta_{RL} = 80\,°C/60\,°C$ von 3,2–24,6 kW.

Der Gesamtnutzungsgrad beträgt $\eta_{N,ges} > 95\,\%$ bei einem elektrischen Nutzungsgrad
von $\eta_{N,el} < 20\,\%$.

Die Leistung von großen Blockheizkraftwerken wird oft aus einzelnen Modulen zusam-
mengesetzt. Damit kann durch Zu- oder Rückbau von Modulen auf unvorhergesehene
Änderungen der Heizwärmeabnahme reagiert werden. Zunehmend können Motoren der
Blockheizkraftwerke mit Rapsöl oder Biogas und damit regenerativ betrieben werden.

8.3   Brennstoffzelle

Sie ist ein galvanisches Element, mit dem mittels der umgekehrten Elektrolyse oder der
„kalten Verbrennung" von Wasserstoff und Sauerstoff elektrische Energie und thermische
Energie mit unterschiedlicher Qualität je nach gewähltem Verfahren produziert wird.

Abb. 8.2 Kompaktes
Wandgerät mit Stirlingmotor
und integriertem Gas-
Brennwert-Spitzenlastbrenner
Vitotwin 300-W, *Quelle*
Viessmann

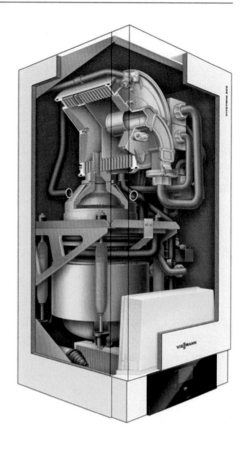

Ein wesentlicher Vorteil ist die direkte Produktion von elektrischer Energie ohne den Umweg der Umwandlung von chemischer in zunächst thermische Energie. Damit ist der Wirkungsgrad der Bereitstellung von elektrischer Energie nicht mehr durch den Carnot-Wirkungsgrad begrenzt. Da elektrische und thermische Energie entsteht, ist die Brennstoffzelle eine Anlage zur elektrischen Energie-Heizwärme-Kopplung.

Als Brennstoff wird Wasserstoff benötigt. Wasserstoff und der zu seiner Oxidation nötige Sauerstoff werden zwei Elektroden zugeführt, die durch einen festen oder flüssigen Elektrolyten voneinander getrennt sind. Durch Transport von Elektronen durch den Elektrolyten wird Wasserstoff, der an der Anode zugeführt wird, oxidiert und Sauerstoff, der an der Kathode zugeführt wird, reduziert. Werden beide Elektroden über einen elektrischen Leiter miteinander verbunden, fließt elektrische Energie. Das Reaktionsprodukt Wasser verdünnt den Elektrolyten. Er muss im Rekonzentrator wieder regeneriert werden.

Es gibt fünf wesentliche Brennstoffzellentypen (Tab. 8.1), die entsprechend des eingesetzten Elektrolyten und der Arbeitstemperatur unterschieden werden.

AFC (Alkalic Fuell Cell) ist eine alkalische Brennstoffzelle, die mit reinem Wasserstoff und Sauerstoff betrieben werden muss und den typischen Lieferanten von elektrischer Energie für die Raumfahrt und ähnliche ausgesuchte Zwecke darstellt.

Tab. 8.1 Vergleich der Brennstoffzellentypen

Brennstoffzelle	Elektrolyt	Brennstoff/ Oxidationsmittel	Arbeitstemperatur in °C
AFC[a]	wässrige Kalilauge	H_2/O_2	60–120
PEM-FC	protonenleitende Elektrolytmembran	H_2/O_2 oder Luft	20–120
PAFC	Phosphorsäure	Erd- oder Kohlegas/Luft	160–220
MCFC	geschmolzene Karbonate	Erd- oder Kohlegas/Luft	600–650
SOFC	Festes Zirkondioxid	Erd- oder Kohlegas/Luft	850–1000

[a] FC steht für Fuell Cell (Brennstoffzelle)

Die *PEM FC (Proton Exchange Membrane Fuel Cell)* ist eine Polymer-Elektrolytmembran-Brennstoffzelle mit der 0,1 mm dicken Protonen leitenden Folie als festem Elektrolyten. Diese Folie ist mit Platinkatalysator und Elektrode aus gasdurchlässigem Graphitpapier beschichtet. Ihr wird über mit Gaskanälen versehenen Bipolarplatten auf der einen Seite Wasserstoff und auf der anderen Seite Sauerstoff bzw. Luft zugeführt. Die Bipolarplatten dienen auch der Stromableitung. Die Membran-Elektrodeneinheit und die Bipolarplatten bilden eine Einzelzelle. Sie werden aneinandergereiht und mit Endplatten versehen zum Brennstoffzellenstack zusammengebaut.

Durch katalytische Wirkung zerfällt der Wasserstoff in Elektronen und Protonen. In der Zelle baut sich dadurch ein elektrisches Potenzial auf, das für den Betrieb eines elektrischen Verbrauchers benötigt wird. Die Protonen wandern durch die Membran und verbinden sich auf der Luftseite der Zelle mit Sauerstoff zu Wasser. Dieses wird mit der Luft dampfförmig aus der Zelle ausgetragen. Wegen der niedrigen Temperaturen bis maximal 120 °C entstehen keine Stickoxide und auch sonst keine anderen Schadstoffe.

Die *PAFC (Phosphoric Acid Fuel Cell)* ist eine phosphorsaure Brennstoffzelle und kommt mit Erdgas oder Kohlegas als Wasserstofflieferant und Luft als Sauerstoffspender aus. Sie erfüllt damit wichtige Voraussetzungen für den gegenwärtigen Kraftwerkseinsatz. Sie ist, wie auch die AFC, bereits kommerziell verfügbar. Ihr Wirkungsgrad für Elektroenergieerzeugung liegt derzeit im Bereich von 36–46 %.

Die *MCFC (Molten Cabonat Fuell Cell)* ist eine Schmelzkarbonat-Brennstoffzelle, die sich noch im Entwicklungsstadium befindet.

Die *SOFC (Solid Oxide Fuell Cell)* ist eine oxidkeramische Brennstoffzelle, die, wie auch die MCFC, wegen ihrer hohen Betriebstemperatur auch als Hochtemperatur-Brennstoffzelle bezeichnet wird. Sie wird mit Erd- oder Kohlegas als Vorprodukt für den Wasserstoff (interne Reformierung) und mit Luft als Lieferant für den Sauerstoff betrieben, Abb. 8.3.

Die SOFC hat als Kraftwerk einen Wirkungsgrad von 55–65 %. Wird mit der hochtemperierten Abwärme zusätzlich noch ein nachgeschalteter Gas- und Dampfturbinenprozess betrieben, kann der Kraftwerks-Wirkungsgrad bei Erdgasbetrieb auf annähernd 80 % gesteigert werden. Auch hier wird die Abwärme als Heizwärme eingesetzt, womit die elektrische Energie-Heizwärme-Kopplung realisiert wird.

Abb. 8.3 Funktionsweise einer SOFC-Brennstoffzelle, *Quelle* Hexis AG, Schweiz

Funktionsweise einer Brennstoffzelle

Brennstoff (H$_2$, CO)

Metallisches Verbindungsstück

Nachverbrennung

Luft

Anode

Elektrolyt

Metallisches Verbindungsstück

Kathode

Der Einsatz von Brennstoffzellen in der Hausenergieversorgung ist in den vergangenen zehn Jahren entgegen von Ankündigungen nur schleppend vorangekommen. Das liegt zum einen an der komplizierten Technik, zum anderen an der Brennstoffbereitstellung. Letztendlich werden im Brennstoffzellenstack immer Wasserstoff und Sauerstoff benötigt, und beide Stoffe müssen hergestellt werden. Da taucht sicher die Frage auf, warum Wasserstoff in einem Reformierungsprozess aus Erdgas (Methan) gewonnen werden soll, wenn dieses Erdgas auch in einem Blockheizkraftwerk mit einem Gasmotor in elektrische Energie und Heizwärme umgewandelt werden kann.

Den Stand der Entwicklung von Brennstoffzellen-Heizgeräten 2012 zeigt Tab. 8.2.

Als Begründung für den Brennstoffzelleneinsatz wird in [1] ausgesagt: Die in Tab. 8.2 einem Feldtest unterzogenen Brennstoffzellen-Heizgeräte übernehmen in Wohngebäuden die komplette Heizwärmeversorgung und stellen elektrische Energie bereit. Die Geräte können in Neubauten und auch zur Modernisierung vorhandener Warmwasser-Zentralheizungen eingesetzt werden.

Verglichen mit der getrennten Bereitstellung von elektrischer Energie in Kraftwerken und Heizwärme in Brennwert-Heizkesseln ermöglichen Brennstoffzellen-Heizgeräte CO$_2$-Einsparungen von 25–35 %. Sie erreichen einen Gesamtnutzungsgrad über 96 % und einen elektrischen Nutzungsgrad größer als 33 %.

Für ein durchschnittliches Einfamilienhaus rechnet ein Hersteller bei den Kosten für elektrische Energie und Heizwärme mit einer Einsparung von mehreren Hundert Euro

Tab. 8.2 Stand der Entwicklung von Brennstoffzellen-Heizgeräten 2012 entsprechend [1]

Hersteller	Baxi Innotech	Ceramic Fuel Cells	Hexis	Vaillant
Brennstoffzellen-Typ	PEMFC (70 °C)	SOFC	SOFC	SOFC
Leistung el/th in kW	1,0/1,8	1,5/0,6	1,0/2,0	1,0/2,0
Elektrischer Wirkungsgrad in %	32	bis zu 60	30–35	30–34
Gesamtnutzungsgrad in %	97	bis zu 85	95	90–109
Brennstoff	Erd-, Biogas	Erd-, Biogas	Erd-, Biogas	Erd-, Biogas
Größe LxBxH in cm^3	60x60x160	66x60x101	55x55x160	60x62x98
Masse in kg	200	~200	170	~150
Modulation	100–30 %	0–1,5 kW	100–50 %	100–50 %
Zahl der Geräte im Feldtest	140	400	ca. 110	15

pro Jahr. Allerdings sind die Brennstoffzellen-Heizgeräte gegenüber der vergleichbaren konventionellen Technik noch immer deutlich teurer.

Zwei Beispiele zeigen die Abb. 8.4 und 8.5.

8.4 Geothermisches Heizkraftwerk

Bei der geothermischen Nutzung über Aquifere, die bis vor kurzem nur auf die Wärmebereitstellung fokussiert war, wird bei einer Temperatur des geothermischen Fluids über 100 °C auch die elektrische Energie-Heizwärme-Kopplung angewandt, wobei die elektrische Energieerzeugung mit einem Organic Rankine Cycle (ORC) erfolgt. Mit einigen Beispielen wird diese Technologie beschrieben.

Beispiel Altheim Oberösterreich

Im September 2002 wurde die erste geothermische Bereitstellung elektrischer Energie nördlich der Alpen realisiert. Aus einer Tiefe von mehr als 2.000 m wird geothermisches Fluid von 104 °C gefördert, und mit einem Organic Rankine Cycle werden bis zu 1,027 MW Leistung erreicht.

Die Nettoleistung am Generator beträgt 500–600 kW. Damit können 3,8 GWh/a elektrische Energie bereitgestellt werden, die ins öffentliche Netz eingespeist wird. Die „Abwärme" beheizt über ein Fernwärmenetz die Gebäude der 5000-Seelen-Gemeinde, Abb. 8.6.

Die Investitionskosten der Anlage betrugen 4,5 Mio. Euro.

Beispiel Neustadt-Glewe

1995 wurde in Neustadt-Glewe in Nordostdeutschland die geothermische Heizwärmeversorgung in Betrieb genommen. Da das aus 2250 m Tiefe kommende geothermische

Abb. 8.4 Brennstoffzellen-
Heizgerät, *Quelle* Vaillant
Deutschland GmbH & Co. KG

Abb. 8.5 Brennstoffzelle
Galileo, *Quelle* Hexis AG,
Schweiz

Fluid eine Temperatur von $\theta_F = 95{-}98\,°C$ hat, wurde die Anlage mit einem Organic Rankine Cycle nachgerüstet und im November 2003 die erste geothermisch erzeugte elektrische Energie in Deutschland ins elektrische Netz eingespeist, [2].

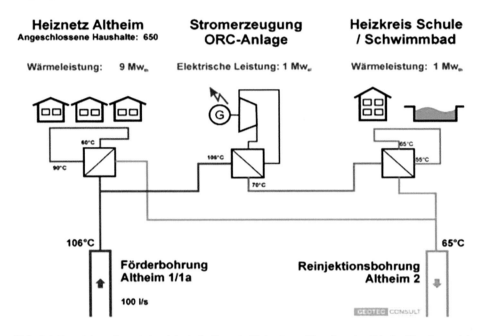

Abb. 8.6 Beispiel geothermische elektrische Energie-Heizwärme-Kopplung in Altheim Oberösterreich

Das geothermische Heizkraftwerk Neustadt-Glewe ist wärmegeführt; die Heizwärme-versorgung steht im Vordergrund. Die Bereitstellung elektrischer Energie findet nur in Zeiten geringer Heizwärmenachfrage statt.

Bei einer elektrischen Leistung von 210 kW werden im Jahr 1,2 GWh/a elektrische Energie bereitgestellt, die ausreicht, um 7400 Einwohner in 500 Haushalten zu versorgen. Die Wärmebereitstellung beträgt 15 GWh/a.

Beispiel Landau

Das erste ganzjährig industriell nutzbare Geothermie-Heizkraftwerk Deutschlands wurde am 22. November 2007 in Landau offiziell in Betrieb genommen. Bei dieser hydrothermalen Anlage steht die Produktion elektrischer Energie mit einem ORC im Vordergrund, [3]. Sie hat eine Leistung von etwa 2,6 MW elektrisch und über 5 MW thermisch. Damit können mindestens 6.000 Haushalte mit elektrischer Energie versorgt werden. Später sollen über ein Nahwärmenetz 1.000 Haushalte beheizt werden.

Weitere Kennwerte:

- Temperatur des geothermischen Fluids   160 °C
- Fördervolumen   50–80 l/s
- bereitgestellte elektrische Energie   22 GWh/a
- Benutzungsstunden elektrische Energie 7.600 h/a
- bereitgestellte Wärme   9,2 GWh/a

- jährliche CO_2-Einsparung   6.000 t/a
- Gesamtaufwendungen   20 Mio. €.

8.5   Zusammenfassung

Das Bereitstellen von elektrischer Energie und Heizwärme in einem Prozess wird dadurch möglich, dass die ursprünglich für das Bereitstellen elektrischer Energie benutzten Anlagen nun auch durch Heizwärmeauskopplung aus dem Prozess und Abwärmenutzung neben der elektrischen Energie Heizwärme bereitstellen.

Solche Anlagen sind Heizkraftwerke, Blockheizkraftwerke, Brennstoffzellen und geothermische Heizkraftwerke, die größere Objekte mit elektrischer Energie und Heizwärme versorgen. Die Heizwärme kann auch in ein Nahwärmenetz eingespeist werden.

Prinzipiell sind für Blockheizkraftwerke zwei unterschiedliche Betriebsweisen möglich:

- elektroenergiegeführt
- wärmegeführt.

Eine Brennstoffzelle hat als wesentlichen Vorteil die direkte Produktion von elektrischer Energie ohne den Umweg der Umwandlung von chemischer in zunächst thermische Energie. Damit ist der Wirkungsgrad der Bereitstellung von elektrischer Energie nicht mehr durch den Carnot-Wirkungsgrad begrenzt.

Der Nachteil von Brennstoffzellen ist, dass sie letztendlich Wasserstoff und Sauerstoff als Brennstoffe benötigen. Die Reformierung von Erdgas (Methan) zu Wasserstoff, der in der Natur nicht als Gas vorkommt, wirft die Frage auf, inwieweit die Verbrennung von Erdgas in einem Blockheizkraftwerk energetisch nicht bessere Ergebnisse bringt.

Ein geothermisches Heizkraftwerk nutzt in Deutschland geothermische Tiefenenergie aus Tiefen von mehr als 3.000 m. Trotzdem ist die Temperatur des geförderten Wassers relativ gering. Zur elektrischen Energiegewinnung wird deshalb ein Organic Rankine Cycle (ORC) genutzt.

Die bisher realisierten Projekte mit elektrischer Energieerzeugung aus geothermischer Tiefenenergie haben noch den Charakter von Pilotprojekten. Sie können nur punktuell zur Energieversorgung beitragen.

8.6   Fragen zur Vertiefung

- Worin unterscheiden sich Anlagen mit elektrischer Energie-Heizwärme-Kopplung von dezentralen Kraftwerken?
- Welcher Anlagenteil ist für elektroenergiegeführte Blockheizkraftwerke unbedingt erforderlich?

- Mit welchen Nutzern werden mit Blockheizkraftwerken hohe Volllaststunden erreicht? Warum sind viele Volllaststunden günstig?
- Welche neue Qualifikation ist nötig, wenn im Heizraum für die Heiz-Wärmeversorgung eine Brennstoffzelle steht?
- Warum ist der Einsatz einer Brennstoffzelle sinnvoll, wenn nach wie vor Erdgas (Methan) auch in einem Blockheizkraftwerk oder einem Brennwert-Heizkessel verbrannt werden kann?
- Was zeichnet einen Organic Rankine Cycle (ORC) im Zusammenhang mit der Nutzung geothermischer Tiefenenergie zur elektrischen Energieerzeugung aus?

Literatur

1. Gerhard Hirn: Neue Wege in der Hausenergieversorgung. BINE-Projektinfo 05/2012.
2. Uwe Milles: Geothermische Stromerzeugung in Neustadt-Glewe. BINE-Projektinfo 09/2003.
3. Martin Frey, Uwe Milles: Geothermische Stromerzeugung in Landau. BINE-Projektinfo 14/2007.

Energiespeicher

9.1 Speichertechnologien

Die Speicherung von Energie ist ein unverzichtbarer Prozess für eine sichere Energieversorgung. Sie gewinnt durch den zunehmenden Anteil an fluktuierenden Energien aus regenerativen Energiequellen an der Energieversorgung an Bedeutung. Das Errichten eines Nullemissionsgebäudes ist ohne Energiespeicher undenkbar.

Es gibt vier naturwissenschaftliche Grundprinzipien und zwei Kombinationen dieser Prinzipien für das Speichern, [1]. Es kann erfolgen

- thermisch mit einem
  - sensiblen Wärmespeicher,
  - Latentwärmespeicher,
  - Hochtemperaturspeicher;

- mechanisch mit einem
  - Wasserspeicher,
  - Schwungrad,
  - diabaten Druckluftspeicher,
  - adiabaten Druckluftspeicher;

- chemisch mit einem
  - Wasserstoffspeicher,
  - Gasspeicher für synthetisches Erdgas;

- elektrisch mit einem
  - Kondensator,
  - supraleitenden Magnetenergiespeicher (SMES);

M. Schmidt, *Auf dem Weg zum Nullemissionsgebäude*,
DOI: 10.1007/978-3-8348-2193-5_9, © Springer Fachmedien Wiesbaden 2013

- thermochemisch mit
  - einem Sorptionsspeicher,
  - reversiblen Gas-Feststoff-Reaktionsspeicher;

- elektrochemisch mit einem
  - Akkumulator,
  - Redox-Flow-Akkumulator.

Speicher dienen dazu, elektrische, thermische und chemische Energie unabhängig von ihrer primären Erzeugung als Endenergien jederzeit für den Nutzprozess verfügbar zu halten.

Entsprechend ihrer Größe und Lage lassen sich große zentrale und kleine dezentrale Speicher unterscheiden.

Große zentrale Speicher sind Wasserspeicher, Druckluftspeicher und Gasspeicher für synthetisches Erdgas.

Kleine dezentrale Speicher sind Latentwärmespeicher, Schwungrad, Kondensator, supraleitende Magnetenergiespeicher, Sorptionsspeicher, Akkumulator und Redox-Flow-Akkumulator.

Sensible Wärmespeicher, Hochtemperaturspeicher und Wasserstoffspeicher können sowohl *große zentrale* als auch *kleine dezentrale Speicher* sein.

Wichtige technische Bemessungskriterien der Speichersysteme sind

- Energiedichte,
- Speicherkapazität,
- Zyklen- und gesamte Lebensdauer,
- ein- und ausspeisbare Leistung,
- Ruheverluste und
- Speichernutzungsgrad.

Wirtschaftliche Kriterien sind

- Investitionskosten,
- Betriebskosten einschließlich Wartungsaufwand und erwartete Lebensdauer.

Tabelle 9.1 zeigt den Vergleich von Kriterien unterschiedlicher Speichersysteme

Die weitere Bearbeitung und Unterteilung erfolgt entsprechend der gespeicherten Energien

- Wärme,
- elektrische Energie,
- chemische Energie.

Tab. 9.1 Vergleich technischer und wirtschaftlicher Kriterien unterschiedlicher Speichersysteme entsprechend [1]

Speichertyp	spezifische Kapazität in kWh/t	Speicher-nutzungsgrad in %	Speicherdauer	Investitionskosten in €/kWh	Anmerkungen
Sensibler Wärmespeicher	10–50	50–90	Tag bis Jahr	0,1	etabliert
Latent-Wärmespeicher	50–150	75–90	Stunde bis Woche	10–50	hohe Kosten
Wasserspeicher	1	80	Tag bis Monate	50	großes Flächenpotenzial
Druckluftspeicher	2 kWh/m^3	40–70	Tag	400–800	–
Wasserstoffspeicher	30.000	25–50	Tag bis Jahr	1.000 €/kW	hohe Kosten
Thermochemischer Speicher	120–250	100	Stunde bis Tag	8-40	–
Bleisäure-Akkumulator	40	85	Tag bis Monat	200	geringe Zyklenfestigkeit
Lithium-Ionen-Akkumulator	130	90	Tag bis Monat	1.000	hohe spezifische Leistung
NaS-Akkumulator	110	85	Tag	300	hohe Ruheverluste
Redox-Flow- Akkumulator	25	75	Tag bis Monat	500	problematische. Umweltverträglichkeit

9.2   Wärme

Anwendungsbereiche sind

- Heizen und Kühlen,
- industrielle Prozesswärme und Abwärmenutzung,
- konventionelle Kraftwerkstechnik,
- solarthermische Kraftwerke

Nur wenige Wärmespeicher im Bereich >100 °C sind entsprechend [2] kommerziell verfügbar. Sie sind auch noch zu teuer für eine Anwendung

Die thermischen Energiespeicher können einen großen Temperaturbereich und ein weitgefasstes Anforderungsprofil abdecken, z. B.

- einen Leistungsbereich von kW bis MW,
- Kurzzeitspeicher (Minuten/Stunden) bis Langzeitspeicher (Tage/Wochen/ Monate),
- eine Kapazität von wenigen kWh bis GWh,
- einen Temperaturbereich von 0–1000 °C,
- diverse Wärmeträgermedien, wie Wasser, Kältemittel, Öl, Salz, Luft usw.

Wärme kann sensibel, latent, mit hoher Temperatur und thermochemisch gespeichert werden.

9.2.1   Sensible Wärmespeicher

Sensible Wärme kann mit festen, flüssigen und fest/flüssigen Stoffen gespeichert werden. *Feste Speicher* sind

- Raumumgrenzungen,
- dickwandige Kanäle,
- Erdsonden-Wärmespeicher u. a.

Flüssige Speicher sind im Wesentlichen Wasserspeicher, wie

- Kurzzeitspeicher (Stunden und Tage) in Gebäuden als Trinkwarmwasser- und Pufferspeicher,
- Langzeit- oder saisonale Heißwasser-Wärmespeicher.

Die Kombination *fest/flüssig* wird in saisonalen Wärmespeichern, wie

- Kies-Wasser-Wärmespeicher und
- Aquifer-Wärmespeicher,

angewendet.

Ein Teil dieser Speicher wurde in Abschn. 4.7.4 „Speicherung solarthermischer Energie" besprochen. Alle genannten Speicher sind erprobt. Sie verursachen niedrige Kosten, haben aber auch nur geringe spezifische Speicherkapazität.

9.2.2   Latentwärmespeicher

Sie werden in den Kombinationen Salze fest-fest und Salze fest-flüssig angeboten. Für Gebäude eignen sich Leichtbauwände und das Anreichern von Gipsputz und Gipsplatten mit Mikrokapseln als Dämmmaterial, Verbundwerkstoffe und PCM-Flüssigkeiten. Alle Materialien nutzen die für einen Phasenwechsel benötigte oder freiwerdende Energie. PCM heißt Phase-Change-Material, und das sind Paraffine, Salzhydrate und Nitrate. Die Wärmeübertragung wird von der Wärmeleitfähigkeit des festen PCMs dominiert, die gering ist und damit die Wärmeübertragung limitiert. Ihr Vorteil besteht darin, dass sie geringe Temperaturdifferenzen für den Speichervorgang nutzen können.

Im Vergleich mit sensiblen Wärmespeichern können mit latenten Speichern höhere Energiedichten unter gleichen Temperaturbedingungen erreicht werden, was aber auch mit höheren Kosten verbunden ist.

Die geringen Wärmeleitfähigkeiten und geringen Wärmeübergangskoeffizienten der erstarrten Schmelze stellen Probleme dar, die durch Entwicklung von Verbundwerkstoffen gelöst werden sollen. Ein Weg ist die Mikro- und Makroverkapselung von PCM.

Das Prinzip eines neuen Latentspeichersystems besteht darin, dass festes Granulat und Salzschmelze in getrennten Behältern aufbewahrt werden. Der Transport von PCM erfolgt über einen Schraubenwärmeübertrager, in dem der Phasenwechsel stattfindet. Die Größe der Leistungsübertragung und die Speicherkapazität sind nicht gekoppelt.

9.2.3   Hochtemperaturspeicher

Speicheroptionen sind Dampf-, Fluid- und Feststoffspeicher.

Dampfspeicher gewinnen insofern an Bedeutung, da mit ihnen auf Nachfragespitzen oder höhere Laständerungsgeschwindigkeiten des Dampfturbinenteils von Gas- und Dampf-Kraftwerken (GuD-KW) reagiert werden kann.

Medien für *Fluidspeicher*, wie Thermoöl, Druckwasser und Flüssigsalz, werden bei der solarthermischen elektrischen Energie-Bereitstellung eingesetzt. Vom Deutschen Zentrum für Luft- und Raumfahrt (DLR) wird ein Hochtemperatur-Latentwärmespeicher mit berippten Rohren untersucht. Bisher wurden demonstriert

- Graphitrippen an horizontalen Rohren mit einer Temperaturbegrenzung von 250 °C,
- radiale Aluminiumrippen an vertikalen Rohren,
- extrudierte Aluminiumrippen an vertikalen Rohren.

Vier Salz-Systeme wurden eingesetzt:

- $NaNO_3$ – KNO_3 – $NaNO_2$ bis 142 °C
- $LiNO_3$ – $NaNO_3$ bis 194 °C
- $NaNO_3$ – KNO_3 bis 222 °C
- $NaNO_3$ bis 305 °C

Auch *Feststoffspeicher* mit den Speichermedien Beton, Keramik und Naturstein werden für den Einsatz in solarthermischen Kraftwerken untersucht. Beispiele sind der 2010 Von der DLR in Betrieb genommene Feststoffspeicher „Hotreg" und der Feststoffspeicher des solarthermischen Versuchskraftwerks Jülich.

Der DLR-Feststoffspeicher hat als Speichermedium Keramik und Naturstein und kann sowohl drucklos als auch druckaufgeladen betrieben werden. Der Jülicher Feststoffspeicher besteht aus einer keramischen Schüttung, die von solar aufgeheizter Luft durchströmt wird, deren Temperatur 700 °C beträgt. Die Entspeicherung dauert eine bis mehrere Stunden.

9.2.4 Thermochemischer Wärmespeicher

Es sind zwei Modifikationen bekannt:

- Sorptionsspeicher und
- Speicher mit Materialien mit reversiblen chemischen Bindungen.

Thermochemische Wärmespeicher haben eine Reihe von Vorteilen. Mit ihnen ist eine nahezu

- verlustfreie Speicherung,
- unbegrenzte Speicherdauer und
- unbegrenzte Zyklenzahl

möglich.

Speichermaterialien der *Sorptionsspeicher* sind Zeolithe und Silikagel. Ihre geringe Wärmeleitfähigkeit ist aber insbesondere bei Schüttungen ein großer Nachteil. Am häufigsten untersucht ist der Adsorptionsspeicher.

In der Müllverbrennungsanlage in Hamm wird Abwärmenutzung durch mobile Wärmespeicher entsprechend dem Adsorptionsprozess mit Zeolith realisiert. Das geschieht mit einem Sattelauflieger. Er transportiert 13 t Zeolith mit einer Speicherkapazität von maximal 3 MWh und einer Leistung von maximal 1 MW. Die Ladetemperatur beträgt 150 °C, die Entladetemperatur in einem Trocknungsbetrieb 180 °C.

Die Luft, die nach dem Trocknungsprozess dem Zeolithspeicher zugeführt wird, hat die Werte $\theta = 58$ °C, $\varphi = 64$ %. Der Teil der Luft, die aus dem Trockner abgeführt wird, muss durch Umgebungsluft mit den in Abb. 9.1 angegebenen Werten ersetzt werden. Die Luft aus dem Sorptionsspeicher hat die Werte: $\theta = 185$ °C, $\varphi < 3$ %.

Der Heizgerätehersteller Vaillant beschäftigt sich schon etliche Jahre mit einem Zeolith-Heizgerät.

Für *Speicher mit Materialien mit reversiblen chemischen Bindungen* gelten folgende Vorteile:

Abb. 9.1 Abwärmenutzung
durch mobile adsorptive
Speicherung und Entladung
für einen Trocknungsprozess,
Quelle [2]

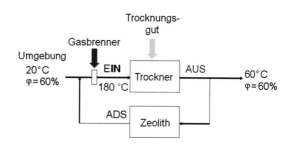

- hohe Speicherdichte
- verlustfreie Langzeitspeicherung möglich
- Möglichkeit zur Wärmetransformation
- großer Temperaturbereich von Raumtemperatur bis über 1000 °C
- Entkopplung von Speicherkapazität und Ladeleistung
- kostengünstige Speichermaterialien.

Verfahren sind

- Dehydratation von Salzhydraten,
- Zersetzung von Metallhydroxiden,
- Reduktion von Meta lloxiden.

9.3 Elektrische Energie

Da sich elektrische Energie in alle Nutzenergien umwandeln lässt, ist sie Favorit bei

- portablen Anwendungen, z. B. Mobiltelefon und Elektrowerkzeug, bei denen geringes Gewicht und Volumen gefragt sind,
- mobilen Anwendungen, z. B. elektrisch angetriebene Fahrzeuge, bei denen geringes Gewicht und Volumen eine Rolle spielt, aber auch Kapazität, Leistung und Kosten wichtig sind,
- stationären Anwendungen, bei denen geringes Gewicht und Volumen nicht so wichtig, Lebensdauer und Verfügbarkeit aber bedeutsam sind .

Die wichtigsten Speicher für elektrische Energie sind

- Wasserspeicher,
- Druckluftspeicher,
- Akkumulatoren,
- Schwungräder und
- supraleitende magnetische Energiespeicher.

9.3.1 Wasserspeicher

Die hier betrachteten Wasserspeicher sind Teil eines Systems, das als Pumpspeicherwerk (PSW) bekannt ist. Das Pumpspeicherwerk besteht aus einem oberen und einem unteren Wasserbecken. Bei Überschuss an elektrischer Energie im elektrischen Netz wird Wasser aus dem Unterbecken in das Oberbecken gepumpt und dabei elektrische Energie in potenzielle Energie umgewandelt. Bei Nachfrage nach elektrischer Energie, die die momentane elektrische Netzleistung übersteigt, wird Wasser in das Unterbecken abgelassen und mittels einer Turbinen-/Generatoreinheit wieder in elektrische Energie umgewandelt.

Pumpspeicherwerke haben weltweit die größte installierte Energiespeicher-Kapazität. In Deutschland gab es 2012 32 Pumpspeicherwerke mit einer Gesamtleistung von 6,4 GW und einer Speicherkapazität von 40 GWh/a.

Für die klassischen Pumpspeicheranlagen wird ein natürlicher Höhenunterschied im Gelände ausgenutzt, Um auch in Gebieten ohne natürliche Höhenunterschiede die Pumpspeichertechnologie anwenden zu können, werden zurzeit andere Konzepte untersucht.

Ringwallspeicher

Er besteht aus zwei künstlich geschaffenen Wasserreservoirs, die sich durch die Errichtung eines Walls oder Damms in unterschiedlichen Höhenlagen zueinander befinden. Die Vorteile bestehen darin, dass so eine Anlage auch im Flachland errichtet werden kann und hohe Flexibilität in Bezug auf die Bemessung der Speicherleistung und der Speicherkapazität besteht [3].

Nachteile des Konzepts sind der hohe Flächenverbrauch und die damit verbundene Beeinträchtigung der Natur. Daraus können sich Nutzungskonflikte und Akzeptanzprobleme ergeben. Es gibt bis jetzt nur eine Machbarkeitsstudie.

Halden-Pumpspeicher

Darunter werden Pumpspeicherwerke an Abraumhalden von Steinkohle- und Braunkohlegruben verstanden. Das Unterbecken kann sich auf normalem Geländeniveau, das Oberbecken auf der Halde befinden. Die Größe der Halde und die Belastbarkeit der Halde bestimmen die Speicherkapazität und die Fallhöhe.

In Machbarkeitsstudien wird untersucht, in wie weit sich die Halde Sundern bei Hamm für ein Kombikraftwerk aus Pumpspeicherwerk und Windenergieanlage für ein solches Projekt eignet. Ein weiterer Standort, der untersucht wird, befindet sich in Luisenthal (Saarland).

Pumpspeicher an Bundeswasserstraßen

Es können die Höhendifferenzen künstlicher Staustufen für Schleusen und Schiffshebewerke entlang der Kanäle zur Energiespeicherung genutzt werden, ohne zusätzliche Speicherbecken errichten zu müssen. Da viele Staustufen über Pumpenanlagen verfügen, ist nur eine Nachrüstung für den Turbinenbetrieb erforderlich. Es ist von hoher Akzeptanz und niedrigen Kosten auszugehen.

Es kann sich allerdings nur um kleine Anlagen handeln, denn es darf das eigentliche Ziel der Staustufen, die Schifffahrt zu erleichtern, nicht aus den Augen verloren werden. In einem Projekt am Elbe-Seiten-Kanal zwischen Uelzen und Scharnebeck wird diese Variante untersucht.

Unterflurspeicher

Im Prinzip wird hier nicht ein Berg zur Gewinnung der Höhendifferenz, sondern ein Hohlraum in der Erde, z. B. ein Schacht, betrachtet. Es können in Abhängigkeit von der Struktur des Bergwerks durchaus Fallhöhen bis 1.000 m vorhanden sein. Die Speicherkapazität ist mit der von konventionellen Pumpspeicherwerken vergleichbar.

Probleme können mit dem Abdichten der unterirdischen Speicherbecken auftreten. Wartung und Reparatur führen zu höheren Kosten als bei oberirdischen Anlagen. Zurzeit werden Rahmenbedingungen und Nutzungsmöglichkeiten von Steinkohlebergwerken für Unterflurspeicher im Ruhrgebiet untersucht.

Tagebauspeicher

Diese Variante ähnelt dem Halden-Pumpspeicher-Projekt. Im Unterschied dazu wird das Oberbecken auf Geländeniveau und das Unterbecken im Tagebaurestloch favorisiert. Da ausgekohlte Tagebaue entweder wieder mit dem Abraum verfüllt oder geflutet werden, wird ein Unterflurspeicher diskutiert, der unabhängig von der weiteren Behandlung des Tagebaurestlochs auf den Boden des ausgekohlten Tagebaus als Kaverne errichtet wird und damit immer eine entsprechende Fallhöhe garantiert.

Untersucht werden die bautechnische Realisierbarkeit von Unterflurspeichern und das Integrieren eines Unterflurspeichers in die bestehende Tagebauplanung und den Tagebaubetrieb.

9.3.2 Druckluftspeicher

Sie sollen verdichtete Luft für den Betrieb einer Gasturbine liefern. Es werden die beiden Varianten

- diabate und
- adiabate

Druckluftspeicherung unterschieden.

Bei der *diabaten Druckluftspeicherung* bleibt die bei der Verdichtung der Luft entstehende Wärme im weiteren Prozessverlauf ungenutzt. Sie muss beim Entspannungsvorgang, bei dem sich die Luft abkühlt, über eine Brennkammer zusätzlich zugeführt werden. Es sind bis jetzt zwei großtechnische Anwendungen bekannt: in Huntorf, Deutschland seit 1978 und in McIntosh, USA seit 1991.

Die Anlage in Huntorf war die erste großtechnische Druckluftspeicheranlage mit dem Druckluftspeicher in zwei Kavernen aus Salzgestein. Die elektrische Entnahmeleistung beträgt 320 MW während 2 Stunden.

Bei der *adiabaten Druckluftspeicherung* wird die bei der Kompression freiwerdende Wärme gespeichert und dem Prozess bei der Entspannung wieder zugeführt. Damit entfällt die externe Zufeuerung von Brennstoff. Eine solche Anlage ist momentan (2012) in der Entwicklung.

9.3.3 Akkumulatoren

Sie speichern elektrische Energie als chemisch gebundene Energie in relativ kleinen Einheiten. Diese elektrochemische Speicherung in Akkumulatoren ist in sehr vielen Systemen realisiert.

Der *Blei-Säure-Akkumulator* ist derzeit sowohl in der mobilen als auch stationären Technik am weitesten verbreitet. Mobil wird er als Antrieb in Gabelstaplern und als Starterbatterie verwendet. Stationär stabilisiert er elektrische Netze und die elektrische Spannung und dient der Frequenzregelung.

Der *Lithium-Ionen-Akkumulator* ist gegenwärtig die marktbeherrschende Speichertechnik für portable und mobile Anwendungen, da hohe Energiedichten erreicht werden.

Vorteile sind

- geringe Selbstentladung,
- hohe Energie- und Leistungsdichten,
- keine Nutzung umweltgefährdender Chemikalien,
- kein Memory-Effekt.

Nachteile sind

- nicht genügende Sicherheitseigenschaften,
- starke Abhängigkeit der nutzbaren Kapazität von der Betriebstemperatur,
- noch nicht genau bekannte Alterungseffekte.

Redox-Flow-Akkumulatoren speichern Energie in zwei Halbzellen. Beim Ladevorgang wird die Elektrolytflüssigkeit zu den Elektroden gepumpt, nimmt dort Elektronen auf und wird in die Halbzelle zurückgeführt. Der Ionenaustausch erfolgt zwischen den beiden Halbzellen. Beim Entladen laufen die Reaktionen in umgekehrter Reihenfolge. Die Verschaltung der Einzelzellen erfolgt über Stacks.

Leistung und gespeicherte Energie hängen nicht voneinander ab. Probleme bereiten die noch hohen Systemkosten und die Umweltverträglichkeit, denn die Elektrolytflüssigkeit basiert momentan auf Vanadium oder Zink/Brom.

9.3.4 Schwungräder

Bei Schwungrädern wird die elektrische Energie mit einer Elektromotor-/Generator-Einheit in Rotationsenergie eines Schwungrades umgewandelt. Seine zuführbare und entnehmbare Energie ist durch seine maximalen und minimalen Betriebsdrehzahlen begrenzt. Moderne Schwungradspeicher arbeiten mit hohen Umfangsgeschwindigkeiten. Vorteile sind

- hohe Lebensdauer,
- geringer Wartungsaufwand,
- Reaktionszeiten im Millisekundenbereich,
- kurzzeitiges Bereitstellen großer Leistungen.

Nachteile sind

- hohe Belastung der Kreisellagerung,
- geringe erzielbare Speicherkapazität.

9.3.5   Supraleitende magnetische Energiespeicher (SMES)

Im Magnetfeld einer supraleitenden Spule wird Energie gespeichert. Mit dieser Art der Speicherung kann elektrische Energie direkt ohne Umwandlung in eine andere Energieform gespeichert werden. SMES-Anlagen werden eingesetzt, um die Stabilität des Netzes zu sichern. Vorteile sind

- hoher Leistungsgradient bis 10 MW/s,
- hoher Beladungs- und Entladungsnutzungsgrad,
- kurzzeitiges Bereitstellen großer Leistungen.

Nachteile sind

- sehr tiefe Temperaturen werden für die Supraleitung benötigt,
- Verfahren eignet sich nicht zur Zwischenspeicherung von viel Energie.

9.4   Chemische Energie

9.4.1   Wasserstoff

Auf der Erde gibt es keine natürlichen Vorkommen an Wasserstoff, weil

- seine Dichte geringer als die von Luft und
- er sehr reaktionsfreudig ist.

Wasserstoff ist deshalb auch kein Energierohstoff, der aus Lagerstätten gefördert werden kann.

Seine Gewinnung kann nur über energieintensive Spalt- und Zerlegungsverfahren aus chemischen Verbindungen erfolgen, in denen er enthalten ist.

Ausgangsprodukte für die Wasserstoffgewinnung sind damit vor allem

- die Kohlenwasserstoffe Erdgas, Erdöl und Kohle sowie
- Wasser.

Bisher steuert die Wasserelektrolyse weniger als 1 % zur Wasserstoffgewinnung bei.

Wasserstoff ist zwar keine Energie aus regenerativen Energiequellen (EREQ), er wird aber im Zusammenhang mit EREQ erwähnt, wenn

- zu seiner Bereitstellung EREQ verwendet werden und
- er zur Speicherung regenerativ erzeugter Energie verwendet wird.

Damit kommt ausschließlich die Wasserelektrolyse zur Wasserstoffbereitstellung infrage, wobei die zur Wasserspaltung benötigte elektrische Energie aus EREQ bereitgestellt wird.

Die bereits erwähnte geringe Dichte führt dazu, dass aus Lecks austretender Wasserstoff die Erdatmosphäre verlassen und damit die Erde im Zeitalter der Wasserstoffwirtschaft an Masse verlieren wird.

Wegen seines hohen massebezogenen Brennwertes, der über dem der anderen festen, flüssigen und gasförmigen Energieträger liegt, ist Wasserstoff ein idealer Energiespeicher. Das zeigt ein Vergleich der Brennwerte:

- Heizöl EL $H_s = 12{,}5$ kWh/kg
- Wasserstoff $H_s = 39{,}4$ kWh/kg.

Wasserstoff als Energieträger aus zweiter Hand ist prinzipiell in seiner Anwendung nicht eingeschränkt, doch bereiten Transport und Lagerung Probleme.
Auch der Nutzungsgrad einer Umwandlungskette

- windelektrisch oder photovoltaisch erzeugte elektrische Energie,
- Wasserelektrolyse,
- Wasserstoffverflüssigung (optional),
- Flüssigwasserstofftransport,
- Dampfkraftprozess mit Bereitstellung elektrischer Energie

ist sehr gering.
Wasserstoff

- wird als Treibstoff in Verbrennungskraftmaschinen oder im Dampfkraftprozess eingesetzt und
- ist einer der zwei Ausgangsstoffe zum Betrieb einer Brennstoffzelle.

9.4.2 Synthetisches Erdgas

Wegen der nicht unkomplizierten Handhabung von Wasserstoff wird auch eine Speicherung von synthetischem Erdgas in Erwägung gezogen, das aus einer Reaktion von Wasserstoff und Kohlendioxid über mehrere Zwischenschritte zu Methan entstanden ist. Dieses Konzept wird Power-to-Gas-Konzept (PtG-K) genannt, Abb. 9.2.

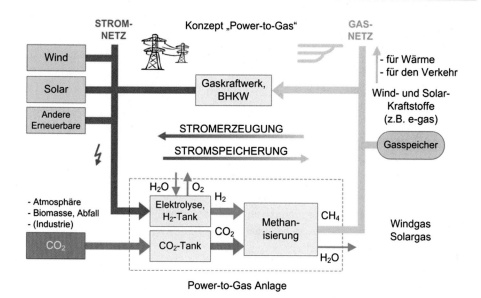

Abb. 9.2 Power-to-Gas-Anlage zur Methanisierung, *Quelle* [4]

Diesem Konzept wird große Bedeutung zugeschrieben, da es das Speichern sehr großer elektrischer Energien über einen längeren Zeitraum von Wochen bis Monaten problemlos ermöglicht. Verbunden ist das mit dem Effekt, dass durch dezentrale verbrauchernahe Standorte von PtG-Anlagen der Ausbau des elektrischen Netzes moderat erfolgen kann.

Das synthetische Erdgas kann die vorhandene Erdgasinfrastruktur als Speicher von elektrischer Energie, die als überschüssige elektrische Energie aus Windenergie- und Photovoltaikanlagen zur Verfügung steht, nutzen.

Ausgangsprodukt ist der aus einer Elektrolyse gewonnene Wasserstoff. Er kann entweder direkt dem Erdgasnetz zugemischt oder eben in einer weiteren Umwandlungsstufe mit Hinzunahme von Kohlendioxid entsprechend der Sabatier-Reaktion zu Methan umgewandelt werden.

Als CO_2-Quellen bieten sich zunächst bis zum Ende des fossilen Zeitalters Kraft- und Zementwerke mit CO_2-Abscheidung, zunehmend aber schon die fermentative Biogaserzeugung an.

Die Rückverstromung kann mit GuD-Kraftwerken erfolgen. Alternativ zur Netzeinspeisung ist auch die dezentrale Speicherung von Wasserstoff und synthetischem Methan zu bedenken, um daraus vor Ort Treibstoff für Fahrzeuge oder Energie zur Wärmebereitstellung zu gewinnen.

Der Nachteil des beschriebenen Konzepts besteht momentan im geringen Energieumwandlungsgrad. Für die Wasserstoffgewinnung mit der Wasserelektrolyse wird ein Umwandlungsgrad von 70 % und für die Umwandlung in Methan von 56 % angegeben, [3]. Bei einer Rückverstromung liegen die Umwandlungsgrade bei ca. 28 % (Methanisierung) bzw. 35 % (Wasserstoffbeimischung). Es wird allerdings ein Umwandlungsgrad von 45 % für möglich gehalten.

Am 30. Oktober 2012 wurde vom Zentrum für Sonnenenergie- und Wasserstoff-Forschung Baden-Württemberg (ZSW) eine PTG-Forschungsanlage mit einer elektrischen Anschlussleistung von 250 kW in Betrieb genommen. Mit ihr werden 300 m³/d Methan produziert.

Eine weitere Anlage wird 2013 im niedersächsischen Werlte von der Firma SolarFuel im Auftrag von AUDI errichtet. Sie wird eine Leistung von 6 MW haben.

9.5   Zusammenfassung

Das Speichern von Energie ist ein existenzieller Prozess für eine sichere Energieversorgung, und das besonders bei einem zunehmenden Anteil fluktuierender Energien aus regenerativen Energiequellen an der Energieversorgung. Nullemissionsgebäude sind ohne Energiespeicher kaum denkbar.

Zu speichern sind die Energien Wärme, elektrische Energie und chemische Energie. Die chemische Energie ist in der Gebäudeenergieversorgung ausschließlich Endenergie.

Wärme kann sensibel, latent, mit Hochtemperatur und thermochemisch gespeichert werden. Im Moment überwiegen die sensiblen Speicher, die vor allem in Zusammenhang mit der solarthermischen Speicherung weit entwickelt sind.

Elektrische Energie wird mittels Wasser, Druckluft, in Akkumulatoren, Schwungrädern und in supraleitenden magnetischen Energiespeichern (SMES) gespeichert. Den bisher größten Anteil liefern Wasserspeicher im System eines Pumpspeicherwerks. Auch der Ausbau dieser Technologie steht im Fokus.

Chemische Energiespeicherung ist vor allem mit Wasserstoff und synthetischen Erdgas möglich. Während der Wasserstoff als flüchtiges Element Schwierigkeiten bereitet, scheint der Weg über synthetisches Methan gangbar, bei dem gleichzeitig auch CO_2 eingebunden wird. Es ergibt sich der gleiche Effekt der CO_2-Neutralität wie bei der Biomasseenergienutzung.

9.6   Fragen zur Vertiefung

- Warum sind Nullemissionsgebäude ohne ausreichende Energiespeicher-Kapazität kaum machbar?
- Warum wird neben Wärme und elektrischer Energie noch von einer dritten zu speichernden Energie, der chemischen Energie, gesprochen?
- Worin besteht der Vorteil einer latenten gegenüber einer sensiblen Wärmespeicherung?
- Welche ökologischen Beeinträchtigungen sind mit einem weiteren Ausbau der Pumpspeichertechnologie zu befürchten?
- Warum wird die Speicherung von elektrischer und mechanischer Energie in Schwungrädern von Experten als die beste Speichertechnologie bezeichnet?

- Bei welcher Speichertechnologie – Pumpspeicherwerke oder Wasserstoff – wird bei der Speicherung von elektrischer Energie der bessere Umwandlungsnutzungsgrad erreicht?
- Was geschieht mit Wasserstoff, der aus Prozessen, in denen Wasserstoff verwendet wird, in die Umgebung austritt?

Literatur

1. Wilfried Hennings et al.: Energiespeicher. BWK 63(2011)5, S. 53–58.
2. Doerte Laing, Rainer Tamme, Antje Wörner, Werner Platzer, Peter Schossig, Andreas Hauer: Vortrag Thermische Energiespeicher. FVEE – Jahrestagung 2012: Zusammenarbeit von Forschung und Wirtschaft für Erneuerbare und Energieeffizienz.
3. Sylvestre Baufumé et al.: Energiespeicher. BWK 64(2011)4, S. 52–60.
4. Jürgen Schmid, Michael Specht, Michael Sterner, u. a: Vortrag Welche Rolle spielt die Speicherung erneuerbarer Energien im zukünftigen Energiesystem? Fraunhofes IWES 2011.

Energiebereitstellung für Gebäude

10

10.1 Einführung

Energieanwendungsanlagen zur Bereitstellung von thermischer Energie (Nutzenergie) in Gebäuden sind bisher fast ausschließlich Heizkessel, Hausanschlussstationen, Heiz- und Kühl-Wärmepumpen, in geringem Umfang Luftheizgeräte und Blockheizkraftwerke (BHKW), mit denen außerdem noch elektrische Energie (Endenergie) bereitgestellt werden kann. Das BHKW ist insofern begrifflich interessant, da es als Kraftwerk intern Arbeits- und Kraftmaschine koppelt, mit Endenergie betrieben wird und das eine Koppelprodukt, die elektrische Energie, immer noch Endenergie ist, die verkauft und in ein elektrisches Netz eingespeist werden kann oder einen der Nutzprozesse mit Endenergie versorgt.

Die oben angeführten Energieanwendungsanlagen werden mit den Endenergien Fernwärme, Erdgas, Heizöl, elektrische Energie und feste Brennstoffe betrieben. Ein traditioneller fester Brennstoff ist Holz, ein regenerativer Endenergieträger, der gegebenenfalls vom Nutzer aus der Umgebung selbst beschafft werden kann.

In der Regel muss nur über die Heizwärme-Bereitstellung nachgedacht werden, da fast alle Gebäude in Deutschland selbstverständlich einen Elektroenergieanschluss haben, mit dem elektrische Energie von außen in das Gebäude gebracht wird, ohne dass sich der Gebäudebetreiber über das Bereitstellen dieser Energie Gedanken machen muss.

Mit der seit einiger Zeit stattfindenden Rückbesinnung auf Energien aus regenerativen Energiequellen (EREQ) werden mit gebäudeintegrierten Solarkollektoren und Solarmodulen vom Gebäude Aufgaben der Energieerzeugung übernommen. Die von den Solarkollektoren erzeugte thermische Energie wird über Wärmeübertrager als Heiz-Wärme für das Gebäude oder das aufzuwärmende Trinkwasser genutzt. Der von den Solarmodulen erzeugte elektrische Gleichstrom steht nach entsprechender Wechselrichtung für verschiedenste Energieanwendungsprozesse zur Verfügung. Damit verliert das Gebäude sein negatives energetisches Image als ausschließlicher Energieverbraucher.

Für die Gebäudeheizung und Trinkwassererwärmung, für die nun auch Energien aus regenerativen Energiequellen eingesetzt werden, sind bisher die Begriffe monovalente,

M. Schmidt, *Auf dem Weg zum Nullemissionsgebäude*,
DOI: 10.1007/978-3-8348-2193-5_10, © Springer Fachmedien Wiesbaden 2013

bivalente und hybride Betriebsweise üblich. Monovalenter Heizungsbetrieb bedeutete, dass nur ein Nutzwärmebereitsteller, wie Heizkessel, Ofen oder Wärmeübertrager in einer Hausanschlussstation der Nah-/Fernwärme, die Heizwärme liefert. Die Bezeichnung bivalent wurde eingeführt, als Wärmepumpen zum Einsatz kamen und ein alleiniger Wärmepumpenbetrieb nicht versorgungssicher genug erschien.

Aber schon ein Ölheizkessel und eine sich daran anschließende Pumpenwasserheizung kommen nicht ohne elektrische Energie zum Antrieb der Pumpen aus. Auch Wärmepumpen, die in der Mehrzahl elektrisch angetrieben werden, sind auf elektrische Energie angewiesen. In diesem Zusammenhang wurde für Anlagen, die elektrische Energie und Heiz- oder Kühlwärme bereitstellen, der Begriff hybrid eingeführt.

Unter Berücksichtigung beider Energien zur Gebäude-Energieversorgung, der thermischen Energie als Heiz- und Kühlwärme (Nutzenergie) und der elektrischen Energie (Endenergie) werden für die Gebäude-Energiebereitstellung bez. der in sie involvierten Anlagen die Begriffe monovalent und bivalent neu definiert. Auf die Bezeichnung hybrid wird verzichtet und dafür der Begriff multivalent in Anlehnung an die Begriffe mono- und bivalent eingeführt.

10.2   Varianten der Gebäude-Energiebereitstellung

10.2.1 Nullemissionsgebäude

Unter dem Aspekt einer zukünftigen vollen regenerativen Energie-Bereitstellung lassen sich drei Typen von Nullemissions-Gebäuden charakterisieren:

- Energie generierende Gebäude
- mit Energien aus regenerativen Energiequellen (EREQ) versorgte Gebäude
- Energie autarke Gebäude.

Ein *Energie generierendes Gebäude* ist dadurch gekennzeichnet, dass es mindestens so viel Energie produziert, wie es verbraucht. Die Jahres-Energiebilanz ist ausgeglichen oder hat ein Plus an abgegebener Energie. Es gibt damit Zeiten, in denen mehr Energie benötigt als vom Gebäude bereitgestellt wird und solche, in denen mehr Energie erzeugt als verbraucht wird. Ein solches Gebäude muss an ein Energieversorgungsnetz angeschlossen sein.

Ein *mit EREQ versorgtes Gebäude* erzeugt nicht alle Energie direkt am Gebäude. Ihm wird Biomasseenergie und regenerativ erzeugte elektrische Energie, z. B. von Windenergieanlagen, Laufwasser-Energieanlagen, solarthermischen Kraftwerken, auch von außen zugeführt. Ein solches Gebäude muss nicht zwangsläufig an ein konventionelles Energieversorgungsnetz angeschlossen sein.

Ein *Energie autarkes Gebäude* erzeugt alle Energie am Gebäude. Den Ausgleich bei Inkohärenz von Erzeugung und Verbrauch von regenerativer Energie übernehmen in das

Gebäude integrierte Speicher. Das Gebäude ist an kein öffentliches Energieversorgungsnetz angeschlossen. Es besteht damit allerdings auch nicht die Möglichkeit, überschüssige Energie nach außen abzugeben.

Ziel der Entwicklung zukünftiger Gebäude und deren Energiebereitstellung sollten mit Energien aus regenerativen Energiequellen (EREQ) versorgte Gebäude sein.

Zur Einstimmung wird eine Bestandsaufnahme von Gebäuden mit teilweiser regenerativer Energieversorgung vorgenommen, um damit verschiedene Möglichkeiten für deren Energiebereitstellung zu diskutieren. Abschließend werden vorhandene Nullemissionsgebäude vorgestellt.

10.2.2 Monovalente Gebäude-Energiebereitstellung

Die neue Definition von monovalent betrifft Gebäude, die mit nur einer Gebäudeenergie, thermisch oder elektrisch, versorgt werden. Das geschieht für die thermische Energie entweder nur mit einem Ofen oder einer Schwerkraft-Warmwasserheizung, für die elektrische Energie mit einem Anschluss an das elektrische Netz oder mit einer eigenen Erzeugung der elektrischen Energie mit einer PV-Anlage.

Gebäude mit nur thermischer oder nur elektrischer Energieversorgung können nur ganz spezielle Gebäude sein, in denen entweder keine elektrische Energie benötigt und nur geheizt wird oder eine elektrische Direktheizung vorhanden ist. Solche Gebäude sind in Deutschland kaum anzutreffen und werden hier nicht betrachtet.

10.2.3 Bivalente Gebäude-Energiebereitstellung

Bivalent bedeutet hier, dass das Gebäude mit thermischer und elektrischer Energie mit je einer Anlage versorgt wird. Das kann erfolgen mit einer

- *Heizung* mit einem Heizkessel oder einem Anschluss an ein Nah- bzw. Fernwärmenetz oder einem Solarkollektor oder einer Heiz-Wärmepumpe sowie einer *elektrischen Energieversorgung* mit einem Anschluss an das elektrische Netz oder einer eigenen Photovoltaik-Anlage;
- *elektrische Energie-Heizwärme-Kopplung-Anlage*, die Wärme **und** elektrische Energie produziert, was mit einer Anlage, z. B. einem Blockheizkraftwerk möglich ist,

Die hinter dem ersten Spiegelstrich genannte Energiebereitstellung ist, die regenerativen Varianten ausgenommen, die bisher vorherrschende.

Mit derart definierten bivalenten Anlagen kann die gesamt Gebäudeenergie-Bereitstellung erfolgen. Damit steht auch Energie bereit, mit denen technologische Prozesse der Gebäudenutzer und die Beleuchtung realisiert werden kann.

10.2.4 Multivalente Gebäude-Energiebereitstellung

Multivalent bedeutet, dass für die Gebäude-Energiebereitstellung die thermische und elektrische Energie aus drei oder mehr unterschiedliche Quellen stammen kann. Damit eröffnen sich vielfältigste Bereitstellungsvarianten bis zu einer vollen Versorgung ausschließlich mit Energien aus regenerativen Energiequellen.

In den folgenden Betrachtungen sind Varianten mit multivalenter Bereitstellung ausschließlich konventioneller Energien, z. B. einer Warmwasser-Heizung plus Luftheizung plus elektrische Energie aus dem konventionellen elektrischen Netz, nicht enthalten, da sie schon lange Stand der Technik sind und mit ihnen entsprechend der gegenwärtigen Versorgungslage die Versorgungssicherheit nicht zur Diskussion steht. Außerdem sind Gebäude, die ausschließlich mit konventionellen Energien versorgt werden, in der Regel mit bivalenten Anlagen ausgerüstet.

Eine Analyse bisher realisierter Gebäude-Energiebereitstellung, die Gebäudeenergie-Planern Anregungen für ihre schöpferische Arbeit geben soll, führt auf folgende Varianten:

- Konventionelle und eine (1) EREQ-Anlage
- Konventionelle und zwei EREQ-Anlagen
- Konventionelle und drei EREQ-Anlagen
- Konventionelle und vier EREQ-Anlagen
- Volle regenerative Gebäude-Energiebereitstellung (Nullemissionsgebäude).

Die konventionelle Gebäude-Energiebereitstellung bezieht sich auf Erdgas, Heizöl, Kohle und auf die von außen zugeführte elektrische Energie ohne regenerative Anteile.

Die ursprüngliche Strategie, bei der Energiebereitstellung mit EREQ keine konventionellen Energien zusätzlich einzusetzen, scheiterte sehr bald an den Kosten der dann sehr groß ausfallenden Nutzenergie-Bereitstellungsanlagen, denn die Sicherheit der Energieversorgung ausschließlich mit EREQ ist auch heute noch entweder nur mit großen Erzeugeranlagen einschließlich großen Speichern oder mit mehreren EREQ-Anlagen, die mit Energien aus unterschiedlichen regenerativen Quellen gespeist werden, zufriedenstellend zu gewährleisten.

Ein Beispiel für mitteleuropäische Klimabedingungen soll diese Aussage untermauern. Um auch im tiefsten Winter die Heizlast für ein Gebäude kompensieren zu können, muss, wenn nur eine solarthermische Anlage zur Verfügung steht, wegen des nachts fehlenden Sonnenscheins unbedingt ein Speicher vorhanden sein. Die mittleren Strahlungsverhältnisse zwischen Winter und Sommer verhalten sich wie 1 zu 6, die zwischen einem trüben Wintertag und einem Strahlungstag im Sommer wie 1 zu 50. Da im Sommer keine Gebäudeheizung benötigt wird, könnte theoretisch die für die Gebäudeheizung benötigte Kollektorfläche gegen null gehen, und für den Winterheizbetrieb müsste dann eine sehr große Kollektorfläche installiert werden. Wird die solare Trinkwassererwärmung mit einbezogen, die auch im Sommer erfolgt, müsste die Flächenvergrößerung für die ganzjährige solare Nutzung gegenüber dem Sommerfall immer noch mindestens den Faktor 50 haben. Das ist keinem Nutzer zu vermitteln.

Diese auf den ersten Blick entmutigende Aussage ändert aber nichts an der Zielstellung, eine Energiebereitstellung auf regenerativer Basis anzustreben, bei der die konventionellen Energieträger einen zunehmend geringer werdenden „additiven" Anteil beisteuern.

Da die Versorgungssicherheit auch weiterhin einen hohen Stellenwert vor allem in industrialisierten Ländern hat, weil sie für ein kontinuierliches und planbares Wirtschaften unabdingbar ist, müssen Lösungen erdacht werden, durch sinnvolle Kombinationen von Energien aus regenerativen und ggf. auch aus konventionellen Quellen, jedenfalls die nächsten Jahrzehnte, eine höchstmögliche Sicherheit der Energiebereitstellung zu erreichen.

Die Szenarien einer zukünftigen Energieversorgung gehen in Deutschland davon aus, dass im Jahr 2050 mehr als die Hälfte des Energiebedarfs, der dann zumindest in der Wärmeversorgung deutlich unter dem heutigen Niveau liegt, mit EREQ befriedigt werden wird, [1]. Zu dieser Bedarfsdeckung tragen alle heimischen EREQ, zu denen Wind-, Sonnen-, Biomasse-, geothermische Tiefen- und Laufwasserenergie (Wasserkraftanlagen) sowie Umweltwärme gehören, bei, wenn auch je nach Potenzial und betriebswirtschaftlichen Aspekten mit unterschiedlichen Anteilen. Die deutsche Gebäudeenergie wird in naher Zukunft von einem Energiemix regenerativer und konventioneller Endenergieträger bereitgestellt werden, und in diesem Energiemix wird der Anteil der EREQ ständig zunehmen.

10.3 Konventionelle und eine (1) EREQ-Anlage

Wenn das Gebäude und sein unmittelbares Umfeld betrachtet werden, kommen als EREQ-Anlagen infrage

- solarthermische Anlage,
- Photovoltaik-Anlage,
- Erdreich-Wärmeübertrager am Gebäude mit Lufterwärmung oder Luftkühlung und
- Heiz- und Kühl-Wärmepumpe mit gebäudenahen Wärmequellen.

Wird der Bilanzkreis um das Gebäude wesentlich erweitert, kommen noch

- Windenergieanlagen (WEA),
- Laufwasserenergieanlagen (LWEA),
- Anlagen mit Nutzung von Biomasseenergie und
- Anlagen mit Nutzung der geothermischen Tiefenenergie

hinzu.

Die Wärmepumpe benötigt in jedem Fall Exergie für ihren Antrieb. Sie kann nur dann uneingeschränkt als EREQ-Anlage bezeichnet werden, wenn diese Exergie regenerativ bereitgestellt wird, also mit Biomasseenergie, mit einer Photovoltaik-, Windenergie-, Laufwasserenergieanlage oder geothermischer Tiefenenergie- bzw. geothermische Anlage, die geothermische Anomalien nutzt.

Geheizt wird meist mit einer Wasserheizungsanlage. Die elektrische Energie kommt aus dem elektrischen Netz.

10.3.1 Solarthermische Anlage

Bei der aktiven Nutzung der solarthermischen Energie als einziger EREQ-Variante am Gebäude geht es vorwiegend um die Trinkwassererwärmung und zunehmend auch um die Gebäudeheizungsunterstützung.

Aus der Vielzahl der Beispiele für diese Variante werden zwei herausgegriffen.

Mehrfamilienhäuser Oederan/Sachsen

In einem Beispiel aus den 90er-Jahren wurden bei der Sanierung von Mehrfamilienhäusern in Oederan/Sachsen dachintegrierte solarthermische Anlagen mit 700 m^2 Solar-Flachkollektoren zur Trinkwassererwärmung installiert [2]. Eine dieser Anlagen wurde als Referenzanlage erstellt und von der TU Dresden vermessen. Der hohe solare Jahresdeckungsgrad von 77,4 % ist auf die sehr groß bemessene Anlage zurückzuführen.

Gründerzeitgebäude Hamburg

Ein 1907 gebautes Gründerzeitgebäude in Hamburg wurde 2006 saniert und dabei mit einer thermischen Solaranlage mit 30 m^2 Solar-Flachkollektoren auf dem Dach versehen, die vorwiegend für die Trinkwassererwärmung genutzt wird, [3]. Die Gebäude-Heizwärme wird mit einem 60-kW-Brennwert-Heizkessel bereitgestellt, der auf zwei Pufferspeicher von je 1.000 l seine überschüssige Wärme verteilt. Mit der Solaranlage wurden 2007 6.215 kWh/a Solarertrag erreicht.

10.3.2 Photovoltaik-Anlage

Auch für diese Variante lassen sich sehr viele Beispiele anführen. Durch die in den zurückliegenden Jahren großzügigen Einspeisebedingungen für die photovoltaisch erzeugte elektrische Energie sind in Deutschland unzählige PV-Anlagen sowohl auf Gebäudedächern, an Fassaden als auch als Freiflächenanlagen entstanden.

Es werden zwei eher unübliche Anwendungen genannt.

Verwaltungsgebäude Chur/Schweiz

Das Verwaltungsgebäude der Würth-Holding in Chur in der Schweiz wurde 2002 fertiggestellt, [4]. Das Flachdach, in das zehn Oberlichtreihen integriert sind, ist mit einer teiltransparenten PV-Verschattungsanlage aus CIS-Solar-Modulen ausgerüstet, die von Würth Solar hergestellt wurden. Die Nutzung der PV-Module sowohl zur Erzeugung von elektrischer Energie, zur Verschattung, zur Beleuchtung der sich unter den Modulen befindlichen Räume als auch zur Bildung der Dachhaut ist schon eine Besonderheit der Gebäudearchitektur.

Die Innenansicht zeigt Abb. 10.1.

Die PV-Verschattungsanlage auf dem Flachdach wird so gesteuert, dass die Oberlichtreihen trotz der Verschattung für die Beleuchtung mit Naturlicht im Obergeschoss bis

Abb. 10.1 Innenansicht einer
PV-Verschattungsanlage,
Quelle Würth Solar

zum offenen Innenhof im Erdgeschoss sorgen. Alle CIS-Beschattungselemente verfügen über eine Ablüftung, damit das Eindringen der an den Beschattungselementen entstehenden Wärme in das Gebäude verhindert wird.

Es sind 125 CIS-Module mit einer installierten Spitzenleistung von 3,7 kW und einem Gesamtstrahlungsenergiedurchlassgrad von g = 0,55 eingesetzt. Die Dachform bedingt unterschiedliche Modulbreiten von 3.000 mm über 600 mm, 450 mm, 300 bis 150 mm und Modullängen von 1.650 mm über 1.550 bis 998 mm.

Feuerschutztürme Brandenburg
In jüngster Zeit sind in Brandenburg Feuerschutztürme, die weit entfernt von einer Versorgung mit elektrischer Energie aus dem elektrischen Netz liegen, mit Warnsystemen ausgerüstet worden, die ihre elektrische Energie aus einer PV-Anlage erhalten. Aus Gründen der Versorgungssicherheit sind zusätzlich Brennstoffzellen mit Methanol als Brennstoff vorhanden. Der flüssige Alkohol steht den Brennstoffzellen in 30-l-Kanistern zur Verfügung, die allerdings monatlich betankt werden müssen.

10.3.3 Erdreich-Wärmeübertrager mit Lufterwärmung und Luftkühlung

Mit Erdreich-Wärmeübertrager sind unmittelbar unter oder am Gebäude in der Erde sich befindende Kanäle gemeint, durch die Luft strömt, an die vom Erdreich über die Kanalwand Wärme übertragen wird. Es kann sich um das Erwärmen von kalter Außenluft im Winter oder um das Abkühlen von warmer Außenluft im Sommer handeln. Das Anlegen dieser Kanäle ist günstig, wenn es sich um einen Gebäudeneubau handelt.

Fabrik Zwingenberg/Hessen

Im Jahre 2000 wurde in Zwingenberg/Hessen eine Fabrik mit Passivhauskonzept in Betrieb genommen, die Lager, Produktion, Entwicklung und Bürobereich in einem Gebäude vereint. In dieser Fabrik werden Produkte und Systeme für die Oberflächenbehandlung hergestellt, [5]. Das Passivhauskonzept senkte den Heizenergieverbrauch im ersten Betriebsjahr auf 24 kWh/(m² a).

Die Heizung für das Gebäude und die Trinkwassererwärmung sowie die Prozesswärme für die Produktion wird mit einem Gasbrennwert-Heizkessel bereitgestellt. Die regenerative Variante ist der Erdreich-Wärmeübertrager, der aus 5 Stahlbetonrohren, je 60 m lang mit DN 600 mm, besteht, die 4,3 m tief in der Erde verlegt sind. Der Nennluftvolumenstrom der Außenluft beträgt 16.100 m³/h. Sie wird im Winter vorgewärmt und im Sommer gekühlt.

Mehrfamilienhaus Mannheim/Baden-Württemberg

In ein Mehrfamilienhaus in Mannheim/Baden-Württemberg wurde 2005 bei der Sanierung des Gebäudes eine Nahwärmezentrale mit einem Blockheizkraftwerk mit Stirlingmotor und einem Gasbrennwert-Heizkessel eingebaut, [6]. Für die Belüftung und Beheizung wurden fünf Varianten eingesetzt. Bei der Variante 5 sind neben dem zentralen Wohnungslüftungsgerät Kapillarrohrmatten in den Zimmerdecken integriert. Damit kann bei Bedarf jeder Raum individuell beheizt werden.

Im Sommer ist es möglich, über einen Erdreich-Wärmeübertrager, der als Erdkollektor (kein Kanal) ausgebildet ist, die Kapillarrohrmatten zur Kühlung der Räume einzusetzen.

10.3.4 Heiz- und Kühl-Wärmepumpe

Bei den hier besprochenen Beispielen handelt es sich um keine echten regenerativen Anlagen, denn die Antriebsenergie der Wärmepumpen ist elektrische Energie, die dem elektrischen Versorgungsnetz entnommen wird. Die Wärmequelle ist Umweltwärme, die in unterschiedlichen Erscheinungsformen (Erdreich, Außenluft, Grundwasser, Oberflächenwasser) genutzt werden kann und die somit den regenerativen Anteil liefert.

Die Wärmepumpen können als Kühl-Wärmepumpen, Heiz-Wärmepumpen und mit Kühl-Heizwärme-Kopplung eingesetzt werden. Die Kühl-Wärmepumpen (Kälteanlagen) spielen in diesem Buch nur eine untergeordnete Rolle.

Feldtest mit erdgekoppelten und Luft-Wasser-Heiz-Wärmepumpen

In den Jahren 2006 bis 2010 wurden vom Fraunhofer ISE Freiburg Messungen an installierten Heiz-Wärmepumpen als Feldtest „Wärmepumpen-Effizienz" durchgeführt, um an konkreten Anlagen vor allem die Arbeitszahlen zu ermitteln, [7]. Die Heiz-Wärmepumpen sind in Gebäuden mit einer durchschnittlichen Wohnfläche von 194 m² und einer Heizleistung zwischen 5 und 10 kW installiert. Untersucht wurden erdgekoppelte und Luft-Wasser-Heiz-Wärmepumpen. In beiden Fällen war das Medium der Wärmesenke (Heizflüssigkeit) Wasser.

Das Ergebnis bestätigte die höhere Effizienz der erdgekoppelten Heiz-Wärmepumpen, deren Arbeitszahlen mit durchschnittlich 3,9 deutlich über denen der Luft-Wasser-Heiz-Wärmepumpen mit 2,9 lagen.

Die Monatsarbeitszahlen zeigen, dass in der für Luft-Wasser-Heiz-Wärmepumpen vorteilhaften Übergangszeit (April, Mai) Werte von 3,5 erreichbar sind, während im Januar nur ein Wert von 2,5 gemessen wurde, der unter dem Primärenergiefaktor für elektrische Energie liegt.

Beim Speicherkonzept der Heizanlage zeigte es sich, dass sich Systeme mit oder ohne Pufferspeicher kaum unterscheiden, Systeme mit einem Kombispeicher schneiden allerdings schlechter ab.

Verwaltungsgebäude Eberswalde/Brandenburg

Ein im Zuge einer Kreisreform 2007 neugebautes Verwaltungsgebäude im alten Stadtzentrum von Eberswalde/Brandenburg wurde mit einer Wärmepumpe mit wechselseitiger Kühl-Heizwärme-Kopplung ausgerüstet, [8].

Die hydro-geologisch schwierigen Baugrundverhältnisse erforderten eine Pfahlgründung. Die meisten – das sind 593 Gründungspfähle – dieser für die Gründung des Gebäudes benötigten Pfähle sind als Energiepfähle mit Absorbersystem ausgeführt, die bis zu einer Außentemperatur von 8 °C als Wärmequelle für die Heiz-Wärmepumpe dienen. Bei Außentemperaturen über 8 °C nutzt die Heiz-Wärmepumpe primär die Wärmequelle Außenluft.

Zur Spitzenlastabdeckung der Kühlwärme erfolgt die Umschaltung auf den Modus Kühl-Wärmepumpe, deren Kondensatorwärme ein Wasser-Glykol-Rückkühler auf dem Dach abführt. Es wird keine Vollklimatisierung angestrebt.

10.4 Konventionelle und zwei EREQ-Anlagen

Durch den Einsatz von 2 EREQ-Anlagen neben den konventionellen Anlagen erhöht sich die Anzahl der EREQ-Varianten deutlich. Es wurden folgende Beispiele gefunden:

- Solarthermie- und Photovoltaik-Anlage
- Solarthermie-Anlage und Erdreich-Wärmeübertrager
- Solarthermie-Anlage und Heiz-Wärmepumpe
- Solarthermie- und Biomasseenergie-Anlage
- Photovoltaik-Anlage und Erdreich-Wärmeübertrager
- Photovoltaik-Anlage sowie Heiz- und Kühl-Wärmepumpe
- Heiz-Wärmepumpe und Erdreich-Wärmeübertrager
- Heiz-Wärmepumpe und Biomasseenergie-Anlage
- Photovoltaik- und Windenergie-Anlage.

10.4.1 Solarthermie- und Photovoltaik-Anlage

Diese Kombination ist bereits sehr oft verwirklicht worden, obwohl die benötigten Dachflächen in Konkurrenz zueinander stehen.

Mit dieser Kombination nahmen Hochschulen aus Berlin und Stuttgart am Solar Decathlon Europe 2010 in Madrid teil. Bedingung für die Teilnahme war die volle solare Deckung des Energiebedarfs in der Jahresbilanz. Das wurde mit hervorragender Wärmedämmung, Wärmerückgewinnung und den beiden aktiven EREQ-Varianten Solarthermie und Photovoltaik erreicht, [9].

Solar Decathlon-Gebäude Berlin
Während der achttägigen Wettbewerbszeit im Juni 2010 in Madrid wurde auf dem Satteldach und an der Fassade des Berliner Hauses mit gebäudeintegrierten, rahmenlosen, schwarzen PV-Modulen mit einer Leistung von 5,7 kW rund 200 kWh elektrische Energie erzeugt, wovon fast 100 kWh ins Netz eingespeist werden konnten. 8 m^2 Solar-Flachkollektoren erwärmten das Trinkwasser. Die Kühlung wurde durch wasserdurchströmte Rohre in den Lehmplatten unterstützt. In der Kategorie „Solare Systeme" errang das Haus den 1. Platz.

PCM in den Lehmwänden des Gebäudes und ein natürliches Nachtlüftungssystem sorgen für gutes Raumklima.

Nun steht das Gebäude auf dem Campus Wilhelminenhof der Hochschule für Technik Berlin und wird u. a. als Forschungslabor genutzt.

Solar Decathlon-Gebäude Stuttgart
Das Stuttgarter Haus erzeugte mit eine PV-Leistung von ebenfalls 5,7 kW, die von farbigen Solarzellen in Bronze und Gold an der Ost- und Westfassade und mono- und polykristallinen Solarzellen auf dem Dach erreicht wurde, einen elektrischen Energieertrag von 390 kWh während der achttägigen Wettbewerbszeit im Juni 2010. Über einen geschlossenen Wasserkreislauf unter den PV-Dachmodulen wurde durch Strahlungskühlung nachts kaltes Wasser bereitgestellt, das in Rohren unter der Decke die Raumkühlung unterstützt. Die Trinkwassererwärmung übernahmen 6,6 m^2 Solar-Vakuumröhrenkollektoren. Dieses Haus erreichte den 1. Platz in der Kategorie „Innovation, Gebäudetechnik & Konstruktion".

10.4.2 Solarthermie-Anlage und Erdreich-Wärmeübertrager

Bei dieser Kombination geht es um die direkte und indirekte Sonnenenergienutzung, wobei der Erdreich-Wärmeübertrager die Außenluftaufbereitung übernimmt.

Deutsches Technikmuseum Berlin
In den Erweiterungsbau des Deutschen Technikmuseums Berlin wurden im Jahr 2000 drei Tageslichtsysteme eingebaut, [10]:

- Tageslichtleuchte
- Sonneninstallation
- Heliostatenanlage.

Tageslichtleuchten sind als Wegleitsysteme gestaltete Lichtröhren, die von Flüssigkeits-lichtleitern versorgt werden. Das Sonnenlicht, das in die Flüssigkeitslichtleiter ein-gekoppelt wird, stammt von Fresnellinsen, die auf dem Dach des Gebäudes der Sonne nachgeführt werden.

Die *Sonneninstallation* ist eine Spiegelanlage, die aus einem einachsig der Sonne nachgeführten Spiegel und einem feststehenden Reflektor besteht. Die Spiegelanlage pro-jiziert das Sonnenlicht in einen Lichtschacht, der von den Besuchern auf dem Weg zum Ausstellungstrakt durchschritten wird.

Bei der *Heliostatenanlage* versorgt ein Heliostat von 14 m² Fläche über Umlenk- und Beleuchtungsreflektoren das Innere des Museums mit Sonnenlicht. Die flexible Anlage kann innerhalb des Ausstellungstraktes unterschiedliche Beleuchtungsaufgaben erfüllen.

Das ist zwar keine aktive solarthermische Nutzung im Sinne einer solarthermischen Anlage, sie geht aber über eine einfache passive Nutzung hinaus, wie das auch bei der Transparenten Wärmedämmung der Fall ist.

Die Beheizung des Gebäudes erfolgt mit Fernwärme. Obwohl bei Museumsbauten konservatorische Aspekte zum Erhalt der Exponate zu beachten sind, konnte auf eine Klimatisierung mit Kühl-Wärmepumpe und Entfeuchtung verzichtet werden.

Der zum Grundwasserschutz der Archivräume im Keller bereits vorhandene Hohlboden wird zur Vorkonditionierung der Außenluft als Erdreich-Wärmeübertrager genutzt. Mit ihm kann die Außenluft vorgewärmt und gekühlt werden. Eine Kühl-Wärmepumpe exis-tiert nicht.

Passivhaus Wohnprojekt Dresden-Pillnitz/Sachsen
Von einer ökologisch denkenden Bauherrengemeinschaft wurden 2001 in Dresden-Pill-nitz/Sachsen ein Passivhaus-Wohnprojekt mit zwei Mehrfamilienhäusern realisiert, [11]. Die Häuser sind mit einem Brennwert-Heizkessel mit einer Leistung von 36 kW – diese hohe Leistung ist der Trinkwassererwärmung geschuldet – einem Pufferspeicher und einer thermischen Solaranlage mit Solar-Flachkollektoren von 12 m² pro Haus ausgerüstet. Die thermische Solaranlage dient der Trinkwassererwärmung und hat einen solaren Jahres-deckungsgrad von rund 69 %.

Die Lüftung erfolgt wohnungsweise mit Lüftungsgeräten mit Wärmerückgewinnung, wobei jedem Lüftungsgerät ein eigener Erdreich-Wärmeübertrager aus Rohren zugeord-net ist, mit dem die Außenluft vorgewärmt wird. Die Ventilatoren werden mit elektri-schen Gleichstrommotoren angetrieben.

10.4.3 Solarthermie-Anlage und Heiz-Wärmepumpe

Auch diese beiden regenerativen Varianten passen gut zusammen, und deshalb ist diese Kombination schon oft realisiert worden. Mit ihr kann die Sonnenenergie auf vier Wegen genutzt werden:

- Direkte Nutzung der solaren Wärme bei ausreichender Temperatur des Solarfluids zur Trinkwassererwärmung und Gebäude-Heizungsunterstützung über einen Kombispeicher.
- Solarthermische Unterstützung der Heiz-Wärmepumpe durch Anheben der Temperatur im Wärmequellenkreis.
- Regeneration des Erdreichs bis zu einer Solarfluidtemperatur von 12 °C und bis zum Erreichen der ungestörten Erdreichtemperatur, wenn die Heiz-Wärmepumpe nicht benötigt wird und natürlich ein Solarertrag vorhanden ist.
- Schaffen einer langfristig höheren Temperatur in der Wärmequelle, wenn die Heiz-Wärmepumpe in Betrieb ist.

Die Kombination Solarthermie und Heiz-Wärmepumpe ist typisch für die Wärmeversorgung eines Passivhauses nach gegenwärtigem Verständnis. Passivhäuser als Wohnhäuser sind wie folgt gekennzeichnet:

- Die benötigte Gebäudeheizlast ist so gering, dass entweder auf den Einbau einer konventionellen Heizanlage verzichtet oder eine Notheizung vorgesehen wird.
- Die Heizleistung für die Trinkwassererwärmung ist damit bei Wohngebäuden wesentlich größer als die Gebäudeheizlast.
- Eine Wohnungslüftungsanlage ist obligatorisch.

Die Systemlösung kann entsprechend Abb. 10.2 folgendermaßen gestaltet sein:

- Solarkollektoranlage, mit der ein Solarspeicher aufgeladen wird und mit der die Außenluft auch direkt erwärmt werden kann, was in Zeiten ohne Sonnenschein aus dem Solarspeicher erfolgt.
- Luft-Wasser-Heiz-Wärmepumpe, deren Wärmequelle Abluft ist, die bereits über ein Wärmerückgewinnungsgerät abgekühlt wurde. Mit der Heiz-Wärmepumpe wird die Außenluft nachgewärmt.
- Die Außenluft wird über ein Wärmerückgewinnungsgerät vorgewärmt, ehe sie dann im Wärmeübertrager durch Energie von der Heiz-Wärmepumpe und dem Solarspeicher auf die nötige Zulufttemperatur gebracht wird.
- Reicht die so aufgebrachte Heizleistung nicht aus, wird die Spitzenleistung von einer elektrischen Direktheizung bereitgestellt.

Mit dem Solarspeicher und der Heiz-Wärmepumpe wird auch das Trinkwasser erwärmt.

Ist die Heiz-Wärmepumpe umschaltbar ausgeführt, dann vertauschen Verdampfer und Kondensator einer Kompressions-Wärmepumpe ihre Funktion, und es entsteht eine

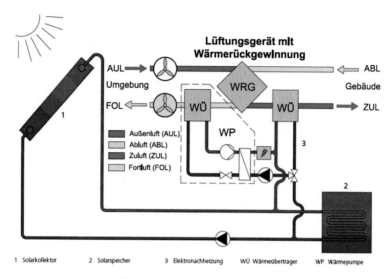

Abb. 10.2 Passivhaus-Kompaktstation nach [51], *Quelle* Viessmann

Kühl-Wärmepumpe, die im Sommer kaltes Wasser bereitstellt, mit dem die Außenluft gekühlt werden kann.

Die System-Jahresarbeitszahl (S-JAZ) des solaren Heiz-Wärmepumpensystems $\beta_{HWP+Solar}$ kann als Summe der gewichteten Einzelarbeitszahlen berechnet werden:

$$\beta_{HWP+Solar} = a\,\beta_{HWP} + b\,\beta_{Solar} \qquad (10.1)$$

mit

β_{HWP} Jahresarbeitszahl (JAZ) der Heiz-Wärmepumpe entsprechend VDI 4650 mit einer Quellentemperatur $+5\,°C$,

β_{Solar} Jahresarbeitszahl (JAZ) der Solaranlage,

a   Anteil der Heiz-Wärmepumpe und der Solarkreispumpe an der gesamten Aufnahme der elektrischen Energie,

b   Anteil der Solarkreispumpe an der gesamten Aufnahme der elektrischen Energie.

Die meisten Systeme der verschiedenen Anbieter nutzen die Solarwärme für Trinkwassererwärmung und Gebäude-Heizungsunterstützung. Die Solaranlage arbeitet entweder, unabhängig von der Heiz-Wärmepumpe oder die überschüssige Solarwärme im Sommer dient zur Anhebung der Wärmequellentemperatur der Heiz-Wärmepumpe.

In Tab. 10.1 sind Varianten verschiedener Anbieter zusammengefasst.

Niedrigenergiehaus-Neubau Herford/Hessen

Für eine Erdreich gekoppelte Heiz-Wärmepumpe mit 80 m Erdsondenlänge und eine thermischen Solaranlage mit $10\,m^2$ Solar-Flachkollektoren wurden 2006 Simulationen durchgeführt und die Ergebnisse in einem Feldtest in den Heizperioden 2007/08, 2008/09 und 2009/10 überprüft, [12].

Tab. 10.1 Anbieter von Kombinationen aus Solarthermie und Heiz-Wärmepumpe entsprechend [52]

Anbieter	Art der HWP	Leistung der HWP in kW	System-JAZ	Kollektor-fläche in m²	Speicher-volumen in l	Speichertyp
Elco	LW	6,6	3,7	12,3	750	Pufferspeicher
IDM Energiesysteme	SW	8,25	5,0	20	2.000	Kombispeicher
Ratiotherm	Solar-LW	9	4,0	12	750	Schichtspeicher
Rotex	LW	6	5,1	10,4	500	Druckloser Kombischicht-speicher
Roth-Werke	SW	8,9	5,3	15,12	1.000	Kombispeicher
Schüco	SW	6,9	5,4	11	750	Kombispeicher
Solvis	SW	6	bis 5	14	650–950	Schichtspeicher

SW Sole-Wasser, *LW* Luft-Wasser, *TWE* Trinkwassererwärmung, *GH* Gebäudeheizung

In einem Niedrigenergiehaus-Neubau in Herford/Hessen mit der beschriebenen Anlage umfassten die Messungen die

- Solare Einstrahlung,
- Außentemperatur,
- Temperaturverläufe im Erdreich,
- Verlauf der Wärmequellentemperaturen (Sondenvorlauf),
- elektrische Leistungsaufnahme des Verdichters und
- Pumpenlaufzeiten.

Es wurde gemessen, dass

- die Soletemperatur nicht tiefer als auf 2 °C absinkt,
- die Systemarbeitszahl der 5-kW-Heiz-Wärmepumpe ohne solare Kopplung $\beta_{Sys} = 4,1$ und mit solarer Kopplung $\beta_{Sys} = 5$ beträgt.

10.4.4 Solarthermie- und Biomasseenergie-Anlage

Mit dieser Variante wird schon seit einiger Zeit versucht, die Heizwärme-Bereitstellung weitgehend regenerativ zu gestalten, allerdings nicht ausschließlich mit und am Gebäude erzeugter Energie aus regenerativen Energiequellen.

Diese beiden Energien aus regenerativen Energiequellen passen insofern gut zusammen, als für die solarthermisch bereitgestellte Energie ein Speicher unerlässlich ist, und der wird auch für einige Formen der Biomasseenergie-Nutzung benötigt.

Für die Wärmebereitstellung kommen sowohl Scheitholz und Holzhackschnitzel als auch Pellets infrage. Für die Nutzer, die möglichst nicht in den Beschickungsprozess der Heizkessel eingreifen wollen, eignen sich vor allem Pellets. Über Pellet-Heizkessel und deren Brennstoffzufuhr wurde in Abschn. 4.2.6 berichtet.

Solar beheiztes Einfamilienhaus (Jenni) Bern/Schweiz
1989 hat Josef Jenni im Schweizer Kanton Bern für Aufsehen gesorgt, als er auf seinem Firmengelände das erste ganzjährig in Europa solar beheizte Gebäude gebaut hatte, [13]. Auf dem Dach dieses Hauses wurden in Indachmontage 84 m^2 Solar-Flachkollektoren installiert, die auf drei Speicher mit insgesamt 118 m^3 Speichervolumen arbeiten. Es stellte sich im späteren Betrieb heraus, dass die Speicher zu groß bemessen waren.

Trotz der großen Speicher wurde noch als Notheizung eine Anlage mit Hackschnitzeln installiert.

Solar beheiztes Mehrfamilienhaus (Jenni) Bern/Schweiz
Heute werden auch Mehrfamilienhäuser angeboten, [13, 14]. Ein solches Haus mit einer Nutzfläche von 760 m^2 auf zwei Etagen wird von Solar-Flachkollektoren mit einer Fläche von 110 m^2 und einem Großpufferspeicher mit einem Volumen von 21 m^3 versorgt. Eine Holzhackschnitzel-Heizung dient auch weiterhin als Notversorgung.

10.4.5 Photovoltaik-Anlage und Erdreich-Wärmeübertrager

Wenn eine Trinkwassererwärmung nicht unbedingt erforderlich ist, wird oft eine solar-thermische Anlage nicht in die regenerative Energieversorgung einbezogen, sondern die Gebäudeflächen mit einer Photovoltaikanlage ausgerüstet. Für die thermische regenerative Variante sorgt ein Erdreich-Wärmeübertrager.

FH-Hochschulkomplex Bonn-Rhein-Sieg
Für den Neubau des Hochschulkomplexes der Fachhochschule Bonn-Rhein-Sieg wurde erst nach dem Architekturwettbewerb 1995 entschieden, zusätzliches Geld für ökologische Zwecke bereitzustellen. Dadurch konnte zwar am Grundkonzept nichts mehr verändert aber über Ausführungsweisen und Zusatzmaßnahmen verhandelt werden. Die Hochschule für 1.500 Studenten besteht aus Hörsälen, Seminarräumen, Mensa, Bibliothek, Büros, Maschinenhalle und Labors, die sich auf drei miteinander verbundene Gebäudekomplexe verteilen. Die Gebäude sind zwei- und dreigeschossig und nicht unterkellert [15].

Aus dem nachträglich erarbeiteten Ökologiekonzept, das mit dem Programm SolarBau: Monitor gefördert wurde, ergaben sich folgende Veränderungen und Verbesserungen:

- Einsatz umweltfreundlicher Baustoffe (Holz, mineralische Dämmstoffe)
- Erhöhen des Wärmeschutzes
- effektivere Tageslichtnutzung, auch unter Einsatz von Elementen der transparenten Wärmedämmung

- Berücksichtigen der sommerlichen Nachtauskühlung
- weitgehend natürliche Klimatisierung
- Abwärmenutzung von Kühl-Wärmepumpen
- bedarfsgerecht programmierbare Heizungsregelung
- Einbau einer Photovoltaik-Anlage
- Dach- und Fassadenbegrünung sowie Regenwassernutzung bzw. -versickerung.

Das Objekt wurde mit einer Bausumme von 50 Mio. Euro errichtet und 1999 in Betrieb genommen. Die Komponenten des Energiebereitstellungssystems sind in Tab. 10.2 mit den Details zusammengestellt.

Die Seminarräume sind nicht klimatisiert. Kühle Nachtluft soll im Sommer die gespeicherte Wärme aus den Massivbauteilen ableiten. Nur Räume mit besonders hohen Kühllasten, die von elektrischen Geräten herrühren, z. B. EDV-Räume, haben kleine dezentrale Klimageräte.

Die Seminarräume werden über freie Raumheizflächen beheizt, deren Leistungsabgabe raumweise programmierbar ist. In der Öffnungszeit der Fenster wird, durch Fensterkontakte gesteuert, die Raumheizflächenleistung gedrosselt.

Die hygienisch benötigte Außenluft für den Hörsaalbereich wird im Winter durch einen Erdreich-Wärmeübertrager vorgewärmt und anschließend über Wärmerückgewinnung weiter erwärmt. Im Sommer wird sie im Erdreich-Wärmeübertrager vorgekühlt und bei hohen Kühllasten durch eine adiabate Kühlung weiter gekühlt, sodass die Zulufttemperatur nur selten 22 °C überschreitet. Im Betrieb hat sich gezeigt, dass sich die beiden Kühlsysteme auch gegenseitig behindern können.

Passivbürogebäude Energon Ulm/Baden-Württemberg
Im Passivbürogebäude Energon in Ulm wurde die Energiebereitstellung mit Fernwärme, regionalem elektrischem Netz, Erdreich-Wärmeübertrager und PV-Anlage realisiert, [16]. Der Bauherr hatte den Willen und den Ehrgeiz, ein Beispiel für ein Passivbürogebäude zu schaffen, das diese Bauweise für Bürogebäude etablieren sollte, Abb. 10.3.

Der Begriff Energon ist zusammengesetzt aus **Ener**gie und Tri**gon**, da der Gebäudegrundriss die Form eines Trigons hat. Die Energieversorgung erfolgt entsprechend Abb. 10.4.

Die Gebäudeenergiebereitstellung entsprechend Abb. 10.4 besteht aus elektrischer Energie, im Bild mit Strom bezeichnet, aus Kühlwärme, im Bild mit „Kälte" bezeichnet und aus Heizwärme, im Bild verkürzt mit Wärme bezeichnet.

Das Gebäude wird mit Fernwärme mit einer Anschlussleistung von 120 kW versorgt. Von der Hausanschlussstation werden zwei Heizkreise, einer zur Betonkerntemperierung und Zuluftnacherwärmung, der andere zur Speicherbeladung für die Trinkwassererwärmung, bedient. Die Hausanschlussstation ist mit einer Vorlauftemperaturregelung für die beiden Heizkreise und einer Vorrangschaltung zur Trinkwassererwärmung ausgestattet. In den Wärmestrang in Abb. 10.4 kann im Heizfall die Abwärme aus der elektronischen Datenverarbeitungsanlage, Heiz-Wärme aus den Erdsonden, aus dem Erdreich-Wärmeübertrager und aus der Wärmerückgewinnung

Tab. 10.2 Komponenten der Energiebereitstellung entsprechend [15]

System	Komponenten	Details
Heizung	2 Gas-Brennwert -Heizkessel	je 600 kW, Pufferspeicher
	Erdreich- Wärmeübertrager	3 Betonrohre DN 1,70 m, je 75 m Länge, Verlegetiefe 4 m, Luftnennvolumenstrom 86.750 m³/h
	Wärmerückgewinnung	Rotations-Wärmeübertrager
	Erdgas-BHKW	thermische Leistung 76 kW
Lüftung/Kühlung	Nachtlüftung	automatisch öffnende Oberlichtklappen, Querlüftung
	Erdreich- Wärmeübertrager	s. o.
	adiabate Kühlung	Luftwäscher, Rotations -Wärmeübertrager
	dezentrale Klimageräte	für Sonderräume
Beleuchtung	natürliche Beleuchtung	Oberlicht mit transparenter Wärmedämmung, Fenster
	Sonnenschutz	zwei getrennte Lamellenjalousien
	Kunstlicht	3 Lichtbänder, tageslichtabhängig geregelt
Versorgung mit elektrischer Energie	regionales Netz	–
	Erdgas-BHKW	elektrische Leistung 40 kW
	netzgekoppelte PV-Anlage	als Sonnenschutz in Dachverglasung integriert mit 148 m² Modulfläche, Spitzenleistung 14,2 kW,
		an südorientierten Fassaden auf Unterkonstruktion mit 60° Neigung mit
		74 m², Spitzenleistung 7,8 kW,
		Jahresertrag 75 kWh/m²
Trinkwassererwärmung	Abwärmenutzung	von Kleinkühlgeräten der Lebensmittelkühlung, erreichbar 45 °C
	Gas-Brennwert -Heizkessel	s. o., zur Nachheizung

eingespeist werden, womit die Fernwärmelieferung reduziert wird. Im Sommerfall liefern die Erdsonden und der Erdreich-Wärmeübertrager Kühlwärme zur Luftkühlung.

Die Trinkwassererwärmung für das Gartengeschoss – dort sind Duschen und die Betriebsküche zu versorgen – erfolgt zentral mit einem Wasser-Wasser-Durchlauferhitzer, der aus einem Pufferspeicher mit 1.000 l Inhalt angefahren wird. Im unteren Teil des

Abb. 10.3 Passivbürogebäude Energon Ulm, *Quelle* Obert

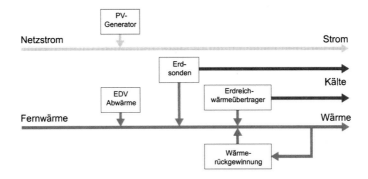

Abb. 10.4 Energieversorgungsschema für das Energon-Gebäude, *Quelle* Obert

Pufferspeichers erfolgt eine Vorwärmung durch die Abwärme der Kühl-Wärmepumpen, der obere Teil, aus dem das warme Trinkwasser gezapft wird, wird durch Fernwärme auf Soll-Temperatur gehalten. Die Trinkwassererwärmung in den Bürogeschossen erfolgt dezentral durch Elektroboiler, da deren Verbrauch relativ gering ist.

Die Kühlung des zentralen EDV-Raums sowie der Kühlzellen der Betriebsküche übernehmen elektrisch angetriebene Kompressions-Kühl-Wärmepumpen. Die Abwärme aus den wassergekühlten Kondensatoren wird zur Vorwärmung des Trinkwassers und zur Betonkerntemperierung genutzt. Außerdem kann sie zur Wärmerückgewinnung im Kreislaufverbundsystem eingesetzt werden. Mit der Abwärme wird während der Heizperiode ein Teil der Fernwärme ersetzt. Im Sommer wird die Überschusswärme über das Kreislaufverbundsystem an die Abluft übertragen und mit der Fortluft nach außen abgeführt.

Zur Kühlung des Gebäudes außer den oben genannten Sonderfällen werden Erdsonden verwendet, über die im Sommer Wasser abgekühlt wird, das dann zur Betonkernkühlung und zur Kühlung der Zuluft eingesetzt wird. Um die Kühllast von 120 kW zu kompensieren, wurde ein Sondenfeld mit 40 Bohrungen von je 100 m Tiefe angelegt.

Abb. 10.5 Blick zur
Glasüberdachung des Atriums,
Quelle Obert

Abb. 10.6 PV-Anlage auf
dem Flachdach des Gebäudes
Energon, *Quelle* Obert

Für die Lüftung sind wegen der Sommerbedingungen mit erhöhter Raumluftfeuchte Luftvolumenströme von 25 m³/h am Regelarbeitsplatz vorgesehen. Die Außenluft wird im Grünbereich neben dem Gebäude angesaugt und durch ein 28 m langes Betonrohr mit einem Durchmesser von 1,8 m und 2 m Erdüberdeckung in die unterirdische Luftzentrale geleitet. Dieses Rohr ist der Erdreich-Wärmeübertrager, mit dem im Winter 4,3 MWh/a Heizwärme und im Sommer 2,6 MWh/a Kühlwärme gewonnen werden.

Zur Sommerlüftung des Atriums können die an den vertikalen Süd- und Nordwestseiten des Glasdaches sich befindenden Rauch-Wärme-Abzugsklappen mit einer effektiven Öffnungsfläche von jeweils 8 m² zur Schachtlüftung des Atriums geöffnet werden. Die Verglasungsebene mit dem beweglichen Sonnenschutz liegt eine Geschosshöhe über dem obersten Regelgeschoss.

Zur Verschattung der Räume dienen Außenjalousien, deren manuelle Einstellung an den Arbeitsplätzen jederzeit möglich ist. Die Steuerung des Sonnenschutzes in der Atriumskuppel ist von einer zentralen Stelle aus möglich.

Einen Blick hinauf zum Glasdach zeigt Abb. 10.5.

In die Abdichtbahn des mit leichtem Gefälle geführten Flachdaches ist eine PV-Anlage mit einer Spitzenleistung von 15 kW integriert, die einen Jahresertrag an elektrischer Energie von 12.000 kWh/a bringt, Abb. 10.6.

10.4.6 Photovoltaik-Anlage und Heiz-Kühl-Wärmepumpe

Diese Variante dient der elektrischen und thermischen Gebäudeenergieversorgung, wobei die photovoltaisch erzeugte elektrische Energie auch zum Antrieb der Wärmepumpe geeignet ist. Die beiden Varianten beeinflussen sich gegenseitig nicht und stehen sich also auch nicht im Wege.

Bürogebäude Machè International Kemptthal/Schweiz
Das erste Energie generierende Bürogebäude in der Schweiz wurde 2007 für Machè International in der Nähe der Autobahnraststätte Kemptthal gebaut, [17]. Es ist mit einer 44,6-kW-PV-Anlage mit Dünnschicht-Solarzellen von First Solar ausgerüstet. Die anthrazitfarbenen Solarmodule bilden eine geschuppte Dachhaut, sodass auf eine Ziegel-oder Blecheindeckung verzichtet werden konnte.

Mit dieser Anlage werden ca. 40 GWh/a elektrische Energie erzeugt, die dem Energieverbrauch des Gebäudes mit Heizung, Lüftung, Trinkwarmwasser, Licht, Bürogeräte und Sonstigem entspricht. Diese netzgekoppelte PV-Anlage wird vom Elektrizitätswerk des Kantons Zürich EKZ betrieben und wurde auch von ihm finanziert.

Eine Erdsonden-Heiz-Kühl-Wärmepumpe sorgt in winterlichen Nebelperioden für die Gebäudeheizung und im Sommer für Kühlung. Die Lüftungsanlage arbeitet mit Wärmerückgewinnung.

10.4.7 Heiz-Wärmepumpe und Erdreich-Wärmeübertrager

Bürogebäude Aachen/NRW
Für einen im Jahre 2002 in Betrieb genommenen Bürogebäude-Neubau in Aachen am Rande einer Solarsiedlung wird die Heizung über eine Heiz-Wärmepumpe mit der Wärmequelle Erdreich betrieben, [18]. Die Heizleistung beträgt 56 kW bei einer Aufnahme von elektrischer Energie von 12,9 kW. Es sind 28 Sonden mit einer Bohrtiefe von 42 m angelegt, über die im Winter die Wärme entnommen wird. Im Sommer wird über einen weiteren Wärmeübertrager der Wasserkreislauf der Erdwärmesonden mit einer Kühlleistung von 54 kW zusätzlich zum Kühlen der Außenluft eingesetzt.

Siedlung Stuttgart-Feuerbach/Baden-Württemberg
In dieser Siedlung wurden im Jahr 2000 52 Reihenhäuser gebaut, [19]. Mit einer Abluft-Heiz-Wärmepumpe wird das Trinkwasser vorgewärmt und die Luftheizung betrieben.

Die Konditionierung der Zuluft wird in einem Erdreich-Wärmeübertrager von 30 m Länge realisiert, der in 2 m Tiefe liegt.

Die Zusatzheizung und die Trinkwasser-Zusatzerwärmung erfolgen mit elektrischer Energie. Der mittlere Aufwand für die elektrische Energie ist für die Trinkwassererwärmung höher als für die Gebäudeheizung. Der Verbrauch an elektrischer Energie wurde während zweier Heizperioden im Durchschnitt mit 32,4 kWh/(m^2 a) gemessen. Davon entfielen 63 % auf den Haushaltverbrauch, 17 % auf die Gebäudeheizung und 20 % auf die Trinkwassererwärmung.

„Haus im Himmel" Stuttgart/Baden-Württemberg
Ein Einfamilienhaus mit einer beheizten Fläche von ca. 900 m^2 wurde 2001 in Stuttgart-Vaihingen gebaut. Es wird mit einer Heiz-Wärmepumpe, Heizleistung 54 kW, mit der Wärmequelle Erdreich (Erdsonden) geheizt, [20].

Die 8 Erdsonden mit einer Länge von je 115 m haben eine Entzugsleistung im Heizbetrieb von 50 W/m. Diese Sonden werden im Sommer für die Kühlung genutzt, mit denen die Wärme aus den Räumen durch Pumpen und Wärmeübertrager an das Erdreich abgegeben wird. Diese Kühlung, bei der keine Kühl-Wärmepumpe im Einsatz ist, wird in [20] „natural cooling" genannt.

10.4.8 Heiz-Wärmepumpe und Biomasseenergie-Anlage

Diese Variante wird angewendet, wenn z. B. neben einer Heiz-Wärmepumpe wegen der Versorgungssicherheit noch ein Pelletheizkessel für die Spitzenlastabdeckung aufgestellt wird.

Gebhard-Müller-Schule Biberach/Baden-Württemberg
Beim Neubau der Gebhard-Müller-Schule in Biberach/Baden-Württemberg wurden 2004 zwei WW-Heiz-Wärmepumpen und ein Holzpellet-Heizkessel eingebaut. An ihnen sollten Betriebsoptimierungen durchgeführt werden, [21].

Die Heizwärme wird mit den zwei WW-Heiz-Wärmepumpen von je 150 kW Heizleistung als Grundlastabdeckung bereitgestellt. Als Wärmequelle dient Grundwasser. Der Holzpellet-Heizkessel zur Spitzenlastabdeckung hat eine Nennleistung von 120 kW. Die Zuluft wird im Winter mit der Heiz-Wärmepumpe erwärmt und im Sommer mit dem Grundwasser direkt gekühlt.

Die Raumkonditionierung erfolgt über Bauteiltemperierung. Die regenerative Wärmerückgewinnung arbeitet mit einem Rückgewinnungsgrad von ca. 70 %.

10.4.9 Photovoltaik- und Windenergie-Anlage

Mit dieser Variante können kleine Versorgungseinheiten geschaffen werden, die in Regionen ohne elektrische Versorgungsnetze auch als Grundbausteine einer regionalen elektrischen Energieversorgung dienen können. In Abb. 10.7 ist ein System mit Einbindung von Windenergie- und Photovoltaik-Anlage dargestellt, [22].

In diesem System sind Windenergie- und Photovoltaik-Anlage die hauptsächlichen Elektroenergieerzeuger. Damit das System versorgungssicher funktioniert und die Parameter zur Netzbildung sowie der dynamischen bzw. mittelfristigen Leistungssicherung eingehalten werden, sind in dem Netzbildungsteil sowohl Speicher, in Abb. 10.7 ein Akkumulator für den Tagesbereich – es könnte auch ein rotierender Massespeicher für den Sekundenbereich sein –, als auch Erzeuger, in Abb. 10.7 eine Verbrennungskraftmaschine, enthalten. Die Verbrennungskraftmaschine kann mit Heizöl oder Erdgas betrieben werden. Es könnte auch zukünftig Pflanzenöl eingesetzt werden.

Die Kombination von Dieselgenerator, Windenergie- und Photovoltaikanlage eignet sich für Alpenhütten.

Rotwandhaus Tegernseer Alpen

Im Rotwandhaus in den Tegernseer Alpen wurde bereits 1993 eine computergesteuerte Anlage mit diesen drei Aggregaten installiert [23]. Das Rotwandhaus gehört zu den

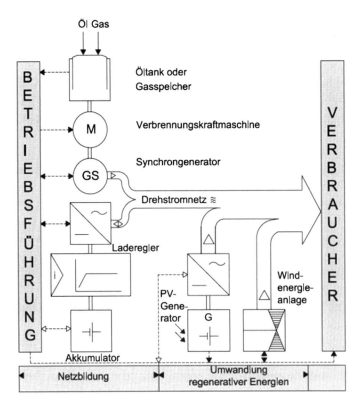

Abb. 10.7 Funktionen und Energieflüsse eines Systems mit Einbindung von Windenergie- und Photovoltaik-Anlage entsprechend [22]

meistbesuchten Hütten in den deutschen Alpen und ist auch das Ziel von Wintertouristen. Zur Versorgung der rund 20.000 Tagesgäste im Jahr wird relativ viel Elektroenergie für die Geschirrspülmaschine, Waschmaschine, zwei Gefriertruhen, Küchengeräte, 60 Kompakt-leuchtstofflampen und vier Leuchtstoffröhren sowie eine Wasserentkeimungsanlage benötigt.

Die Anlagenkombination ergab sich aus den Bedingungen vor Ort, wobei im Sommer viel Sonnenschein vorherrscht und im Winter mit geringer werdender Sonnenenergie der Wind umso stärker weht und die Windenergieanlage viel Elektroenergie erzeugt. Sie deckt in den Wintermonaten und in der Übergangszeit in den Morgen- und Abendstunden einen Großteil des elektrischen Energiebedarfs. Nachts wird überschüssige Windenergie in den Akkumulatoren gespeichert oder bei Windstille aus den Akkumulatoren bereitgestellt. Nur bei extrem ungünstigen Wetterbedingungen springt der Dieselmotor an.

Rappenecker Hof

Die gleiche Variante wurde im Rappenecker Hof realisiert, [24]. Die bereits 1987 installierte PV-Anlage mit einer Spitzenleistung von 4 kW wurde 1997 mit einer 1-kW-Windenergie-Anlage ergänzt. Der Dieselgenerator wird nun nur noch als Notreserve benötigt.

Ein spezielles Energiemanagement muss dafür sorgen, dass die Zu- und Abschaltung der verschiedenen Erzeuger richtig gesteuert wird und der Akkumulator durch schonende Ladung acht Jahre hält.

Insel Kythnos Griechenland

Ein Windenergiepark und eine PV-Anlage von jeweils 100 kW Leistung wurde in den achtziger Jahren des 20. Jh. auf der griechischen Insel Kythnos installiert, um das schwache Netz, das bisher mit einem Dieselgenerator betrieben wurde, mit regenerativ erzeugter elektrischer Energie vom Dieseleinsatz unabhängiger zu machen, [25]. Im Sommer 2001 wurde die Erzeugungskapazität der elektrischen Energie um eine 500-kW-Windenergieanlage und einen großen Batteriespeicher erweitert.

Diese Anlagen waren u. a. der Ausgangspunkt für die Entwicklung großer Inselnetze mit einer Vielzahl paralleler Komponenten oder der Vernetzung von Inselsystemen. Die Kommunikation wird zur Schlüsselfunktion für das sinnvolle Zusammenspiel dezentraler kleiner Kraftwerke als virtuelles Kraftwerk.

10.5   Konventionelle und drei EREQ-Anlagen

Für diese Kategorie kommen normalerweise größere Gebäude infrage. Mit drei EREQ-Varianten steigen Versorgungssicherheit und Kosten. Sieben Kombinationen wurden gefunden:

- Solarthermie- und Photovoltaik-Anlage sowie Erdreich-Wärmeübertrager
- Solarthermie-, Photovoltaik- und Biomasseenergie-Anlage
- Solarthermie- und Biomasseenergie-Anlage sowie Erdreich-Wärmeübertrager

- Photovoltaik- und Biomasseenergie-Anlage sowie Heiz-Wärmepumpe
- Photovoltaikanlage, solare Kühl-Wärmepumpe und Erdreich-Wärmeübertrager
- Photovoltaik- und Windenergie-Anlage sowie Heiz-Wärmepumpe
- Photovoltaik-, Windenergie- und Biomasseenergie-Anlage.

10.5.1 Solarthermie- und Photovoltaik-Anlage sowie Erdreich-Wärmeübertrager

Bürogebäude Lamparter Weilheim a. d. Teck/Baden-Württemberg
Dieses Bürogebäude entsprechend dem Passivhauskonzept wurde Anfang 2000 fertig gestellt, [26]. Zur Stromversorgung trägt eine PV-Anlage mit einer 67 m² großen Modulfläche und 8 kW Leistung bei, die an der Attika des Flachdaches und auf dem Pultdach installiert ist. Sie erzeugt 6,5 kWh/(m² a) elektrischen Gleichstrom, hier abweichend von der üblichen Bezugsgröße Modulfläche auf die beheizte Nettogrundfläche des Gebäudes bezogen.

Die solarthermische Anlage besteht aus 4 m² Solar-Vakuumröhrenkollektoren und einem 300-l-Speicher und unterstützt den Gasbrennwert-Heizkessel bei der Trinkwassererwärmung mit einem solaren Deckungsgrad von 93 % in den Sommermonaten.

Im Sommer wird die Außenluft mit einem Nennvolumenstrom von 1.900 m³/h in einem 2,8 m tief im Erdreich verlegten 90 m langen PE-Rohr mit der Nennweite DN 350 um 8 K gekühlt. Im Winter wird die Außenlufttemperatur in diesem Erdreich-Wärmeübertrager um durchschnittlich 4,6 K erhöht.

10.5.2 Solarthermie-, Photovoltaik- und Biomasseenergie-Anlage

Solar-Diamant-Null-Energiehaus
Schon im Jahre 1993 wurde das Solar-Diamant-Null-Energiehaus vorgestellt. Es war ein Einfamilienhaus mit einer thermischen Solaranlage mit 20 m² Solar-Flachkollektoren, einem 10-m³-Langzeit- und einen 0,7-m³-Kurzzeitspeicher, einer netzgekoppelten Photovoltaik-Anlage mit einer Leistung von 3,08 kW und einem holzbeheizten Kaminkachelofen. Die Heizwärme konnte regenerativ erbracht werden.

In den folgenden Jahren wurde das Haus erprobt und 1996 die Ergebnisse der Erprobung in [27] vorgestellt. Während der Erprobungsphase zeigte sich die Alltagstauglichkeit des Solarhauses. Die für den Pumpenantrieb der solarthermischen Anlage benötigte elektrische Energie wurde weitgehend mit der PV-Anlage bereitgestellt. Damals betrugen die Mehrkosten eines solchen Hauses ca. 750 €/m² beheizte Fläche.

Mit der PV-Anlage wurde weniger elektrische Energie im Jahr erzeugt als im Gebäude verbraucht wurde. Es handelt sich noch nicht um ein Energie generierendes Gebäude. Das könnte mit einer größeren PV-Anlage erreicht werden.

Großbäckerei Zürich Höngg/Schweiz

In [28] wird vom Umbau einer Großbäckerei in Zürich Höngg aus dem Jahre 1963 in ein Wohnhaus mit einer Schreinerei im Erd- und Untergeschoss berichtet, wobei Solar-Flachkollektoren in die neue Fassade integriert sind und Photovoltaikmodule als Verschattungselemente über den Fenstern eingebaut wurden, Abb. 10.8.

Neben den Solarkollektoren wird die Heizenergie von einem zentralen Holzhackschnitzel-Heizkessel bereitgestellt, der mit Abfällen aus der Schreinerei beschickt wird. Damit ist die Beheizung regenerativ möglich. Die Photovoltaikanlage liefert über das Jahr weniger Energie, als im Gebäude benötigt wird. Es kann nicht von Energie generierend gesprochen werden.

Monte Rosa Hütte Zermatt/Schweiz

Ein interessantes Beispiel liefert die Energieversorgung der Neuen Monte Rosa Hütte, die 2009 erbaut wurde und unweit von Zermatt/Schweiz auf einer Höhe von 2883 m liegt, [29]. Sie ist mit einer 16-kW-Photovoltaikanlage bestückt, die die überschüssige Energie in einen Bleiakkumulator speichert, hat ein mit Rapsöl betriebenes Blockheizkraftwerk für die Spitzenlastdeckung – elektrische Leistung 8,5 kW, thermische Leistung 19 kW – und eine solarthermische Anlage mit 56 m^2 Solar-Flachkollektoren und zwei Speichern mit je 2.200 l Inhalt sowie einen Kombispeicher mit 1.146 l und 2.86 l Fassungsvermögen.

Energieautark ist die Hütte nicht, denn es wird noch mit Gas gekocht, das ein Hubschrauber zur Hütte transportiert.

Abb. 10.8 Fassade mit
Verschattungselementen
als Solarmodule und
Solarkollektoren, *Quelle*
Kämpfen

10.5.3 Solarthermie- und Biomasseenergie-Anlage sowie Erdreich-Wärmeübertrager

Aus Altbauten und aus Gebäuden, bei denen denkmalrechtliche Belange zu beachten sind, kann bei deren Sanierung nur ganz selten problemlos ein Niedrig- oder gar Nullemissionsgebäude gemacht werden. Und doch sollte bei jeder Sanierung versucht werden, diesem Ziel durch behutsames Erproben und Abwägen aller Möglichkeiten so nahe wie möglich zu kommen.

Niedrigemissionshaus mit Denkmalstatus Görlitz/Sachsen
In einem von der Deutschen Bundesstiftung Umwelt geförderten Projekt in der Görlitzer Altstadt [30] wurde ein Altbau mit Denkmalstatus zu einem Niedrigemissionshaus umgebaut, Abb. 10.9.

Für die anlagentechnische Sanierung wurden mehrere Komponenten eingesetzt.

Die Heizung des Gebäudes erfolgt mit einer Solaranlage und einem Kaminheizkessel. Zusätzlich sind Anschlüsse für einen Holzvergaserkessel bzw. Pelletofen im Erdgeschoss vorhanden. Das Herzstück dieser Anlage sind zwei Speicher: ein Pufferspeicher mit einem Solarkreis und ein sogenannter Hygiene-Schichtkombispeicher mit zwei Solarkreisen und einem Edelstahlwellrohr, in dem das Trinkwasser im Durchlauf erwärmt wird. Die Speicher befinden sich im 2. Dachgeschoss innerhalb des beheizten Raumvolumens.

Die Wandler der solarthermischen Solaranlage, Solar-Vakuumröhrenkollektoren nach dem Wärmerohr-Prinzip, sind auf dem Dach der Südseite (Hofseite) rückbaubar und deutlich als neue Bauelemente erkennbar – das war die Empfehlung des Restaurators – in vier Feldern angeordnet, Abb. 10.10.

Abb. 10.9 Denkmalgeschütztes Gebäude, Nordfassade vor und nach der Sanierung, *Quelle* Conrad

Abb. 10.10 Rückbaubare
Vakuum-Solarröhrenkollektoren
auf der Hofseite, *Quelle* Conrad

Die Solaranlage ist für die Trinkwassererwärmung mit 100 % solarem Deckungsgrad in der Nichtheizperiode und für Gebäude-Heizungsunterstützung ausgelegt. Wenn an Strahlungstagen im Sommer mit der solarthermischen Anlage mehr Energie bereitsteht, als zur Trinkwassererwärmung benötigt wird, kann die überschüssige solar bereitgestellte Wärme zum Temperieren des auch im Sommer kalten Erdgeschosses herangezogen werden, um Sommerkondensation zu vermeiden. Weiterhin wird die große Bauwerksmasse im Erdgeschoss zur Langzeitspeicherung aktiviert: Unter der Fußbodendämmung von Bad und Flur im 1. Obergeschoss wurde ein Heizkreis installiert, um thermische Energie in das Gewölbe und die Erdgeschosswände einlagern zu können, die dann als gebäudeintegrierter Langzeitspeicher wirken und den Beginn der Heizperiode hinauszögern.

Der Kaminheizkessel wird mit Stückholz befeuert. Durch die Einspeisemöglichkeit in den Schichtkombispeicher bereitet die diskontinuierliche Wärmebereitstellung kein Problem. Für die Befeuerung des Kaminheizkessels sind vier Festmeter Nadelholz pro Heizperiode eingeplant, deren Lagerung und Trocknung im Haus möglich sind. Die Lagerung findet im Erdgeschoss statt. Es wird davon ausgegangen, dass durch die mechanische Lüftung die Luft sehr trocken ist und durch die Feuchteregulierung der Lüftungsanlage die frei werdende Holzfeuchte kein Problem darstellt.

Das Erdgeschoss wird über einen alten Schornsteinschacht „entlüftet".

Im Gebäude sind drei Heizkreise vorhanden:

- im Erdgeschoss zur Vermeidung der Sommerkondensation
- im 1. OG, das sich wie ein sehr schweres Gebäude verhält
- im 2. OG, 1. DG und 2. DG, deren thermisches Verhalten einem schweren bis leichten Gebäude entspricht.

Als Heizflächen fungieren ausschließlich Fußboden und Wandheizflächen.

Die bereits erwähnte Lüftungsanlage, die mit Wärmerückgewinnung betrieben wird, sorgt für den hygienisch erforderlichen Außenluftanteil. Das Ansaugen der Außenluft erfolgt über den Erdreich-Wärmeübertrager im Hof oder im Dachbereich auf der Südseite.

Zur Reduzierung des Trink- und Abwasserverbrauchs sind eine Grau- und eine Regenwasseranlage installiert. Das Regenwasser versorgt die Blumenkästen und den Garten; es kann gegebenenfalls in die Grauwassernutzungsanlage eingespeist werden. Im Winter, wenn kein Regenwasser verbraucht werden kann, wird der „Regendieb" auf Winterbetrieb umgestellt und das Wasser wird so in die Kanalisation geleitet. Die Regenwassertanks sind, mit einem Wärmebrückenprogramm überprüft, frostgeschützt. Bei den Tanks ist ein Außentemperaturfühler vorgesehen. In der Grauwassernutzungsanlage wird das Bade- und Duschwasser aufbereitet, um es zum Wäschewaschen und zur Toilettenspülung zu verwenden. Das Abwasser, das durch die Geräte, aus denen es kommt, eine höhere als Raumtemperatur hat, wird alternativ zum Warmwasser aus der Solaranlage für die Temperierung des Erdgeschossfußbodens benutzt.

Eine erste Messperiode von Anfang Oktober 2005 bis Ende September 2006, in der noch nicht alle gebäudetechnischen Anlagen installiert waren, führte zu folgenden Ergebnissen:

- Ohne kontrollierte Wohnungslüftung – die Lüftungsanlage war bis zum Spätsommer 2006 noch nicht eingebaut – wurde in den Wohnräumen eine Luftfeuchte von über 70 % gemessen, was auf die noch erfolgende Austrocknung des Gebäudes und das zu geringe Lüften der Nutzer zurückzuführen ist. Die Lüftungsanlage wird die Raumluftfeuchte verringern
- Zum genannten Zeitpunkt wurde im Gebäude mehr Primärenergie in Form von elektrischer Energie für die elektrischen Haushaltsgeräte als für Gebäudeheizung und Trinkwassererwärmung einschließlich der Hilfsenergie benötigt. Das wird durch Warmwasseranschlüsse für Geschirrspüler und Waschmaschine geändert, die wegen der Gebäudebelegung mit einer fünfköpfigen Familie mit kleineren Kindern nahezu täglich in Betrieb gesetzt werden müssen.

10.5.4 Photovoltaik- und Biomasseenergie-Anlage sowie Heiz-Wärmepumpe

Behindertenwerkstätten Lindenberg/Allgäu
Die Behindertenwerkstätten in Lindenberg/Allgäu werden mit einer Grundwasser-Heiz-Wärmepumpe mit einer Heizleistung von 54,3 kW und einer Leistungszahl von ca. 6,6 und einem Pellet-Heizkessel mit 140 kW Heizleistung beheizt, [31]. Die Heizwärmeverteilung erfolgt über eine Fußboden- und eine Decken-Strahlplattenheizung, die im Sommer von Grundwasser durchflossen wird und die Kühllast vermindern hilft.

Auch das Trinkwasser wird vom Pellet-Heizkessel beheizt, nachdem es durch die Abwärme von Klein-Kühl-Wärmepumpen der Küche vorgewärmt worden ist.

Eine PV-Anlage auf dem Sheddach mit 132 m² Modulfläche, einer Leistung von 16 kW und einem Ertrag an elektrischer Energie >950 kWh/(m² a) und als Sonnenschutz mit 66 m² Modulfläche, einer Leistung von 8 kW und einem Ertrag an elektrischer Energie >880 kWh/(m² a) speist ihre Energie in das elektrische Netz ein. Die elektrische Energieerzeugung der PV-Anlage auf das Jahr bezogen ist geringer als der elektrische Energiebedarf.

In einem nächsten Schritt soll eine solarthermische Anlage installiert werden.

10.5.5 Photovoltaikanlage, solare Kühl-Wärmepumpe und Erdreich-Wärmeübertrager

Umweltbundesamt Dessau

Nachdem in den Vorplanungen für das neu zu errichtende Umweltbundesamt noch ein mit Deponiegas betriebenes Blockheizkraftwerk vorgesehen war, [32], konnte wegen der bereits mit Bundesmittel geförderten Dessauer Fernwärmeversorgung, die noch Leistungsreserven hatte, die Biomasse-Energieversorgung nicht realisiert werden.

Die Energieversorgung besteht im gebauten Objekt, [33], aus

- einer solarthermischen Absorptions-Kühl-Wärmepumpe mit einer Spitzenleistung von 48 kW, die von 216 m² Solarkollektoren energetisch versorgt wird
- einer Photovoltaikanlage mit einer Modulfläche von 655 m², und einer Spitzenleistung von 100 kW, mit der 125 MWh/a elektrische Energie ins Netz eingespeist werden, und
- einem riesigen Erdreich-Wärmeübertrager mit 5 km Rohrlänge, einem Rohrdurchmesser von 1.500 mm, 3,7 m tief verlegt, mit dem die Außenluft vorgeheizt und vorgekühlt wird.

Dieser regenerative Anteil deckt ca. 10 % der Energieversorgung des Umweltbundesamtes.

10.5.6 Photovoltaik- und Windenergie-Anlage sowie Heiz-Wärmepumpe

Bürogebäude Werner & Mertz Mainz/Rheinland-Pfalz

Das Familienunternehmen Werner & Mertz hat in Mainz 2010 für seine neue Hauptverwaltung ein bisher einmaliges Energiekonzept verwirklicht, [34]:

- 16 Savonius-Windenergie-Anlagen auf dem Gebäudedach mit je 3 kW Leistung und einer elektrischen Energiegenerierung von ca. 132 MWh/a
- 350-m²-PV-Anlage mit einer elektrischen Energiegenerierung von 45 MWh/a
- elektrisch betriebene Heiz-Wärmepumpe mit einem Bedarf an elektrischer Energie von 156 MWh/a.

Die thermischen Lasten werden über ein Heiz/Kühlsystem an das Grundwasser in 5 m Tiefe abgeführt, das als Wärmequelle und Wärmesenke benutzt wird und eine Temperatur von ca. 12 °C hat.

10.5.7 Photovoltaik-, Windenergie- und Biomasseenergie-Anlage

„Hermannsdorfer Landwerkstätten" Hannover/Niedersachsen
In den „Hermannsdorfer Landwerkstätten" in der Nähe von Hannover wird ein Energieverbund betrieben, der aus

- einer 1,8-MW-Windenergie-Anlage von Enercon,
- einer 3-kW-Photovoltaik-Anlage und
- einem Biogas-Blockheizkraftwerk

besteht, [35]. Das Biogas-Blockheizkraftwerk hat eine thermische Leistung von 60 kW und eine elektrische Leistung von 37 kW.

Der Bedarf an elektrischer Energie kann, vor allem wegen der großen Windenergieanlage, regenerativ gedeckt werden. Der Heiz-Wärmebedarf wird mit der Abwärme aus der elektrisch betriebenen Kühl-Wärmepumpe und dem Biogas- Blockheizkraftwerk gedeckt. Die elektrische Energie der Kühl-Wärmepumpe wird weitgehend erneuerbar erzeugt. Nur die Dampferzeugung und das Erdgas-BHKW werden mit dem konventionellen Energieträger Erdgas betrieben.

Kläranlage Burg auf Fehmarn/Schleswig-Holstein
Schon 1989 wurde auf der Insel Fehmarn in einem Klärwerk ein Pilotprojekt in Betrieb genommen, das damals in Europa einzigartig war, [36]. In die Energieversorgung waren integriert

- eine 250 kW-Windenergie-Anlage HSW 250 von der Husumer Schiffswerft,
- eine 240 kW-Photovoltaik-Anlage und
- ein mit den anfallenden Biogasen betriebenes Blockheizkraftwerk mit einer elektrischen Leistung von 30 kW.

Die Betriebsführung des Klärwerks wurde durch umfangreiche Simulationen am Fachbereich Physik der Universität Oldenburg optimiert.

Bei einer Besichtigung 2012 musste festgestellt werden, dass sich der Rotor der Windenergieanlage nicht dreht, obwohl benachbarte Anlagen windelektrische Energie erzeugten, und dass die Solarmodule teilweise blind geworden waren. Doch das ist nach 23 Betriebsjahren nicht sehr verwunderlich.

10.6   Konventionelle und vier EREQ-Anlagen

Folgende Varianten konnten vom Autor ermittelt werden:

- Solarthermie- und Photovoltaik-Anlage, Heiz-Wärmepumpe und Erdreich-Wärmeübertrager
- Solarthermie-, Photovoltaik- und Biomasseenergie-Anlage sowie Heiz-Wärmepumpe

- Solarthermie-, Photovoltaik-, Windenergie- und Biomasseenergie-Anlage (Laufwasser-energie-Anlage).

10.6.1 Solarthermie- und Photovoltaik-Anlage, Heiz-Wärmepumpe und Erdreich-Wärmeübertrager

Bürogebäude Raiffeisenverband Steiermark Raaba/Österreich
Mitte 2007 wurde in Raaba/Österreich ein Niedrigenergie-Bürogebäude für den Raiffeisenverband Steiermark in Betrieb genommen, [37].

Für Heizung und Kühlung wurden zwei Heiz-Kühl-Wärmepumpen mit der Wärmequelle Erdreich installiert. Damit steht für die Heizung aus 16 Tiefenbohrungen von 100 m Länge und 65 Energiepfählen mit 15 m Länge eine auf den laufenden Meter der Sonden und das Jahr bezogene Heizleistung von 27 kWh/(m a) und für die Kühlung von 23 kWh/(m a) zur Verfügung. Im Heizfall wird eine Heizleistung von 65 kW benötigt, die durch die Heiz-Wärmepumpe und ein 84 m² großes Fassaden-Solarkollektorfeld gedeckt wird. Mit ca. 21.000 kWh/a deckt das Solarkollektorfeld rund 12 % der Wärme ab. Nicht genutzte thermische Energie wird in einem 5.750-l-Pufferspeicher zwischengespeichert.

Die Außenluft wird über einen Erdkollektor mit 6 Ansaugrohren von 60 m Länge vorgewärmt und über eine Wärmerückgewinnung geführt.

Die auf dem Flachdach aufgeständerte PV-Anlage besteht aus 21 Modulen mit einer Gesamtfläche von 26,3 m². Die Spitzenleistung für Normbedingungen wurde für 4,41 kW berechnet, wobei allerdings schon mehr als 5 kW gemessen wurden. Mit dieser Anlage werden rund 5.000 kWh/a elektrische Energie ins öffentliche elektrische Netz eingespeist. Das entspricht 12 % des Bedarfs an elektrischer Energie.

10.6.2 Solarthermie-, Photovoltaik- und Biomasseenergie-Anlage sowie Heiz-Wärmepumpe

Regierungsbauten Berlin/Deutschland
In diese Variante können die Regierungsgebäude Berlins am Spreebogen und in der Innenstadt eingeordnet werden, [38]. Es gelang leider an keinem der Gebäude, die Solartechnik an der Südfassade unterzubringen, weil die Architekten der Meinung waren, sie dürfe nicht gesehen werden. Wegen der Größe und der Vielzahl der Gebäude kamen doch beachtliche Solaranlagen zustande.

Insgesamt wurden 1.500 m² Solarkollektoren installiert, die jährlich ca. 570 MWh/a Heiz-Wärme produzieren. Sie dient sowohl zur Gebäudebeheizung als auch zur solaren sorptiven Kühlwärmeerzeugung.

Photovoltaik-Anlagen mit einer Leistung von 776 kW und ca. 10.000 m² Modulfläche, die jährlich ca. 630 MWh/a elektrischen Gleichstrom erzeugen, sind auf 14 Gebäuden verteilt. Dabei kamen sehr unterschiedliche Systeme zum Einsatz: Flachdachaufständerung, Schrägdachintegration und der Sonne nachgeführte Verschattungslamellen.

Zur gekoppelten elektrischen Energie- und Wärme-Bereitstellung wurden mit Rapsmethylesther (RMC) betriebene elektrisch geführte Blockheizkraftwerke installiert. Über einen Energieverbund sind die Gebäude mit Heiz- und Kühlwärme- sowie elektrischen Leitungen vernetzt. Für die überschüssige im Sommer bereitgestellte Wärme und auch für die Kühlwärme wurden saisonale Speicher als Aquiferspeicher geschaffen. Der Wärmespeicher befindet sich in ca. 280–300 m Tiefe im porösen Sandstein unter den Regierungsgebäuden und hat im aufgeladenen Zustand eine Temperatur von 65 °C. Für die Kühlwärmespeicherung wird ein Aquifer im Bereich des Grundwassers in ca. 60 m Tiefe genutzt. Das Grundwasser wird im Winter mit kalter Außenluft auf ca. 5 °C abgekühlt und im Aquifer gespeichert.

In das Energiesystem sind auch Absorptions-Kühl-Wärmepumpen und Heiz-Wärmepumpen eingebunden, wobei die Kühl-Wärmepumpen mit Abwärme der BHKW und der Heiz-Wärme der solarthermischen Anlagen beheizt werden.

Die Energieversorgung ist damit zu 80 % regenerativ.

10.6.3 Solarthermie-,Photovoltaik-, Windenergie- und Biomasseenergie-Anlage (Laufwasserenergieanlage)

Die „Positiv-Energie-Unternehmen" Schmalz GmbH in Glatten bei Freudenstadt/Baden-Württemberg

In diesem Unternehmen war bereits vor 40 Jahren eine Holzhackschnitzel-Heizung in Betrieb gegangen. In den vergangenen Jahren wurde die Energiebereitstellung stark regenerativ aufgerüstet und zeitweilig stillgelegte Anlagen wieder in Betrieb genommen, [39]. Die regenerative Energiebereitstellung besteht aus

- zwei Windenergie-Anlagen mit einem jährlichen Energieertrag von mehr als 2,5 GWh/a,
- der Holzhackschnitzel-Anlage, deren Ausgangsstoffe Sturm- und Bruchholz sind und die 130 MWh/a Heizenergie liefert,
- einer Photovoltaikanlage mit einer Modulfläche von 644 m^2, die auf dem Dach der Produktionshalle installiert ist und 85 MWh/a elektrische Energie ins Netz einspeist, und
- einer solarthermischen Anlage mit einem Ertrag von ca. 11 MWh/a für die Trinkwassererwärmung.

Es wird in den Unternehmensunterlagen weiterhin erwähnt, dass 2007 eine Laufwasserenergie-Anlage wieder in Betrieb genommen wurde, die 2001 abgeschaltet worden war. Über deren Energiebeitrag sind in den Unternehmensunterlagen keine Werte enthalten, weswegen diese Energieform in der Überschrift Klammern steht. Falls die Laufwasserenergie-Anlage wieder in Betrieb ist, handelt es sich um ein Beispiel für die Nutzung von 5 verschiedenen Energien aus regenerativen Energiequellen.

10.7 Nullemissionsgebäude

Hier sind Gebäude zusammengestellt, die ihre Energieversorgung ausschließlich mit EREQ erreichen wollen. Es handelt sich um Nullemissionsgebäude in allen drei am Anfang des Kap. 10 definierten Gebäudevarianten. Die Anzahl der regenerativen Anlagen kann von 1 bis 5 reichen:

- Eine (1) EREQ-Anlage
- Zwei EREQ-Anlagen
- Drei EREQ-Anlagen
- Vier EREQ-Anlagen
- Fünf EREQ-Anlagen.

10.7.1 Eine (1) EREQ-Anlage

Biomasseenergie-Dorf Jühnde/Niedersachsen
Es ist tatsächlich möglich: Das Biomasseenergie-Dorf Jühnde in der Nähe von Göttingen hat seine Versorgung mit elektrischer Energie und Wärme völlig auf regenerative Energie umgestellt, [40]. Und diese regenerative Energie ist Biomasseenergie. Das ist allerdings bis jetzt nur im ländlichen Raum mit genügend örtlich verfügbarer Biomasse möglich.

An der Energiebereitstellung beteiligt sind ein Biogas-Blockheizkraftwerk mit einer Heiz-Wärmeleistung von 700 kW und ein Holzhackschnitzel-Heizwerk mit einer Heizleistung von 600 kW. Die Gebäude des Dorfes werden über ein Nahwärmenetz von 5.500 m Länge mit Wärme versorgt. Das Biogas-BHKW erzeugt außerdem 4 GWh/a elektrische Energie, doppelt so viel, wie das Dorf verbraucht. Sie werden ins regionale elektrische Netz eingespeist.

Die Anlage wird ausschließlich mit lokalen Rohstoffen betrieben, was der Region zugutekommt. Es handelt sich um ein *Energie generierendes* Dorf.

10.7.2 Zwei EREQ-Anlagen

Hierfür wurden 2 Kombinationen gefunden:

- Solarthermie- und Photovoltaik-Anlage
- Photovoltaik- und Biomasseenergie-Anlage.

10.7.2.1 Solarthermie- und Photovoltaik-Anlage
Energieautarkes Solarhaus Freiburg im Breisgau/Baden-Württemberg
In dieser Konstellation wurde Anfang der 90-er Jahre ein Gebäude als Forschungsprojekt in Freiburg im Breisgau errichtet und als *energieautarkes Solarhaus* bezeichnet, [41, 42]. Das

im November 1992 fertiggestellte und dann von einem Forscherehepaar bezogene Haus war von jeder Energiezufuhr von außen abgeschnitten, hatte also auch keinen Anschluss an das elektrische Netz. Nachdem die Forscher ein Kind bekommen hatten, wurde ihnen der Besucherandrang zu viel und sie zogen aus.

Dieses energieautarke Solarhaus ist ein nach Süden halbkreisförmig ausgerichtetes Gebäude, Abb. 10.11.

Es war bei seiner Einweihung ein Einfamilien-Wohnhaus mit Vortragsraum auf einer Grundfläche von 115 m^2, einer beheizten Wohnfläche von 145 m^2 und einem beheizten Volumen von 365 m^3. Das in Abb. 10.13 dargestellte Haus zeigt den Stand vom Jahre 2000. Nach einer Forschungsphase, die bis 1995 andauerte und in der die völlige Energieautarkie demonstriert werden konnte, wurde das Haus der Mittelpunkt von Laborgebäuden des Fraunhofer Instituts für Solare Energiesysteme.

Die autarke Energieversorgung wurde erreicht durch

- eine solarthermische Anlage mit 14 m^2 Kollektorfläche, wobei der Absorber über Spiegel auch von der sonnenabgewandten Seite bestrahlt wird, und einem 1.000-l-Solarwärmespeicher,
- eine 36 m^2 große Photovoltaikanlage mit einer elektrischen Spitzenleistung von 4,2 kW, in Abb. 10.13 oben zu erkennen, mit dessen erzeugter Elektroenergie alle elektrischen Verbraucher und ein Elektrolyseur zur Wasserstofferzeugung versorgt wurden,
- transparente Wärmedämmung (TWD) und damit passive Solarenergienutzung auf der gesamten südorientierten Außenwand,
- Wärmerückgewinnung aus der Abluft des Gebäudes.

Die Energieautarkie des Gebäudes wurde mit dem Speichermedium Wasserstoff erreicht. Mit einem Teil der aus der PV-Anlage gewonnenen Elektroenergie wurde mit einem Elektrolyseur Wasserstoff erzeugt und im Haus gespeichert. Mit diesem Wasserstoff wurde in Zeiten ohne solaren Energieeintrag eine Brennstoffzelle betrieben, und so wurden elektrische Energie und Heizwärme erzeugt.

Abb. 10.11 Energieautarkes Solarhaus in Freiburg

Die Sonnenenergieeinträge gliederten sich auf in:

- Photovoltaik-Anlage   4.500 kWh/a
- Fenster (passiv)   3.000 kWh/a
- TWD-Fassade (passiv)   3.000 kWh/a
- Sonnenkollektoren   4.000 kWh/a

Der Energieverbrauch im sehr gut wärmegedämmten Haus mit optimierten elektrischen Geräten entfiel auf:

- elektrischen Wechselstrom   700 kWh/a
- elektrischen Gleichstrom   1.100 kWh/a
- Kochen   700 kWh/a
- Zusatzenergie Trinkwassererwärmung   230 kWh/a
- Zusatzenergie Gebäudeheizung   300 kWh/a

Dieses erstmalige Realisieren eines Nullemissionshauses als *Energie autarkes Haus* hat Bauherren und Architekten in den nachfolgenden Jahren angeregt, auch Nullemissionshäuser zu entwickeln. Dabei wurde allerdings nicht von Anfang an auf einen Anschluss an das regionale elektrische Energieversorgungsnetz verzichtet.

10.7.2.2 Photovoltaik- und Biomasseenergie-Anlage
Coburger Hütte Nähe Ehrwald im Wettersteingebirge/Österreich
In dieser 1.990 m hoch gelegenen Hütte wurde, um die Trinkwasserqualität nicht zu gefährden, das Dieselaggregat durch ein mit Pflanzenöl betriebenes Elsbett-Blockheizkraftwerk mit einer elektrischen Leistung von 11,8 kW ersetzt, [43]. Der Generator des Blockheizkraftwerks übernimmt die Energieversorgung der elektrischen Großverbraucher. Überschüssige elektrische Energie wird in Akkumulatoren gespeichert, die tagsüber auch mit einer PV-Anlage aufgeladen werden, Abb. 10.12.

Das Blockheizkraftwerk übernimmt die notwendige Nachladung der Akkumulatoren, wenn die elektrische Energie der PV-Anlage nicht ausreicht. Kleinverbraucher werden über das Akkumulator-Wechselrichter-System versorgt. Das Blockheizkraftwerk läuft nur während der Betriebsintervalle der Großverbraucher, aber dann mit voller Leistung und damit hohem Wirkungsgrad.

Die Motorabwärme des Blockheizkraftwerks, bestehend aus der Abgasenthalpie und der Wärme des Ölkühlers, wird zur Versorgung der thermischen Verbraucher verwendet, Abb. 10.13.

Ein elektrischer Heizstab mit einer Leistung von 7 kW ist nur als Notheizung für die Trinkwassererwärmung vorgesehen. Er kann wegen der hohen Leistung nicht gleichzeitig mit der Materialseilbahn, deren Antriebsmotor auch eine Leistungsaufnahme von 7 kW hat, betrieben werden.

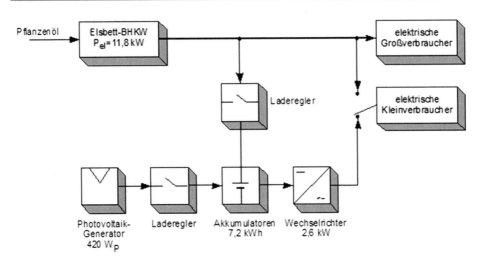

Abb. 10.12 Elektrisches Anlagenschema der Coburger Hütte entsprechend [43]

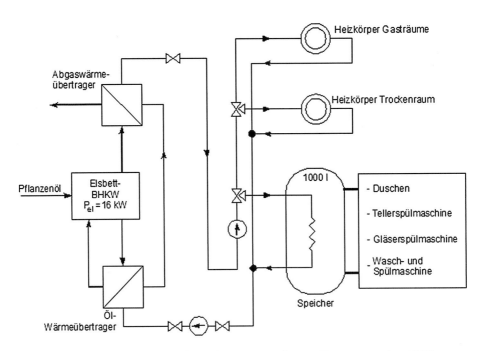

Abb. 10.13 Thermisches Anlagenschema des Systems Coburger Hütte entsprechend [43]

Das Blockheizkraftwerk läuft 850 h pro Saison; die Wartungsintervalle, wie Öl- und Kraftstofffilterwechsel, erfolgen aller 400 Betriebsstunden. Der saisonale Pflanzenölbedarf beträgt 1.900 l mit einer Energie von 18.530 kWh/a. Damit liefert der Generator 5.060 kWh/a elektrische Energie, was einem Nutzungsgrad von 27,3 %

entspricht. Der Blockheizkraftwerk-Systemnutzungsgrad beträgt bei einer thermischen Energie von 6.800 kWh/a rund 64 %. Er hängt vom Warmwassertemperaturniveau ab.

Die hohe Stromkennzahl, das Verhältnis von elektrischer und thermischer Energie, von 0,75 ist charakteristisch für den direkt einspritzenden Elsbett-Motor. Das Akkumulator-Wechselrichter-System liefert ca. 380 kWh/a. Die Zahlen beziehen sich alle auf die Betriebssaison der Hütte, die ca. 145 Tage beträgt und hier als Angaben für ein Jahr stehen.

Die Hütte wird zwar 100-prozentig mit EREQ betrieben, doch muss das Pflanzenöl zur Hütte transportiert werden, da in dieser Höhe keine Biomasse geerntet werden kann. Es handelt sich um ein *mit regenerativer Energie versorgtes Gebäude*

10.7.3 Drei EREQ-Anlagen

Dafür wurde zwei Variante gefunden:

- Solarthermie-, Photovoltaik- und Biomasseenergie-Anlage
- Solarthermie- und Photovoltaik-Anlage sowie Heiz-Wärmepumpe.

10.7.3.1 Solarthermie-, Photovoltaik- und Biomasseenergie-Anlage
Das EnergieAutarkeHaus von ELMA

Das Gebäude wurde 2009 und 2010 entwickelt und am 05. Mai 2011 eingeweiht, [44]. Es ist mit einem 9 m^3 Langzeitwärmespeicher mit dem Speichermedium Wasser, einer Solar-Flachkollektorfläche von 46 m^2, einer dachintegrierten 8-kW-PV-Anlage mit entsprechender Speichertechnik und einem Kaminofen ausgerüstet, für den im Jahr ca. 2 fm Stückholz benötigt werden.

Das Gebäude benötigt keinen Anschluss an das regionale elektrische Netz und kann mit solarer überschüssiger elektrischer Energie die Akkumulatoren des Elektroautos der Familie aufladen.

Mit der regenerativen Versorgung muss auch der Energieverbrauch weitgehend reduziert werden, z. B. sollte elektrische Energie nicht in Wärme umwandelt werden, wie es in Waschmaschinen und Geschirrspülern üblich ist. Es handelt sich nach der Definition in Abschn. 10.2 um ein *mit regenerativer Energie versorgtes Gebäude.*

10.7.3.2 Solarthermie- und Photovoltaik-Anlage sowie Heiz-Wärmepumpe

Das ist eine sehr aussichtsreiche Option für die Forderung in der EU, ab 2019 nur noch Häuser zu bauen, die mindestens so viel Energie erzeugen wie sie verbrauchen. Das elektrische Netz soll aber weiterhin als Puffer vorhanden sein.

Haus Westermayr McCready Bonn/NRW

Dieses Haus wurde mit sehr dicker Wärmedämmung – die Außenwand besteht aus 17,5 cm Kalksandstein-Mauerwerk, 27 cm Hartschaumplatte und Außenputz, und die

Dachdämmung beträgt 49 cm – und optimaler Haustechnik als Passivhaus errichtet, das in der Jahresbilanz mehr Energie produziert als es verbraucht, [45].

Dazu trägt eine solarthermische Anlage mit Solar-Vakuumröhrenkollektoren zur Trinkwassererwärmung mit einem jährlichen solaren Deckungsgrad von 60 % bei, wobei im Sommer volle solare Deckung erreicht wird.

Zur Gebäude-Heizungsunterstützung dienen

- eine elektrisch angetriebene Erdsonden-Heiz-Wärmepumpe, die auch den Solarspeicher der thermischen Solaranlage als Wärmequelle nutzt,
- Wärmerückgewinnung in der Be- und Entlüftungsanlage,
- eine zweigeteilte dachintegrierte PV-Anlage, die auf dem Norddach mit 48 Solarmodulen und einer Spitzenleistung von 7,2 kW einen elektrischen Jahresenergieertrag von ca. 3.700 kWh/a und auf dem Süddach mit 60 Solarmodulen mit einer Spitzenleistung von 9 kW einen Jahresertrag von 7.700 kWh/a hat.

Der Jahres-Heizwärmebedarf für die Gebäudeheizung beträgt 14 kWh/(m^2 a). Es handelt sich um ein *Energie generierendes Gebäude*

Eco-Plus-Home Brathurst, New Brunswick/Kanada

Ein Haus der TU Darmstadt, das als Modell am Solar-Decathlon-Wettbewerb im Jahre 2007 in den USA teilnahm und dort gesiegt hatte, wurde in Kanada als Eco-Plus-Home, ausgerüstet mit Gebäudetechnik der Bosch Thermotechnik, in Brathurst, New Brunswick, aufgestellt, [46].

Das System besteht aus einer elektrisch angetriebenen Heiz-Wärmepumpe mit dem Erdreich als Wärmequelle, einer thermischen Solaranlage zur Gebäude-Heizungsunterstützung und Trinkwassererwärmung sowie einer Photovoltaik-Anlage.

Dieses Projekt zeigt, dass eine Energiebereitstellung allein aus erneuerbaren Energien ohne Einschränkung des Lebensstils gelingen kann und auch finanzierbar ist. Es ist ein *Energie generierendes Gebäude*.

10.7.4 Vier EREQ-Anlagen

Hierfür wurden Gebäude mit den Anlagen

- Solarthermie-, Photovoltaik- und Biomasseenergie-Anlage sowie Heiz-Wärmepumpe,
- Solarthermie-, Photovoltaik-, Biomasseenergie- und Laufwasserenergie-Anlage,
- Photovoltaik- und Windenergie-Anlage, Heiz-Wärmepumpe und Erdreich-Wärmeübertrager und
- Solarthermie-und Photovoltaik-Anlage, Heiz-Wärmepumpe und Erdreich-Wärmeübertrager

realisiert.

10.7.4.1 Solarthermie-, Photovoltaik- und Biomasseenergie-Anlage sowie Heiz-Wärmepumpe

Nullemissionsfabrik SOLVIS Braunschweig/Niedersachsen

Mit dieser solaren Anlagenkombination hat die Solarfirma SOLVIS ihre im Jahr 2002 errichtete Fabrik ausgerüstet und sie so zu einer Nullemissionsfabrik gemacht, [47]. Büros und Fabrikationsräume sind in einem Komplex sehr kompakt zusammengefasst, Abb. 10.14.

Das Energiekonzept für die Nullemissionsfabrik von SOLVIS ist in Tab. 10.3 zusammengestellt.

Die PV-Anlage ist auf dem Flachdach der Nullemissionsfabrik mit einer aufwendigen Haltekonstruktion aufgeständert, wie es sehr gut in Abb. 10.15 zu erkennen ist.

Abb. 10.14 SOLVIS-Fabrikgebäude, Süd- und Ostseite, *Quelle* SOLVIS/C. Richters

Abb. 10.15 Aufgeständerte PV-Anlage auf dem Flachdach, *Quelle* SOLVIS/C. Richters

Tab. 10.3 Systeme, Komponenten und Details des SOLVIS-Fabrikgebäudes entsprechend [47]

Systeme	Komponenten	Details
Heizung	Thermische Solaranlage	171 m², 3 Felder auf dem Tragwerk montiert, Energiegewinnung 20 MWh/a
	Rapsöl-BHKW	thermische Leistung 115 kW, Nutzwärme 180 MWh/a
	Abwärme Heizkesselversuchsstände	Versuchsstände speisen in den Pufferspeicher der Heizzentrale ein, unregelmäßiger Anfall
	Raumheizflächen	nur in Büros als Niedertemperatur-Flachheizkörper
	2 Abluft-Heiz-Wärmepumpen	Heizleistung 9,5 kW und 6,1 kW, Wärmequelle ist Abluft aus den Büros, speisen in Heizung ein
	Lüftungsanlage	nur in Halle mit Wärmerückgewinnung, Wärmerückgewinnungsgrad 78 %
Lüftung/Kühlung	Abluftanlage	nur in Büros, Außenluft wird über Brüstungselemente zugeführt
	Sommerliche Nachtlüftung	mit 2,5-fachem Luftwechsel
	Kühl-Wärmepumpe	kühlt nur im Sommer den Serverraum bei Raumtemperaturen >25 °C
	Umluftkühler	kühlt in der Übergangszeit den Serverraum mit Luft aus den benachbarten Produktionshallen
Beleuchtung	Natürliche Beleuchtung	Büros: großflächige Verglasung
		Halle: Oberlichter und Fensterbänder
	Sonnen- und Blendschutz	Büros: satinierte Gläser und zweigeteilte Lamellenjalousien
	Kunstlicht	TL5 Leuchten, elektronische Vorschaltgeräte, tageslichtabhängig gesteuert
elektrische Energieversorgung	Rapsöl-BHKW	elektrische Leistung 100 kW, erzeugte elektrische Energie 160 MWh/a
	PV-Anlage	auf den Überdachungen der Beladezonen und auf dem Flachdach, Spitzenleistung 52 KW, erzeugter Strom 45 MWh/a
Trinkwassererwärmung	Thermische Solaranlage	siehe oben

Da dieses Objekt über das Programm SolarBau:Monitor gefördert wurde, folgte nach der Inbetriebnahme des Objekts ein mehrjähriges Monitoring. Die Datenanalyse daraus führte zu einer Reihe von Optimierungsvorschlägen.

Beim Betrieb einer so komplexen haustechnischen Anlage ist immer damit zu rechnen, dass nicht alle berechneten Werte der Energiebilanz auch tatsächlich so eintreten. Die Verantwortung des Architekten und seiner Fachplaner sollte nicht mit der Übergabe des Objekts an seine Nutzer enden.

Es handelt sich um ein *mit EREQ versorgtes Gebäude*.

10.7.4.2 Solarthermie-, Photovoltaik-, Biomasseenergie- und Laufwasser-Anlage

Chamanna digl Kesch Albula Alpen/Schweiz

Der Neubau der Keschhütte (Chamanna digl Kesch) wurde im Sommer 2000 realisiert, [48]. Sie ist nur zu Fuß erreichbar, Abb. 7.36. Die Hütte ist von Ende Februar bis Mitte Mai für die Skitourenzeit und von Mitte Juni bis Ende Oktober für die Sommersaison geöffnet und hat 92 Schlafplätze.

Das Energiekonzept beinhaltet

- eine Photovoltaik-Anlage mit einer Leistung auf dem Dach von 0,85 kW und an der Fassade von 1,83 kW,
- eine Solar-Flachkollektorfläche von 20,25 m^2 auf dem Dach,
- Transparente Wärmedämmung (TWD) an der Südfassade unter den Fenstern,
- einen Holz-Kochherd und
- eine kleine Turbine in der Trinkwasserleitung mit 0,27 kW elektrischer Leistung.

Die solarthermisch gewonnene Wärme dient zur Trinkwassererwärmung und bei Überangebot zur Beheizung der beiden Waschräume im Keller.

Mit der gewonnenen Energie wird sehr sparsam umgegangen. Das schließt auch ein Verbot zum Aufladen eines Mobils ein.

Es muss bemerkt werden, dass das Holz für die Energieversorgung der Küche zur Hütte aus dem Tal gebracht werden muss, da in dieser Höhe von 2630 m keine Biomasse geerntet werden kann. Deshalb ist es *ein mit EREQ versorgtes Gebäude*.

10.7.4.3 Photovoltaik- und Windenergie-Anlage, Heiz-Wärmepumpe und Erdreich-Wärmeübertrager

Bürohaus Amstein + Walthert Zürich/Schweiz

Unter dem Aspekt, ein Niedrig-Exergie-Haus zu schaffen, wurde für die Energiebereitstellung das folgende Konzept realisiert.

Das Gebäude wird mit einer elektrisch betriebenen Heiz-Wärmepumpe mit den Wärmequellen Abluft und Erdwärme über Erdsonden beheizt. Die Erdsonden dienen im Sommer zur Abkühlung des Wassers in den Deckenregistern.

Das Gebäude wird ausschließlich mit elektrischer Energie versorgt, die regenerativ erzeugt wurde. Das geschieht mit einer PV-Anlage mit 150 m² Modulfläche auf dem Dach des Technikaufbaus und durch Anteile an einem Windenergiepark für ca. 75 MWh/a Jahresenergiegewinn.

Der bei diesem Gebäude eingeschlagene Weg, nicht die gesamte benötigte Energie mit dem Gebäude zu generieren, sondern regenerative Energie auch von außen zuzuführen, wird wahrscheinlich der zukünftig gangbare Weg sein. Es ist ein *mit EREQ versorgtes Gebäude*.

10.7.4.4 Solarthermie-und Photovoltaik-Anlage, Heiz-Wärmepumpe und Erdreich-Wärmeübertrager

„Sunny Woods" Zürich/Schweiz

Das Mehrfamilienhaus „Sunny Woods" wurde an einem sonnigen Hang am Rande von Zürich errichtet, [49]. Das Gebäude hat einen durchschnittlichen Endenergieverbrauch von 15 kWh/(m² a). Das wird durch die kompakte Gebäudeform und eine 33 cm dicke Wärmedämmung der Hausfassaden erreicht. Konstruktiv schlecht dämmbare Fassandenteile sind mit einer 20 mm dicken hoch wirksamen Vakuumwärmedämmung versehen. Um die Fassadenfläche möglichst gering zu halten, wurde auf Vor- und Rücksprünge bei der Hauskonstruktion weitgehend verzichtet.

Bei der Planung des Gebäudes wurde bewusst auf eine optimale Energiebilanz gesetzt.

Das Haus kann auf eine konventionelle Heizung verzichten. In der Heizperiode werden die Wohnungen über eine kontrollierte Lüftung mit vorgewärmter Außenluft geheizt. Diese Außenluft wird zunächst über einen Erdreich-Wärmeübertrager vorgewärmt und im Bedarfsfall mittels einer Heiz-Wärmepumpe nachgeheizt.

Zur Trinkwassererwärmung dienen insgesamt 36 m² Solar-Vakuumröhrenkollektoren, die an der Südfassade unter den raumhohen Fenstern in die Brüstungselemente integriert sind und gleichzeitig die Geländer der Balkone bilden, Abb. 10.16.

Den minimalen elektrischen Energiebedarf für Gebäudeheizung, Lüftung und Trinkwarmwasserbereitung liefert eine dachintegrierte PV-Anlage mit Dünnschichtsolzellen, Abb. 10.17.

Die PV-Anlage besteht aus 504 Solarmodulen, die eine Fläche von rund 300 m² einnehmen und eine Spitzenleistung von 16 kW haben. Diese solarelektrische Anlage ist als Gemeinschaftsanlage konzipiert, an der jede der sechs Wohnungen im Haus einen Leistungsanteil von 2,7 kW hat. Mit diesem Anteil sind die Wohnungen in der Jahresbilanz Energie generierende Wohnungen.

10.7.5 Fünf EREQ-Anlagen

Eine Energieversorgung mit fünf regenerativen Anlagen dürfte auch in Zukunft nur in den seltensten Fällen angestrebt werden. Und dann sicher kaum für ein Gebäude.

Abb. 10.16 Südfassade von Sunny Woods mit Solarröhrenkollektoren als Balkonbrüstung, *Quelle* Kämpfen

Abb. 10.17 Dachintegrierte PV-Anlage mit Dünnschicht-Solarzellen von Sunny Woods, *Quelle* Kämpfen

Nordseeinsel Pellworm/Schleswig-Holstein
Seit 1983 wird versucht, die Insel nach und nach von der Energieversorgung vom Festland
unabhängig zu machen. Begonnen wurde mit einer 300-kW-Photovoltaikanlage. 1989
kamen drei Windenergieanlagen mit je 33 kW hinzu, [50]. Inzwischen ist die Insel mit
solarthermischen und Biomasseenergie-Anlagen sowie Heiz-Wärmepumpen *ein mit EREQ
versorgtes Objekt.*

10.8   Schlussfolgerungen

In den vergangenen Jahrzehnten wurden mit Pilotprojekten und vielen privaten Initiativen grundlegende Untersuchungen und Erprobungen zur regenerativen
Energiebereitstellung für Gebäude unternommen. Sie haben gezeigt, dass es immer mehrere Möglichkeiten gibt, dieses Problem zu lösen.

Das Erreichen der *Energieautarkie* mit dem hier definierten Inhalt wird nicht das
Ziel sein. Es wurde zwar nachgewiesen, dass solche Gebäude realisiert werden können, doch dauerhaften Bestand hatten sie in den wenigsten Fällen. Es wurde sehr
schnell festgestellt, dass die Kosten für Energie autarke Häuser und auch energetische Unwägbarkeiten für diesen Haustyp keine Massenproduktion erwarten lassen.
Ganz wichtig waren sie für das Setzen von Impulsen hin zu einer vollen regenerativen
Energiebereitstellung.

Energie generierende Gebäude sind eine realistische Option. Ihr haftet allerdings als
Nachteil an, dass immer eine zusätzliche äußere Energieversorgung, in der Regel das
regionale elektrische Netz nötig ist. Der von manchem PV-Kraftwerker leichtfüßig hin-
geworfene Satz, meine überschüssige elektrische Energie speise ich ins Netz ein, hat
nur dann einen realen Hintergrund, wenn jemand dieses Netz bereitstellt. Trotz dieses
Nachteils ist der Ansatz, im Jahresverlauf so viel Energie regenerativ zu erzeugen, wie im
Laufe des Jahres vom Gebäude verbraucht wird, beim momentanen Entwicklungsstand
der regenerativen Energiebereitstellung sehr realistisch.

Das *mit EREQ versorgte Gebäude* ist der realistischste Ansatz. Ein solches Gebäude
erhält einen Teil seiner Energie von außen als Energie aus regenerativen Energiequellen
und generiert selbst Energie.

10.9   Zusammenfassung

In Abweichung von den bisherigen Gepflogenheiten, mit den Begriffen monovalent,
bivalent und hybrid vor allem die Wärmeversorgung von Gebäuden zu beschreiben,
werden hier sowohl die thermische als auch die elektrische Energiebereitstellung für
Gebäude berücksichtig.

Die Energiebereitstellung ist damit fast in jedem Gebäude mindestens bivalent. Für
mehr als je eine Anlage zur Wärme- und elektrischen Energiebereitstellung wird der
Begriff multivalent verwendet.

Da es darauf ankommt, wie groß der Anteil der Energie aus regenerativen Energie-quellen an der Gebäude-Energiebereitstellung ist, wird von den Begriffen monovalent, bivalent und multivalent kein Gebrauch gemacht, sondern die Anzahl und Art der rege-nerativen Energien in den Vordergrund gerückt.

Es gibt bisher eine große Anzahl von Anlagengestaltungen, bei denen konventionelle und regenerative Anlagen kombiniert werden. Es kam hier vor allem darauf an, die rege-nerativen Anlagen zu beschreiben und den Bauherren und Planern einschließlich der Architekten mit den Beispielen Anregungen für das Einbeziehen der Energien aus rege-nerativen Energiequellen in die Gebäude-Energiebereitstellung zu geben.

Das mit regenerativer Energie zu versorgende Nullemissionsgebäude, um das es vor-dergründig geht, kann mit drei Varianten präzisiert werden:

- Energie generierendes Gebäude
- mit Energie aus regenerativen Energiequellen versorgtes Gebäude
- Energie autarkes Gebäude

Ein Energie generierendes Gebäude erzeugt mit seinen regenerativen Möglichkeiten im Jahresverlauf mindestens so viel Energie, wie es im Laufe eine Jahres verbraucht. Es benötigt Anschlüsse an äußere Versorgungsnetze.

Ein mit Energie aus regenerativen Energiequellen versorgtes Gebäude ist die Zukunftsop-tion, da von außen regenerativ erzeugte elektrische Energie oder Biomasseenergie zugeführt wird. Energiespeicher im Gebäude werden nicht zu groß. Eine Erfolg versprechende Option ist die Kopplung dieses Typs mit dem Energie generierenden Gebäude.

Energie autark bedeutet, dass alle Energie vom Gebäude selbst erzeugt wird. In Gebieten mit guter Energie-Infrastruktur ist das kein anzustrebendes Ziel, auch weil hohe Kosten kaum zu vermeiden sind.

10.10 Fragen zur Vertiefung

- Was wurde bisher unter dem Begriff bivalente Energieversorgung verstanden?
- Was wäre entsprechend der in diesem Buch verwendeten Definition ein Gebäude mit monovalenter Energiebereitstellung?
- Warum wird von den Begriffen monovalent, bivalent und hybrid kein Gebrauch gemacht?
- Mit welchen Anlagen sollte ein Gebäude ausgerüstet werden, wenn neben einer kon-ventionellen auch drei regenerative Anlagen eingesetzt werden sollen?
- Welche Energien aus regenerativen Energiequellen sind mit einem Gebäude und in seinem unmittelbaren Umfeld zu gewinnen?
- In welchen drei Varianten kann ein Nullemissionsgebäude realisiert werden?
- Was ist unter einem Energie generierenden Gebäude zu verstehen?
- Welche Art von Speichern wurde bisher in sogenannte Nullheizenergie-Gebäude eingebaut?
- Welche Option eines Nullemissionsgebäudes wird die größten Zukunftschancen haben?

Literatur

1. Manfred Schmidt: Regenerative Energien in der Praxis. Verlag Bauwesen, Berlin 2002, ISBN 3-345-00757-6.
2. A. Gassel: Beiträge zur Berechnung solarthermischer und exergieeffizienter Energiesysteme. Dissertation Fakultät Maschinenwesen der TU Dresden, 1996.
3. Micaela Münter: Gebäude sanieren – Gründerzeithäuser. BINE projektinfo 08/08.
4. www.baunetzwissen.de/objektartikel/Solar/Gebaeude der Wirth Holding in Chur.
5. Micaela Münter: Fabrik nach Passivhauskonzept. BINE projektinfo 10/01.
6. Micaela Münter: Gebäude sanieren – Komponenten im Test. BINE projektinfo 13/05.
7. Franz Meyer: Erdgekoppelte Wärmepumpen für Neubauten. BINE-Projektinfo 03/10.
8. Katrin Schweiker, Micaela Münter: Verwaltungsgebäude als energieeffizientes Ensemble. BINE projektinfo 16/09.
9. Micaela Münter: Gebäude der Zukunft erfolgreich beim Zehnkampf. BINE projektinfo 04/11.
10. Roman Jakobiak: Museum als Niedrigenergiegebäude. BINE projektinfo 9/01.
11. Frank Hawemann: Passivhaus Wohnprojekt Dresden-Pillnitz. SW&W 12/2002, S. 36–39.
12. Frank Thole: Solarthermie optimiert Wärmepumpenbetrieb. TGA-Fachplaner 2010/11, S. 14–17.
13. Ina Röpcke: Vom Speicher mit Haus zum Haus mit Speicher. SW&W 2/2007, Sonderdruck.
14. Ina Röpcke: Raus aus der Öko-Ecke. SW&W 8/2011, S. 204–207.
15. Dorothee Gintars: Mit kühlem Kopf studieren. BINE projektinfo 07/02.
16. Ulrich Rochard, Johannes Werner: Haustechnik für Bürogebäude im Passivhaus-Standard. Tagungsband 6. Europäische Passivhaustagung 2002 in Basel, S. 353–363.
17. Beat Kämpfen: Marchè International Support Office – Das erste Null-Energie-Bürogebäude der Schweiz. Projektskizze vom Autor 2007.
18. Dorothee Gintars: Effizientes Bürogebäude mit flexiblem Raumkonzept. BINE projektinfo 13/07.
19. Dorothee Gintars, Uwe Friedrich: Wohnen in Passivhäusern. BINE projektinfo 04/03.
20. Karl-Heinz Stawiarski: Heizen und Kühlen mit Umweltwärme. Solares Bauen, Sonderausgabe der Zeitschrift Sonnenenergie Oktober 2003, Solarpraxis AG, Berlin, S. 17.
21. Micaela Münter: Komfortabel Lernen und Arbeiten. BINE projektinfo 12/06.
22. Werner Kleinkauf, Fotios Raptis: Elektrifizierung mit erneuerbaren Energien – Hybridanlagentechnik zur dezentralen, netzkompatiblen Stromversorgung. Forschungsverbund Sonnenenergie „Themen 96/97", Köln 1997, S. 4–12.
23. Franz Miller: Sonne und Wind vereint. VDI-Nachrichten Nr. 6 vom 11.02.1994, S. 18.
24. Helmuth Lemme: Hybridsysteme verbilligen Solarstrom. VDI-Nachrichten Nr. 12 vom 27.03.1998, S. 20.
25. Franz Meyer: Modulare Systemtechnik für dezentrale Energieversorgung. BINE projektinfo 02/02.
26. Dorothee Schacht: Bürogebäude nach Passivhauskonzept. BINE projektinfo 08/01.
27. Detlef Koenemann: Das Null-Energie-Haus geht in Serie. SW&W 4/1996, S. 26–29.
28. Beat Kämpfen: Alter Neubau neu genutzt. tec21 37/2002, S. 17–19.
29. Ina Röpcke: Speziell in Technik und Design. SW&W 9/2010, S. 58–63.
30. Peter Häupl, Manfred Schmidt, Christian Conrad: Baudenkmal als Nullemissionsgebäude? Bauliche, bauphysikalische und anlagentechnische Aspekte. Forschungsbericht 2008.
31. Dorothee Gintars: Energieeffizient und barrierefrei. BINE projektinfo 03/07.
32. Uwe Römmling: Gebaute Nachhaltigkeit. Solares Bauen, Sonderausgabe der Zeitschrift Sonnenenergie Oktober 2003, Solarpraxis AG, Berlin, S. 14–16.

33. Das energetische Konzept im Dienstgebäude des Umweltbundesamtes in Dessau. www. umweltbundesamt.de/uba-info.

34. Jochen Vorländer: Energie aus Wasser, Wind und Sonne. TGA-Fachplaner 12/2010, S. 48.

35. Horst Kluttig: Windkraft im Energieverbund. SW&W 3/2001, S. 64–65.

36. Franz Meyer: Kläranlage Burg auf Fehmarn. BINE Projekt Info-Service 04/92.

37. Thomas Mietzker: Mit 17 kWh/m² durchs Jahr. CCI 06/2009, S. 24 und 25.

38. Astrid Schneider: Regenerativ regieren. Solares Bauen, Sonderausgabe der Zeitschrift Sonnenenergie Oktober 2003, Solarpraxis AG, Berlin, S. 40–47.

39. http://de.schmalz.com/data.

40. Franz Alt: Im Bioenergiedorf Jühnde: Wärme und Licht – auch bei Kälte. Quelle: Franz Alt 2006, Süddeutsche Zeitung/Wissen vom 03.02.2006.

41. Johannes Lang: Energieautarkes Solarhaus. BINE Projekt Info-Service 18/94.

42. www.ise.fhg.de/isesite/veroeffentlichungen/broschueren und Produktinformationen.

43. Markus Brautsch: Pflanzenöl-Kraftwerk mit PV-Ergänzung. Sonnenenergie & Wärmetechnik 5/96, S. 31–33.

44. Timo Leukefeld: Das EnergieAutarkeHaus. 3. Symposium Aktiv-Solarhaus Regensburg 2011, S. 12–18.

45. Astrid Schneider: Emissionsloses Wohnen. Solares Bauen, Sonderausgabe der Zeitschrift Sonnenenergie Oktober 2003, Solarpraxis AG, Berlin, S. 12.

46. Jochen Vorländer: Null-Energie-Haus – Wärmepumpe und Solarenergie. TGA-Fachplaner 9/2009, S. 26.

47. Dorothee Gintars: Mit der Sonne arbeiten. BINE-Projektinfo 08/05.

48. Toni Spirig: Die Sonnenstube am Piz Kesch. Projektbeschreibung, Celerina 2001.

49. Kämpfen, Gerd: Mit der Sonne wohnen. Solares Bauen, Sonderausgabe der Zeitschrift Sonnenenergie Oktober 2003, Solarpraxis AG, Berlin, S. 28–31.

50. Jutta Perl-Mai: Insel Pellworm – Energieversorgung mit Sonne und Wind. BINE Projekt Info-Service 08/94.

51. Max Jörg Mucke, Gerhard Meier-Wiechert: Kompaktgerät für Passivhäuser, TAB 11/2002, Bauverlag BV GmbH, Gütersloh, S. 41–44.

52. Joachim Berner: Solarenergie den Vortritt lassen. SW&W 8/2011, S. 182–186.

Glossar

AKWP Absorptions-Kühl-Wärmepumpe Kühl-Wärmepumpe oder Kältemaschine entsprechend dem Absorptionsprinzip, bei dem die Verdichtung thermisch erfolgt. In den linksläufigen thermodynamischen Kreisprozess ist ein Wärmekraftmaschinenprozess eingebaut, dessen Arbeitsmedium ein flüssiges Arbeitsstoffpaar ist.

ASG Asynchrongenerator Sie haben keine vollständig drehzahlstarre Kopplung zum Netz und wirken Schwingungen dämpfend entgegen.

Autogene Klimatisierung (freie Klimatisierung) Raumklimagestaltung ohne den Einsatz von Heiz- oder Kühlenergie.

Behaglichkeit Gefühlszustand, bei dem sich ein Mensch wohlfühlt. Alle Raumklimakomponenten haben Werte, wie sie sich ein Mensch wünscht. Behaglichkeit ist individuell unterschiedlich.

BHKW Blockheizkraftwerk Anlage zur elektrischen Energie-Heizwärme-Kopplung für dezentrale Nutzung. Sie besteht aus Motor, Generator und Wärmeübertrager und ist effektiv, wenn beide Koppelprodukte, elektrische Energie und Wärme, gleichzeitig genutzt werden können.

Brennwert Spezifische Energie (Exergie) eines Brennstoffs.

DLR Deutsche Forschungseinrichtung für Luft- und Raumfahrt Forschungseinrichtung, die sich neben der Luft- und Raumfahrt auch mit der Sonnen- und Windenergienutzung beschäftigt.

EHK Elektrische Energie-Heizwärme-Kopplung Auch als Kraft-Wärme-Kopplung bekannt. Prozess zum Bereitstellen von elektrischer Energie, bei dem die Abwärme zu Heizzwecken genutzt wird, siehe BHKW.

Endenergie Energie von Energieträgern vor der Umwandlung in einem energetischen Nutzprozess. Sie wird von Energienutzern von einem Energieversorgungsunternehmen gekauft.

Energiebedarf Energie, die für einen Nutzprozess (Gebäudeheizung) rechnerisch ermittelt wird.

Energiebereitstellung Prozess, um die vom Nutzer gewünschte Energieform bereitzustellen. Sie ist mit einem Energieumwandlungsprozess verbunden. Oft wird auch – physikalisch nicht korrekt – von Energieerzeugung gesprochen.

M. Schmidt, *Auf dem Weg zum Nullemissionsgebäude*,
DOI: 10.1007/978-3-8348-2193-5, © Springer Fachmedien Wiesbaden 2013

Energie-Erntefaktor Energetische Bewertungsgröße, mit der für die Lebensdauer einer Energiebereitstellungsanlage, z. B. eines Kraftwerkes, die bereitgestellte Nutzenergie mit der vergegenständlichten Energie ins Verhältnis gesetzt wird.

Energiespeicher Einrichtung, mit der momentan nicht benötigte Energie über einen kürzeren oder längeren Zeitraum abgelagert (gespeichert) werden kann.

Energieverbrauch Energie, die für einen Nutzprozess (Gebäudeheizung) aus den gemessenen Verbrauchswerten ermittelt wird.

Energogene Klimatisierung Raumklimagestaltung mit Einsatz von Heiz- oder Kühlenergie. Mit ihr kann jeder gewünschte Raumluftzustand hergestellt werden.

EnEV Energieeinsparverordnung Verordnung, die den maximalen Energiebedarf für Gebäude vorschreibt. Sie ist einer ständigen Veränderung unterworfen. Gültig ist immer nur die jüngste Fassung. 2012 ist es die gültige Fassung die von 2009.

EREQ Energie aus regenerativen Energiequellen Energie, die von den regenerativen Energiequellen Sonne, Erde und dem Gravitationssystem Sonne-Erde-Mond bereitgestellt wird.

EVG Elektronisches Vorschaltgerät Dimmen und starterloser Betrieb ist mit elektronischen Vorschaltgeräten möglich. Energiesparlampen sind kompakte Leuchtstofflampen, die ein integriertes EVG besitzen. Sie benötigen 80 % weniger elektrische Energie als Glühlampen.

EW-HWP Erdwärme-Wasser-Heiz-Wärmepumpe Wärmepumpe für den Heizbetrieb, deren Wärmequelle oberflächennahe Erdwärme und deren Wärmesenke ein Wasserheizsystem ist.

FC Brennstoffzelle Einrichtung, bei der aus der Verbindung von Wasserstoff und Sauerstoff (kalte Verbrennung) elektrische Energie und Wärme entsteht. Mit ihr kann die elektrische Energie-Heizwärme-Kopplung realisiert werden, siehe EHK.

Freie Lüftung Lüftung ohne zusätzlichen Energieeinsatz, z. B. über Fenster, Dachaufsätze.

FVU Fernwärmeversorgungsunternehmen Versorgt Wärmeabnehmer mit thermischer Energie aus einem zentralen Heizwerk oder Heizkraftwerk.

GHKW Geothermisches Heizkraftwerk Anlage, die mit geothermischer Tiefenenergie oder geothermischer Energie aus Anomalien elektrische Energie und Wärme bereitstellt.

GF Geothermisches Fluid Arbeitsmedium, das in geothermischen Anlagen arbeitet und aus Wasser und Mineralien aus der Erdkruste besteht.

Geothermische Tiefenenergie Energie in der Erdkruste in Tiefen von mehr als 500 m. Die Temperatur der Erdkruste nimmt im Normalfall alle 100 m um 3 K zu.

Geostrophischer Wind Urwind in der Atmosphäre, der nicht von lokalen Einflüssen beeinträchtig wird.

GuD-Kraftwerk Gas-und Dampf-Kraftwerk, indem mit einer Gasturbine elektrische Energie erzeugt wird und die Abwärme der Gasturbine, die noch eine sehr hohe Temperatur hat, in einem Abhitzekessel Dampf erzeugt, der in einer Dampfturbine entspannt wird, mit der über einen Generator elektrische Energie generiert wird.

HAST Hausanschlussstation Raum in einem Gebäude, in dem Wärme aus der Fernwärmezuleitung in Wärme für das Gebäudeheizsystem transformiert wird.

HDR Hot Dry Rock (Heißes trockenes Gestein) Mit diesem Kürzel wird eine Technologie-bezeichnet, bei der durch ein künstlich erzeugtes Kluftsystem in der Erde in Tiefen von mehr als 1500 m Wasser hindurchgepresst und dabei erwärmt wird.

Heizlast Gebäudebeeinflusste, nutzerunabhängige berechnete Leistung, die für das Bemessen von Raumheizflächen und Heizwärmbreitstellern benötigt wird.

Heizwärmebereitsteller Gerät, mit dem Heizwärme für Gebäudeheizung und Trinkwassererwärmung bereitgestellt wird, z. B. Heizkessel, Wärmepumpe, Solarkollektor u. a.

Heiz-Wärmepumpe Thermodynamische Heizmaschine, mit der in einem thermodynamischen Linksprozess Heizwärme bereitgestellt wird.

KHK Kühl-Heizwärme-Kopplung Prozess mit einer Kühl-Wärmepumpe, deren warme und kalte Seite gleichzeitig oder wechselseitig zum Bereitstellen von Heiz- und Kühlwärme genutzt wird.

KHWP Kompressions-Heiz-Wärmepumpe Heiz-Wärmepumpe, deren Verdichtung mit einem mechanischen Kompressor (Verdichter) erfolgt, siehe Heizwärmepumpe.

KKWP Kompressions-Kühl-Wärmepumpe Kühl-Wärmepumpe, auch „Kältemaschine", deren Verdichtung mit einem mechanischen Kompressor (Verdichter) erfolgt.

Kühlwärme Wärme, die zum Kühlen benutzt wird, also eine Temperatur unter der Umgebungstemperatur hat. Auch als „Kälte" bezeichnet.

Kühlwärme-Bereitstellung Bereitstellen von Wärme mit einer Temperatur unter der Umgebungstemperatur, mit der die Kühlung eines Raums, der Luft oder des Wassers erfolgt.

KVG Konventionelles Vorschaltgerät Für Leuchtstofflampen werden konventionelle (induktive) Vorschaltgeräte und ein Starter benötigt, der meistens in der Lampe integriert ist.

KWK Kälte-Wärme-Kopplung Dieser Begriff für Kühl-Wärmepumpen, bei denen auch die warme Seite genutzt wird, ist im Buch durch KHK ersetzt worden.

KWP Kühl-Wärmepumpe Wärmepumpe, deren kalte Seite zum Bereitstellen eines Kühlmediums genutzt wird, auch „Kältemaschine" genannt.

LED Leuchtdiode Elektronisches Halbleiterbauelement, das mit 24 V Gleichspannung betrieben wird, eine große Lichtstärke hat und in vielen Farben leuchtet.

Leeläufer Windenergieanlage mit einer waagerechten Achse für die Windturbine, bei der der Wind zuerst auf den Turm der Anlage trifft.

LL-HWP Luft-Luft-Heiz-Wärmepumpe Heiz-Wärmepumpe mit der Wärmequelle Luft und einem Luftheizsystem im Gebäude.

Luftheizung Heizung mit Luft als Wärmeträger, mit der gleichzeitig auch die lufthygienischen Bedingungen verbessert werden können.

Luvläufer Windenergieanlage mit einer waagerechten Achse für die Windturbine, bei der der Wind zuerst auf die Windturbine trifft.

LWEA Laufwasserenergieanlage (Wasserkraftwerk) Anlage zur Bereitstellung von elektrischer oder mechanischer Energie aus der potenziellen Energie des fließenden Wassers.

LW-HWP Luft-Wasser-Heiz-Wärmepumpe Heiz-Wärmepumpe mit der Wärmequelle Luft und einem Wasserheizsystem im Gebäude.

MPP-Reglung Maximum-Power-Point-Reglung Regelung für eine Solarzelle, um immer die maximale Leistung aus dieser Solarzelle zu erhalten.

Motorheizkraftwerk Die am meisten ausgeführte Form eines Blockheizkraftwerkes mit einer Verbrennungskraftmaschine (Motor).

Methanisierung Umwandlung des relativ schwer zu händelnden Wasserstoffs in Methan unter Einbindung von Kohlendioxyd.

Nutzenergie Energie, die nach der Energieumwandlung aus Endenergie entsteht und für die Prozesse vor Ort benötigt wird, wie Wärme, Licht, elektrische Energie.

Nullemissionsgebäude Gebäude, bei dessen energetischem Betrieb kein Kohlendioxyd entsteht mit der Voraussetzung, dass Biomasseenergienutzung wegen der nachfolgenden Einbindung des Kohlendioxyds in die nachwachsenden Pflanzen als Technologie ohne Kohlendioxydfreisetzung betrachtet wird.

OLED organische Leuchtdiode Elektronisches Halbleiterbauelement auf organischer Basis. Für Diesem Leuchtmittel wird eine große Zukunft vorausgesagt.

ORC Organic Rankine Cycle Rechtsläufiger Dampfkraftprozess, der mit niedrigen Temperaturen und einem organischen Arbeitsmittel, z. B. einem Kältemittel, arbeitet.

PV Photovoltaik Verfahren, um aus einem Halbleiter unter bestimmten Bedingungen elektrischen Gleichstrom abführen zu können.

Photovoltaik-Anlage Anlage, in der mit einem PV-Generator aus Solarzellen mittels photovoltaischen Effekts elektrischer Gleichstrom generiert wird.

Photovoltaischer Effekt Physikalisches Phänomen, bei dem durch Sonnenbestrahlung in Halbleitern ein elektrischer Gleichstrom generiert wird.

Primäre Energie Energie, aus der Endenergie generiert wird, z. B. Windenergie, aus der elektrische Energie gewonnen wird.

PtG-Konzept Power to Gas-Konzept, bei dem aus Wasserstoff und Kohlendioxid über mehrere Zwischenschritte Methan synthetisch hergestellt wird, siehe Methanisierung.

Pumpspeicherwerk Anlage, die der Speicherung von elektrischer Energie in Form von potenzieller Energie des Wassers dient, bei der bei Überschuss an elektrischer Energie Wasser von einem Unterbecken in ein Oberbecken gepumpt wird, das bei Bedarf an elektrischer Energie wieder in das Unterbecken abgelassen wird und dabei eine Wasserturbine antreibt, die mit einem elektrischen Generator gekuppelt ist.

RLT-A Raumlufttechnische Anlage Anlage, mit der die energogene (Energie benötigende) Klimatisierung von Räumen erfolgt.

SG Synchrongenerator Starr mit dem Netz verbundener Generator, der hauptsächlich in Kraftwerken, Dieselstationen und Notstromaggregaten zum Einsatz kommt.

SMES Supraleitender magnetischer Energiespeicher Energiespeicher, der die Magnetwirkung nutzt.

Solar-Flachkollektor Thermischer Energiewandler, bei dem durch Absorption von Sonnenenergie ein Wärmeträger erwärmt wird. Er ist möglich als Flüssigkeitskollektor mit einer Solarflüssigkeit (auch Wasser) als Arbeitsmedium und Luftkollektor mit Luft als Arbeitsmedium.

Solar-Speicherkollektor Solarthermischer Energiewandler, der die Energiegenerierung und gleichzeitig die Funktion der Kurzzeitspeicherung der erwärmten Solarflüssigkeit übernimmt.

Solar-Vakuum-Röhrenkollektor Thermischer Energiewandler mit Glasröhren, in denen sich im Vakuum der Solarabsorber befindet, mit dem Solarflüssigkeit erwärmt wird.

SW-HWP Sole-Wasser-Wärmepumpe Heiz-Wärmepumpe mit unterschiedlichen Wärmequellen, die den Wärmeträger Sole bereitstellen, und einem Wasserheizsystem im Gebäude.

Thermoregulation Möglichkeit für Menschen, sich unterschiedlichen äußeren Einflüssen, die zu Unbehaglichkeit führen, anpassen zu können.

TWD Transparente Wärmedämmung Wärmedämmung, die gleichzeitig Solarstrahlung hindurchlässt und trotzdem Dämmwirkung erzielt. Besonders gut für winterliche Verhältnisse geeignet.

Volllaststunden, Vollbetriebsstunden Energiewirtschaftliche Beurteilungsgröße, mit der rechnerisch ermittelt wird, wie lange eine Anlage mit voller Leistung laufen müsste, um die Jahresenergie bereitzustellen. Sie gibt einen Hinweis auf die Energieentstehungskosten.

Wasserheizung Heizung mit dem Arbeitsmedium Wasser.

WEA Windenergieanlage Anlage zur Bereitstellung von elektrischer oder mechanischer Energie aus der kinetischen Energie des Windes.

WÜST Wärmeübergabestation Raum in einem Gebäude, in dem Wärme aus der Fernwärmezuleitung in Wärme für das Gebäudeheizsystem transformiert wird.

WW-HWP Wasser-Wasser-Heiz-Wärmepumpe Heiz-Wärmepumpe mit der Wärmequelle Wasser und einem Wasser-Heizsystem.

ZSW Zentrum für Sonnenenergie- und Wasserstoff-Forschung Baden-Württemberg Forschungsstelle für Sonnenenergie und verwandte Technologien.

Printed in the United States
By Bookmasters